AF390140

LES LIMITES
DE LA CONNAISSANCE

Hervé P. ZWIRN

LES LIMITES
DE LA CONNAISSANCE

À mon père, Paul,
qui m'a donné le goût de la recherche.

Remerciements

Je tiens à remercier mes amis Jean-Paul Delahaye, Jacques Dubucs, Bruno Mansoulié, Jean Sass et mon frère Denis Zwirn qui ont lu tout ou partie de versions antérieures de ce livre. Les nombreuses et vives discussions que nous avons eues ainsi que les critiques et suggestions constructives qu'ils m'ont faites ont eu une influence déterminante.

Selon la formule consacrée, il va de soi que j'assume l'entière responsabilité des erreurs qui subsisteraient.

Sommaire

Avant-propos

Que la science, au fur et à mesure qu'elle progresse, se révèle ainsi capable de trouver par elle-même certaines des frontières de son champ d'action, n'est somme toute pas si banal, ni si indigne d'intérêt[1].

Je soupçonne le monde d'être non seulement plus bizarre que nous le supposons, mais plus bizarre que nous pouvons le supposer[2].

Les savants de la fin du XIXe siècle pensent, dans leur grande majorité, que la science est construite sur des fondations suffisamment assurées et solides pour que nous n'ayons pas à douter de la vérité des théories scientifiques. Ils pensent de plus, que le monde qui nous entoure, tel que nous le percevons, constitue la réalité et qu'au moins en principe, la science est capable de décrire, de prédire et d'expliquer la quasi-totalité de cette réalité. Si certains phénomènes lui échappent encore, ce n'est pas parce que la science ne peut pas les appréhender mais uniquement parce que les théories de l'époque ne sont pas totalement achevées. Pour eux, il est certain que, petit à petit, les nouvelles avancées de la connaissance permettront de diminuer la part de ce qui est encore inconnu, imprévisible ou incompris et que cette part devra finalement, sinon disparaître totalement, du moins devenir négligeable. Cette assurance est bien illustrée par la célèbre phrase de William Thomson, alias Lord Kelvin :

« La science physique forme aujourd'hui, pour l'essentiel, un ensemble parfaitement harmonieux, un ensemble pratiquement achevé. »

Ces savants se trompaient de multiples façons. Un des objectifs de ce livre est d'analyser les raisons pour lesquelles l'idéal de perfection absolue qu'on pourrait souhaiter *a priori* pour la science ne peut être atteint. Selon cet idéal, la science devrait être certaine, c'est-à-dire qu'elle devrait être édifiée de telle sorte que nous ne devrions avoir aucun doute ni sur la cohérence de sa construction ni sur ce qu'elle

---

1. Bergé et al. [1984].
2. J.B.S. Haldane.

nous apprend. Elle devrait fournir une description adéquate de l'Univers dans son ensemble, concernant aussi bien les événements qui s'y produisent que la structure sous-jacente de la réalité. Elle devrait aussi nous permettre de prédire, avec une précision arbitrairement grande et sur des périodes aussi longues que l'on veut, l'évolution de tout système physique macroscopique ou microscopique. Cet idéal, qui peut être considéré comme un état asymptotique vers lequel le progrès scientifique nous fait tendre progressivement, suppose qu'aucune limite ou frontière infranchissable ne sépare l'état actuel de la science et l'état parfait qu'elle atteindra dans un futur plus ou moins proche. Nous analyserons au cours de cet ouvrage les raisons, issues de la science elle-même, qui font que, même de manière asymptotique, la science n'approchera jamais ce statut de perfection.

Tout d'abord, les réflexions épistémologiques menées au début du XXe siècle dans le but de comprendre la construction du discours scientifique et de justifier la croyance en sa solidité ont montré que les fondations de la science ne sont pas aussi assurées que ce qu'on pourrait croire ou souhaiter. Ensuite, le concept même de vérité d'une théorie a été remis en question et la prétention initiale de la science d'atteindre la vérité et de décrire précisément une réalité extérieure semble maintenant quelque peu vaniteuse et a dû être abandonnée. La notion de réalité extérieure, entendue comme indépendante de tout observateur, de toute théorie ou interprétation, et ressemblant à peu de choses près à ce que nous en percevons doit être fortement remise en question, à la fois pour des raisons philosophiques et des considérations issues des développements récents de la physique. La notion de prédictibilité des phénomènes physiques a dû être reconsidérée et découplée de la notion de déterminisme. Les multiples avancées de la science contemporaine ont permis de découvrir de vastes territoires qui échappent et échapperont toujours à nos tentatives pour les connaître ou les prédire. C'est un peu comme si la science progressait sur un terrain vallonné où pour chaque nouvelle colline gravie, on en découvrait dix autres derrière dont certaines sont séparées par une rivière infranchissable. Il peut paraître paradoxal que la science découvre elle-même ses limites et que ce soit par le jeu de sa progression qu'elle s'impose des frontières qu'elle ne saurait franchir. Mais la contradiction n'est que superficielle et le sens précis de cette affirmation sera précisé tout au long de ce livre.

Une des thèses que je souhaite défendre peut donc être schématiquement résumée de la manière suivante : la progression du savoir scientifique s'est faite dans un sens qui nous montre que les espoirs de connaissance à la fois certaine et totale de l'univers physique, que pouvaient nourrir les savants du passé, sont vains. Il n'est plus possible de soutenir que le discours scientifique possède des fondations assurées en toute certitude, que la vérité des théories scientifiques peut être démontrée, que la science décrit une réalité extérieure et indépendante et enfin que la plus grande partie de l'univers doit pouvoir être modélisée de manière à devenir accessible à la connaissance rationnelle. L'univers ne se laisse pas domestiquer par le discours formel et de grandes parties (pour ne pas dire la plus grande part) de ce qui le constitue, aussi bien au niveau matériel qu'au niveau conceptuel, resteront à jamais hors de notre portée.

Il est essentiel d'effectuer dès le début une mise en garde des lecteurs qui voudraient tirer de l'affirmation qui précède des conséquences erronées. Il ne s'agit nullement ici de défendre une position antirationaliste laissant la porte ouverte à toute interprétation faisant croire que le savoir scientifique est vain (voire faux), et favorisant les idées de ceux qui pensent que l'échec de la science à occuper la totalité du territoire de l'univers peut être pallié par d'autres types de connaissances plus mystiques, ésotériques ou parapsychologiques. Il n'en est nullement question. Ce que justement permet la science, et elle est la seule construction rationnelle à posséder ce pouvoir, est de découvrir les raisons pour lesquelles ces territoires resteront hors de notre portée et ces raisons montrent qu'il est vain d'espérer les appréhender par quelque moyen que ce soit. Ils nous échappent pour des raisons de complexité, de temps, de taille ou d'impossibilité matérielle qui découlent des limitations de notre condition humaine. Prendre conscience des limites du pouvoir scientifique et préciser le plus exactement possible où et en quoi résident ces limites est une avancée cognitive majeure qui nous fait progresser à la fois dans la connaissance épistémologique du discours scientifique et dans la connaissance philosophique des rapports entre l'Homme et l'Univers. Pour cette raison, même si la science ne peut atteindre la perfection que nous souhaiterions, elle reste la construction rationnelle la plus efficace que nous possédons. Tirer avantage de l'imperfection de la science pour en conclure que n'importe quel discours alternatif peut lui être substitué serait une erreur du même ordre que celle que commettrait un jeune marié le soir de ses noces qui, découvrant que son épouse n'est pas aussi parfaite qu'il le pensait, se précipiterait dans la rue pour choisir une autre femme au hasard ! Il aurait tout simplement oublié que même imparfaite, son épouse est, de loin, celle qui correspond le mieux à ses canons esthétiques. La science malgré ses limites reste la plus efficace des tentatives de description, de compréhension et de prédiction de la nature comme en attestent les immenses progrès accomplis par les différentes disciplines scientifiques durant le XXe siècle. La limitation du savoir à laquelle il est fait allusion ne concerne que la possibilité d'extension infinie de ce savoir à la totalité de l'univers et ne diminue en rien le fait que nos connaissances se sont accrues de manière fantastique et qu'elles continuent à le faire à un rythme de plus en plus rapide. J'aurai d'ailleurs l'occasion tout au long de ce livre, de faire découvrir au lecteur les avancées qui ont été faites dans certains secteurs de la science et cela devrait le convaincre qu'il n'est nullement question de nier la valeur de la pratique scientifique.

Un autre but de ce livre est de s'interroger sur la conception du monde qu'on est en droit d'adopter au vu des connaissances récemment acquises aussi bien en épistémologie qu'en mathématiques, en logique et dans les sciences dites « empiriques » comme la physique. Cet objectif peut paraître démesurément ambitieux, il le serait si des réponses définitives prétendaient être apportées. Plus modestement, il me semble à la fois possible et souhaitable d'éliminer les positions qui, bien qu'encore soutenues quelquefois, ne sont en fait plus acceptables. Comme je l'ai dit plus haut, les progrès accomplis depuis un siècle permettent de montrer que certaines conceptions sont ou contradictoires en elles-mêmes ou démenties par les faits. Il est donc important de s'en débarrasser si l'on veut essayer de choisir parmi celles (et elles sont nombreuses) qui demeurent possibles. Ce livre n'a donc pas pour objet de défendre une unique conception ferme et définitive. Au contraire, il a pour but de susciter chez le lecteur une réflexion personnelle qui aboutira vraisemblablement à des conclusions fort différentes chez les uns et les autres. Il a la prétention de lui fournir les informations nécessaires pour débuter cette réflexion et lui éviter de se fourvoyer sur des chemins sans issue ou de suivre des raisonnements erronés. L'abandon de beaucoup de croyances issues du sens commun est un premier pas dans cette démarche. Encore faut-il que cet abandon ne se fasse pas de manière erratique mais soit justifié par des considérations valides. La deuxième étape consiste à élaguer parmi les conceptions philosophiques en usage celles qui sont exclues en raison de ces considérations et à analyser les positions encore en lice. Enfin, la dernière étape est celle qui consiste à forger sa propre conception en utilisant tout ou partie des matériaux passés à travers le tamis de l'analyse, voire en formulant de nouveaux concepts sous la condition que ceux-ci passent aussi à travers le tamis. Le dernier chapitre présente une tentative faite par l'auteur dans ce sens. J'entretiens l'espoir qu'une partie au moins des lecteurs partagera ces vues plus prospectives.

Si l'on se rappelle la récente controverse introduite par Sokal et Bricmont[3] au sujet de l'utilisation abusive et erronée par de nombreux philosophes, appelés « postmodernes », de résultats scientifiques sortis de leur contexte, il peut au surplus paraître utile de préciser dans quel sens doivent être entendus lesdits résultats. Je m'attacherai donc, lors de la présentation de ceux-ci, à préciser leur domaine d'application ainsi que leur portée. Cela servira au moins de garde-fou à ceux qui seraient tentés par la facilité d'appliquer tel ou tel célèbre théorème mathématique à des situations qui lui sont totalement étrangères.

---

3. Sokal [1997].

Le plan de l'ouvrage est donc le suivant :

Dans un premier temps, je m'attacherai, à travers une discussion des acquis de différentes disciplines, à expliciter les limites qu'elles ont permis de poser. Je proposerai alors une taxonomie de ces limites afin de préciser leur domaine de pertinence. Je présenterai ensuite une analyse critique du panorama des principales positions philosophiques actuellement défendues. J'essayerai enfin, dans une approche plus prospective, d'examiner les conséquences épistémologiques, philosophiques et métaphysiques que je tire personnellement au terme de cette analyse.

Guide de lecture :

Ce livre peut être lu à trois niveaux. Le lecteur simplement désireux de s'informer sur la problématique et les résultats d'une discipline particulière, pourra consulter le chapitre 2 pour les fondements des mathématiques et les indécidables, le chapitre 3 pour la théorie du chaos et des systèmes dynamiques non linéaires et le chapitre 4 pour la physique quantique. Le chapitre 1 présente quant à lui une analyse historique de l'épistémologie des empiristes logiques. Chacun de ces quatre chapitres étant indépendant des trois autres, il est ainsi loisible au lecteur de choisir la lecture de celui qui est en relation avec son centre d'intérêt particulier. Le lecteur plus exigeant pourra aborder la lecture de l'ensemble de ces chapitres et du chapitre 5 et aboutir ainsi à une compréhension globale des aspects philosophiques de ces disciplines ainsi qu'à une vue d'ensemble des limites que la science contemporaine impose à la connaissance. Ces limites sont synthétisées et discutées dans le chapitre 5. Enfin, le lecteur pourra aborder les chapitres 6 et 7 qui lui permettront de replacer les résultats précédents dans un cadre philosophique général et de forger sa propre conception du Monde.

Partie I

L'EFFONDREMENT DES FONDATIONS

Introduction à la partie I

Pouvoir se reposer sur des bases certaines, des fondations assurées, est un vœu dont la réalisation a été souhaitée par de nombreux scientifiques et philosophes et que beaucoup de penseurs souhaitent encore aujourd'hui. C'est dans cet esprit qu'à la fois les mathématiciens et les philosophes du début du siècle ont tenté de construire la science d'une manière qui permette d'atteindre la certitude du savoir acquis. Nous allons montrer que cette quête de la certitude a échoué et que sauf revirement extraordinaire et peu probable, l'espoir de construire les mathématiques d'une part et la science empirique d'autre part, sur des fondations certaines est maintenant abandonné.

Nous aborderons dans cette première partie la description des deux principales tentatives qui ont été faites dans ce sens. Celle concernant les sciences empiriques est due aux positivistes logiques du Cercle de Vienne. Nous la présentons au chapitre 1. Leurs prétentions furent minées, réduites et finalement abandonnées en raison du travail critique des membres du Cercle de Vienne eux-mêmes et de leurs héritiers sur les idées initiales qui avaient présidé à l'élaboration de leur projet. Celle concernant les mathématiques, que nous étudierons au chapitre 2, est connue sous le nom de « programme de Hilbert », mathématicien qui espérait pouvoir construire l'ensemble des mathématiques sous forme d'un système formel où tout ce qui serait vrai serait démontrable explicitement grâce aux règles de la logique formelle. Comme nous le verrons, Kurt Gödel mit fin à cet espoir en 1931 avec ses célèbres théorèmes d'incomplétude.

On peut dire qu'à l'heure actuelle, les progrès aussi bien techniques que philosophiques réalisés au cours des cinquante dernières années ont montré l'impossibilité d'une part, de construire les mathématiques et la logique sous une forme à la fois complète et totalement exempte de doutes quant à leur cohérence et d'autre part, de fonder la connaissance empirique sur une construction logique s'appuyant sur des données factuelles irréfutables. Nous verrons qu'en mathématique, les domaines où règnent les indécidables[1] sont nombreux et que, d'une certaine manière, l'édifice de la science empirique se réduit en fait à un vaste ensemble d'hypothèses qui peuvent toutes être remises en question.

---

1. Le concept de proposition indécidable sera expliqué en détail au chapitre 2.

CHAPITRE 1

L'empirisme logique

> *Dans une arche, un bloc de faîte est supporté immédiate-*
> *ment par d'autres blocs de faîte, et finalement par tous les*
> *blocs de base collectivement, mais par aucun*
> *individuellement ; il en est de même des phrases,*
> *lorsqu'elles sont reliées dans une théorie. [...] Peut-être*
> *devrions-nous même concevoir l'arche comme chancelant*
> *pendant un tremblement de terre ; on comprend alors que*
> *même un bloc de la base pourra n'être soutenu, à certains*
> *moments, que par les autres blocs de base par l'intermé-*
> *diaire de l'arche*[1].

1.1. LE CERCLE DE VIENNE ET SES CONCEPTIONS

Introduction

L'empirisme logique s'est développé initialement grâce aux thèses des positivistes logiques du Cercle de Vienne[2]. Celui-ci s'est constitué, dans les années 1920, autour d'un noyau de départ formé du mathématicien Hans Hann, du physicien Philipp Frank et du sociologue Otto Neurath. Il a pris sa pleine mesure avec l'arrivée du philosophe Moritz Schlick en 1922, puis du philosophe Rudolph Carnap en 1926. Les mathématiciens Kurt Gödel, Gustav Bergmann et Karl Mendel, l'historien Victor Kraft et deux étudiants, Herbert Feigl et Friedrich Waismann, en ont également fait partie. Le Cercle de Vienne fut dissout à la fin des années 1930, après l'assassinat de Schlick en 1936, mais l'empirisme logique, héritier de ses idées, a exercé une influence prépondérante sur des générations d'épistémolo-

---

1. Quine [1960].
2. Sur l'histoire et les évolutions du Cercle de Vienne on pourra consulter Jacob [1980 a,b], Malherbe [1981] ou Sebestik et Soulez [1986].

gues et de logiciens, de Quine, Hempel et Goodman à Putnam, von Wright et Hintikka.

L'empirisme logique a comme espoir de fonder la connaissance sur des bases certaines. À l'instar des empiristes classiques (Francis Bacon au XVIIe siècle, John Locke, George Berkeley et David Hume au XVIIIe siècle et John Stuart Mill et Auguste Comte au XIXe siècle), les empiristes logiques adoptent comme postulat de départ que le monde extérieur nous est accessible uniquement à travers nos observations et que ce n'est que par l'expérience que nous pouvons acquérir les informations à partir desquelles nous pourrons décrire et comprendre la réalité. Comme Neurath, Carnap et Hahn le disent dans *La Conception scientifique du monde* (le manifeste qu'ils publient en l'honneur de Schlick[3]), la source unique de toute connaissance est l'expérience. Plus précisément, cette source est ce qui est directement donné dans l'expérience par l'intermédiaire des sens, ce qu'on appelle les « sense-data » qui se traduisent par des énoncés observationnels. Pour les empiristes, rien ne semble plus sûr et moins contestable que nos perceptions directes les plus immédiates et les plus simples. Le sens d'un énoncé observationnel s'impose de lui-même et il ne peut résulter aucune ambiguïté de description tant qu'on se limite à des propositions du type « à tel instant et en tel lieu, untel a observé directement tel mouvement de tel système physique soumis à telle condition ». La science a alors pour tâche de proposer des lois obtenues par généralisation à partir des observations et censées décrire de manière globale le comportement de la nature.

Mais à la différence de leurs ancêtres, les philosophes du Cercle de Vienne disposent d'un nouvel instrument d'analyse qu'ils vont utiliser pour donner plus de rigueur à leurs thèses. Le développement de la logique formelle (dû essentiellement à Frege et à Russell et Whitehead[4] comme nous le verrons au chapitre suivant) leur donne en effet un moyen puissant de formaliser et d'analyser le discours scientifique que l'on peut élaborer à partir des lois générales, des énoncés observationnels et de leurs conséquences communes. Ces conséquences, traduites à leur tour en énoncés observationnels, peuvent ensuite être testées et donc vérifiées (dans ce cas, les lois dont elles sont tirées sont confirmées) ou falsifiées (et les lois en cause sont alors infirmées). Ce modèle, appelé « modèle déductif-nomologique », présente une simplicité, une rigueur et une cohérence qui permet de nourrir tous les espoirs d'arriver à construire une science rationnelle, incontestable et possédant un fondement assuré. La logique formelle, utilisée pour analyser le langage ordinaire, est également censée permettre d'éliminer les paradoxes, les ambiguïtés voire les non-sens que les phrases ordinaires renferment sans que nous en soyons con-

---

3. Neurath, Carnap et Hahn [1929].
4. Russell et Whitehead publient les *Principia Mathematica*, bible de la logique formelle moderne, entre 1910 et 1913, Whitehead et Russell [1913].

scients. L'empirisme moderne a érigé en dogme le clivage entre les énoncés analytiques (fondés sur les significations indépendamment des faits) et les énoncés synthétiques (fondés sur les faits). Le Cercle de Vienne adopte en la matière une position résolument anti-kantienne : aucun jugement synthétique *a priori* n'est possible. De plus, une des cibles favorites des empiristes logiques est la métaphysique en général et plus particulièrement l'idéalisme allemand (représenté par Hegel et Heidegger) qui, selon eux, n'est qu'un discours vide de sens. Il est à peine exagéré de dire que les thèses du Cercle de Vienne se sont construites en réaction à l'idéalisme allemand. D'une proposition ayant un contenu empirique, il est possible de déduire des conséquences observables. Justifier la proposition consiste à tester ses conséquences observables et à vérifier qu'elles sont vraies. Ce mécanisme leur permet de proposer une solution à une des préoccupations centrales de l'époque qui est d'expliciter un critère de démarcation entre la science et la métaphysique, c'est-à-dire entre un discours possédant un sens et un autre qui, selon eux, en est dépourvu. Ils énoncent à cet effet la théorie vérificationniste du sens. Une proposition n'a de sens que dans la mesure où elle est vérifiable expérimentalement. Selon le fameux slogan de Schlick, le sens d'une proposition se réduit même à sa méthode de vérification[5]. Par ailleurs, les vérités logiques et les définitions sont certaines car elles ne sont que des conventions de langage selon Wittgenstein qui, dans le *Tractatus logico-philosophicus*[6], montre que les mathématiques et la logique se réduisent à des tautologies, vraies mais vides de sens. Selon cette conception, la science fonctionne donc de la manière suivante : d'une part, elle utilise les mathématiques et la logique comme outils analytiques n'apportant aucune connaissance empirique mais ne contenant que des vérités, d'autre part, son contenu empirique provient des énoncés observationnels (dont la vérité est assurée) et des généralisations inductives (qui peuvent être vérifiées).

On mesure combien cette conception est rassurante et satisfaisante pour tout esprit qui recherche une forme de certitude dans la connaissance que la science doit nous apporter. Détaillons-en les principaux points.

Les énoncés protocolaires

L'édifice scientifique reposant sur l'expérience, les pierres de base en sont les énoncés rendant compte des observations, ce que Carnap appelle « les énoncés protocolaires ». De plus, comme les données sensorielles sont supposées être le fondement certain de la connaissance, les énoncés protocolaires doivent être exprimés à l'aide des expériences sensibles du sujet agissant. Les propositions

---

5. Schlick [1918].
6. Wittgenstein [1922].

observationnelles classiques du type « une masse de 1 g pendue à un fil de 10 cm de longueur oscille avec une amplitude de 3 cm » n'ont pas un statut aussi certain que les données sensorielles et doivent donc être exprimées au moyen de phrases ne portant que sur des observations directes des sens. Mais à cette réserve près, les propositions observationnelles sont considérées comme une base sûre. Il est donc fondamental de pouvoir exprimer l'ensemble du vocabulaire des théories scientifiques à l'aide de propositions n'utilisant que des termes observables. Tout énoncé scientifique doit être réductible à un nombre fini d'énoncés protocolaires du type : « à tel et tel moment, en tel et tel lieu et sous telle et telle circonstance, tel et tel a été, est ou sera observé ». Il existe cependant dans les théories scientifiques des termes comme « électron » ou « champ » pour lesquels cette réduction paraît plus difficile. Ces termes, appelés « termes théoriques » par Carnap, peuvent-ils être traduits dans le vocabulaire purement observationnel de la théorie ? La réponse de Carnap en 1928 dans *Der Logische Aufbau der Welt*[7] et avec lui de Mach et des empiristes logiques est positive. Dans sa construction, Carnap considère les expériences sensibles du sujet connaissant comme éléments de base de son système. À partir de là, il propose une hiérarchie d'objets telle que chaque niveau puisse être réduit au niveau inférieur, par ce qu'il appelle des « définitions constructives » qui permettent de transformer des énoncés faisant appel à des objets d'un niveau donné en énoncés équivalents ne faisant appel qu'à des objets de niveaux inférieurs. Ainsi, de proche en proche, il est selon lui possible de réduire tout énoncé scientifique à un énoncé ne portant que sur les objets de niveau le plus bas, à savoir les expériences sensibles. Tous les termes d'une théorie scientifique peuvent alors être traduits en énoncés protocolaires et la théorie est donc exprimable au moyen de lois générales ne portant que sur des entités observables.

La théorie vérificationniste du sens

Un énoncé protocolaire de ce type est bien évidemment vérifiable par l'expérience. Pour les membres du Cercle de Vienne, tout énoncé scientifique doit pouvoir se ramener à un ensemble fini de tels énoncés. C'est ce que Carl Hempel a appelé « l'exigence de vérifiabilité complète[8] ». Tout énoncé scientifique doit donc être directement vérifiable par l'intermédiaire de la vérification de l'ensemble de ses énoncés protocolaires, ce qui est toujours possible si ceux-ci sont en nombre fini. Si tel est le cas, l'énoncé est confirmé sinon il est réfuté. Selon les positivistes logiques, seuls les énoncés susceptibles d'être ainsi testés possèdent un sens. Le sens s'identifie donc avec le contenu empirique et même, selon

---

7. Carnap [1928].
8. Hempel [1950].

Schlick, avec la méthode de vérification. Les propositions n'ayant aucune conséquence observable sont ainsi décrétées dépourvues de tout sens. Ainsi l'énoncé « L'être dans le devenir, en tant qu'un avec le néant, de même le néant, un avec l'être, sont des termes qui ne font que disparaître[9] » peut être considéré comme dépourvu de signification. Ce critère de démarcation leur permet de rejeter en bloc l'idéalisme allemand et avec lui toute la métaphysique comme des discours ne développant qu'une suite de non-sens. Ne sont pas touchées par le critère, les propositions des mathématiques et de la logique dont Wittgenstein a montré dans le *Tractatus* qu'elles se réduisent à des tautologies, vraies mais dénuées de contenu empirique. Ce critère de démarcation, conçu comme critère de signification fondé sur la vérifiabilité, est un élément central des conceptions des positivistes logiques. Plus tard, Carnap, répondant aux critiques de Neurath sur les énoncés protocolaires[10], dans sa *Logische Syntax der Sprache*[11], espéra qu'il pourrait montrer à partir de la seule analyse syntaxique d'une proposition que celle-ci était dépourvue de tout contenu empirique contrairement aux apparences[12]. La seule forme logique d'un énoncé permet alors de décider si celui-ci est pourvu de sens ou non.

L'induction

Pour les positivistes logiques, on obtient une loi en généralisant la description des occurrences particulières de même type d'un phénomène. Par exemple, si l'on suspend des masses différentes à un ressort, on observera que l'allongement de ce dernier est proportionnel à la masse suspendue. Cette expérience peut être répétée avec des ressorts différents et on constatera que le coefficient de proportionnalité n'est pas le même pour tous les ressorts mais que, pour un ressort donné, l'allongement reste bien proportionnel à la masse suspendue. La généralisation de cette observation permet d'énoncer la loi suivante : « L'allongement subi par un ressort auquel on suspend une masse m est proportionnel à cette masse. » Cette loi sera alors supposée applicable à tous les ressorts et à toutes les masses[13], bien qu'elle n'ait été observée que pour un nombre restreint de ressorts et de masses. Formellement, l'induction est le mode d'inférence qui permet de passer d'exemples particuliers à une loi générale. Elle peut être décrite de la manière suivante : Étant donné l'observation d'un certain nombre d'objets du type $\mathscr{A}$[14] (A_1, A_2, ..., A_n), possédant la propriété P, c'est-à-dire tels que $P(A_1)$, $P(A_2)$, ...,

---

9. Hegel, *La Science de la logique,* cité par Jacob [1980b].

10. Ces critiques seront détaillées ci-dessous.

11. Carnap [1934].

12. Il reconnaîtra plus tard dans Carnap [1942] qu'il est cependant impossible pour y parvenir de se passer de considérations sémantiques.

13. On suppose cependant qu'on reste dans la limite de masses ne détruisant pas l'élasticité du ressort, mais ceci importe peu pour notre propos.

14. On supposera que A est l'ensemble des objets du type $\mathscr{A}$.

$P(A_n)$, on infère que tout objet du type $\mathcal{A}$ possède la propriété P[15] : $\forall i$, $A_i \in A \Rightarrow P(A_i)$. L'exemple des corbeaux est l'archétype du raisonnement inductif : de l'observation d'un grand nombre de corbeaux noirs et d'aucun corbeau d'une autre couleur, on infère la loi « tous les corbeaux sont noirs ». L'induction est un des points fondamentaux de l'explication de la formation des lois scientifiques pour les tenants du positivisme logique.

Le modèle déductif-nomologique

Ainsi armé, l'empirisme logique est à même de proposer une théorie de l'explication scientifique. Cette théorie, que l'on appelle « modèle déductif-nomologique », repose sur trois pieds : 1) les lois scientifiques (d'où l'adjectif « nomologique »), 2) les conditions initiales et 3) les règles logiques de déduction. Le principe en est le suivant. On part d'une loi générale comme par exemple « tous les corbeaux sont noirs ». Dans ce cas très simple, il est facile de déduire de la loi que le prochain corbeau que j'observerai sera noir. En général cependant, pour que la déduction logique soit possible, il faut ajouter des hypothèses auxiliaires, dites « conditions initiales ». En effet, les caractéristiques observables de la propriété P mentionnée dans la loi dépendront des conditions initiales dans lesquelles l'occurrence du phénomène se produit. Si par exemple, on s'intéresse au mouvement d'un caillou lancé en l'air, la loi qu'il faut appliquer est celle de la gravitation : celle-ci stipule que toute masse m soumise au champ de gravité de la Terre subit une force verticale dirigée vers le centre de la Terre et égale à mg (où g est à peu près égale à 9,81 m/s^2). Cette loi peut être obtenue par le mécanisme d'induction que nous avons décrit plus haut, à partir de l'observation de la chute de divers objets (ce sont les célèbres expériences de Galilée au sommet de la Tour de Pise et sur les plans inclinés). Cependant, cette loi à elle seule ne permet pas de déduire la position et la vitesse d'un caillou lancé. Pour pouvoir prédire ces grandeurs à un instant donné, il est nécessaire de connaître la position initiale d'où le caillou est parti ainsi que la vitesse avec laquelle il a été lancé. En appliquant la logique (et les mathématiques) à la loi de la gravitation sous la contrainte des conditions initiales, il est alors possible de prédire la position et la vitesse du caillou à tout instant ultérieur. La connaissance de la loi générale régissant un phénomène permet donc, en liaison avec les conditions initiales, de prédire à l'aide des règles de la logique et des mathématiques les propriétés observables des occurrences particulières de ce phénomène. Celui-ci, prédictible dans ses manifestations et ramené à un cas particulier d'une loi générale, est alors considéré comme expliqué et donc compris.

---

15. Le symbole « $\forall$ » est en logique le quantificateur universel signifiant « pour tout ».

En résumé

Les piliers du positivisme logique sont donc les énoncés protocolaires qui constituent une base sûre, l'induction qui permet de former des lois par généralisation, le critère de signification qui détermine quels énoncés possèdent un sens et peuvent être qualifiés de scientifiques et le modèle déductif-nomologique qui constitue une théorie de l'explication. Pour le positivisme logique, la science est donc une construction dont la validité est hors de doute puisqu'elle repose sur des données certaines, des règles de déduction logiques et des lois admises.

1.2. LA LIBÉRALISATION DE L'EMPIRISME LOGIQUE

Cohérence et difficultés des positions du cercle de Vienne

La conception des philosophes du Cercle de Vienne possède une force de conviction et une cohérence indéniables. Elle permet de donner à la science une solidité et une certitude qui auraient ravi certains physiciens de la fin du XIXe siècle, persuadés que la physique était achevée et que la tâche peu exaltante des scientifiques à venir se bornerait à élucider quelques points de détails[16] ou à calculer une décimale de plus aux constantes de la nature. Mais plus généralement, elle ne peut que renforcer l'idée selon laquelle le savoir scientifique, par opposition aux fausses sciences (l'astrologie, la psychanalyse) et à la métaphysique, dispose d'un statut supérieur, de par la rigueur de son fonctionnement.

Malheureusement, les piliers sur lesquels il repose furent attaqués et rongés par ses propres héritiers, comme nous allons le montrer.

La possibilité de réduire le vocabulaire théorique au vocabulaire observationnel fut remise en cause par Carnap en 1936. Avec elle, s'effondra l'espoir de ramener la science aux seules données observationnelles. L'irrévocabilité des énoncés observationnels fut elle-même critiquée par Neurath et dut être abandonnée. Le critère de signification vérificationniste se révéla à la fois trop restrictif et trop laxiste comme le montra Hempel dès 1950. La fameuse distinction entre énoncés analytiques et énoncés synthétiques ne résista pas à la critique de Quine et même la possibilité de réfuter une loi générale par

---

16. Pour l'anecdote, parmi ces points de détails figuraient d'une part, le désaccord entre l'expérimentation et la loi de Rayleigh-Jeans concernant le rayonnement du corps noir et d'autre part, le résultat négatif de l'expérience de Michelson et Morlay. Le premier point contribua à la naissance de la mécanique quantique et le deuxième ne fut expliqué que dans le cadre de la relativité restreinte, deux révolutions majeures qui devinrent les piliers de la physique moderne.

une expérience cruciale dut être abandonnée en raison du problème de Duhem-Quine. La logique inductive enfin ne parvint pas à surmonter ses difficultés. Or, toutes les idées simples ou de bon sens qui viennent à l'esprit pour résoudre ces problèmes se révèlent à l'examen ne pas fonctionner. Les thèses de l'empirisme logique durent donc être assouplies pour s'adapter à ces différentes critiques, ce qui entraîna un net affaiblissement des certitudes quant à la construction scientifique.

Les prédicats dispositionnels

Un des points clés de l'empirisme logique réside dans la possibilité de réduire tout énoncé scientifique à un nombre fini d'énoncés protocolaires. Carnap avait cru montrer dans *Der Logische Aufbau der Welt* que le vocabulaire théorique pouvait être ramené au vocabulaire observationnel. Cet espoir fut anéanti par la considération des prédicats dispositionnels[17] du type « soluble » ou « fragile ». La définition de « soluble » est la suivante : un corps est dit soluble si, lorsqu'on le plonge dans l'eau, il fond. Cette définition exprimée selon les règles de la logique formelle s'explicite ainsi :

$$\forall x\{S(x) \equiv \forall t[E(x,t) \Rightarrow F(x,t)]\}^{18}$$

où S(x) signifie x est soluble, E(x,t) signifie x est plongé dans l'eau à l'instant t et F(x,t) signifie x fond à l'instant t. Le problème de cette définition vient de ce qu'elle fait intervenir l'implication matérielle « $\Rightarrow$ » dont les propriétés sont telles que la proposition « E(x) $\Rightarrow$ F(x) » est vraie si E(x) et F(x) sont vraies mais aussi, si E(x) est faux, quelle que soit la valeur de vérité de F(x). Il en résulte que selon cette formalisation, un corps sera dit soluble ou bien s'il est plongé dans l'eau et fond ou bien s'il n'est pas plongé dans l'eau. Donc tout corps à l'abri de l'humidité pourra être réputé soluble. On conçoit que cette définition soit insatisfaisante. Elle résulte cependant de la formalisation même du sens de « soluble » car la logique formelle n'offre pas d'autre possibilité d'expliciter ce que nous entendons intuitivement par « soluble »[19]. Carnap se rendit compte de ces

---

17. Ces prédicats sont ainsi dénommés car ils expriment une propriété qui ne peut être attribuée à un objet qu'en raison du pouvoir qu'aurait cet objet de se comporter d'une certaine manière si certaines circonstances extérieures se produisaient.

18. Le symbole « $\equiv$ » signifie « est équivalent à » et le symbole « $\Rightarrow$ » signifie « implique ».

19. Le lecteur non logicien pourra être surpris mais la logique formelle classique n'offre aucun moyen de représenter de manière correcte le concept intuitif d'implication conditionnelle. Ainsi lorsqu'on prononce la phrase « si je plonge dans la piscine je serai mouillé » on entend parler de ce qui se passerait si je plongeais dans la piscine et on ne dit rien sur ce qui se passerait si je n'y plongeais pas. Intuitivement cette phrase n'est donc pertinente que par rapport au cas où je plonge dans la piscine. Cependant cette phrase exprimée formellement sera vraie si je plonge dans la piscine et que je suis mouillé mais aussi si je ne plonge pas dans la piscine. Ceci est une des difficultés du problème dit des « contre-factuels. »

difficultés et tenta de les résoudre dans *Testability and Meaning*[20]. Il proposa alors une définition des prédicats dispositionnels à travers ce qu'il appela des « phrases de réduction ». Cela revient à restreindre la définition de soluble de la manière suivante : Si un corps est plongé dans l'eau à l'instant t, il sera dit soluble si et seulement si il fond à l'instant t. La formalisation devient alors :

$$\forall x \ \forall t \{ E(x, t) \Rightarrow [S(x, t) \equiv F(x, t)] \}$$

Mais cette définition perd énormément de l'intérêt que les positivistes logiques avaient trouvé dans les définitions constructives. En effet, cette formalisation a pour conséquence que l'on ne peut attribuer à un corps la propriété d'être soluble que s'il est plongé dans l'eau. Il devient donc impossible de dire qu'un morceau de sucre dans un sucrier est soluble. Cela exige une refonte de la réductibilité physiciste (c'est-à-dire de la possibilité de réduire tout discours empirique au langage de la physique et à lui seul) et du critère de vérification. Tout d'abord, l'espoir de traduire le vocabulaire théorique en vocabulaire observationnel s'effondre. Ensuite, il n'est plus possible de considérer qu'un énoncé n'est doué de sens que s'il est strictement réductible à des énoncés protocolaires. Carnap a alors reformulé le principe de l'empirisme sous une forme moins restrictive, « l'exigence de confirmabilité simple », selon laquelle il suffit que certains cas particuliers soient vérifiables. Mais cela suppose de clarifier le lien entre un énoncé universel et ses occurrences. C'est le problème de l'induction que nous examinons plus loin.

Le principe vérificationniste

Le principe de vérification est censé dire quand un énoncé a un sens et quel est ce sens. Un énoncé a un sens quand il est logiquement déductible d'un ensemble fini d'énoncés protocolaires, donc d'énoncés portant sur des observations et vérifiables individuellement. C'est ce que Hempel appelle « l'exigence de vérifiabilité complète ».

Déjà une première difficulté surgit : faut-il entendre que la vérification doit ou peut être faite par l'auteur à l'instant où il explicite l'énoncé ; faut-il supposer que la vérification ne fait appel qu'aux moyens technologiques de l'époque ; que se passe-t-il si un énoncé n'est vérifiable que par certaines personnes ? Autant de questions qui semblent soumettre le sens d'un énoncé à des conditions accidentelles très particulières et variables dans le temps. À moins de s'en remettre à la fiction d'un hypothétique observateur idéal[21] (mais comment le définir ?), le sens d'un énoncé ne semble pas pouvoir

---

20. Carnap [1936].
21. Ayer [1986].

être défini de manière absolue. Mais il y a plus grave. Si, pour avoir un sens, un énoncé doit être logiquement déductible d'un ensemble fini d'énoncés protocolaires, aucun énoncé universel n'a de signification car il ne saurait être déduit d'un nombre fini aussi grand soit-il d'énoncés. Cela condamne toutes les lois de la physique (qui s'expriment sous la forme de proposition universelle du type « tout corps plongé dans un liquide reçoit de la part de celui-ci une poussée de bas en haut égale au poids du liquide déplacé ») à n'être que des énoncés dépourvus de sens. Cette conséquence est pour le moins fâcheuse pour une philosophie qui se veut être celle de la Science.

Par ailleurs, un certain nombre de conséquences indésirables se produisent qui font que le critère de vérification est à la fois trop restrictif et trop laxiste : si l'énoncé[22] « $\exists x\, P(x)$ » peut, selon le principe, se voir attribuer une signification, l'énoncé logiquement équivalent « $\sim (\forall x \sim P(x))$ » n'en a pas, ce qui est gênant et prouve que le critère est trop restrictif. De plus, si S est un énoncé qui satisfait le critère de vérification et qui est donc doué de sens et si M est un énoncé qui en est dépourvu, par exemple « cette chaise chante la couleur rugueuse », la disjonction (S ou M) satisfait le critère de vérification car pour que (S ou M) soit vrai, il suffit que S le soit. Or, il semble raisonnable de souhaiter que tout énoncé contenant un énoncé vide de sens soit lui-même vide de sens. Le critère est dans ce cas trop laxiste[23].

Une critique complète du principe de vérifiabilité comme critère de signification fut menée par Hempel[24]. Il proposa alors comme critère de scientificité d'un énoncé, la possibilité de sa traduction dans un langage empiriste défini ainsi : si L est le langage, le vocabulaire de L contient les locutions de la logique (connecteurs, quantificateurs, etc.), les prédicats d'observation constituant le vocabulaire empirique de L, les expressions définissables à l'aide des éléments précédents et enfin des règles de formation d'énoncés telles que celles données par exemple dans les *Principia Mathematica* de Russell et Whitehead. Cette solution permet de lever les objections provenant de l'usage de connecteurs et de quantificateurs. Mais elle demeure trop restrictive à cause des prédicats dispositionnels qui ne se laissent pas traduire dans un tel langage empirique et pour lesquels le problème reste entier.

---

22. Le symbole « $\exists$ » est, en logique, le quantificateur existentiel signifiant « il existe ». Le symbole « $\sim$ » est celui de la négation.

23. Il est important de remarquer que le critère dual du critère vérificationniste à savoir le critère falsificationniste de signification qui exige que pour qu'un énoncé soit pourvu de sens il faut qu'il puisse se ramener à un nombre fini d'énoncés falsifiables, souffre des mêmes défauts symétriques et n'est donc pas une solution du problème. En effet, si S est un énoncé falsifiable et M un énoncé qui ne l'est pas (et qui est donc dépourvu de sens selon ce critère), (S et M) est falsifiable et serait donc crédité de signification alors qu'il contient un énoncé M qui en est dépourvu.

24. Hempel [1950].

La logique inductive

Devant l'impossibilité de réduire le vocabulaire théorique au vocabulaire observationnel et du fait qu'aucune loi universelle n'est réductible à la conjonction d'un nombre fini d'énoncés, il faut renoncer à considérer que la possibilité de vérification complète d'un énoncé est la condition nécessaire et suffisante pour que cet énoncé ait un sens. Dans le but de défendre son critère de confirmabilité simple que nous avons mentionné précédemment, Carnap essaya alors de construire une logique inductive[25] pour montrer que lorsque certaines occurrences d'une loi universelle se produisent, la loi, bien que non vérifiée dans sa totalité, est confirmée à un certain degré par ces occurrences. Sont alors considérés comme pourvus de sens les énoncés capables de jouir d'un certain degré de confirmation par une ou plusieurs évidences empiriques. Bien sûr, on sait depuis la célèbre critique de Hume que l'induction n'est pas un mode de raisonnement valide. C'est-à-dire que contrairement à la déduction, la vérité des prémisses ne garantit nullement celle de la conclusion. Mais l'objectif de Carnap était de construire explicitement, à travers le concept de probabilité logique, un moyen de calculer le degré de confirmation qu'apporte un énoncé singulier à une hypothèse universelle. Les probabilités logiques ne sont pas des probabilités fréquentielles mais sont liées au contenu logique (c'est-à-dire à l'ensemble des conséquences logiques) des énoncés. Carnap proposa alors une fonction de mesure pour le contenu d'un énoncé grâce à laquelle il est possible de définir le degré de confirmation d'un énoncé par un autre en tant que mesure de l'intersection des contenus de chaque énoncé. Cela permet à la fois d'échapper à la critique selon laquelle par l'ancien critère de signification, toute loi universelle se voit exclue du champ de la science et de rendre compte du fait que, bien qu'il soit impossible de vérifier définitivement les hypothèses scientifiques, celles-ci peuvent se voir dotées d'une forte crédibilité si elles ont reçu un haut degré de confirmation. Malheureusement, dans la construction de Carnap, comme cela fut fortement souligné par Popper[26] et reconnu par Carnap lui-même, le degré de confirmation de toute loi universelle dans un monde infini ne peut être différent de zéro. Cela ôte naturellement à cette construction la possibilité de résoudre le problème pour lequel elle a été conçue.

Le problème de construire une théorie de la confirmation a occupé par la suite de très nombreux chercheurs. Hempel essaya de proposer un critère de confirmation non quantitatif qui ne s'appuierait que sur la syntaxe du langage utilisé[27]. Mais il se heurta à des difficultés qui le conduisirent à penser que l'approche quantita-

---

25. Carnap [1950].
26. Popper [1963].
27. Hempel [1943], [1945a].

tive était plus adaptée[28]. Cependant, il ne réussit pas à proposer un degré de confirmation satisfaisant. Un grand nombre de tentatives dans le but de proposer des critères quantitatifs de confirmation furent alors faites mais aucune n'aboutit à une solution satisfaisante[29].

Goodman[30] mit de plus en évidence, par l'intermédiaire de son célèbre paradoxe, la difficulté de déterminer si un prédicat est projectible, c'est-à-dire si on a le droit ou non de faire une induction le concernant. On peut présenter son argument ainsi : l'induction fonctionne habituellement de la manière suivante. L'observation d'un grand nombre d'objets du type A possédant la propriété P et d'aucun objet du type A ne la possédant pas, nous incite à induire que tout objet du type A possède la propriété P. Par exemple, l'observation d'un grand nombre d'émeraudes toutes vertes et d'aucune émeraude non verte, nous incite à induire que toutes les émeraudes sont vertes. Le prédicat « vert » est donc projectible. Considérons alors le prédicat « vleu » défini par « vert si observé avant l'an 2000 ou bleu sinon ». Toutes les émeraudes observées jusqu'à présent (nous sommes en 2000) sont vertes mais elles sont aussi « vleues ». Si on induit que toutes les émeraudes sont « vleues », alors il s'ensuit que toute émeraude qui ne sera observée qu'en 2002 sera bleue. Cette conséquence est clairement inacceptable et elle est pourtant formellement correcte puisque nous l'avons tirée de la même manière que la conclusion qui dit que toutes les émeraudes sont vertes et qui, celle-là, ne nous gêne nullement. C'est ce qu'on appelle le paradoxe de Goodman. Certes, le prédicat « vleu » paraît artificiel mais la caractérisation précise de son caractère artificiel est une tâche qui pour le moment n'a pu être menée à bien de manière satisfaisante. Ce paradoxe a fait couler beaucoup d'encre et il n'a pas, à l'heure actuelle, reçu de solution complète et définitive.

Pour toutes ces raisons, la possibilité même de construire une logique inductive cohérente est encore le centre d'un débat animé. Certains, comme Boudot qui s'est livré à une analyse exhaustive des tentatives de construction de logique inductive, vont même jusqu'à avancer que cette construction est impossible : « Sans témérité on peut inférer des analyses précédentes que l'absence d'une logique inductive n'est pas un échec momentané qui résulterait de l'insuffisance de la recherche, mais le signe de son impossibilité radicale[31]. » Des tentatives de preuves dans ce sens ont même été avancées[32].

---

28. Voir le postscript (1964) de Hempel [1965].
29. Zwirn et Zwirn [1996].
30. Goodman [1955].
31. Boudot [1972].
32. Une célèbre controverse lancée par Karl Popper et David Miller (Popper et Miller [1983]) en fait partie. Ceux-ci prétendent démontrer l'impossibilité de construire une logique inductive. Leur preuve, qui a donné lieu à une très abondante littérature, n'est cependant pas convaincante (Zwirn et Zwirn [1989]).

Cependant, il faut reconnaître qu'à l'heure actuelle, le problème n'est tranché ni dans un sens ni dans l'autre, malgré les efforts qui ont été faits.

Les énoncés protocolaires

Pour le Carnap de *Der Logische Aufbau der Welt* un énoncé protocolaire est du type « à tel instant et tel endroit untel a observé telle et telle chose physique ». Cet énoncé est irrévocable et constitue la base de la construction scientifique. Pourtant, Neurath le mit en cause au nom du principe même de vérification[33]. Pour lui, d'une part aucun énoncé ne doit être considéré comme inébranlable et d'autre part, considérer les données des sens comme se référant à une réalité extralinguistique est un présupposé métaphysique inacceptable. Les énoncés protocolaires perdent ainsi leur statut privilégié et il est alors admis qu'ils doivent aussi satisfaire le critère de vérification. Il est donc possible de les mettre en doute. Par ailleurs, Neurath considère qu'il est impossible de déterminer des énoncés protocolaires purs et qu'en conséquence, les énoncés de base n'ont pas à faire référence aux données des sens. Les énoncés de base de la science doivent être ceux du langage naturel, plus précisément du langage de la physique, purifié de ses éléments inadéquats à l'édification de la science. C'est la thèse du physicalisme qui stipule de plus que les énoncés ne peuvent être comparés qu'avec d'autres énoncés et non pas directement avec les faits.

Il faut reconnaître que l'idée de correspondance entre les faits et les énoncés n'est pas parfaitement claire. Que voulons-nous dire lorsque nous parlons de faits ou de réalité ? Comment faire correspondre un fait et une proposition ? Wittgenstein avait avancé l'idée dans le *Tractatus* que cette correspondance était une similitude structurale mais cette idée, finalement fausse, avait plutôt obscurci la nature du problème. Dans le physicalisme, le concept de vérité évolue donc de la vérité-correspondance (est vrai un énoncé qui correspond aux faits) à la vérité-cohérence (est vrai un énoncé qui ne contredit pas les énoncés déjà acceptés). Cette évolution conduit à un effondrement de la construction originelle de l'épistémologie positiviste qui fonde la science sur la base irréfutable des données des sens se rapportant à une réalité extralinguistique. La distinction entre théorie et observation s'estompe et la connaissance perd ses bases certaines. Carnap, finalement convaincu par les arguments physicalistes de Neurath, essaya en 1934 dans sa *Logische Syntax der Sprache*[34], de construire des règles syntaxiques permettant d'éliminer du langage ordinaire toutes les phrases contradictoires ou dépourvues de sens. Le but était d'arriver à exprimer le discours scientifique et les

---

33. Neurath [1959].
34. Carnap [1934].

énoncés protocolaires dans un langage tel que tout énoncé bien formé soit automatiquement pourvu de signification. Dans cette tentative, Carnap espérait déduire de la seule analyse syntaxique d'une proposition qu'elle est ou non pourvue de signification empirique. Il entendait aussi montrer que toute la métaphysique n'est qu'un discours vide de sens. Il reconnut plus tard dans son *Introduction to Semantics*[35] qu'il est cependant impossible pour y parvenir de se passer de considérations sémantiques.

La position physicaliste se heurta à la résistance de Schlick[36] qui fit remarquer que la cohérence n'est pas une condition suffisante de vérité sinon un conte de fées, ne contenant aucune affirmation contradictoire avec les autres, devrait être considéré comme vrai. De plus, Schlick mit en avant l'incompatibilité entre le physicalisme et l'empirisme, « la science n'est pas le monde ». Carnap se tourna alors vers la théorie sémantique de Tarski de la vérité correspondance. Selon Tarski, l'énoncé « la neige est blanche » est vrai si et seulement si la neige est blanche. Cette formulation apparemment triviale présente le concept de vérité dans un métalangage sémantique qui permet de parler à la fois des énoncés et des faits auxquels ils se rapportent[37]. Dès lors, les difficultés liées à la notion de correspondance entre un fait et un énoncé disparaissent et l'explication de Tarski emporta l'adhésion générale. Carnap admit donc que les énoncés observationnels sont révisables mais refusa la thèse de la vérité-cohérence en admettant que les énoncés peuvent être comparés à des entités extralinguistiques.

Cependant, les critiques de Neurath sur le caractère certain des énoncés protocolaires avaient réussi à saper la base observationnelle et conduit, ce que voulait éviter Schlick, à une conception relativiste de la connaissance.

1.3. Autres positions

Les critiques et les propositions de Karl Popper

Pour Popper[38], l'obsession que manifestent les empiristes logiques à vouloir éliminer la métaphysique en montrant qu'elle n'est qu'un discours vide de sens est à la fois inutile et sans espoir ; elle relève d'ailleurs selon lui d'une attitude en elle-même métaphysique. Popper considère en effet que la métaphysique, bien que ne faisant pas partie de la science empirique, peut néanmoins être pourvue de sens et que ce qui distingue la métaphysique de la science, ce n'est

---

35. Carnap [1942].
36. Jacob [1986], Barone [1986].
37. Nous reviendrons plus loin sur ce concept fondamental.
38. Sur l'œuvre de Popper, on pourra consulter Boyer [1994] ou Schilpp [1974].

pas l'absence ou la présence de sens mais la testabilité[39]. Plus précisément, Popper considère qu'un énoncé est scientifique (donc pourvu d'un contenu empirique) si et seulement si il est réfutable par l'expérience. Son principe de falsifiabilité[40] est un critère de démarcation entre science et métaphysique et non pas un critère de signification comme il le répétera lui-même à maintes reprises en raison de la confusion qui a souvent été faite par ses adversaires. Il refuse les critères successifs de signification proposés par Carnap comme non seulement insatisfaisants mais dangereux pour la science car certains énoncés scientifiques en seraient exclus.

Dans *La Démarcation entre la science et la métaphysique*[41], il montre comment construire, dans un langage physicaliste comme celui proposé par Carnap dans *Testability and Meaning*, langage qui est censé assurer que les propositions qui suivent sa syntaxe sont pourvues de sens, ce qu'il appelle la proposition métaphysique suprême : « Il existe un esprit personnel omniscient, omniprésent et omnipotent. » Le succès de cette entreprise est pour lui une preuve qu'il est vain de prétendre qu'il est possible de construire un langage physicaliste qui serait celui de la science unifiée et d'où la métaphysique serait bannie par construction. De la même manière, il s'attaque aux énoncés de réduction que Carnap avait proposés pour résoudre partiellement le problème des prédicats dispositionnels et montre que cette solution n'est pas satisfaisante car elle est circulaire. Pour lui, tous les prédicats descriptifs sont dispositionnels et le problème de construire les prédicats à partir d'énoncés d'observation est tout simplement insoluble. Mais cette difficulté ne le gêne nullement car il remet en cause aussi la position des empiristes logiques sur les énoncés de base.

Pour les empiristes du début du Cercle de Vienne, on a vu que les énoncés de base étaient les énoncés observationnels qui étaient considérés comme indubitables. On a vu aussi comment cette position s'est assouplie sous l'influence de la critique de Neurath. Il n'en reste pas moins que pour Carnap et les empiristes logiques, il existe des énoncés de base sur lesquels s'appuie l'édifice de la science. Que ces énoncés soient des rapports d'observation portant sur les objets physiques directement comme le veut le physicalisme de Neurath et Carnap ou des comptes rendus privés d'expérience sensorielle selon Schlick, ces énoncés bien que corrigibles, demeurent une base solide. La question de savoir comment justifier ces énoncés reste entière. C'est ce que Fries a exprimé sous la forme de son célèbre trilemme : pour éviter que les énoncés scientifiques soient des dogmes, il faut les justifier. Mais un énoncé ne peut être justifié que par d'autres énoncés. Il y a donc une régression à l'infini sauf si on

---

39. Popper [1983].
40. Popper [1934].
41. Popper [1963], p. 374-429 de la traduction française.

fait appel au psychologisme qui permet de justifier un énoncé à partir des perceptions.

Popper refusera d'adopter le psychologisme mais évitera la régression à l'infini en proposant que la justification d'un énoncé soit basée à un moment donné sur un consensus qui considère que certains énoncés sont acceptés provisoirement. Le fait d'accepter ces énoncés arrête la régression à l'infini mais il faut alors payer le prix qui consiste à ne jamais être définitivement certain de la sûreté d'un énoncé. Le statut d'énoncé de base est donc toujours susceptible d'être remis en question. On renonce ainsi à la sécurité d'une base empirique établie définitivement mais cela ne gêne pas Popper qui a construit toute son épistémologie sur le rejet de la certitude absolue. Pour lui, les théories scientifiques sont des hypothèses que nous faisons à un moment donné pour résoudre les problèmes empiriques que nous nous posons. Ces hypothèses ne sont pas construites par induction (que Popper rejette totalement comme absente de la cons-truction scientifique) à partir des observations mais émises dans le but d'en déduire des conséquences qui seront confrontées à l'expérience. On ne pourra jamais prouver une hypothèse qui a la forme d'un énoncé universel mais on pourra la réfuter si une de ses conséquences est en désaccord avec l'expérience ou la corroborer si ses conséquences sont vérifiées. Ainsi la science ne peut atteindre la vérité puisqu'on ne peut jamais prouver qu'une hypothèse est vraie. Pour Popper, la majorité des théories en notre possession sont fausses mais certaines le sont moins que d'autres. La science peut à un moment donné produire des théories telles que l'ensemble de leurs conséquences soit corroboré par les tests qu'elles ont subis. Plus une théorie aura subi avec succès de tests sévères et variés mieux elle sera corroborée. Une théorie mieux corroborée sera préférable à une autre. La science avance de cette manière par conjectures et réfutations[42].

Popper attaque aussi violemment les tentatives carnapiennes de construction d'une logique inductive. Selon lui, la théorie de la probabilité logique est paradoxale et manque totalement son but puisque toute loi scientifique universelle se voit attribuer une probabilité nulle quelles que soient les évidences empiriques (en nombre forcément fini) en sa faveur, alors même que certains énoncés existentiels métaphysiques peuvent avoir une probabilité logique proche de un. On voit ainsi que même si Popper, qui s'est positionné en adversaire de Carnap et du Cercle de Vienne, exagère quand il prétend être l'assassin de l'empirisme logique[43], son épistémologie prend le contre-pied de beaucoup des positions fondamentales des philosophes de Vienne. Elle est hypothético-déductive contrairement à celle de

---

42. Popper [1963].
43. Popper [1974].

l'empirisme logique selon laquelle la vérité d'une théorie s'induit à partir des énoncés d'observation qui la vérifient.

Ses idées ne vont cependant pas sans rencontrer un certain nombre de difficultés graves. Tout d'abord le décisionnisme critique qui lui permet de sortir du trilemme de Fries pose le problème de savoir comment les chercheurs se mettent d'accord sur les énoncés de base consensuels. Popper objecte que cette question relève de la psychologie ou de la sociologie mais cette réponse n'est pas satisfaisante. Mais il y a plus grave : Popper rejette la méthode inductive comme à la fois non justifiée et inutile. Son système est entièrement hypothético-déductif. Cependant, il met en avant le concept de degré de corroboration : une théorie sera d'autant mieux corroborée qu'elle aura satisfait à un nombre plus important de tests et d'autant plus que ceux-ci sont sévères. Or, le degré de corroboration de Popper ressemble étrangement au degré de confirmation qui fait l'objet des efforts de Carnap dans la construction d'une logique inductive et qu'il rejette fortement. Mais le degré de corroboration d'une théorie se rapporte aux performances passées de la théorie et ne dit rien de ses capacités futures de prédiction. En l'absence d'un principe inductif qui permettrait de pronostiquer qu'une théorie bien corroborée a de fortes chances de continuer à bien fonctionner dans le futur, rien ne justifie une quelconque préférence d'une théorie à une autre moins bien corroborée. C'est le sens de la critique que Lakatos adresse à Popper[44].

Par ailleurs Popper, en réaliste convaincu, accepte quand même l'idée que certaines théories, même fausses, sont plus proches de la vérité que d'autres. Il avance le concept de vérisimilitude d'une théorie[45] qui est censé mesurer le degré auquel cette théorie correspond à la réalité. L'idée intuitive sous-jacente consiste à comparer l'ensemble des conséquences vraies (appelé « contenu de vérité ») et l'ensemble des conséquences fausses (appelé « contenu de fausseté ») de deux théories. Une théorie T_1 aura une vérisimilitude plus grande qu'une théorie T_2 si, ou bien le contenu de vérité de T_1 excède celui de T_2 sans qu'il en soit de même du contenu de fausseté, ou bien le contenu de fausseté de T_2 excède celui de T_1 sans qu'il en soit de même du contenu de vérité. Cette idée intuitivement séduisante est malheureusement insatisfaisante comme le montra David Miller en 1974[46]. En effet, il est possible de montrer qu'avec cette définition deux théories fausses ne peuvent jamais être comparées l'une à l'autre car aucune des deux conditions requises n'est jamais satisfaite. La définition du concept de vérisimilitude se heurte donc à de graves difficultés qui font que cette notion, pourtant fort importante pour comprendre pourquoi une théorie est meilleure qu'une autre, n'a jamais pu être

---

44. Zahar [1982].
45. Popper [1963].
46. Miller [1974].

formalisée de manière satisfaisante. Il en résulte que, contrairement à ce que l'intuition pourrait laisser croire, aucun critère formel permettant de dire de manière précise qu'une théorie décrit mieux la réalité qu'une autre n'est disponible.

Enfin, le critère de démarcation falsificationniste souffre de difficultés symétriques de celles du critère de signification vérificationniste. Une proposition pour être scientifique doit être falsifiable. Il en résulte que les propositions universelles du type « $\forall x\ P(x)$ » sont scientifiques si P est un prédicat observable car il suffit d'exhiber un x tel que ~P(x) pour les réfuter. En revanche, aucune proposition existentielle du type « $\exists x\ P(x)$ » ne l'est puisque pour réfuter une telle proposition, il faudrait vérifier sur l'ensemble infini des x qu'aucun x ne vérifie P. Il en résulte que toute proposition mixte contenant à la fois un quantificateur existentiel et un quantificateur universel ne sera ni réfutable ni vérifiable. Donc de telles propositions seront non scientifiques alors même que de nombreuses lois utilisées dans les théories scientifiques sont de ce type. On voit que le critère de démarcation de Popper ne réussit pas lui non plus à capter l'essence même de ce qui caractérise le discours scientifique.

L'épistémologie pragmatique de Quine

Quine va encore plus loin que Popper dans sa critique des dogmes empiristes et son épistémologie pragmatique aboutit à la nécessité d'un abandon complet du fondationnalisme. Il commence par s'attaquer à la distinction entre énoncé analytique et énoncé synthétique dont il montre qu'elle n'est pas fondée[47]. Son raisonnement peut être schématiquement résumé de la manière suivante. Partant de la définition de Kant selon laquelle un énoncé analytique est un énoncé qui est vrai en vertu de la signification des termes qu'il contient et indépendamment des faits, il est conduit à s'interroger sur le concept de signification. De même qu'en physique, où l'on préfère par exemple prendre comme entité de base la relation d'égalité de poids plutôt que celle de poids pour avoir une définition opérationnelle[48], il se concentre sur la notion de synonymie qui lui permet d'éliminer le concept obscur de signification. Il définit d'abord le concept de vérité logique comme étant celui d'un énoncé vrai qui reste vrai pour toute réinterprétation de ses constituants autres que les termes logiques (connecteurs, quantificateurs, etc.). C'est ainsi que l'énoncé « Aucun homme non marié n'est marié » reste vrai quelle que soit la manière dont on réinterprète les termes « homme » et « marié ». Si, par exemple, « homme » est réinterprété comme signifiant « nuage » et « marié » comme signifiant « noir », l'énoncé

---

47. Quine [1951].

48. Malherbe [1981], p. 157. Le poids est alors ce qui caractérise l'ensemble des objets qui appartiennent à la même classe d'équivalence pour la relation d'égalité de poids.

devient « Aucun nuage non noir n'est noir » et il reste vrai. Il remarque alors qu'il existe des énoncés considérés habituellement comme analytiques et qui sont d'un deuxième type. Par exemple, l'énoncé « Aucun célibataire n'est marié » n'est pas une vérité logique, mais il est transformable en vérité logique en remplaçant certains termes, ici « célibataire », par des synonymes, ici « homme non marié ». Il semble donc possible à ce stade, de définir un énoncé analytique comme un énoncé qui est soit une vérité logique, soit transformable en une vérité logique en remplaçant certains de ses termes par des synonymes.

Le problème consiste donc à définir la synonymie entre deux termes. La solution consistant à les considérer comme synonymes parce que l'un est la définition de l'autre est une illusion car Quine montre qu'en dehors du cas particulier de l'introduction explicite de notation conventionnelle destinée à abréger le discours, les définitions reposent sur une synonymie préalable plutôt qu'elles n'expliquent la synonymie. Il envisage alors la possibilité de considérer comme synonymes deux termes qui peuvent être substitués *salva veritate*[49] dans un énoncé. Mais cette définition est trop laxiste et laisse passer comme synonymes des termes qui ne le sont pas[50]. Il est donc conduit à renforcer son critère en proposant la substituabilité *salva veritate* même au sein d'énoncés contenant des adverbes modaux du type « nécessairement ». Il montre que cette définition convient mais qu'elle ne résout en rien le problème car la compréhension de l'adverbe modal présuppose la notion d'analyticité[51]. Il y a donc circularité de la définition.

---

49. C'est-à-dire, selon l'expression de Leibniz, sans changement de valeur de vérité.

50. C'est par exemple le cas, si on substitue le prédicat « créatures avec des reins » au prédicat « créatures avec un cœur » dans la phrase « Toutes les créatures avec un cœur sont des créatures avec un cœur » qui devient « Toutes les créatures avec un cœur sont des créatures avec des reins ». La substitution se fait salva veritate mais les deux prédicats ne signifient pas la même chose. Gochet [1978].

51. Gochet [1978] fait remarquer que cette objection n'est plus valable si on dispose de la sémantique des mondes possibles qui permet de réduire les conditions de vérité des énoncés modaux aux conditions de vérité des énoncés non modaux. Il suffit en effet de définir un énoncé nécessairement vrai comme un énoncé vrai dans tous les mondes possibles. Il me semble que cette remarque n'est pas fondée. La notion de monde possible n'est, en effet, pas exempte de difficultés analogues à celles que l'on cherche à résoudre. Un monde possible est défini comme un monde ne contenant aucune contradiction. Or, la notion de contradiction peut être soumise à une critique quinéenne qui montre qu'elle renferme les mêmes difficultés que la notion d'analyticité. En effet, on peut définir sans difficulté une contradiction logique de manière duale à la définition de vérité logique. Mais les contradictions logiques n'englobent pas tout ce que nous considérons comme étant des contradictions. L'énoncé « ce célibataire est marié » est en effet contradictoire mais préciser pour quelles raisons est aussi difficile que préciser pour quelles raisons l'énoncé « ce célibataire n'est pas marié » est analytique. Il en résulte que la sémantique des mondes possibles n'est qu'une reformulation de la notion d'analyticité et aucunement une solution pour la définir. Gochet reconnait cependant que sa remarque n'enlève rien à la force des autres critiques de Quine à la notion d'analyticité.

La meilleure approche possible est alors la synonymie extensionnelle qui considère que deux prédicats sont synonymes lorsqu'ils sont vrais des mêmes choses. Mais la synonymie extensionnelle ainsi définie n'est pas identique à la synonymie cognitive comme le montre l'exemple des deux prédicats « créatures avec des reins » et « créatures avec un cœur » qui ont accidentellement la même extension mais qui ne signifient pas la même chose.

Il abandonne alors l'espoir de fonder la notion d'analyticité sur celle de synonymie et renverse sa stratégie en essayant de définir directement l'analyticité. Comme il le souligne, la vérité d'un énoncé provient de deux composantes. Si un énoncé est vrai, c'est à la fois à cause de la signification de ses termes et en raison de faits extérieurs. Ainsi, comme l'a montré Tarski, si l'énoncé « la neige est blanche » est vrai c'est à la fois parce que « neige » veut dire neige et « blanche » veut dire blanche mais aussi parce que la neige est blanche. La vérité a donc une composante linguistique et une composante factuelle[52]. On pourrait donc être tenté de définir un énoncé analytique comme un énoncé vrai dans lequel la composante factuelle est nulle. Mais croire que cela permet de tracer une frontière entre les énoncés analytiques et les énoncés synthétiques lui semble être une profession de foi métaphysique et il refuse ce « dogme non empiriste des empiristes ». Il se tourne alors vers le critère vérificationniste de la signification : si la signification d'un énoncé est sa méthode de vérification alors deux énoncés seront synonymes si et seulement si ils ont la même méthode de vérification. Comme il l'exprime : « La signification d'un énoncé consiste dans la différence que sa vérité ferait à l'expérience possible[53]. »

C'est alors qu'il fait intervenir sa deuxième attaque contre les conceptions empiristes des positivistes logiques. Il s'interroge sur la nature de la relation entre un énoncé et les expériences qui contribuent à augmenter ou diminuer sa confirmation et élimine le réductionnisme radical qui veut que cette relation soit fournie sous forme de constatation directe, montrant au passage que la tentative de Carnap dans l'*Aufbau* était vouée à l'échec pour des raisons de principe. Les empiristes logiques considèrent qu'un énoncé pris isolément est éventuellement susceptible d'être confirmé ou infirmé par l'expérience. Or, Quinse prétend que ce n'est que collectivement que les énoncés sont livrés au tribunal de l'expérience. Comme l'avait déjà souligné Duhem[54] avant lui, même les énoncés d'observation les plus simples sont en fait constitués d'un faisceau d'interprétations et d'hypothèses implicites et la confirmation ou la réfutation par une expérience ne vise pas une hypothèse isolée mais l'ensemble du corpus scientifique. L'unité de signification empirique n'est pas

---

52. On a vu plus haut la contribution de Tarski à cette analyse sémantique.
53. Quine [1969]
54. Duhem [1906].

l'énoncé mais la totalité de la science[55]. Cela, non seulement efface définitivement tout espoir de définir l'analyticité grâce au critère vérificationniste, mais encore enlève toute pertinence au critère vérificationniste lui-même.

Le critère falsificationniste de Popper rencontre aussi de graves difficultés face à cette critique. Devant une expérience réfutante, est-ce la théorie testée qui est réfutée ou une quelconque hypothèse auxiliaire ? Ce holisme est un aspect extrêmement important de l'épistémologie de Quine et il mérite qu'on s'y attarde car ses conséquences philosophiques sont très importantes pour la suite de notre propos. Comme le fait remarquer Gochet[56], le holisme sémantique (selon lequel l'unité de signification est la science tout entière) découle logiquement du holisme épistémologique de Duhem (selon lequel on ne vérifie jamais une hypothèse isolée) et de la théorie vérificationniste de la signification. De plus, le holisme épistémologique de Quine ne se limite pas à la physique, comme celui de Duhem, mais s'étend à tout le savoir, logique et mathématiques comprises. Quine montre que l'ensemble de la science est comparable à un champ de forces dont les frontières seraient l'expérience[57]. Si un conflit avec l'expérience survient, des réajustements s'opèrent à l'intérieur du champ. Quine insiste aussi sur le fait que le champ total est sous-déterminé par les expériences : "Parce que nous n'avons pas de raison de penser que les irritations de surface de l'homme même investiguées jusque dans l'éternité se prêtent à une systématisation unique qui soit scientifiquement meilleure ou plus simple que toutes les autres, il paraît plus probable, ne fût-ce qu'en raison des symétries et des dualités, qu'une multitude de théories pourront prétendre à la première place. La méthode scientifique est le chemin pour trouver la vérité, mais elle ne fournit pas, même en principe, une définition unique de la vérité. Toute définition dite "pragmatique" de la vérité est condamnée à échouer semblablement[58]. »

---

55. « Supposons qu'une expérience ait donné un résultat contraire à une théorie couramment admise dans une science naturelle quelconque. La théorie est constituée d'un ensemble d'hypothèses conjointes ou est réductible à un tel ensemble. Le mieux que l'expérience puisse montrer est qu'au moins une des hypothèses est fausse ; elle ne montre pas laquelle. C'est seulement la théorie comme un tout, et non l'une quelconque de ses hypothèses, qui admet une confirmation ou une infirmation dans l'observation et l'expérience. Et quelle est l'étendue d'une théorie ? Aucune partie de la science n'est complètement isolée du reste. » Quine [1970]. Le holisme sémantique, selon lequel l'unité de signification est la science tout entière découle logiquement du holisme épistémologique (qui est en fait décrit par la citation ci-dessus) et du critère vérificationniste de la signification. Il est cependant incompatible avec la thèse de sous-détermination des théories et Quine sera conduit à l'affaiblir (Gochet [1978]).

56. Gochet [1978], p. 24.

57. Comme il le dit : « La totalité de ce qu'il est convenu d'appeler notre savoir ou nos croyances, des faits les plus anecdotiques de l'histoire et de la géographie aux lois les plus profondes de la physique atomique ou même des mathématiques pures et de la logique, est une étoffe tissée par l'homme, et donc le contact avec l'expérience ne se fait qu'aux contours. » Quine [1953], traduit par P. Jacob dans Jacob [1980], p. 108.

58. Quine [1960], trad. fr., p. 54.

Cela signifie que plusieurs théories contradictoires entre elles peuvent cependant être en conformité non seulement avec toutes les expériences faites mais aussi avec toutes celles possibles en droit. Même si nous disposions des comptes rendus de toutes les expériences possibles concernant le monde, il serait selon lui possible de construire plusieurs théories qui rendraient compte de ces observations et qui seraient cependant incompatibles. C'est la thèse de la sous-détermination des théories par l'expérience. En conséquence, on a toute liberté pour effectuer le réajustement voulu à un endroit quelconque du champ de la science. Aucune expérience particulière n'est liée à un énoncé particulier et c'est donc une erreur de parler du contenu empirique d'un énoncé particulier. On peut toujours préserver la vérité d'un énoncé particulier quel qu'il soit en faisant des réajustements qui peuvent même toucher les énoncés de la logique. Aucun énoncé n'est à l'abri d'une éventuelle révision, seul le pragmatisme nous dicte quels sont les énoncés que nous avons intérêt à réviser.

Quine prend ainsi l'exemple d'un biologiste qui aurait effectué, à partir d'une douzaine d'hypothèses, une prédiction erronée en biologie moléculaire[59]. Quels énoncés va-t-il réviser ? Il préférera examiner de près la demi-douzaine d'énoncés qui appartiennent à la biologie moléculaire plutôt que de remettre en cause la demi-douzaine de ceux qui appartiennent aux mathématiques, à la logique ou qui concernent le comportement des corps. Il est même probable qu'il se concentrera sur l'énoncé de biologie qui lui paraît le plus contestable. La stratégie la plus raisonnable est celle de mutilation minimale. Cela étant, en cas de difficulté, rien n'interdit qu'il révise une hypothèse plus profondément enracinée. Il est même possible, pour s'accommoder d'une expérience récalcitrante, de réviser les énoncés concernant l'existence de maisons de brique ou la non-existence des centaures, bien qu'on impute en général « une référence empirique plus saillante à ces énoncés qu'aux énoncés abstraits de la physique, de la logique ou de l'ontologie[60] ».

Les idées de Quine sont bien sûr dévastatrices pour l'empirisme logique tel que nous l'avons présenté mais au-delà, elles inaugurent une vision du monde qui refuse au savoir toute certitude assurée et qui remet en cause le statut même de la réalité extérieure. Quine est instrumentaliste : pour lui, la science n'est que le discours le plus commode et le plus simple en adéquation avec nos expériences. Les objets physiques ne sont que des entités intermédiaires que nous postulons pour que les lois que nous énonçons soient les plus simples possibles, mais rien ne nous garantit que leur existence est plus réelle que celle des dieux de l'Antiquité. De plus, la sous-détermination des théories interdit de penser que même si une théorie « colle » parfaitement aux observations passées, présentes et futures, sa structure

---

59. Quine [1970].
60. Quine [1953], traduit par P. Jacob dans Jacob [1980], p. 110.

est un fidèle reflet de la réalité telle qu'elle est. En effet, une autre théorie, incompatible avec la première, peut très bien « coller » tout aussi bien. Dans ce cas, qu'en déduire sur la structure de la réalité ? Il faut donc abandonner l'espoir de fonder la science sur des bases certaines, de considérer que nous avons un moyen de savoir si un énoncé isolé est vrai et même de projeter la structure d'une théorie qui marche sur la structure d'une prétendue réalité. Les composantes de la réalité ne sont que des entités hypothétiques postulées par commodité et n'importe quel énoncé du corpus scientifique, jusqu'aux lois les plus profondes de la logique, peut être remis en question. Face à cette situation, Quine n'abandonne cependant pas l'empirisme. Il prône un pragmatisme permettant de considérer la science comme un instrument permettant de s'y retrouver dans l'expérience empirique.

1.4. QUE RESTE-T-IL DE L'EMPIRISME LOGIQUE ?

À ce stade, on se rend compte que les difficultés que rencontrent les conceptions originelles des positivistes logiques sont plus que de simples objections éliminables par de légers aménagements. Elles sont en fait symptomatiques de maladies plus profondes qui touchent l'essence même du projet fondationnaliste.

1) Le concept d'énoncés observationnels sur lesquels on peut faire reposer de manière sûre l'édifice scientifique ne peut être maintenu face aux critiques initiales de Neurath et à celles ultérieures de Popper et Quine. C'est le problème de la base empirique sur lequel nous aurons l'occasion de revenir. Il suffit pour le moment de constater qu'il semble impossible de faire reposer la science sur l'observation de telle manière qu'aucun doute n'existe quant à ses énoncés de base. Pourtant, sur quelle autre base pourrait-on s'appuyer si l'on souhaite débuter la construction scientifique par des fondations fermes ?

2) Le vocabulaire de la science ne peut être réduit à un vocabulaire ne faisant appel qu'à des entités observables. Certains termes, comme les prédicats dispositionnels, sont irréductibles et leur définition ne peut être donnée formellement de manière satisfaisante. La critique de Popper montre même que tous les prédicats descriptifs sont dispositionnels et qu'il faut donc abandonner l'idée de pouvoir traduire quelque terme théorique que ce soit (comme « champ » ou « électron ») en vocabulaire observationnel. La distinction, fondamentale pour les positivistes logiques, entre théorie et observation disparaît. Au-delà même de la question de l'irréfutabilité de la base empirique, la science n'est donc pas décomposable en une partie observationnelle et une partie théorique. C'est un mélange intime des deux.

3) La possibilité de s'assurer de manière définitive de la vérité d'une théorie doit être abandonnée. Une théorie doit, au mieux, être

considérée comme une simple hypothèse qu'on peut s'efforcer de confirmer. Mais le concept même de confirmation est sujet à des difficultés qui empêchent de le préciser de manière non ambiguë. La construction d'une logique inductive dans le but de formaliser la confirmation est un échec. De plus, il n'est même pas possible de considérer qu'une hypothèse individuelle possède un contenu empirique et c'est l'ensemble complet du savoir qui est l'unité sémantique de base dont n'importe quelle partie est susceptible d'être remise en question.

4) La possibilité de définir un critère définitif, permettant au moins de caractériser le discours scientifique par rapport à tout autre type de discours, métaphysique, théologique ou charlatanesque, paraît rencontrer des obstacles insurmontables.

5) Le statut ontologique des objets physiques se voit ramené à celui des chimères, tout juste peut-on considérer qu'il en diffère par une question de degré.

6) Enfin, la possibilité de construire des théories incompatibles, rendant compte aussi bien de l'ensemble des observations possibles, enlève tout espoir de connaître la structure intime de la réalité en supposant que la structure de la théorie en est le fidèle reflet.

Les multiples critiques contre le positivisme logique qui se sont succédé jusque dans les années 1970, ont conduit à une situation complexe dans laquelle un grand nombre de positions différentes ont été défendues. Il n'exista plus de manière unique et consensuelle de parler de la science mais on assista plutôt à la naissance d'une multitude de visions divergentes, chacune prétendant en quelque sorte pallier les défauts du positivisme logique. Ce n'est pas le but, ici, de décrire en détail les différentes sortes d'épistémologie qui ont été avancées : réhabilitation de l'étude de l'histoire et de la sociologie des sciences qui avaient été écartées par le Cercle de Vienne (T. Kuhn), réalisme scientifique (H. Putnam, R. Boyd), théorie anarchiste de la connaissance (P. Feyerabend), relativisme, scepticisme, etc. Nous aurons l'occasion d'y revenir dans la dernière partie de ce livre, de présenter et de commenter les positions les plus représentatives et d'examiner à la lumière des connaissances scientifiques qui seront présentées si elles se révèlent pertinentes ou contradictoires.

Le projet fondationnaliste des positivistes logiques et l'espoir que la science nous permette de connaître de manière assurée la structure du monde doivent donc être abandonnés et avec eux tout projet de même nature qui se heurterait à des difficultés identiques. L'échec du positivisme logique conduit en apparence au dilemme consistant à devoir choisir entre une attitude résolument sceptique (nous ne pouvons fonder rationnellement nos croyances) et une attitude dogmatique consistant à accepter un certain nombre de postulats comme évidents et ne demandant pas à être justifiés (par exemple, la croyance que nos théories reflètent réellement la structure du monde). Nous verrons progressivement dans ce qui suit que les réflexions des epistémologues ultérieurs ainsi que les avancées faites par les scientifiques, loin de donner un espoir d'arriver un jour à résoudre ces difficultés, n'ont fait qu'accentuer l'écart entre la certitude qu'on souhaiterait pouvoir attribuer à la science et le statut objectif qu'il convient en fait de lui concéder.

CHAPITRE 2

Le programme de Hilbert et les indécidables

Est-il possible de raisonner sur des objets qui ne peuvent être définis en un nombre fini de mots ? [...] Quant à moi, je n'hésite pas à répondre que ce sont de purs néants[1].

Du paradis créé pour nous par Cantor, nul ne doit pouvoir nous chasser[2].

2.1. LA CERTITUDE EN MATHÉMATIQUES

Le chapitre précédent nous a montré que les tentatives des positivistes logiques pour fonder les sciences empiriques, comme la physique, sur des bases solides et irréfutables avaient échoué. Les sciences de la nature conservent une part irréductible d'incertitude tant dans leurs assises que dans leur construction. Bien sûr, cette part rejaillit sur le statut de fiabilité ou de confiance qu'on peut accorder à la description de la nature ou aux prédictions qu'elles fournissent. D'un côté, nous n'avons aucun moyen d'être définitivement assurés que ce que nous dit la science représente la vérité et les acquis restent toujours susceptibles d'une remise en question. De l'autre, toutes les « propriétés de la réalité » ne relèvent pas nécessairement du domaine accessible à la science. Il est cependant possible de considérer que cela est dû au fait que les sciences empiriques traitent du monde extérieur, que celui-ci nous résiste et que l'absence d'assurance à laquelle nous sommes conduits vient de ce que notre cerveau n'est pas assez puissant pour comprendre pleinement le monde qui nous entoure[3].

---

1. Poincaré [1909].
2. Hilbert [1926].
3. Ce réconfort ne nous satisfera bien entendu nullement et nous reviendrons largement dans les chapitres suivants sur l'analyse de ces problèmes que nous écartons momentanément.

Il est en revanche un domaine où il semble que notre exigence de certitude doit être pleinement satisfaite, c'est celui du raisonnement mathématique. En effet, le raisonnement mathématique est le type de raisonnement qui, par excellence, symbolise la rigueur et la sûreté. Les mathématiques traitent apparemment de constructions, sinon issues de notre esprit[4], du moins que nous semblons maîtriser et en conséquence, les réserves qu'on peut émettre concernant les sciences de la nature ne s'y appliquent pas. Comme le dit Dugald Stewart (cité par Blanché [1970]) : « En mathématiques nos raisonnements ont pour but, non de constater des vérités concernant des existences réelles, mais de déterminer la filiation logique des conséquences qui découlent d'une hypothèse donnée. Si, partant de cette hypothèse, nous raisonnons avec exactitude, il est manifeste que rien ne saurait manquer à l'évidence du résultat ; car ce résultat se borne à affirmer une liaison nécessaire entre la supposition et la conclusion... On ne peut dire de ces conclusions qu'elles sont vraies et fausses, au moins dans le sens où on le dit des propositions relatives aux faits... Lorsqu'on dit de ces propositions qu'elles sont les unes vraies, les autres fausses, ces épithètes se rapportent uniquement à leur connexion avec les data, non à leur relation avec des choses actuellement existantes ou à des événements futurs. »

Les mathématiques doivent donc être le socle indubitable sur lequel nous pouvons asseoir l'ensemble de nos raisonnements. C'est ce que pense jusqu'à la fin du siècle dernier la quasi-totalité des mathématiciens et des philosophes. Les mathématiques et la logique sont considérées comme des sciences dont la sûreté et la fiabilité ne sauraient être mises en doute. Jamais, avant le début du XXe siècle, les mathématiciens ou les logiciens n'ont rencontré de contradictions qu'ils n'aient réussi à éliminer après avoir construit un raisonnement correct[5]. De prémisses supposées vraies, la logique ne peut tirer que des conclusions elles-mêmes vraies si ces conclusions sont tirées *dans les règles*. Les mathématiques, s'appuyant sur la logique pour construire toutes les démonstrations de théorèmes, héritent de la sûreté de celle-ci et le mathématicien qui démontre un théorème en respectant scrupuleusement les règles de la logique est assuré que le

---

4. Il existe un débat ouvert entre les mathématiciens réalistes ou platoniciens qui considèrent que les mathématiques ne font que découvrir des entités qui existent au-delà de nous et indépendamment des constructions qu'on peut en faire, et ceux qui pensent au contraire que seuls existent les objets mathématiques que nous construisons. Ce débat, toujours vivant, est une des causes de désaccord sur l'attitude correcte à adopter vis-à-vis des fondements des mathématiques. Nous en verrons plusieurs exemples dans ce chapitre. Pour une discussion non technique, mais imagée de ces deux points de vue, on pourra consulter le débat entre J.-P. Changeux et A. Connes dans Changeux [1989].

5. Les mathématiques ont bien sûr connu de nombreuses crises dans l'histoire comme l'introduction des irrationnels par les Grecs ou des infinitésimaux au début du XIXe siècle, mais il a toujours été possible d'éliminer les difficultés soulevées sans avoir à faire de remise en cause trop profonde.

théorème est vrai. Cela veut dire qu'à partir de prémisses posées vraies au départ, les théorèmes qui s'en déduisent sont eux-mêmes à l'abri de tout soupçon. Cette foi est particulièrement bien exprimée par David Hilbert dans le passage suivant[6] : « Qu'en serait-il de la vérité de notre connaissance, des progrès de la science si la mathématique ne donnait pas de vérité sûre ? [...] La théorie de la démonstration renforce la conviction de l'absence de toute limite à la compréhension mathématique ; [...] en mathématiques, il n'existe pas de question à laquelle on ne puisse répondre que par un ignorabimus définitif ; il existe une réponse à toute question sensée. »

C'est ainsi qu'il propose son célèbre programme en voulant montrer que toute démonstration mathématique peut se ramener à un ensemble fini d'applications de règles simples de telle sorte que, d'une part, on soit assuré de la cohérence de ces règles (c'est l'assurance de la non-contradiction ou consistance) et que, d'autre part, tout ce qui est vrai soit démontrable de cette façon (c'est l'exigence de complétude). Lors d'une conférence, il s'exprime ainsi[7] : « Je voudrais réduire tout énoncé mathématique à la présentation concrète d'une formule obtenue rigoureusement et donner ainsi aux notions et déductions mathématiques une forme irréfutable montrant bien l'ensemble de la science. Je pense pouvoir atteindre ce but avec ma théorie de la démonstration. »

Le programme de Hilbert était une réaction à l'orage des antinomies qui avait éclaté en théorie des ensembles construite par Georg Cantor et qui se matérialisait par la découverte de contradictions internes fortes dans ses concepts ainsi que dans la logique elle-même. Ces contradictions aboutissaient à des paradoxes graves que les mathématiciens ne réussirent à éliminer qu'après de profondes transformations qui conduisirent à une refonte de la théorie des ensembles et plus généralement à une remise en cause totale du rôle de l'intuition en mathématiques. Celle-ci fut remplacée par le recours à une formalisation beaucoup plus poussée tant des mathématiques que de la logique, et cette formalisation permit de montrer qu'il existe des limites à la puissance de démonstration des mathématiques. Le résultat le plus connu, dû à Gödel, consiste à montrer que quel que soit le système formel grâce auquel on axiomatise l'arithmétique, il existe toujours des propositions vraies mais indécidables[8]. Cela introduit une limite inhérente au formalisme et établit donc une différence, à l'intérieur de tout système, entre ce qui est vrai et ce qu'on peut démontrer.

De plus, Gödel démontra dans un second théorème que la consistance de tout système formel décrivant l'arithmétique est elle-même une proposition indécidable de ce système. Il est donc impossible

---

6. Hilbert [1929].
7. Cité dans l'appendice IX de la traduction française de Hilbert [1899].
8. C'est-à-dire qu'on ne peut ni prouver ni réfuter à l'intérieur de ce système.

de prouver que l'arithmétique n'est pas contradictoire en s'appuyant seulement sur le formalisme qui décrit l'arithmétique (sauf dans l'hypothèse où l'arithmétique est incohérente). On se rendit compte par la suite que le domaine des propositions indécidables est beaucoup plus étendu en mathématiques qu'on pouvait le croire et la situation actuelle consiste donc en ce que, même en mathématiques ou en logique, il est impossible d'être assuré qu'on ne démontrera jamais une contradiction (problème de la consistance[9]) ou que ce qui est vrai est démontrable (problème de la complétude). Nous allons dans ce qui suit, à partir d'une présentation des difficultés auxquelles se sont heurtées les anciennes théories, décrire les travaux qui ont conduit aux résultats évoqués ci-dessus et dont la conséquence a été de faire évoluer les conceptions vers des positions aux prétentions beaucoup plus modestes.

Nous commencerons par évoquer les difficultés qui sont apparues dans les anciennes théories (§ 2.2), nous donnerons ensuite les éléments techniques sur les systèmes formels nécessaires pour une compréhension des théorèmes de limitation (§ 2.3), nous exposerons alors le théorème de Gödel (§ 2.4) et terminerons par une liste d'indécidables plus récemment découvertes (§ 2.5).

2.2. LES DIFFICULTÉS DES ANCIENNES THÉORIES

Nous présentons dans ce paragraphe une brève approche historique des difficultés successives auxquelles les mathématiciens ont dû faire face dans leur recherche d'une plus grande rigueur dans la construction des théories. La découverte de propriétés contre-intuitives et le doute qu'elles ont semé dans l'esprit de certains ont été à l'origine d'une exigence accrue vis-à-vis des procédés permettant d'obtenir ces preuves. Telle preuve qui semblait convaincante aux uns semblait dépourvue de sens aux autres. Comme nous le verrons, une grande part de ces difficultés est issue du concept d'infini actuel, c'est-à-dire de l'infini considéré comme un tout achevé et non comme une simple potentialité[10]. Dans ce domaine, le recours à l'intuition est trompeur et celle des uns se trouve en contradiction avec celle des autres. Il a donc été nécessaire de bâtir progressivement des formalismes y faisant appel le moins possible et reposant sur des mécanismes ne pouvant être raisonnablement mis en doute. Cette démarche a conduit, au début du siècle, à une révolution conceptuelle majeure dans les fondements des mathématiques et abouti à la construction de la logique moderne. Cette évolution ne s'est toutefois pas faite sans heurts et les plus grands mathématiciens ont émis des objections

---

9. Plus précisément, il est impossible d'être assuré qu'on ne démontrera jamais une proposition et sa négation.
10. Voir à ce sujet l'analyse donnée dans Feferman [1987].

quelquefois ironiques sur les systèmes formels proposés. Qu'on se rappelle le commentaire de Poincaré[11] sur l'axiomatisation de l'arithmétique proposée par Peano : « Définition éminemment propre à donner une idée du nombre 1 aux personnes qui n'en auraient jamais entendu parler ! »

Ce qui suit ne saurait être exhaustif et vise seulement à permettre au lecteur de comprendre les motivations qui ont conduit les mathématiciens à élaborer des systèmes de plus en plus sophistiqués dans leur recherche de théories dans lesquelles ils pouvaient placer leur confiance. Nous passerons successivement en revue la géométrie, la théorie des ensembles puis la logique.

La géométrie euclidienne

Longtemps, la géométrie d'Euclide a été considérée comme un modèle de rigueur mathématique. Les *Éléments* d'Euclide reposent sur un petit nombre de postulats qui semblent tous parfaitement clairs et évidents. Les définitions sont explicitement énoncées et les démonstrations suivent les règles de la logique. Cependant, le système d'Euclide n'est pas exempt de défauts dont Euclide lui-même était en partie conscient. Tout d'abord, les termes qu'il emploie (point, droite, etc.) ne sont pas déconnectés de leur signification intuitive mais sont réellement associés à ce qu'on entend habituellement par eux. Euclide utilise des figures pour ses démonstrations et fait donc un appel manifeste à l'intuition. Pour lui, la géométrie n'est que la description mathématique de l'espace réel dans lequel nous vivons. Il en résulte qu'il utilise implicitement un grand nombre de propriétés qui sont évidentes sur les figures mais qui ne sont explicitées nulle part dans son système d'axiomes.

Dans sa première proposition, par exemple, il construit un triangle équilatéral sur un segment de droite donné AB. Pour cela, il décrit deux cercles de rayon AB, l'un ayant A comme centre et l'autre B. Les deux points M et M' où les cercles se croisent peuvent être le troisième sommet. Mais s'il est évident sur la figure que les cercles se croisent, cela n'est pas démontré rigoureusement. Ce défaut est présent de manière récurrente dans ses démonstrations et concerne plusieurs propriétés de différentes natures. C'est compréhensible puisqu'il pense que la géométrie décrit le monde réel et que par conséquent ces propriétés vont de soi car elles sont vraies. Par ailleurs, les postulats de départ sont au nombre de cinq et le cinquième postulat (« par un point hors d'une droite, il ne passe qu'une parallèle à cette droite ») n'a pas le même statut que les autres. Euclide a pu s'en passer pour démontrer ses 28 premières propositions et il n'y a recours pour démontrer la 29e que parce qu'il échoue à la démontrer à partir des quatre autres.

---

11. Poincaré [1908].

Les très nombreuses tentatives pour démontrer le cinquième postulat sur la base des autres axiomes d'Euclide échouèrent toutes. Les premiers essais de démonstration étaient directs, il s'agissait de déduire ce postulat des autres. Devant les échecs répétés, les mathématiciens essayèrent de le démontrer par l'absurde. Il s'agissait alors d'ajouter aux quatre premiers postulats la négation du cinquième et de tenter de montrer que le système obtenu était contradictoire. Mais là encore, cette stratégie échoua et aboutit au contraire à constater (aux alentours de la moitié du XIXe siècle) que les géométries construites en niant le cinquième postulat, soit en supposant que par un point extérieur à une droite ne passe aucune parallèle à cette droite[12] (géométrie de Riemann), soit en supposant qu'il en passe une infinité (géométrie de Lobatchevsky), semblaient tout aussi valides que la géométrie euclidienne classique. Il en résulta que l'axiome des parallèles devait être considéré comme indépendant des quatre autres au sens où il est possible de construire un système apparemment cohérent en ajoutant cet axiome, ou bien sa négation, aux autres axiomes. Il est donc vain d'essayer de le démontrer à partir des quatre premiers.

Il en résulta un profond changement dans la manière de considérer la géométrie, changement qui culmina dans l'axiomatisation de Hilbert. L'existence des géométries non-euclidiennes montra que la géométrie ne peut prétendre faire reposer sa validité sur son adéquation avec le réel. La cohérence de la géométrie doit reposer sur sa structure logique. Il devint alors clair que le recours à l'intuition devait être éliminé dans toute la mesure du possible. La nécessité de bâtir un formalisme suffisamment rigoureux pour qu'en l'utilisant à la lettre, on soit assuré de ne jamais aboutir à des contradictions s'imposa. Les efforts furent donc dirigés vers l'axiomatisation formelle de la théorie.

L'axiomatisation de la géométrie par Hilbert

L'insuffisance du système d'Euclide était apparue à de multiples reprises dans l'histoire. Comme on l'a dit, les échecs répétés de démonstration de l'axiome des parallèles avaient abouti à la construction des géométries non-euclidiennes par K.F. Gauss, J. Bolyai et N. Lobatchevski puis par B. Riemann au XIXe siècle. Dans ces géométries, les vérités intuitives sur l'espace que prétendait fournir la géométrie euclidienne sont remplacées par diverses propositions contre-intuitives[13]. Mais la question demeurait de savoir si ces

---

12. Si on veut être précis, la construction de la géométrie de Riemann demande une modification plus forte car les axiomes d'Euclide sans le 5e impliquent l'existence d'au moins une parallèle. Les cas de la géométrie de Riemann et de Lobatchevsky ne sont donc pas rigoureusement symétriques. Je suis redevable à J. Dubucs pour cette précision.

13. L'intuition était aussi mise en défaut dans d'autres branches des mathématiques (démonstration par Peano du fait qu'une courbe peut remplir la surface d'un carré ou par Weierstrass de l'existence de fonctions continues sans dérivées).

nouvelles constructions étaient exemptes de contradiction. Les travaux de E. Beltrami, F. Klein et H. Poincaré ont montré plus tard que les géométries euclidiennes et non-euclidiennes étaient solidaires. Elles sont ou bien toutes consistantes ou bien aucune ne l'est. Il était donc primordial de montrer que la géométrie euclidienne ne renfermait aucune contradiction. En 1882, Pasch tente la première axiomatisation rigoureuse de la géométrie.

Il explicite les conditions auxquelles doit satisfaire un exposé déductif[14] :

1. Énoncer explicitement les termes premiers à l'aide desquels on se propose de définir tous les autres.

2. Énoncer explicitement les propositions premières à l'aide desquelles on se propose de démontrer toutes les autres.

3. Que les relations énoncées entre les termes premiers soient de pures relations logiques indépendantes du sens concret qu'on peut donner aux termes.

4. Que seules ces relations interviennent dans les démonstrations, indépendamment du sens des termes (ne rien emprunter à la considération des figures).

Mais Pasch reste attaché à une conception selon laquelle les axiomes sont suggérés par l'observation du monde extérieur.

C'est Hilbert[15] qui résout totalement le problème en 1899. Il construit pour cela un système formel dans lequel il explicite tous les axiomes utilisés pour les démonstrations et les répartit en cinq groupes selon leur nature. Le premier groupe, qui constitue la géométrie projective, rassemble les axiomes qui traitent des liaisons entre le point, la droite et le plan. Le second groupe est de nature topologique et traite de la relation « être entre ». Le troisième groupe contient les axiomes d'égalité géométrique. Le quatrième groupe est limité à un seul axiome, celui des parallèles. Enfin le cinquième groupe concerne les axiomes de continuité et contient l'axiome d'Archimède selon lequel en ajoutant sur une droite un segment plusieurs fois à lui-même à partir d'un point A, on finira par dépasser tout point B situé du même côté sur cette droite. En outre, Hilbert fait un pas de plus en s'interrogeant sur l'indépendance de ses axiomes, c'est-à-dire sur le fait de déterminer ceux qui sont liés entre eux. Un axiome est indépendant des autres si le système obtenu en ajoutant sa négation aux autres axiomes n'est pas contradictoire. Cela le conduit à construire plusieurs géométries nouvelles, les géométries non-euclidiennes bien sûr, qui prouvent l'indépendance de l'axiome des parallèles, mais aussi des géométries non-archimédiennes, ce qui permet de prouver l'indépendance de l'axiome d'Archimède.

Il ramène enfin et surtout le problème de la consistance de la géométrie à celui de la consistance des théories antérieures qu'il uti-

---

14. Pasch [1882], cité par Blanché [1970].
15. Hilbert [1899].

lise. En effet, Il est important de remarquer que l'axiomatisation d'une théorie s'appuie nécessairement sur un minimum de connaissances antérieures. On ne peut partir de zéro. L'axiomatisation de la géométrie suppose données la logique et l'arithmétique sans lesquelles il est impossible de construire un raisonnement déductif ou d'énoncer une proposition géométrique quelconque. Hilbert travaille aussi avec les nombres réels qu'il suppose donnés. Sa démonstration de consistance de la géométrie se situe donc à l'intérieur d'un cadre dont il suppose la consistance (c'est ce qu'on appelle « une démonstration de consistance relative »). En langage moderne, on dirait que ce cadre est la théorie des ensembles de Zermelo Fraenkel (dite « théorie ZF ») que nous présenterons plus loin (et que bien sûr Hilbert ne pouvait connaître à l'époque !). Le fait de ramener la démonstration de la consistance de la géométrie à celle d'une théorie antérieure permet donc de remonter d'un niveau dans la hiérarchie des théories et de faire hériter la géométrie de la confiance qu'on a dans la théorie antérieure. Mais quelle que soit cette confiance, une démonstration rigoureuse de la consistance de cette théorie reste à trouver.

La nécessité de la formalisation

L'axiomatisation de Hilbert est certes un immense pas en avant dans la recherche de rigueur qui est celle du début du siècle. Mais elle n'est pas encore totalement dégagée des images intuitives liées au sens concret des termes utilisés. Hilbert utilise des figures pour illustrer son texte. Ainsi, même si l'on ne peut reprocher à Hilbert d'avoir succombé aux erreurs qu'a commises Euclide, son axiomatique ne pousse pas la formalisation jusqu'au bout et court le risque que s'introduise subrepticement dans les raisonnements un maillon issu d'une propriété intuitivement évidente mais non explicitée dans les axiomes. C'est la raison pour laquelle les mathématiciens ont cherché progressivement à formaliser les axiomatiques le plus complètement possible en supprimant tout recours à des noms pouvant évoquer un sens concret et en utilisant exclusivement une forme symbolique pour exprimer les entités et les axiomes du formalisme. En guise de boutade, Hilbert a affirmé : « Au lieu des mots : points, droites, plan, en géométrie, on doit pouvoir dire sans inconvénient : tables, chaises, verre de bière ! »

Les axiomes deviennent alors les règles régissant les relations entre les symboles. Par exemple, on notera les droites par des lettres majuscules, les points par des minuscules et on notera l'intersection de deux droites par le symbole « $\cap$ ». La phrase « les deux droites A et B se coupent en un point c » deviendra alors « A $\cap$ B = c ». Exprimée sous cette forme, le danger d'un éventuel dérapage intuitif lié à l'image qu'on peut avoir d'une droite ou d'un point devient moins probable. Par ailleurs, on découvre qu'ainsi formalisé, le système obtenu peut représenter d'autres modèles que celui qui a conduit à sa construction. Les axiomes de la géométrie projective peuvent par exemple être interprétés en permutant les termes de droite et de plan. Ce qui signifie que lorsqu'ils sont formalisés, les mêmes axiomes restent valables si on fait correspondre certains symboles à des droites et d'autres à des plans mais, aussi, si on inverse les assignations. La même axiomatique peut donc s'appliquer à différents modèles. L'axiomatique formalisée devient indépendante du sens des symboles qu'elle utilise. C'est ce qui a conduit Russell à dire : « La mathématique est une science où on ne sait jamais de quoi on parle ni si ce qu'on dit est vrai. »

Nous reviendrons plus loin sur cet aspect important. Passons maintenant à une autre théorie fondamentale, celle de la théorie des ensembles.

La théorie des ensembles de Cantor

La théorie des ensembles a été construite durant le dernier quart du XIXe siècle par Georg Cantor. Son apport décisif concerne les ensembles infinis. Il serait trop long d'entrer ici dans l'analyse des difficultés qu'ont rencontrées les mathématiciens dans leur utilisation de l'infini depuis l'Antiquité. On sait que l'utilisation sans précaution de ce concept a conduit à de nombreux paradoxes dont l'un des plus anciens et des plus célèbres est celui de Zénon d'Élée[16]. Au XIXe siècle, suite aux travaux de Cauchy, de Bolzano et surtout de Weierstrass, l'infini avait acquis un statut moins problématique et l'analyse mathématique y faisait appel d'une manière efficace pour tout ce qui concerne les limites de suites et la convergence des séries[17]. Il restait cependant une controverse concernant le fait de décider si l'infini devait être considéré en tant que potentialité, c'est-à-dire comme possibilité de rajouter toujours de nouveaux objets ou comme actualité, c'est-à-dire comme collection d'une infinité d'objets existant simultanément à un moment donné. Dedekind avait apporté un éclaircissement important en adoptant comme définition des ensembles infinis une propriété, mise en avant par Bozano[18]. Cette propriété qui stipule qu'un ensemble infini peut être mis en correspondance biunivoque avec un de ses sous-ensembles propres[19] est actuellement considérée comme la caractéristique essentielle des ensembles infinis. Il est par exemple possible de mettre en correspondance biunivoque l'ensemble des nombres entiers N avec l'ensemble des nombres pairs qui y est pourtant strictement inclus. Il suffit de considérer la relation qui met chaque nombre entier

---

16. Selon lequel Achille ne rattrapera jamais la tortue qui est devant lui puisqu'il lui faudra d'abord parcourir la moitié de la distance qui les sépare, puis le quart, puis le huitième et ainsi de suite à l'infini.

17. Weierstrass avait réussi à éliminer le concept problématique de grandeur infinitésimale mais il avait besoin de l'ensemble des nombres réels.

18. Bolzano [1851].

19. Une correspondance entre deux ensembles A et B est dite biunivoque si à chaque élément de A on peut faire correspondre un et un seul élément de B et vice-versa. Un sous-ensemble d'un ensemble E est dit propre s'il est contenu dans E et différent de E.

en correspondance avec son double. Mais cela ne règle pas la question de l'infini actuel. Une telle correspondance peut être simplement conçue comme la possibilité de répéter indéfiniment une opération comme celle de mettre en correspondance un nombre et son double. Elle n'assure nullement la légitimité de considérer l'ensemble des nombres entiers comme un tout achevé, comme une donnée actuelle. Cette difficulté est essentielle dans la mesure où s'il est impossible de penser l'ensemble des entiers comme une totalité donnée, la situation est encore pire pour l'ensemble des nombres réels sans lesquels pourtant l'analyse mathématique s'effondrerait.

Les travaux de Cantor jettent les nouvelles bases d'une théorie des ensembles infinis. Cantor donne une définition[20] de la notion d'ensemble qui est intuitive : « Par ensemble, j'entends toute collection, dans un tout M, d'objets définis et distincts (qui seront appelés les éléments de M) de notre intuition ou de notre pensée. »

Il est clair que cette définition du mot « ensemble » par le mot « collection » comporte un aspect circulaire. Mais comme nous l'avons vu plus haut pour la géométrie, cela n'est pas grave si les règles d'utilisation des concepts sont non ambiguës puisque la définition dans ce cas ne joue aucun rôle opérationnel. L'impossibilité de définir précisément ce qu'on entend par « ensemble » et « élément » sans faire appel à des concepts qui supposent déjà acquises ces notions, n'empêche pas de construire une théorie de la manipulation des ensembles et des éléments qui, en retour, éclairera d'une certaine manière ce que sont les ensembles et les éléments. Comme le dit Boolos[21] pour un autre domaine : « Que nous soyons incapables de donner des définitions informatives de "non" ou de "il existe" n'empêche pas le développement de la logique quantifiée, qui nous fournit des informations significatives sur ces concepts. »

Selon la conception intuitive des ensembles, pour toute propriété P, comme « être rouge » ou « peser cent kilos » ou « être un nombre premier », qu'on appelle un « prédicat », il existe un ensemble qui est celui des objets satisfaisant cette propriété. Ainsi on peut considérer l'ensemble des objets rouges, celui des nombres pairs ou celui des nombres premiers. L'analyse de Cantor fait jouer un rôle important au concept de puissance. Deux ensembles ont même puissance s'il est possible de les mettre en correspondance biunivoque. Ainsi, l'ensemble des nombres entiers N et l'ensemble des nombres entiers pairs ont même puissance. Cantor démontre aussi que N a même puissance que l'ensemble des couples, des triplets, etc. de nombres entiers, ainsi que l'ensemble des nombres rationnels et des nombres algébriques[22]. Deux ensembles qui ont même puissance sont dits

---

20. Cantor [1895]
21. Boolos [1971].
22. Un nombre est dit algébrique s'il est solution d'une équation de type $ax^n + bx^{n-1} +...+k = 0$ où les coefficients sont entiers.

« équipotents » et un ensemble équipotent à N est dit « dénombrable ». La relation d'équipotence est une relation d'équivalence (elle est réflexive, symétrique, et transitive) et elle permet de définir des classes d'équivalence, c'est-à-dire des classes d'objets qui sont équivalents selon cette relation. Ainsi, tous les ensembles finis ayant le même nombre d'éléments sont équipotents et appartiennent à la même classe d'équivalence, tous les ensembles équipotents à N forment une classe d'équivalence, celle des ensembles dénombrables. Le nouveau concept de puissance d'un ensemble caractérise donc sa classe d'équivalence. Tous les ensembles équipotents à N et donc dénombrables seront dits avoir la puissance du dénombrable. Chaque puissance est désignée par ce qu'on appelle un nombre cardinal. Le cardinal d'un ensemble fini n'est autre que son nombre d'éléments. Le cardinal de N et de tous les ensembles dénombrables est noté $\aleph_0$ et il ne peut être un nombre fini puisqu'il est impossible de mettre N en correspondance biunivoque avec un ensemble fini. C'est le plus petit cardinal infini. Cantor invente le terme de transfini pour parler des cardinaux infinis comme $\aleph_0$.

Mais il va plus loin et prouve aussi que la puissance de l'ensemble des parties d'un ensemble, c'est-à-dire de l'ensemble des sous-ensembles de cet ensemble, est strictement supérieure à celle de l'ensemble lui-même. Pour les ensembles finis, cela est évident. Si A est l'ensemble {a, b, c}, l'ensemble des parties de A, noté $\wp(A)$ est l'ensemble {∅, {a},{b},{c},{a, b},{a, c},{b, c},{abc}}[23]. On voit facilement que si A possède n éléments, $\wp(A)$ en possédera 2^n, ce qui s'écrit $\text{Card}\,\wp(A) = 2^{\text{Card}A}$ où CardA symbolise la puissance de l'ensemble A. Cantor généralise ce résultat aux ensembles infinis en montrant que $\text{Card}\,\wp(A) = 2^{\text{Card}A} > \text{Card A}$ reste vraie quand A est un ensemble infini. Cela lui permet de montrer qu'il existe des ensembles de puissances croissantes supérieures au dénombrable. Il note $\aleph_1$ le plus petit cardinal strictement supérieur à $\aleph_0$ puis $\aleph_2$, $\aleph_3$, etc. la suite des cardinaux successifs.

Concernant les nombres réels, il montre qu'il est impossible de construire une correspondance biunivoque entre N et l'ensemble R des nombres réels[24]. N et R n'ont donc pas la même puissance et puisque N est inclus dans R, c'est que la puissance de R est supérieure à celle de N. On l'appelle « la puissance du continu ». Il est possible de démontrer que R peut être mis en correspondance biunivoque avec l'un quelconque de ses segments [a, b] ou avec R^2 ou

---

23. ∅ est l'ensemble vide ne contenant aucun élément.

24. La célèbre démonstration de Cantor s'appuie sur le procédé dit de diagonalisation par lequel en supposant définie une application biunivoque de N dans le segment [0,1] des réels, il est possible de montrer qu'il existe dans cet intervalle un nombre réel qui n'appartient pas à l'ensemble des images que l'application définit sur [0,1] en contradiction avec l'hypothèse. Mais la première démonstration de Cantor qui est publiée en 1874, s'appuie sur le principe des segments emboîtés. Voir, par exemple, Charraud [1994].

R^n pour tout entier n. Cela signifie par exemple qu'il est possible de faire correspondre tous les points d'un carré avec les points d'un de ses côtés. Il est possible de montrer que la puissance du continu est identique à celle de l'ensemble des parties de N, ce qui veut dire que le cardinal de R est $2^{\aleph_0}$. Il est alors naturel de se demander si $\aleph_1 = 2^{\aleph_0}$, c'est-à-dire de s'interroger pour savoir si dans la hiérarchie des puissances, la puissance du continu suit immédiatement la puissance du dénombrable. Autrement dit, il s'agit de répondre à la question « existe-t-il un infini compris strictement entre l'infini des nombres entiers et celui des nombres réels ? ». Répondre non, comme Cantor l'a fait, c'est admettre l'hypothèse dite « du continu ». Mais Cantor ne réussit jamais à la démontrer.[25]

Les antinomies de la théorie des ensembles

La théorie de Cantor représente un immense pas en avant dans la compréhension de l'infini. Russell[26] dira à son sujet en 1901 : « Zénon s'est occupé de trois problèmes [...] celui de l'infinitésimal, celui de l'infini et celui de la continuité [...]. De son époque à la nôtre, les plus grands esprits de chaque génération ont, chacun à leur tour, étudié ces problèmes, mais à parler sincèrement, sans aboutir à rien [...]. Weierstrass, Dedekind et Cantor [...] les ont complètement résolus. Leurs solutions sont si claires qu'elles ne laissent plus le moindre soupçon de difficulté. Ce fait est sans doute le plus grand dont notre époque peut se glorifier [...]. Le problème de l'infiniment petit a été résolu par Weierstrass, Dedekind a commencé la solution des deux autres et c'est Cantor qui l'a définitivement accomplie. »

Malheureusement, il apparut que sous la forme présentée ci-dessus qu'on appelle maintenant « la théorie naïve des ensembles », elle est contradictoire[27]. Des paradoxes graves furent énoncés qui montrèrent que malgré son aspect intuitif apparemment satisfaisant, la théorie engendrait des incohérences inacceptables.

Le plus connu des paradoxes est celui de Russell : Parmi les ensembles auxquels on peut penser, il y a l'ensemble des choses pensables. Cet ensemble, étant une chose pensable, fait partie de lui-même. Au contraire, l'ensemble des lettres du mot « théorie » est l'ensemble {t, h, é, o, r, i, e}. Cet ensemble n'est pas lui-même une lettre du mot « théorie ». Il n'est donc pas élément de lui-même. Considérons alors l'ensemble A des ensembles qui ne sont pas éléments

---

25. Nous y reviendrons plus loin. Disons tout de suite que Gödel et Cohen montreront plus tard qu'il n'est possible ni de la démontrer ni de la réfuter (elle est dite indécidable) dans le cadre de la Cela théorie de Zermelo Fraenkel qui est, comme nous le verrons plus loin, la théorie formelle qui a succédé à la construction de Cantor pour éviter les antinomies auxquelles elle conduisait.

26. Cité dans Bell [1961].

27. Voir le complément en fin de chapitre pour une présentation plus détaillée de la théorie naïve et des difficultés auxquelles elle conduit. Nous conseillons au lecteur d'aborder le complément après avoir lu l'ensemble de ce chapitre.

d'eux-mêmes. A est-il élément de lui-même ? Répondre non, c'est dire que l'ensemble A possède la propriété qui définit ses propres éléments et donc qu'il doit appartenir à A. Répondre oui, c'est dire qu'en tant qu'élément de A, il doit posséder la propriété qui définit ces éléments et donc qu'il n'appartient pas à lui-même. Dans les deux cas, on est conduit à une contradiction. Le paradoxe réside alors en ce qu'il n'est possible de répondre ni oui ni non à la question. Un deuxième paradoxe découvert par Russell est celui des prédicats qui ne s'appliquent pas à eux-mêmes. Le prédicat « court » s'applique à lui-même car « court » est un mot court. Il en est de même de « français ». En revanche, « long » ne s'applique pas à lui-même. Qualifions d'hétérologique un prédicat qui ne s'applique pas à lui-même. « Hétérologique » est un prédicat. Est-il hétérologique ou pas ? Si oui, il ne s'applique pas à lui-même donc il est hétérologique et s'applique à lui-même. Si non, il ne s'applique pas à lui-même et la même conclusion contradictoire s'ensuit. Il n'est donc encore possible de répondre ni oui ni non à la question.

D'autres paradoxes (comme celui du menteur qui dit « je mens » ou le paradoxe de Richard qui concerne « le plus petit nombre non définissable en moins de douze mots » qu'on a ainsi défini en onze mots ou celui de Burali-Forti[28] concernant l'ensemble de tous les ordinaux) font surgir de graves contradictions dans les constructions mathématiques de l'époque. Ces paradoxes s'appliquent à la théorie des ensembles mais, comme nous allons le voir, ils touchent aussi la logique.

La logique de Frege et de Russell et Whitehead

La logique sous la forme que lui avait donnée Aristote est restée sans changement notable pendant plus de deux mille ans. Entamé avec De Morgan[29], le renouveau de la logique aristotélicienne date véritablement de la parution, en 1847, de l'*Analyse mathématique de la logique* puis des *lois de la pensée* de Boole[30]. Le but de ce dernier était de proposer une notation nouvelle et de présenter le raisonnement sous la forme d'une algèbre permettant d'élargir et de faciliter les types possibles de déduction. Mais c'est Frege qui est considéré comme le père de la logique moderne[31]. Il publie en 1879 le *Begriffs-schrift*[32] qui est le début de la formalisation de la logique dans lequel il introduit les prédicats et les quantificateurs. Il est le premier à mettre en place les ingrédients d'un système formel indépendamment de toute interprétation[33]. Son

---

28. Voir le complément.
29. Morgan [1846].
30. Boole [1847] [1854].
31. Sur Frege, on pourra consulter Rouilhan [1988].
32. Frege [1879].
33. On verra plus loin ce que cela signifie précisément.

objectif s'inscrit dans le cadre du logicisme qui consiste à tenter de montrer que l'ensemble des mathématiques est réductible à la logique. En 1902, il est sur le point de publier son ouvrage définitif, le second volume des *Grundgesetze der arithmetik*, quand Russell découvre les paradoxes que nous avons présentés plus haut et les lui communique. Ces paradoxes montrent que la construction de Frege est défectueuse[34]. Or, la logique de Frege comme la théorie des ensembles se présentaient comme des théories qui se veulent à la base de la totalité des mathématiques et il était clair que quelque chose n'allait pas dans des théories où des paradoxes aussi manifestes peuvent survenir.

Frege publie alors le second volume des *Grundgesetze der arithmetik*[35] et Russell les *Principles of Mathematics*[36] en 1903. Dans ces deux livres, ils font état des paradoxes et essaient de trouver des parades. Mais celles-ci sont en fait insuffisantes. Puis, poursuivant dans la voie du logicisme, Russell publie avec Whitehead les *Principia Mathematica*[37] entre 1910 et 1913, un système formel qui contient la théorie des ensembles sous une forme appelée « théorie des types ». Elle réussit enfin à éviter les antinomies auxquelles étaient sujettes aussi bien la théorie originelle de Cantor que celle de Frege. L'essentiel des mathématiques de l'époque est réduit à cette théorie, ce qui permet à Russell de prétendre avoir réduit les mathématiques à la logique. Cette prétention n'est cependant pas considérée comme correcte car certains concepts indispensables à la théorie ne sont pas purement logiques[38]. Les *Principia* présentent néanmoins l'avantage de fournir le premier système formel échappant aux paradoxes et décrivant l'ensemble des mathématiques. C'est dans ce formalisme que Gödel fera la démonstration de ses théorèmes d'incomplétude. Zermelo, de son côté, proposa en 1908 une axiomatique de la théorie des ensembles qui fut complétée et améliorée par Fraenkel et Skolem durant les années 1920 et qui constitue aujourd'hui la théorie officielle des ensembles, appelée « théorie ZF[39] » dont on pense, sans pouvoir le démontrer, qu'elle est cohérente.

2.3. LES SYSTÈMES FORMELS MODERNES

La présentation historique précédente montre que l'évolution des exigences des mathématiciens quant aux fondements de leur discipline

---

34. Voir à ce sujet la correspondance Frege-Russell et l'introduction de De Rouilhan à cette correspondance dans Rivenc [1992].

35. Frege [1893-1903].

36. Russell [1903].

37. Whitehead [1913].

38. Voir à ce sujet la discussion introductive et les textes de Carnap [1931], Hempel [1945b] ou Quine [1954] dans Benaceraff [1991].

39. Voir le complément pour une présentation plus précise de la théorie ZF.

n'est pas une quête gratuite mais qu'elle est motivée par la considération impérative de ne pas tomber dans la contradiction. Cette évolution a engendré des découvertes surprenantes et contre-intuitives dont certaines se matérialisent sous la forme de théorèmes de limitation de ce qu'il est possible d'exiger d'un système formel. Ces théorèmes sont justement l'objet de ce chapitre. Afin de comprendre en quoi ils consistent précisément, il est nécessaire d'acquérir un minimum de compréhension technique sur les systèmes formels et la logique. Nous donnons dans ce qui suit une présentation sommaire des notions indispensables[40].

Les méthodes finitistes

Supposons donné un ensemble fini d'axiomes. La question de savoir s'il est cohérent (ou consistant), c'est-à-dire qu'on ne peut en déduire aucune contradiction, est évidemment essentielle si l'on veut utiliser ces axiomes pour en tirer des conséquences. S'il est possible de trouver un modèle de ces axiomes[41], c'est-à-dire un ensemble d'objets tel que les axiomes sont vrais pour eux, alors il semble qu'on sera assuré que les axiomes sont cohérents. Un exemple simple, emprunté à Nagel et Newman[42], permet une première approche de ces questions. Considérons les axiomes suivants concernant deux classes d'objets K et L :

— tous les membres de K pris 2 à 2 sont contenus dans un seul membre de L

— aucun membre de K n'est contenu dans plus de 2 membres de L

— les membres de K ne sont pas tous contenus dans un seul membre de L

— les membres de L pris 2 à 2 contiennent un seul membre de K

— aucun membre de L ne contient plus de 2 membres de K.

Démontrer directement que ces axiomes ne sont pas contradictoires ne paraît nullement évident. Pourtant, si on identifie K avec l'ensemble des sommets d'un triangle et L avec l'ensemble de ses côtés et qu'on interprète « un membre de K est membre de L » comme « un sommet appartient à un côté », on voit facilement que les axiomes sont vérifiés. On a donc exhibé un modèle géométrique de l'ensemble des axiomes. Dès lors, on est assuré que ces axiomes ne sont pas contradictoires. Si on analyse naïvement les raisons qui nous donnent cette conviction, on peut dire, concernant le triangle qui constitue le modèle : a) Nous n'avons aucune incertitude quant à la vérité ou la fausseté de propriétés qui portent sur les objets du modèle. Ces propriétés sont directement observables et ne sauraient

---

40. Le lecteur intéressé pourra se reporter à Dalen [1980], Rivenc [1993], Quine [1973], Kleene [1972], Gochet [1990] ou à l'article de Andler [1998].

41. Nous définirons plus loin de manière rigoureuse le concept de modèle à partir de celui de structure d'interprétation.

42. Nagel [1989].

être mises en doute. Par exemple, qu'un côté relie deux sommets est une certitude. b) Le modèle est non contradictoire. L'existence même du triangle, de ses côtés et de ses sommets — objectivée par une figure — nous montre que toute propriété qui se déduit de propriétés vérifiées par ces objets sera aussi vérifiée par ces mêmes objets. En d'autres termes, si une propriété est conséquence de propriétés vérifiées, alors il n'est pas possible de croire que la propriété conséquence n'est pas vérifiée elle aussi. Ce qu'on pourrait paraphraser par « le réel doit être logique ». En particulier, il est impossible qu'une propriété soit à la fois vraie et fausse pour des objets du modèle. Le modèle est non contradictoire et toute propriété le concernant satisfait le principe du tiers-exclu, c'est-à-dire est soit vraie soit fausse.

Concernant le système d'axiomes, le triangle est bien un modèle car il est possible de vérifier directement pour chaque axiome qu'il est vrai du triangle. En effet, le nombre de vérifications à faire est fini (il est même petit dans cet exemple particulier) et chaque vérification est indubitable car elle se ramène à une propriété observable pour laquelle nous n'avons aucun doute. Il en résulte que le système d'axiomes est cohérent. Toute conséquence du système d'axiomes doit être vraie du modèle. Si le système d'axiomes permettait de déduire deux propositions contradictoires, alors ces deux propositions devraient être vraies aussi du modèle. Or, comme nous l'avons dit, ce n'est pas possible car le modèle est non-contradictoire.

Ces raisons semblent indubitables mais elles reposent sur le fait qu'un certain nombre de conditions est rempli. 1) Le modèle est suffisamment simple et évident pour qu'on puisse être sûr qu'une propriété donnée est soit vraie soit fausse et qu'on puisse décider par observation[43] de sa valeur de vérité. Nous dirons d'un tel modèle qu'il est utilisable. Ce sera le cas par exemple si le modèle est constitué d'objets bien définis en nombre fini. Notre exigence est donc qu'on puisse s'assurer par observation que le modèle est utilisable. 2) Il est possible de s'assurer par observation que les axiomes sont vrais sur le modèle. Ce sera le cas, par exemple, si un nombre fini de vérifications est suffisant.

On voit donc que si l'on admet (ce qui semble être le minimum) qu'il nous est possible de connaître directement par l'observation si

---

43. Nous employons le terme d'observation en un sens large car il ne se limite pas à l'aspect visuel. Le fait qu'un nombre donné soit plus grand ou plus petit qu'un autre peut être connu par observation. L'observation peut être aussi le résultat d'un calcul fini. Il est possible de définir précisément ce que, en dehors de l'inspection intuitive directe, on accepte d'appeler observation. Il s'agit de tout résultat obtenu par une procédure effective, c'est-à-dire qui correspond à un calcul automatisable donc à un procédé récursif. Le fait d'identifier les fonctions calculables aux fonctions récursives et à elles seules est ce qu'on appelle la thèse de Church, maintenant acceptée par tous les mathématiciens.

une propriété est vraie ou fausse d'un objet du modèle donné de manière simple et non ambiguë (en excluant par exemple le fait que l'objet a été construit par des procédés infinis), alors tout système fini d'axiomes pourra être considéré d'une manière convaincante comme consistant si on peut en exhiber un modèle fini[44]. Cela revient en gros à concéder que nous pouvons faire confiance à notre intuition du fini[45].

Cette assurance est le socle sur lequel nous pouvons nous appuyer pour aller plus loin. Il est clair en effet que les mathématiques font appel à des constructions qui ne satisfont pas les critères de simplicité que nous venons d'énoncer. Les mathématiques sont l'art de généraliser et, de ce fait, elles concernent le plus souvent des collections infinies d'objets. Il n'est pas très intéressant de savoir que 11 (nombre impair) est la somme de 7 (nombre impair) et de 4 (nombre pair), mais il l'est beaucoup plus de savoir que tout nombre impair est la somme d'un nombre pair et d'un nombre impair. Sur le chemin de la généralisation, on peut trouver des systèmes ayant un nombre fini d'axiomes et un modèle infini puis des systèmes ayant un nombre infini d'axiomes et des modèles infinis (c'est le cas de l'axiomatique ZF de la théorie des ensembles). Les nombres entiers sont indispensables en mathématiques, il est donc de la première importance de s'assurer que l'arithmétique ne conduira jamais à une contradiction. On peut remonter plus loin et souhaiter s'assurer que la théorie des ensembles (formalisée par exemple dans ZF) à partir de laquelle il est possible de construire toutes les mathématiques (et en particulier les nombres entiers) n'est pas contradictoire. Or, le procédé que nous avons utilisé ci-dessus n'est plus applicable. En effet, si l'on part des axiomes de l'arithmétique de Peano ou des axiomes de la théorie des ensembles ZF, on peut exhiber des objets tels que les axiomes sont vrais de ces objets. Dans le cas de l'arithmétique, il est facile de voir que les axiomes de Peano sont vérifiés par l'ensemble des objets qui correspondent à ce qu'intuitivement on entend par « nombres entiers ». Dans le cas de ZF, les axiomes sont vérifiés par ce qu'on entend intuitivement par « ensembles ». Le problème est que ces objets sont en nombre infini et que nous ne pouvons pas les inspecter un par un comme nous l'avons fait pour les côtés et les sommets d'un triangle. Or, nous avons vu avec les ensembles intuitifs, au sens initial de Cantor, que l'existence même de ces objets pouvait conduire à une

---

44. La consistance dont nous parlons ici est celle qui concerne l'impossibilité de tirer par déduction logique des conséquences contradictoires. C'est la consistance sémantique. Nous verrons plus loin qu'on peut aussi s'intéresser à la consistance syntaxique qui est l'impossibilité de prouver (au sens de preuve syntaxique dans le système) des énoncés contradictoires. Dans le cas où on peut montrer que tout énoncé prouvé est vrai dans le modèle, alors le raisonnement ci-dessus peut être reproduit pour établir la consistance syntaxique.

45. Incidemment, cela établit aussi qu'il est impossible d'éliminer totalement le recours à l'intuition car sinon, comment expliquer que nous puissions reconnaître qu'une propriété est vérifiée par un objet donné ?

contradiction. Il en résulte que nous n'avons aucune assurance que le modèle intuitif que nous pouvons exhiber vérifiera les propriétés que nous avons vues être indispensables pour justifier notre confiance en lui. Comment alors aller au-delà de notre intuition finie sans tomber dans les pièges de l'infini ?

On appelle « décidable » une propriété dont on peut s'assurer directement, c'est-à-dire par observation au sens précédent, qu'elle est vraie ou qu'elle est fausse. La propriété « être pair » sera par exemple décidable puisque pour tout nombre entier donné, il sera possible de décider si elle est vraie ou fausse. Nos critères précédents revenaient à se limiter à accepter l'examen de propriétés décidables sur des ensembles finis. La généralisation la plus naturelle qui vient à l'esprit est d'accepter de considérer des propriétés décidables sur des ensembles infinis dénombrables. Cela revient à admettre qu'il est possible de répondre sans se tromper à des questions du type : « La propriété P, décidable, est-elle vérifiée pour tout élément d'un ensemble infini dénombrable ? » Pour chacun des éléments de l'ensemble, il est possible de savoir par observation s'il vérifie P ou non, puisque P est décidable. Par contre, la vérification du fait que tout élément de l'ensemble vérifie P ne peut être faite par observation puisqu'il faudrait un nombre infini d'observations, ce que nous n'autorisons pas. Un moyen de répondre néanmoins à la question est d'accepter le principe dit « d'induction » selon lequel si une propriété est vérifiée par 0 et si, lorsqu'elle est vérifiée par un nombre entier, elle est vérifiée par le nombre entier suivant, alors elle est vérifiée par tout nombre entier. Ce principe ne peut être établi par observation mais sa validité semble suffisamment raisonnable pour qu'on décide de l'accepter[46]. Il devient alors possible, au moyen de ce principe, de s'assurer qu'une propriété décidable est vérifiée sur un ensemble infini. Considérons par exemple la propriété concernant les nombres carrés du type n^2 : « $n^2 = 1 + 3 + ... + (2n-1)$ ». Montrons que cette propriété est vérifiée par tout nombre entier, c'est-à-dire, $1^2 = 1$, $2^2 = 1 + 3$, $3^2 = 1 + 3 + 5$, $4^2 = 1 + 3 + 5 + 7$ etc. La propriété est vérifiée pour 1. Supposons qu'elle soit vérifiée pour le nombre n, alors $n^2 = 1 + 3 + 5 + ... + (2n-1)$. Donc : $(n + 1)^2 = n^2 + 2n + 1 = 1 + 3 + 5 + ... + (2n-1) + (2n+1)$. Elle est donc vérifiée pour le nombre n + 1. D'après le principe d'induction, elle est donc vérifiée pour tout entier.

---

46. La refuser ainsi que tout principe équivalent aboutirait à ne pas pouvoir sortir des domaines finis et donc à renoncer à faire des mathématiques. C'est donc une contrainte obligatoire minimale. Par ailleurs, comme le fait remarquer Girard [1989], le fait même de se poser la question de la consistance d'un système revient à se poser une question concernant l'ensemble infini des conséquences du système. Démontrer la consistance revient donc à accepter qu'une propriété (si F est conséquence alors sa négation ne l'est pas) est vraie pour tout élément de l'ensemble infini des conséquences.

Nous sommes alors en possession d'un moyen nous permettant d'élargir aux ensembles infinis dénombrables la possibilité d'accepter qu'une propriété décidable soit vérifiée. Nous pourrons donc, dans le cas où le principe d'induction nous y autorise, dire qu'une propriété décidable P (c'est-à-dire telle que pour chaque nombre particulier n, on peut décider par observation que P(n) est vraie ou fausse) est vraie pour tous les entiers (ou pour tous les éléments d'un sous-ensemble infini de N). Dans ce cadre, il est donc licite de dire que la propriété « $n^2 = 1 + 3 + ... + (2n-1)$ » est vérifiée dans N. Remarquons que c'est loin d'être suffisant pour considérer qu'on peut s'assurer ainsi de la vérité ou de la fausseté de toute propriété de N. En effet, un grand nombre de propriétés ne s'exprime pas sous cette forme, qu'on pense par exemple à « il existe une infinité de couples de nombres premiers jumeaux ».

En anticipant quelque peu sur la suite, on peut dire que Hilbert, dans sa volonté de donner aux mathématiques des fondations assurées et échappant aux antinomies, a cherché à montrer que toutes les mathématiques pouvaient être faites en utilisant un formalisme se limitant aux objets et aux méthodes de raisonnement du type de ceux que nous venons de présenter. Ces objets et méthodes ont été appelés par lui « finitistes » ou « réels » par opposition aux objets plus complexes qu'il appelait « infinitistes » ou « abstraits ». Se restreindre à cette utilisation était pour lui l'assurance d'éviter de tomber dans les fameux pièges de l'infini. Nous y reviendrons plus loin quand nous présenterons le programme de Hilbert après avoir présenté certains concepts logiques complémentaires.

Un système formel rudimentaire : le système « a,b,c,d »

Dans le langage moderne, un système formel est composé de la manière suivante. On se donne un vocabulaire ou alphabet A qui regroupe les symboles utilisés dans le système. On appelle « expression » toute suite finie de symboles. On donne ensuite des règles qui permettent de construire les « expressions bien formées » ou e.b.f. qu'on appelle aussi les « formules ». Cette partie du système formel est appelée « morphologie » car elle spécifie la forme que prendront les objets formels du système. De même qu'on s'est donné des règles pour construire les formules (qui sont des suites de symboles), on se donne ensuite des règles pour construire des preuves qui sont des suites de formules. On appelle « preuve » toute suite de formules conforme à ces règles. On spécifie aussi les axiomes du système qui sont choisis parmi les formules. Chaque axiome est considéré en lui-même comme une preuve. Cela ne signifie rien d'autre que le fait qu'on considère qu'un axiome du système est par définition prouvé dans le système. Un théorème (ou formule prouvée) du système est alors une formule telle qu'il existe une preuve dont elle soit la dernière formule. Il est important de remarquer que les règles de formation des formules ou des preuves peuvent être exprimées, elles, dans le langage ordinaire ou en tout cas dans un langage qui préexiste à celui du système formel. Un tel langage qui permet de parler des objets que manipule le système formel est appelé un « métalangage ». On a alors construit l'aspect syntaxique du système. Cet aspect est entièrement formel en ce qu'il ne concerne que la forme des objets qu'il est licite de construire dans le système. Un exemple permettra d'éclairer cette présentation quelque peu abstraite.

Soit A = {a, b, c, d} l'alphabet considéré. Une expression est une suite finie de symboles de A. Par exemple, « acba » et « acbdb » sont des expressions. Soit la règle suivante : *On appelle « composante » toute expression qui est soit réduite à un unique symbole a ou b soit de la forme fcα où f est une composante et α peut être a ou b[47]. Une formule est alors toute expression de la forme fdg où f et g sont des composantes.*

Cette règle définit donc les formules comme étant les expressions du type acbcbcadacbca avec un nombre arbitraire (mais fini) de a et de b (liés par des c s'il y en a plus d'un) de part et d'autre de l'unique signe d. Ainsi acab n'est pas une formule alors que acbda en est une. On choisit comme axiomes les deux formules :

ada

bdb

On se donne enfin la règle suivante de construction des preuves : Une preuve est une suite de formules vérifiant les propriétés :

— *ou bien elle est réduite à un axiome*

— *ou bien elle commence par un axiome et la formule n° i est obtenue à partir de la formule n° (i-1) en remplaçant dans cette dernière une occurrence de a par aca, ou par acb, ou par bca, ou en remplaçant dans cette dernière une occurrence de b par bcb.*

Par exemple, il est possible de prouver la formule bcbcadacb. La preuve est la suivante :

ada (axiome 1)

bcada (remplacement de a par bca à gauche)

bcbcada (remplacement de b par bcb à gauche)

bcbcadacb (remplacement de a par acb à droite)

Il est aussi possible de voir que certaines formules n'ont pas de preuve. Considérons par exemple la formule acacbdbcb. Comme elle n'est pas un axiome, une preuve éventuelle partira d'un des axiomes. Or, la règle de construction des preuves possède la propriété suivante : si dans une formule quelconque de la preuve, il y a d'un côté ou de l'autre du symbole « d » un « a », alors toutes les formules de la preuve doivent comporter au moins un « a » de ce côté. Il en

---

47. Cette définition n'a que l'apparence de la circularité. En effet, elle permet de définir d'abord toutes les composantes du type αcβ, puis toutes les composantes du type αcβc... cγ par itération (où les lettres grecques peuvent être a ou b).

résulte que si dans une formule quelconque de la preuve il n'y a d'un côté ou de l'autre du symbole « d » aucun « a », alors aucune des formules de la preuve ne comporte de « a » de ce côté. Par conséquent, une preuve de la formule acacbdbcb doit débuter avec un axiome tel qu'il contienne au moins un « a » à gauche du symbole « d » et aucun à droite. Mais aucun des axiomes que nous avons adoptés ne possède cette propriété. On en conclut qu'il n'existe aucune preuve de cette formule[48].

Notons, à ce stade, que nous n'avons attribué de signification à aucun des symboles et que les règles du jeu que nous nous sommes fixées concernent exclusivement la forme des suites de symboles que nous acceptons d'appeler « formules », « axiomes » et « preuves ». C'est en ce sens que la syntaxe d'un système formel a parfois été comparée aux règles de déplacement des pièces du jeu d'échec qui n'ont en elles-mêmes aucune signification. Mais un tel jeu resterait stérile s'il n'était possible de lui donner un sens. La syntaxe doit donc être complétée par une sémantique dont le rôle est d'assigner un sens au système formel. Cela est fait en se donnant une structure d'interprétation dans laquelle les symboles du système se voient assigner un référent. On appelle « modèle » du système formel une structure d'interprétation dans laquelle les axiomes sont vrais. Cette interprétation permet de saisir intuitivement « de quoi parle » le système. Dans le système formel que nous avons énoncé ci-dessus, une interprétation simple éclaire immédiatement les règles apparemment arbitraires et complexes que nous avons choisies. Le domaine d'interprétation sera l'ensemble $\{0, 1, \times, =\}$ où 0 et 1 sont les nombres correspondants et $\times$ et $=$ sont les symboles de la multiplication et de l'égalité. Ainsi le symbole a sera considéré comme représentant le nombre 0, et les symboles b, c, d représenteront respectivement 1, $\times$ et $=$. La formule « acbda » sera donc interprétée comme signifiant « $0 \times 1 = 0$ ». Une formule quelconque sera une égalité entre deux produits d'un nombre arbitraire de 0 et de 1. Les axiomes interprétés deviennent :

$$0 = 0$$
$$1 = 1$$

On voit qu'ils sont vrais. On dit donc que $\{0, 1, \times, =\}$ est un modèle du système formel en question. Il est possible de vérifier facilement (en utilisant les propriétés que nous avons mentionnées) que la règle de construction des preuves permet de prouver toutes les égalités vraies comme $1 \times 1 \times 0 = 0 \times 1$ que nous avons prouvée ci-dessus et que, réciproquement, toute égalité prouvée sera vraie dans le modèle car aucune des égalités fausses comme $0 \times 0 \times 1 = 1 \times 1$ pour

---

48. La démonstration que nous venons de donner concerne une propriété des preuves du système. C'est donc une démonstration qui appartient au métalangage du système. On l'appelle un métathéorème. Remarquons qu'ici, le métalangage lui-même n'est pas formalisé.

laquelle nous avons montré ci-dessus l'absence de preuve ne peut être prouvée[49]. Il y a donc équivalence totale pour une formule entre « être prouvée » et « être vraie dans le modèle ». C'est la raison pour laquelle il est légitime de considérer que le concept purement formel de preuve que nous avons construit correspond bien à ce qu'on entend intuitivement par preuve.

Remarques :

1) Le fait d'interpréter le système formel dans le domaine $\{0, 1, \times, =\}$ permet de donner un sens aux règles formelles pour les formules et les preuves qui peuvent sembler arbitraires *a priori*. Ainsi le fait que « acab » n'est pas une formule alors que « acbda » en est une, s'éclaire immédiatement par le fait que « 0x01 » ne signifie rien contrairement à « $0 \times 1 = 0$ ». Le remplacement de « a » par « aca » ou « acb » ou « bca » signifie qu'on peut remplacer « 0 » par « 0×0 » ou « 0×1 » ou « 1×0 ».

2) Les formules du système peuvent comporter un nombre arbitraire fini de symboles. Il en résulte qu'il existe une infinité de formules. Il est cependant possible de s'assurer que toute formule démontrée sera vraie dans le modèle et que toute formule vraie dans le modèle sera prouvable. Il y a donc équivalence entre « être vraie » et « être prouvable ». Un système formel qui possède cette propriété est dit « correct » (ou « fiable ») et « complet ». Il en résulte qu'il n'est pas possible de prouver une formule fausse, le système est donc consistant.

3) Les démonstrations de la complétude du système et de sa consistance ont pu être obtenues en ne faisant appel qu'à des raisonnements de type finitiste (avec le principe d'induction) portant sur la structure des preuves.

Le système « abcd » que nous venons de présenter offre l'avantage de la simplicité et permet de se familiariser avec la construction d'un système formel. Il est cependant beaucoup trop rudimentaire et n'incorpore même pas les règles élémentaires de logique qui sont indispensables en mathématiques, il est donc nécessaire d'aller plus loin.

La logique des propositions

La logique est la discipline qui codifie les règles que nous utilisons pour raisonner. Comme nous l'avons vu plus haut, l'exigence de rigueur accrue qui a été celle des mathématiciens du début du siècle

---

49. Il suffit de remarquer que toute égalité de ce type sera vraie si et seulement si ou bien elle comporte au moins un « 0 » de part et d'autre du signe « = » ou bien elle n'en comporte aucun. Or, la règle de construction des preuves est telle que s'il y a un 0 d'un côté, toutes les formules suivantes en comporteront aussi un et s'il n'y en a pas, aucune des formules suivantes n'en comportera un. Ceci assure que toutes les formules obtenues dans une preuve seront vraies. Inversement, soit F une formule vraie. Cette formule soit comportera au moins un zéro de part et d'autre du signe « = » soit n'en comportera d'aucun côté. Dans le premier cas on partira de l'axiome $0 = 0$ et dans le deuxième de l'axiome $1 = 1$. Il suffit alors de remarquer que, par récurrence, toute chaîne du type $\alpha x \beta x... x \gamma$ (où chaque lettre grecque peut être 1 ou 0) peut être obtenue à partir de 1 et de 0 à l'aide des règles de substitution données pour les preuves.

n'a pas épargné le raisonnement lui-même et a nécessité que la logique soit formalisée. Le système de logique formelle le plus simple est celui qui codifie le calcul propositionnel, c'est-à-dire les raisonnements qui portent sur des propositions non-analysées en constituants. Le calcul des propositions suffit pour des raisonnements du type « S'il fait beau alors il fait beau ou je chante » ou « Si je chante alors il pleuvra, or je chante, donc il pleuvra ». Le système formel correspondant est le suivant[50] :

On se donne un ensemble infini de variables propositionnelles P = {p, q,..., t}. Le vocabulaire V se compose de P et de deux symboles appelés connecteurs {¬, →}. Le premier s'appelle « négation » et le second « implication ».

Les règles de formation des formules qui sont des suites finies de symboles de V sont :

— *toute suite ayant pour seul terme une variable propositionnelle est une formule*

— *si F est une formule, la suite dont le premier terme est ¬ suivi des termes de la formule F est une formule notée (¬ F)*

— *si F et G sont deux formules la suite obtenue en faisant suivre les termes de F par → puis par les termes de G est une formule notée (F → G)*

— *toute formule est obtenue par itération des procédés ci-dessus.*

Les axiomes sont les formules suivantes :

1. $A \rightarrow (B \rightarrow A)$
2. $(A \rightarrow (B \rightarrow C)) \rightarrow ((A \rightarrow B) \rightarrow (A \rightarrow C))$
3. $(\neg A \rightarrow B) \rightarrow ((\neg A \rightarrow \neg B) \rightarrow A)$

où A, B, C sont des formules quelconques (on remarquera qu'il y a une infinité d'axiomes puisque A, B et C peuvent être n'importe quelle formule).

Les règles de formation des preuves sont les suivantes :

— *toute suite de formules ayant un axiome pour seul terme est une preuve*

— *si D est une preuve et A un axiome, la suite obtenue en faisant suivre D par A est une preuve*

— *si D est une preuve comprenant deux termes de la forme A et (A → B), la suite obtenue en faisant suivre D par B est une preuve. Cette règle s'appelle le « modus ponens ».*

Une formule est prouvable et s'appelle un « théorème » s'il existe une preuve dont elle est le dernier terme. Si une formule F est prouvable en ajoutant un ensemble de formules H aux axiomes, on dit que F est prouvable à partir de H ou que F est conséquence formelle de H.

Ces règles constituent la syntaxe du calcul des propositions. On pourra constater l'analogie de construction existant entre cette syntaxe et celle du système formel du système « abcd » que nous

---

50. Il existe de nombreux systèmes formels équivalents pour le calcul des propositions. Nous adoptons ici celui présenté dans Andler [1998].

avons présenté ci-dessus. Montrons par exemple que pour toute formule F, la formule $(F \rightarrow F)$ est un théorème :

$F \rightarrow (F \rightarrow F)$ (axiome 1 avec A = B = F)

$F \rightarrow ((F \rightarrow F) \rightarrow F)$ (axiome 1 avec A = F, B = F $\rightarrow$ F)

$(F \rightarrow ((F \rightarrow F) \rightarrow F)) \rightarrow ((F \rightarrow (F \rightarrow F)) \rightarrow (F \rightarrow F))$ (axiome 2 avec A = C = F, B = F $\rightarrow$ F)

$(F \rightarrow (F \rightarrow F)) \rightarrow (F \rightarrow F)$ (modus ponens)

$F \rightarrow F$ (modus ponens)

Cela peut paraître compliqué pour prouver qu'une proposition s'implique elle-même, mais c'est le prix à payer de la formalisation.

Passons maintenant à la sémantique. Il pourrait sembler naturel, par analogie avec le système précédent, de rechercher une structure d'interprétation dans laquelle chaque variable propositionnelle recevrait une signification précise, où « ¬ » et « → » se verraient interprétés comme « non » et « implique » du langage courant et où les axiomes seraient vrais. On chercherait ensuite à prouver que toute formule démontrée est vraie dans le modèle et que réciproquement toute formule vraie dans le modèle est démontrable. C'est ainsi qu'on essaiera de procéder dans la formalisation de domaines particuliers, par exemple pour l'arithmétique. Mais ici, l'objectif n'est pas d'axiomatiser un domaine concret particulier mais de modéliser le raisonnement logique lui-même. Ainsi, outre la difficulté qu'il y aurait à assigner à une infinité de variables propositionnelles une signification particulière (sauf à indexer ces variables et à leur donner un sens dépendant directement de l'indice), ce qui nous intéresse ici n'est pas le sens des propositions mais uniquement leur vérité. Notre but est en effet de modéliser les raisonnements qui, partant de prémisses vraies, aboutissent à des conclusions vraies indépendamment du sens que peuvent avoir les prémisses et les conclusions[51]. La seule caractéristique à retenir est donc la valeur de vérité des propositions. Définissons alors une assignation de valeurs de vérité comme l'assignation à chaque variable propositionnelle de la valeur V (vrai) ou F (faux). Le domaine d'interprétation des variables propositionnelles sera donc l'ensemble {V, F}. Par ailleurs, les connecteurs seront associés à ce qu'on appelle leur table de vérité.

p	q	¬ p	¬ q	p → q
V	V	F	F	V
V	F	F	V	F
F	V	V	F	V
F	F	V	V	V

---

51. Par exemple, le raisonnement « tout homme est immortel or Socrate est un homme donc Socrate est immortel » est parfaitement correct bien qu'une de ses prémisses soit fausse si « homme » est interprété dans son sens habituel.

Il est alors possible de montrer qu'on peut généraliser l'assignation de valeurs de vérité des propositions à toutes les formules de manière compatible avec les tables de vérité. Un modèle particulier sera donc donné par une assignation particulière de valeur de vérité à chaque variable propositionnelle (c'est-à-dire une application de P dans {V, F}) qui rende vrais les axiomes. Là encore, par analogie avec le cas précédent, l'étape suivante consisterait à montrer que toute formule prouvée est vraie et que toute formule vraie peut être prouvée. Mais nous manquerions toujours de généralité car ce qu'on aurait prouvé c'est que pour l'assignation particulière de valeurs de vérité considérée, les règles de preuve sont correctes et complètes. Nous aurions ainsi modélisé un domaine particulier (correspondant à cette assignation particulière) mais pas le raisonnement logique lui-même. Or ce que nous cherchons est l'assurance que, quelle que soit la valeur de vérité des variables propositionnelles, le raisonnement permettant de déduire une formule d'une autre (ou d'un ensemble d'autres) sera licite au sens où chaque fois que les prémisses seront vraies, la conclusion le sera aussi. C'est bien le sens que nous donnons au fait de raisonner correctement : le raisonnement correct préserve la vérité. Pour cela, on fait un pas de plus et on s'intéresse aux formules qui sont vraies pour toute assignation de valeurs de vérité. On les appelle des « tautologies ». Ce pas est justifié par le fait qu'il est possible de montrer que si les règles de preuve sont telles que toute formule prouvée est une tautologie (correction) et que toute tautologie est démontrable (complétude) alors il s'ensuit que pour chaque assignation particulière de valeurs de vérité, toute formule prouvée à partir d'un ensemble de formules non tautologiques sera vraie chaque fois que les formules en question seront vraies et que si une formule est vraie chaque fois qu'un ensemble d'autres formules est vrai alors la première sera prouvable à partir des secondes[52]. On aura ainsi bien formalisé ce que nous entendons usuellement par règles de raisonnements.

Le système que nous cherchons se donne donc pour objet de formaliser les règles qui permettent de prouver les tautologies. Les axiomes seront donc des tautologies. On peut vérifier que les axiomes 1, 2 et 3 ci-dessus sont bien des tautologies. Les règles de preuve doivent préserver d'une formule à l'autre le fait d'être tautologique. On peut vérifier facilement que tel est bien le cas[53]. Il en résulte que

---

52. Ceci est la conséquence du théorème appelé « théorème de la déduction syntaxique » qui stipule qu'il est équivalent de prouver G à partir de F ou de prouver la formule F → G. Donc a) Si toute formule prouvée est une tautologie alors, si on a prouvé G à partir de F, on aura prouvé F → G qui sera donc une tautologie et cela entraîne que G sera vraie à chaque fois que F le sera. b) Réciproquement si toute tautologie est démontrable, si G est vraie à chaque fois que F l'est alors F → G est une tautologie donc F → G est prouvable donc par le théorème de la déduction on peut prouver G à partir de F.

53. La seule chose à vérifier est que l'utilisation du modus ponens préserve l'aspect tautologique. Or, si A et (A → B) sont des tautologies, il est facile de voir que B en est une.

toute formule prouvée sera tautologique et que le calcul des propositions est correct. Il est plus délicat de montrer que toute tautologie est prouvable mais c'est possible[54]. Il y a donc identité entre les formules prouvables et les tautologies. Le calcul propositionnel est donc correct et complet. On dira qu'une formule G est conséquence logique d'une autre formule F si et seulement si toute assignation de valeurs de vérité qui rend F vraie, rend G vraie aussi. Ce que nous venons de voir montre que puisque le calcul est correct et complet, il y a équivalence entre « être conséquence logique de » et « être prouvable à partir de ».

Il en résulte que le calcul des propositions est consistant au sens où il est impossible de prouver une proposition et sa négation. En effet, si tel était le cas, on aurait une formule tautologique dont la négation est tautologique, ce qui est impossible. La consistance est une propriété importante car dans un système inconsistant, il est possible de prouver n'importe quelle formule, ce qui rend le système peu intéressant. En effet, $F \rightarrow (\neg F \rightarrow G)$ est une tautologie donc est prouvable. S'il existe une preuve de F et de $\neg F$, alors en appliquant le modus ponens à $(F \rightarrow (\neg F \rightarrow G))$ et F, on a une preuve de $(\neg F \rightarrow G)$ et en appliquant le modus ponens à cette dernière formule et $\neg F$, on obtient une preuve de G. Cette preuve étant valable quelle que soit la formule G, on peut prouver n'importe quoi. Cela fournit accessoirement un moyen de montrer la consistance d'un système contenant le calcul propositionnel : il suffit d'exhiber une formule non prouvable.

On peut maintenant se donner, à côté des axiomes tautologiques, des axiomes supplémentaires qui sont des formules contingentes (c'est-à-dire telles qu'elles soient vraies pour certaines assignations de valeurs de vérité et fausses pour d'autres) ainsi qu'un modèle du système obtenu. On obtient alors ce qu'on appelle « une théorie » (d'ordre 0). Le fait que le calcul des propositions est correct montre que tout énoncé prouvable sera vrai dans le modèle. De plus, toute conséquence logique des axiomes (bien sûr vraie dans le modèle) sera prouvable puisque le calcul des propositions est complet. En revanche, certaines formules peuvent être vraies dans le modèle sans être conséquences logiques des axiomes. Dans ce cas, elles ne seront pas prouvables. Si les axiomes sont suffisants pour prouver toutes les propriétés vraies dans le modèle alors la théorie sera dite « complète ». La complétude de la théorie a donc un sens légèrement différent de celle de la logique des propositions (nous y reviendrons plus loin). La complétude du calcul des propositions signifie que toute tautologie (c'est-à-dire toute formule vraie dans tout modèle) est prouvable alors que la complétude d'une théorie signifie que toute formule est prouvable ou réfutable. Comme une théorie correcte ne peut prouver que des formules

---

54. Une des premières démonstrations a été obtenue par Post en 1921.

vraies, il en résulte que si la théorie est complète, toute formule vraie est prouvable (sinon sa négation serait prouvable et devrait être vraie, ce qui est impossible).

Ces considérations étant valables pour tout ensemble non contradictoire d'axiomes choisis, on a donc bien réalisé une modélisation générale du raisonnement qui incorpore toute modélisation particulière (du moins tant qu'on reste dans le cadre de la logique des propositions). Soulignons enfin que la consistance et la complétude du calcul des propositions ont pu être montrées d'une manière qui semble à l'abri de tout soupçon. Seules des méthodes finitistes qui ne suscitent aucun doute ont été employées.

Le calcul des prédicats

Le calcul des propositions est trop rudimentaire pour suffire à exprimer les raisonnements mathématiques. Comme on l'a vu, il est nécessaire de pouvoir exprimer des énoncés du type « tout entier possède telle propriété » ou « il existe un entier qui vérifie telle propriété ». On est donc amené à introduire le concept de prédicat pour formaliser le fait qu'une propriété est attribuée à un objet. Le fait pour un entier d'être pair revient alors à dire que cet entier satisfait le prédicat « être pair ». On note P (n) le fait que l'entier n vérifie le prédicat P. On introduit de plus les deux quantificateurs « pour tout » (noté « $\forall$ ») et « il existe » (noté « $\exists$ »). Ainsi l'énoncé « pour tout nombre pair n, il existe un nombre m tel que n est la somme de m avec lui-même » s'écrit :

$$\forall n,\ P(n) \rightarrow (\exists m,\ n = m + m).$$

On introduit aussi des prédicats à plusieurs places, c'est-à-dire qui expriment une propriété de plusieurs objets. Par exemple, le prédicat D, « être le double de », est un prédicat à deux places. D (m, n) est vérifié par tout couple de nombres tel que m = 2n.

Le calcul des prédicats se formalise de la même manière (plus complexe) que le calcul des propositions. Nous ne donnerons pas ici le détail de cette formalisation. Nous nous contenterons de signaler qu'il est possible de montrer que le calcul des prédicats est correct et complet[55], ce qui signifie que toute formule dérivable[56] à partir d'un ensemble de formules est conséquence logique de cet ensemble et que, réciproquement, si une formule est conséquence logique d'un ensemble de formules alors elle est dérivable à partir de cet ensemble. Il est donc établi (c'est le moins qu'on pourrait souhaiter pour un système formalisant le raisonnement) qu'il est consistant.

Le problème de décider si le calcul des prédicats est la base logique suffisante pour formaliser l'ensemble des mathématiques

---

55. La complétude a été démontrée par Gödel dans sa thèse en 1930.
56. On emploiera indifféremment les adjectifs dérivable ou prouvable.

est complexe[57]. Nous ferons comme si tel était le cas dans la suite et nous considérerons donc que les systèmes formels que nous envisageons incorporent, outre les axiomes propres destinés à décrire le domaine particulier étudié (les nombres entiers, les ensembles, etc.), le calcul des prédicats comme outil de raisonnement logique. Ces systèmes formels seront donc constitués à partir du système du calcul des prédicats en se donnant de plus un ensemble d'énoncés contingents particuliers qui seront pris comme axiomes. De tels systèmes sont appelés « théories du premier ordre » car le calcul des prédicats est quelquefois appelé « calcul du premier ordre ».

L'exemple du triangle que nous avons donné plus haut peut ainsi se formaliser dans le calcul des prédicats. Définissons M comme le prédicat à deux places « être membre de ». Le premier axiome : « tous les membres de K pris 2 à 2 sont contenus dans un seul membre de L » s'écrira :

$$\forall k, \forall k', \forall l, \forall l', (M(k, K) \wedge M(k', K) \wedge M(l, L) \wedge M(l', L) \wedge M(k, l) \wedge M(k, l') \wedge M(k', l) \wedge M(k', l')) \rightarrow (\neg(k = k')) \rightarrow (l = l'))$$

Le symbole « $\wedge$ » représente la conjonction logique « et ». Les autres axiomes s'écriraient de manière analogue. Les propriétés du calcul des prédicats nous assurent que toute conséquence logique des axiomes sera formellement prouvable. L'existence d'un modèle de ce système (le triangle avec ses côtés et ses sommets) nous montre alors que le système obtenu est consistant puisque le système est correct[58]. Le système en question est donc une théorie du premier ordre ayant comme modèle l'ensemble des sommets et des côtés d'un triangle et où le prédicat M est interprété comme « être membre de ».

Les propriétés des systèmes formels

Résumons les propriétés que nous avons rencontrées. Un système formel pour la logique des propositions est dit « correct » ou « fiable » si toute formule prouvable est tautologique. Il est dit « complet » si toute formule tautologique est prouvable. Il en résulte que toute formule dérivable à partir d'un ensemble de formules est conséquence logique de cet ensemble et, réciproquement, que toute formule conséquence logique d'un ensemble de formules est dérivable à partir de cet ensemble. On définit de la même manière la correction et la complétude pour le calcul des prédicats.

---

57. C'était la conception de Hilbert et la théorie ZF permet d'exprimer toutes les constructions des mathématiques. Nous ne pouvons ici rentrer dans le détail des raisons qui justifient qu'on s'intéresse à des logiques plus fortes. On pourra consulter par exemple Shapiro [1991] qui défend l'idée de la nécessité de la logique du second ordre (dans laquelle il est possible de quantifier les prédicats) et Quine [1970] qui s'oppose à cette idée, ou Hintikka [1998] qui propose une nouvelle logique.

58. S'il était possible de prouver une formule et sa négation, elles seraient toutes deux conséquences logiques des axiomes donc vraies du modèle, ce qui est impossible.

Une théorie est obtenue en ajoutant aux axiomes du système logique (calcul des propositions ou des prédicats) un ensemble d'axiomes supplémentaires qui sont des formules contingentes (c'est-à-dire qui peuvent être vraies ou fausses selon l'assignation). Une théorie est complète[59] si toute formule est soit prouvable soit réfutable. Dans un système correct et complet[60], il y a donc identité entre « être conséquence logique » et « être prouvable ». Cela signifie que la structure syntaxique est l'exact reflet de la structure sémantique. L'avantage d'un système formel est qu'il est possible de ramener le raisonnement à la manipulation purement formelle de symboles, ce qui permet d'éviter tout recours à l'intuition (en dehors de l'intuition minimale nécessaire pour reconnaître qu'une formule a bien été obtenue en respectant les règles de preuve). Déduire des conséquences revient à suivre des règles mécaniques de manipulation de symboles. Comme le dit Ladrière[61] : « Bien entendu, l'intuition ne peut jamais être totalement éliminée. Mais elle ne porte plus sur le contenu des concepts ou des expressions : elle se réduit à l'intuition de manipulations définies sur un système de signes. Il suffit de pouvoir identifier un signe, distinguer deux signes différents, remplacer un signe par un autre suivant un modèle de substitution. »

Ce que nous avons vu jusqu'à présent montre que le calcul des propositions et le calcul des prédicats peuvent être édifiés de manière à satisfaire nos exigences de correction et de complétude et ce, d'une façon qui ne fait appel qu'à des procédés indubitables. Il est alors tentant de continuer avec l'arithmétique en l'axiomatisant

---

59. Il existe une confusion possible compte tenu de l'ambiguïté du terme « complétude ». Pour être précis, on distingue la complétude sémantique et la complétude syntaxique. La complétude sémantique signifie que toute formule, conséquence logique d'un ensemble de formules, est dérivable à partir de cet ensemble. La complétude syntaxique signifie que toute formule est prouvable ou réfutable. Dans un système formel correct sémantiquement consistant, la complétude syntaxique entraîne la complétude sémantique (en effet, dans le cas où toute formule est prouvable ou réfutable, supposons qu'une formule, conséquence logique d'un ensemble de formules consistant, ne soit pas démontrable. Il en résulterait que sa négation est démontrable et donc que sa négation serait conséquence logique des axiomes puisque le système est correct. Donc la formule et sa négation seraient toutes les deux conséquences logiques des axiomes augmentés de l'ensemble des formules. Ce qui est impossible si l'ensemble de formules est consistant). Mais la réciproque est fausse : le calcul des prédicats est comme nous l'avons vu sémantiquement complet mais il ne l'est pas syntaxiquement (la formule $\exists x\, P(x) \to \forall x\, P(x)$ n'est ni démontrable ni réfutable). Toute théorie du premier ordre hérite de la complétude sémantique du calcul des prédicats. L'usage veut que lorsqu'on dit qu'un système est complet sans préciser le type de complétude, il s'agit de complétude sémantique si on parle d'un système de logique (calcul des propositions ou calcul des prédicats) et de complétude syntaxique si on parle d'une théorie du premier ordre. C'est ainsi que l'arithmétique du premier ordre est sémantiquement complète (en tant que théorie du premier ordre) mais est syntaxiquement incomplète comme le montre le théorème de Gödel.

60. Sémantiquement complet, si on tient compte de la note précédente.

61. Ladrière [1957].

en tant que théorie du premier ordre comme nous l'avons fait pour le triangle.

L'axiomatique de Peano

Peano proposa en 1899 une axiomatisation formalisée de l'arithmétique. Le langage utilisé contient quatre symboles non logiques : le nom « 0 », la fonction à une variable « S » (successeur), les deux fonctions à deux variables « + » et « . ». L'arithmétique du premier ordre est la théorie obtenue en ajoutant au calcul des prédicats (avec identité[62]) les axiomes suivants :

— $\forall x \neg (0 = S(x))$ (0 n'est le successeur d'aucun nombre)

— $\forall x \forall y (S(x) = S(y) \rightarrow (x = y))$ (si deux nombres ont le même successeur, ils sont égaux)

— $\forall x (x + 0 = x)$ (0 ajouté à un nombre ne change pas le nombre)

— $\forall x \forall y (x + S(y) = S(x + y))$ (x plus le successeur de y est identique au successeur de x + y)

— $\forall x (x . 0 = 0)$ (0 multiplié par un nombre est égal à 0)

— $\forall x \forall y (x . S(y) = x. y + x)$ (x multiplié par le successeur de y est égal à x multiplié par y plus x)

— $(\varphi(0) \wedge (\forall x \varphi(x) \rightarrow \varphi(S(x)))) \rightarrow \forall x \varphi(x)$ où φ est une formule.

Le dernier axiome est le principe d'induction que nous avons déjà présenté. Comme nous l'avons vu, c'est lui qui permet de faire des raisonnements par récurrence permettant de démontrer qu'une propriété est vraie de tous les entiers.

Il est facile de vérifier que lorsqu'on interprète ce système dans l'arithmétique intuitive des entiers naturels en faisant correspondre le nom « 0 » au nombre 0, la fonction S à l'opération d'ajouter 1 et les fonctions « + » et « . » respectivement à l'addition et à la multiplication, les axiomes sont vrais. N muni de l'addition et de la multiplication est donc un modèle du système formel ci-dessus. Il en résulte que le système est consistant. Mais ce résultat de consistance est issu du raisonnement de méta-niveau suivant : supposons le système inconsistant, on pourrait dériver une formule et sa négation et comme le système est correct, la formule et sa négation seraient toutes deux conséquences logiques des axiomes, donc vraies dans le modèle, ce qui est impossible. Ce raisonnement suppose que l'arithmétique intuitive qui nous sert de modèle est non contradictoire. Mais comme elle possède un nombre infini d'éléments, on peut se sentir plus suspicieux à son égard qu'on ne l'est pour des modèles finis. Il serait alors souhaitable, pour éliminer tout doute, de prouver la consistance du système au moyen des règles formelles de dérivation. Nous allons voir que des difficultés imprévues surgissent. Mais auparavant, il est important de préciser

---

62. C'est-à-dire qu'on s'est donné les axiomes régissant l'utilisation du prédicat binaire « = ».

quels sont les procédés indubitables que Hilbert autorisait dans son programme.

Le programme finitiste de Hilbert [63]

L'idée de Hilbert est d'enfermer la totalité des mathématiques dans un système formel finitiste. Bien qu'il n'ait pas été totalement explicite sur les objets et les méthodes qu'il considérait comme finitistes, on considère généralement qu'il se limitait, outre les constructions finies, aux propriétés décidables universellement quantifiées, c'est-à-dire aux formules du type « $\forall x\, P(x)$ » où P est un prédicat décidable et qu'il est possible de démontrer à l'aide du principe d'induction. Un système peut posséder un nombre infini d'axiomes pourvu qu'il soit possible de décider par simple observation si une formule quelconque est un axiome ou non. Les règles de preuve doivent se limiter à des manipulations finies sur les formules de manière à ce qu'il soit toujours possible de décider par simple observation si une preuve est correcte ou pas. Le système doit être complet, c'est-à-dire qu'il doit permettre de prouver toute formule vraie et, bien sûr, consistant, puisque seules les formules vraies doivent être prouvables. Il doit être possible de prouver cette consistance par des moyens finitistes tels ceux que nous avons présentés plus haut. Enfin, s'il est possible de projeter[64] à l'intérieur du système lui-même la preuve de sa consistance, celle-ci rejaillira sur elle-même de manière réflexive pour acquérir un statut de sûreté indubitable.

Un tel projet mené à bien aboutirait à une situation où tout doute serait éliminé. D'abord, on serait certain que les mathématiques sont non contradictoires et la preuve de cette non-contradiction serait elle-même indubitable. Ensuite, toute déduction mathématique se ramènerait à une preuve formelle pour laquelle il serait possible de décider sans aucune ambiguïté si elle est conforme ou pas. La seule source d'erreurs dans le raisonnement mathématique serait alors l'inattention (on s'est trompé en appliquant une règle de preuve) mais elle est facilement corrigible. En revanche, il ne serait plus possible de débattre sur la légitimité de telle ou telle démonstration mise en doute pour une raison profonde. Enfin, tout énoncé vrai posséderait une démonstration et l'*ignorabimus* serait définitivement éliminé selon le vœu de Hilbert. Bien sûr, il ne rejette pas les résultats mathématiques qui ne sont pas conformes à la méthode finitiste car cela le conduirait à éliminer une grande part des mathématiques de son époque (y compris des résultats qu'il a lui-même établis). Mais son objectif est de prouver que toute démonstration qui utilise des méthodes non

---

63. Pour plus de détails, on pourra consulter Hilbert [1926], Dubucs [1984], Feferman [1987].

64. Dans un sens que nous préciserons plus loin.

finitistes (qu'il appelle « abstraites ») peut être ramenée à une démonstration finitiste (certes beaucoup plus longue dans la plupart des cas). Ce programme, que Girard décrit peut-être un peu abusivement comme « un rêve de bureaucrate[65] », correspond en fait exactement à l'analogue mathématique du désir fondationnaliste des positivistes logiques que nous avons analysé dans le chapitre précédent. Il est motivé par un besoin de certitude et de sécurité qu'on peut aisément comprendre si on le replace dans le contexte historique des antinomies. Par ailleurs, il est assez conforme à l'image que l'homme de la rue se fait des mathématiques : en mathématiques, on peut tout prouver et on n'a pas de doute sur ce qu'on a prouvé.

2.4. LE THÉORÈME DE GÖDEL

Le théorème de Gödel[66] est un double théorème qui ruine simultanément sous deux aspects les espoirs du programme de Hilbert. Sa première partie stipule que « dans tout système formel assez puissant pour formaliser l'arithmétique, si le système est consistant, il existe une proposition indécidable, c'est-à-dire vraie mais qu'on ne peut pas prouver ».

Cela signifie que, contrairement à ce que souhaitait établir Hilbert, il n'est pas possible de construire un système formel tel que toutes les propositions vraies des mathématiques puissent y être démontrées. Quel que soit le système dans lequel on se placera, il existera toujours une proposition (en fait une infinité) qui sera vraie mais qu'il sera impossible de prouver. La démonstration de Gödel consiste à exhiber une proposition universelle (c'est-à-dire du type $\forall n\ P(n)$) concernant les nombres entiers dont on peut s'assurer qu'elle est vraie (cela découle de sa construction) et dont il est possible de montrer qu'elle n'est pas démontrable. La proposition en question est complexe et Gödel ne la donne pas sous une forme explicite mais il serait possible (bien qu'extrêmement fastidieux) de l'expliciter[67]. Contrairement à ce qu'on pourrait naïvement croire, il ne suffit pas d'ajouter cette formule aux axiomes pour que toute formule vraie devienne démontrable car le théorème nous dit que, dans ce nouveau système, il existera aussi une formule indécidable et ainsi de suite à l'infini. Il n'est donc pas possible de compléter le système pour en faire un moyen de preuve de toute formule vraie. Un système forma-

---

65. Girard [1989].
66. Gödel [1931].
67. La complexité (on pourrait même dire l'ad-hocité) de la formule de Gödel a conduit certains mathématiciens à dire qu'en dehors du théorème lui-même, on ne rencontrerait jamais de formules indécidables dans les mathématiques courantes. Cela s'est révélé erroné, comme nous le verrons plus loin.

lisant l'arithmétique est essentiellement incomplet[68], c'est pour cela que le théorème de Gödel est qualifié de théorème d'incomplétude.

La deuxième partie du théorème stipule que « si le système est consistant, il est impossible de démontrer la consistance du système à l'intérieur du système lui-même ». La signification de cette deuxième partie est plus difficile à saisir et nous allons y revenir. Remarquons cependant tout de suite qu'elle ruine (dans un sens que nous allons préciser) le deuxième espoir de Hilbert qui consistait à prouver par des moyens formels finitistes que le système formel dans lequel on se place est consistant[69].

Sans entrer ici dans les détails de la démonstration de Gödel[70], il sera utile d'en comprendre les idées essentielles. Nous avons signalé précédemment qu'une démonstration de consistance d'un système faite de l'intérieur aurait l'avantage de rejaillir sur la démonstration elle-même. Gödel en inventant le procédé d'arithmétisation de la logique a fourni le moyen de concrétiser cette idée. Mais il a en même temps montré qu'elle ne pouvait aller jusqu'à son terme.

L'arithmétisation de la logique

Arithmétiser la logique consiste à pouvoir représenter par des formules arithmétiques des assertions métamathématiques qui portent sur les formules ou les calculs arithmétiques. Les objets que traite un système formel pour l'arithmétique sont les formules arithmétiques comme par exemple, « $2 + 3 = 5$ » ou « $\forall n, n^2 = 1 +...+ (2n - 1)$ » ou bien, « $\forall n \; \exists p \; \exists q \; Pr(p) \wedge Pr(q) \wedge 2n = p + q$ » qui est la célèbre conjecture de Goldbach qui dit que tout nombre pair est somme de deux nombres premiers. Comme nous l'avons déjà indiqué, s'intéresser non pas directement aux formules mais aux propriétés des formules (comme celle d'être une sous-formule d'une formule ou d'être prouvable) c'est se placer au métaniveau. Ainsi, la phrase « la formule "$2 + 3 = 5$" est prouvable mais la formule "$3 \times 4 = 10$" ne l'est pas » est une assertion non de l'arithmétique mais de la méta-arithmétique. Dans les systèmes formels que nous avons vus jusqu'ici, le niveau du système et le métaniveau étaient clairement séparés. L'astuce de Gödel consiste à trouver une méthode par laquelle il associe une formule de l'arithmétique, de manière unique, à toute assertion du métaniveau (méta-assertion). Ainsi, par son procédé, la méta-asser-

---

68. Rappelons que selon la distinction faite précédemment, il s'agit ici d'incomplétude syntaxique, l'arithmétique étant sémantiquement complète en tant que théorie du premier ordre.

69. Comme le dit Gödel lui-même, en toute rigueur, son théorème n'exclut pas qu'une preuve finitiste soit obtenue si elle est non représentable dans l'arithmétique. Mais comme le font remarquer Nagel et Newman (Nagel [1989]), personne ne sait ce que pourrait être une preuve finitiste non représentable.

70. Pour une présentation pédagogique du théorème de Gödel on pourra se reporter à Nagel [1989] dont nous nous inspirons largement dans la suite. On pourra aussi consulter Shanker [1988].

tion « la formule "$4 \times 3 = 10$" n'est pas prouvable » est associée à (on dit « représentée par ») une formule arithmétique unique et bien spécifiée (incidemment, on peut remarquer que la méta-assertion en question est équivalente à « l'arithmétique est consistante » puisqu'on a vu que si un système est inconsistant, toute formule est prouvable). Si la formule arithmétique qui représente une méta-assertion est vraie, alors la méta-assertion l'est aussi. C'est cette association d'une formule à toute méta-assertion, de sorte que la méta-assertion soit vraie si et seulement si la formule est vraie, qui effectue la représentation du métaniveau dans le niveau.

L'idée générale de la démonstration de Gödel consiste tout d'abord à exhiber une formule arithmétique G universelle (c'est-à-dire de la forme $\forall n\, P(n)$) telle qu'elle représente l'assertion de métaniveau « G n'est pas prouvable ». Si le système est consistant, alors, si la formule G est démontrable, G est vraie[71]. Donc la méta-assertion qu'elle représente est vraie. Or cette méta-assertion dit que la formule G n'est pas démontrable. Il y a donc une contradiction. Ainsi G n'est pas démontrable. Donc la méta-assertion est vraie (puisqu'elle dit justement que G n'est pas démontrable) et G est vraie sans être démontrable. C'est la première partie du théorème qui montre l'existence de propositions indécidables. Remarquons alors que cette première partie montre que la méta-assertion « si le système est consistant alors G est vraie » est vraie. Soit « Cons » la formule de l'arithmétique représentant la méta-assertion « l'arithmétique est consistante ». La formule « Cons → G » est donc vraie et il est possible de prouver qu'elle est démontrable. Supposons maintenant qu'on puisse prouver « Cons », dans ce cas, par modus ponens :

Cons → G

Cons

G

serait une preuve de G, ce qui n'est pas possible. Il en résulte qu'il n'est pas possible de trouver une preuve de « Cons » et donc qu'on ne peut prouver la consistance du système. C'est la deuxième partie du théorème selon laquelle la consistance d'un système formel contenant l'arithmétique n'est pas prouvable dans le système lui-même.

---

71. Ceci n'est pas évident (car nous n'avons pas montré que dans le système formalisant l'arithmétique toute formule démontrable est vraie) mais découle des raisons suivantes :

— si P est un énoncé décidable alors si P est vrai on peut le démontrer et s'il est faux on peut démontrer sa négation

— un énoncé Q du type $\exists n\, P(n)$ où P est décidable est démontrable s'il est vrai car dans ce cas, $P(n)$ est vrai pour un certain n et donc démontrable pour ce n et donc les règles logiques formelles permettent de prouver Q.

Il en résulte qu'un énoncé R du type $\forall n\, P(n)$ où P est décidable est vrai s'il est prouvé et si le système est consistant car s'il était faux, sa négation qui est existentielle serait vraie et donc prouvable, ce qui entraînerait la non-consistance.

Ce qui précède n'est évidemment pas une démonstration rigoureuse. Donnons alors plus de détails. Gödel commence par montrer qu'il est possible d'assigner un nombre unique à chaque symbole, à chaque formule et à chaque preuve de l'arithmétique. Ce nombre est appelé « nombre de Gödel[72] » du symbole, de la formule ou de la preuve. Tout nombre entier n'est pas forcément le nombre de Gödel d'un objet mais le procédé de construction est tel qu'il existe une correspondance biunivoque entre les objets et leur nombre de Gödel. À partir d'un nombre de Gödel donné, on peut trouver l'unique objet (symbole, formule ou preuve) qui lui correspond. Gödel montre ensuite que toute assertion portant sur les objets du système peut être traduite en une formule portant sur les nombres de Gödel de ces objets. Par exemple, le fait pour un nombre de Gödel a d'être celui d'une formule (et pas d'un symbole ou d'une preuve) s'exprime comme une propriété du nombre a. Il est donc exprimable par une formule arithmétique portant sur a. Nous la noterons $F(a)$. Le fait pour une formule F d'être une sous-formule d'une formule G (ce qui est une assertion du métaniveau) s'exprimera par le fait que le nombre de Gödel de F (on dira le « ng de F ») est un facteur de celui de G (ce qui est une formule arithmétique). De la même manière, le fait pour une preuve de ng a d'être la démonstration de la formule de ng b s'exprime par une formule arithmétique (très complexe) entre a et b. On note Dem (a, b) la formule arithmétique qui représente le fait que la preuve de ng a est une démonstration de la formule de ng b. Il en résulte que le fait que la preuve de ng a ne démontre pas la formule de ng b, s'exprime par la formule $\neg$ Dem(a, b). La consistance de l'arithmétique, qui comme on l'a vu est équivalente au fait qu'il existe une formule non démontrable, peut donc s'exprimer par la formule :

$$\exists b \; F(b) \wedge \forall a \; \neg \; \text{Dem}(a, b).$$

On voit donc que par ce procédé toute assertion de métaniveau sera représentée de manière unique par une formule arithmétique telle que la méta-assertion sera vraie si et seulement si la formule associée est vraie.

La démonstration de Gödel

Muni de ce procédé, il est possible de décrire les principales étapes du raisonnement de Gödel[73]. Supposons que le nombre de Gödel de la variable y soit 13[74]. Considérons alors l'expression sub $(m, 13, m)$ à laquelle on donne la signification suivante : sub $(m, 13, m)$ est le nombre de Gödel de la formule obtenue à partir de la

---

72. Soulignons que le nombre en question est arbitraire et qu'il existe une infinité de manières d'assigner un tel nombre aux objets du système.

73. Ce paragraphe est plus difficile et peut être sauté en première lecture.

74. Il n'y a là aucun sens ésotérique mais nous suivons la numérotation arbitraire qu'ont choisie Nagel et Newman et qui diffère d'ailleurs de celle de Gödel.

formule de nombre de Gödel m quand on substitue à la variable qui porte le nombre de Gödel 13 (c'est-à-dire à y) le symbole représentant le nombre m[75]. Par exemple, sub (100, 13, 100) sera le nombre de Gödel de la formule obtenue à partir de la formule de nombre de Gödel 100 quand on substitue à tous les symboles y de cette formule, le symbole représentant le nombre 100. Dit plus directement : on part de la formule de nombre de Gödel 100. On remplace dans cette formule toutes les occurrences de la variable y par le symbole représentant le nombre 100. La formule obtenue porte un nombre de Gödel qui est sub (100, 13, 100).

Il en résulte que sub (y, 13, y) signifie : le nombre de Gödel de la formule obtenue à partir de la formule de nombre de Gödel y quand on substitue à la variable qui porte le nombre de Gödel 13 (c'est-à-dire à y) le symbole représentant le nombre y. Considérons maintenant la formule A :

$\forall x \neg \mathrm{Dem}(x, \mathrm{sub}\ (y,\ 13,\ y))$.

Elle signifie que la formule dont le nombre de Gödel est sub (y, 13, y) n'est pas démontrable. Cette formule A possède un nombre de Gödel. Supposons que ce soit n. Substituons alors dans la formule A le symbole du nombre n à la variable de nombre de Gödel 13, c'est-à-dire à y. On obtient :

$\forall x \neg \mathrm{Dem}(x, \mathrm{sub}\ (n,\ 13,\ n))$ (qu'on appellera la formule G).

Quel est le nombre de Gödel de cette formule ? C'est sub (n, 13, n) puisque sub (n, 13, n) est le nombre de Gödel de la formule obtenue à partir de la formule de nombre de Gödel n (c'est-à-dire à la formule A) en y substituant le symbole représentant le nombre n à la variable y. Que dit la formule G ? Elle dit que la formule de nombre de Gödel sub (n, 13, n), c'est-à-dire elle-même, n'est pas démontrable. Cette formule est la proposition universelle G que nous avons évoquée dans le paragraphe précédent qui représente la méta-assertion « G n'est pas prouvable ». Nous avons donc construit une formule mathématique telle que le sens de la méta-assertion associée est « la formule qui me représente n'est pas prouvable ». On a vu dans le paragraphe précédent qu'un raisonnement simple montre que G n'est pas prouvable. Le lecteur pourra alors avoir l'impression que le théorème est démontré. Mais le raisonnement que nous avons présenté est de nature métamathématique. Il n'est donc pas suffisant pour satisfaire le critère de rigueur que nous nous sommes fixé en exigeant que toute démonstration puisse se faire sous la forme d'une dérivation formelle à l'intérieur du système.

---

75. « Le symbole représentant le nombre m » signifie tout simplement « la manière dont m s'écrit à l'aide du vocabulaire du système ». Par exemple, le nombre 2 s'écrit « ss0 » si le vocabulaire est limité à « 0 » associé au nombre 0 et « s » associé à la fonction successeur.

Nous devons donc maintenant démontrer formellement (et non pas sémantiquement) que G n'est pas prouvable si le système est consistant. La preuve est la suivante. Si G l'était, il existerait une suite de formules qui est une démonstration de G. Soit k le nombre de Gödel de cette démonstration. La formule Dem $(k$, sub $(n, 13, n))$ est donc vraie et il est possible de montrer que, dans ce cas, elle est démontrable[76]. Puisque Dem$(k$, sub $(n, 13, n))$ est démontrable, les règles logiques habituelles permettent de dériver la formule $\exists x$ Dem $(x$, sub $(n, 13, n))$, qui est équivalente à $\neg \forall x \neg$ Dem $(x$, sub $(n, 13, n))$, c'est-à-dire à $\neg$ G. On a donc une démonstration de G et une démonstration de $\neg$ G, ce qui est impossible si le système est consistant. Donc si le système est consistant alors G n'est pas prouvable. Réciproquement, on peut montrer que si $\neg$ G est démontrable alors G l'est aussi[77]. Donc, ni G ni $\neg$ G ne sont démontrables. Mais G est vraie puisque G exprime justement le fait qu'elle n'est pas démontrable. Nous avons ainsi construit une proposition vraie qu'on ne peut ni démontrer ni réfuter. C'est ce qu'on appelle une « indécidable ». Cela constitue la première partie du théorème de Gödel.

La deuxième partie est plus simple à établir. Nous avons montré que la méta-assertion « si le système est consistant alors il existe une formule vraie non démontrable » est vraie. Cette méta-assertion peut être à son tour représentée par une formule. Nous avons vu précédemment que la méta-assertion « le système est consistant » était représentée par la formule « $\exists b$ F(b) $\wedge$ $\forall a \neg$ Dem(a, b) ». La méta-assertion « il existe une formule vraie non démontrable » est représentée par notre formule G. Donc la méta-assertion « si le système est consistant alors il existe une formule vraie non démontrable » peut être représentée par la formule :

$$\exists b\ F(b) \wedge \forall a \neg \text{Dem}(a, b) \rightarrow \forall x \neg \text{Dem}(x, \text{sub}(n, 13, n))$$

que nous pouvons écrire sous la forme abrégée « Cons $\rightarrow$ G ». On peut montrer que cette formule est démontrable. Supposons alors que « Cons » soit démontrable, il s'ensuivrait par modus ponens (comme nous l'avons vu dans le paragraphe précédent) que G le serait aussi, ce qui n'est pas possible en raison de la première partie du théorème. Nous avons donc démontré la deuxième partie du théorème : « si le système est consistant, il n'est pas possible de le montrer par des preuves à l'intérieur du système ».

---

76. Gödel montre en effet que quels que soient les nombres x et y, si Dem (x, y) est vraie alors elle est démontrable.

77. En toute rigueur, la démonstration de Gödel selon laquelle $\neg$ G n'est pas démontrable suppose que l'arithmétique est ω-consistante, c'est-à-dire qu'il n'est pas possible de démontrer à la fois la formule « $\exists x$ P(x) » et chacune des formules « $\neg$ P(0) », « $\neg$ P(1) », « $\neg$ P(2) », etc. En 1936, Rosser réussit à exhiber une formule non démontrable et non réfutable en supposant seulement la consistance du système.

Philosophie du théorème de Gödel

Le théorème de Gödel établit clairement qu'il existe une différence entre vérité et prouvabilité, contrairement à ce que pensait Hilbert. Tout système formel assez puissant pour contenir l'arithmétique comprendra toujours des propositions vraies mais non démontrables. Il est donc impossible de construire un système formel complet qui constituerait *le* cadre axiomatisant l'ensemble des mathématiques et permettant de donner une preuve de toutes les vérités mathématiques. La vérité ne se laisse pas réduire aux preuves formelles, la sémantique n'est pas réductible à la syntaxe. De plus, il n'est pas possible non plus de montrer la consistance d'un système formel contenant l'arithmétique par des procédés finitistes qui se laissent représenter à l'intérieur du système. Une telle preuve, souhaitée par Hilbert, aurait eu l'avantage d'éliminer tout doute quant à sa validité. Gödel a montré qu'elle n'existe pas. Il faut cependant insister sur le fait que cela ne signifie pas qu'il soit impossible de démontrer la consistance d'un tel système formel. Des preuves faisant appel à des procédés métamathématiques extérieurs au système peuvent être construites. Souvenons-nous que nous avons prouvé rigoureusement que la formule non démontrable est vraie. Mais la preuve a été obtenue par des moyens sémantiques extérieurs au système. Une preuve sémantique que l'arithmétique est consistante est donnée par le fait qu'elle possède un modèle. Mais le but de Hilbert était d'obtenir une preuve syntaxique afin d'éliminer le recours à l'intuition nécessaire dans le cas de preuves sémantiques.

Pour répondre à ce souhait, il est possible de construire des preuves syntaxiques de consistance de l'arithmétique. La première a été donnée par Gentzen en 1936. Cette preuve fait appel au principe d'induction transfinie jusqu'à l'ordinal ε_0, le plus petit ordinal venant après la suite des ordinaux du type ω, ω^ω, ω^{ω^ω},... (où ω est l'ordinal de l'ensemble des entiers N). Mais elle n'est pas finitiste au sens strict et ne se laisse pas représenter dans l'arithmétique. Retenons donc que prouver la consistance de l'arithmétique n'est possible que par des moyens non finitistes extérieurs au système formalisant l'arithmétique. Il en résulte que les moyens utilisés sont à leur tour susceptibles d'être mis en doute puisqu'ils font appel à des concepts plus douteux que l'arithmétique elle-même. Cela étant, la preuve de Gentzen semble suffisamment contraignante et raisonnable pour que la plupart des mathématiciens l'acceptent : les exigences fortes de Hilbert n'étant pas tenables, les mathématiciens ont dû accepter d'élargir les procédés qu'ils s'autorisent à utiliser[78].

---

78. La taille de cet élargissement dépend fortement des positions philosophiques de base acceptées. Les mathématiciens intuitionnistes (dont la position a été initialement développée par Brouwer), sont les plus exigeants et rejettent beaucoup de méthodes employées dans les mathématiques courantes. Mais leur position reste minoritaire.

2.5. LES INDÉCIDABLES

Le résultat de Gödel a longtemps été considéré comme n'ayant aucune conséquence sur les mathématiques que pratiquent réellement les mathématiciens : « 95 % des mathématiciens se moquent éperdument de ce que peuvent faire tous les logiciens et tous les philosophes. » « La proposition indécidable écrite par Gödel paraît très artificielle, sans lien avec aucune partie de la théorie des nombres actuelle ; sa principale utilité était d'établir l'impossibilité d'une preuve de non-contradiction de l'arithmétique. Parmi les nombreuses questions classiques non résolues de la théorie des nombres, on n'a pas encore, à ma connaissance, établi que l'une d'elles est indécidable[79]. »

La formule indécidable que Gödel a construite n'est pas explicite et beaucoup de mathématiciens pensaient qu'en dehors de formules expressément construites à cet effet, les énoncés normaux qu'on rencontre en mathématiques étaient prouvables ou réfutables. Mais en 1977, Paris et Harrington[80] ont publié un énoncé combinatoire explicite et assez simple qu'il est impossible de démontrer dans l'arithmétique de Peano du premier ordre. D'autres résultats du même type ont été produits en théorie des ensembles et en théorie algorithmique de l'information. Comme le dit Girard[81], « l'incomplétude est pour ainsi dire descendue sur terre ».

Dans la suite de ce chapitre, nous allons donner des exemples de propriétés indécidables beaucoup plus concrets que la formule de Gödel. Rappelons qu'on appelle « indécidable d'un système formel » un énoncé qui ne peut ni être prouvé ni être réfuté dans ce système. Un indécidable n'est pas forcément remarquable. Dans un système formel comportant un ensemble pauvre d'axiomes, il existera des énoncés indépendants qui pourront être éventuellement ajoutés en tant qu'axiomes pour enrichir le système. Le 5e axiome d'Euclide par exemple est un indécidable du système limité aux quatre premiers axiomes. L'indécidabilité provient dans ce cas de la pauvreté du système initial. Plus intéressant est le cas où un système semble intuitivement suffisant pour formaliser un domaine et où, malgré tout, certains énoncés restent indécidables (nous le verrons à propos de la théorie des ensembles). Dans ce cas, on est conduit à admettre que l'intuition que nous pouvons avoir du domaine formalisé est insuffisante pour fixer la valeur de vérité de ces énoncés. Autrement dit, cela signifie que les objets du domaine sont sous-déterminés par notre intuition. Enfin, le cas le

---

79. Dieudonné en 1982 et 1987 cité par Delahaye [1994].
80. Paris [1977].
81. Girard [1989].

plus étonnant est celui des énoncés vrais dans le domaine mais non démontrables, comme les indécidables de Gödel pour l'arithmétique.

Les indécidables de la théorie des ensembles

Nous avons déjà rencontré une propriété indécidable de la théorie des ensembles. Il s'agit de l'hypothèse du continu HC qui s'écrit $\aleph_1 = 2^{\aleph_0}$ et signifie « il n'existe aucun infini compris strictement entre l'infini des nombres entiers et celui des nombres réels ». Cette propriété, que Cantor ne réussit jamais à démontrer, est indécidable dans la théorie des ensembles ZF.

Gödel a en effet démontré en 1938 que la théorie obtenue en ajoutant HC à ZF est consistante si ZF l'est, puis Cohen en 1966 a prouvé qu'il en est de même si on ajoute la négation de HC à ZF. Il en résulte que HC n'est ni prouvable ni réfutable dans ZF. Un autre énoncé a été prouvé indécidable dans ZF (encore par Gödel et Cohen), il s'agit de l'axiome du choix AC qui stipule qu'étant donné une famille d'ensembles, on peut former un nouvel ensemble qui contient exactement un élément de chaque ensemble de la famille. Ces résultats signifient que les axiomes de ZF qui *a priori* semblent suffisants pour caractériser notre concept intuitif d'ensemble ne le sont pas vraiment.

Il pourrait sembler assez facile d'y remédier en proposant tout simplement de s'interroger pour savoir si ces énoncés sont vrais ou faux pour les ensembles tels que nous les concevons puis d'ajouter selon le cas l'énoncé ou sa négation comme axiome supplémentaire. Ce procédé « naïf » n'est pourtant pas praticable. En ce qui concerne HC, il est en effet très difficile d'avoir une intuition directe convaincante de sa vérité ou de sa fausseté. Force est de constater qu'aucun mathématicien n'a pu exhiber une bonne raison de penser que HC doit être vraie (ou fausse) sur les ensembles qui sont ceux « que nous avons en tête ». La vérité de l'axiome du choix paraît être plus simple à trancher. Sous la forme que nous avons explicitée, il semblerait en effet qu'il énonce une extension aux ensembles infinis d'une propriété parfaitement exacte des ensembles finis. Donc pourquoi ne pas l'admettre comme axiome supplémentaire sans se poser de question ? Une raison en est qu'on peut montrer (cela a été fait par Zermelo en 1904) qu'il est équivalent à l'énoncé suivant : « Tout ensemble peut être bien ordonné. » Un ensemble est bien ordonné quand on peut le munir d'une relation d'ordre totale telle que tout sous-ensemble non vide possède un plus petit élément. Or sous cette forme, il est beaucoup plus problématique car il implique que l'ensemble R des nombres réels peut être bien ordonné alors qu'intuitivement on pense le contraire. On voit donc que sous une forme AC paraît intuitivement vrai alors que sous une forme équivalente il semble faux. Signalons que toutefois, malgré une opposition assez forte au début du siècle[82], AC est actuellement accepté par la majorité des mathématiciens[83].

Les indécidables de la théorie des ensembles sont une indication forte de la difficulté qu'il y a à enfermer dans un système d'axiomes donné toutes les caractéristiques d'une conception intuitive. Cet aspect est majeur dans le débat qui existe entre les mathématiciens réalistes et ceux qui ne le sont pas. Les premiers considèrent que les objets mathématiques existent en dehors de nos constructions et que nous ne faisons que découvrir leurs propriétés. Pour eux, l'hypothèse du continu est vraie ou fausse en ce qui concerne les « vrais ensembles » et nous finirons par découvrir ce qu'il en est. À ce moment, nous ajouterons HC ou sa négation (ou un axiome impliquant HC ou sa négation) aux axiomes de ZF, ce qui permettra d'obtenir un système décrivant mieux les « vrais » ensembles que ZF seul. En revanche, pour les non-réalistes, il n'y a pas de vrais ensembles. Les objets mathématiques en général et les ensembles en particulier ne sont que des constructions mentales et l'indécidabilité d'énoncés comme HC n'est que le symptôme du fait que nos intuitions initiales ne suffisent pas à caractériser pleinement les ensembles infinis. Pour eux, il y a donc deux types d'ensembles, ceux qui satisfont HC et ceux qui ne la satisfont pas. Choisir de travailler avec les uns ou avec les autres devient alors pure convention, question de commodité ou de fécondité. Il existe beaucoup d'énoncés (comme par exemple les axiomes de grands cardinaux) qui ne sont pas démontrables dans ZF. Choisir de les adopter ou non est donc matière d'appréciation personnelle. Il faut cependant souligner que plus l'axiome adopté s'éloigne de ceux qui décrivent les mathématiques usuelles, plus l'engagement ontologique est grand. Accepter par exemple les axiomes de grands cardinaux qui postulent l'existence d'ensembles de plus en plus grands (au-delà de tout ensemble qu'on peut obtenir en itérant une infinité dénombrable de fois l'opération consistant à prendre l'ensemble des parties d'un ensemble) revient à s'éloigner de plus en plus de l'intuition immédiate. D'ailleurs on a prouvé que certains de ces axiomes sont contradictoires[84].

Les indécidables de Paris et Harrington [85]

« Une nouvelle étape dans le développement de la théorie initiée par les théorèmes de Gödel de 1931 est la découverte par Paris et Harrington en 1977 d'une question simple et intéressante, ne dépen-

---

82. Dont celle de Poincaré, de Borel, de Baire, de Lebesgue (voir à ce sujet la correspondance citée dans Rivenc [1992]).

83. La raison en est principalement la fécondité de AC qui est utile pour démontrer un grand nombre de résultats importants des mathématiques usuelles.

84. On pourra consulter Delahaye [1995] pour une présentation d'arguments pour et contre le réalisme mathématique.

85. Pour tout ce qui suit, voir Delahaye [1994] pour plus de détails.

dant pas d'un codage numérique de notions logiques, qui est indécidable[86]. » Cette citation de Kleene montre à quel point les logiciens ont considéré comme important le fait qu'il est possible d'exhiber un énoncé indécidable d'arithmétique ne résultant pas directement d'une construction *ad hoc*. Cet énoncé est le théorème de Ramsey fini. Donnons à titre indicatif son contenu. Si M est un ensemble d'entiers, on note $[M]^k$ l'ensemble des parties à k éléments de l'ensemble M. On a alors : « Pour tout triplet d'entiers k, r, m il existe un entier n tel que si P est un ensemble de n entiers et que C_1, C_2,..., C_r est une partition de $[P]^k$ alors il existe M inclus dans P, ayant plus de m éléments tel que $[M]^k$ est inclus dans l'un des C_i et tel que le cardinal de M est supérieur ou égal au plus petit nombre de M. »

Cet énoncé peut sembler complexe mais, d'une part, il est explicite, contrairement à la formule de Gödel qu'il serait effroyablement long et fastidieux d'expliciter et, d'autre part, c'est une variante du théorème de Ramsey qui a été considéré et démontré en 1928 en dehors de toute préoccupation de logique. Paris et Harrington ont prouvé que cet énoncé est indécidable dans l'arithmétique de Peano du premier ordre. D'autres énoncés du même type (comme la forme finie du théorème de Kruskal par Friedman) ont été publiés. Ces indécidables sont un premier pas vers des énoncés indécidables issus directement de l'arithmétique usuelle mais ils sont encore suffisamment marginaux pour que certains mathématiciens considèrent toujours que les indécidables n'interviennent pas dans l'arithmétique courante. Jusqu'à sa démonstration en 1993 par A. Wiles, le grand théorème de Fermat était considéré comme l'archétype des énoncés dont l'indécidabilité aurait constitué une preuve flagrante de l'importance de l'indécidabilité. On peut maintenant se rabattre sur la conjecture de Goldbach, toujours non démontrée, comme exemple de ce qui pourrait être une indécidable qui convaincrait tous les mathématiciens de l'importance des indécidables dans les mathématiques usuelles, contrairement à l'affirmation de Dieudonné que nous avons citée en début de paragraphe.

Les équations diophantiennes

Dans la célèbre liste de 23 problèmes irrésolus que Hilbert a énoncée au congrès international des mathématiciens de 1900, le dixième concerne la résolution des équations diophantiennes. Une équation diophantienne est une équation de la forme $P(x_1, x_2,... x_n) = 0$ où P est un polynôme à coefficients entiers. Par exemple, $3x^4 + 8y^7 + 5z^9 - 8 = 0$ est une équation diophantienne dont $x = 1$, $y = 0$, $z = 1$ est solution. Hilbert demandait que soit trouvé un algorithme permettant de décider pour toute équation de ce type si elle avait des solutions entières ou pas. Matijasevic a démontré en 1970 qu'un tel algorithme n'existait pas. On dit que le problème de la résolution des

---

86. Kleene cité par Delahaye [1994].

équations diophantiennes est indécidable. L'adjectif « indécidable » possède un sens légèrement différent quand il s'applique à un problème et non à un énoncé. Un problème est indécidable quand il n'existe aucun algorithme permettant de le résoudre en général. Ces résultats ont été affinés. On peut prouver que dans tout système formel contenant l'arithmétique, il est possible de construire une équation diophantienne $P(x_1, x_2,... x_n) = 0$ n'ayant aucune solution en nombre entier mais dont il est impossible de démontrer que : $\forall x_1\ \forall x_2\ \forall x_n\ P(x_1, x_2,... x_n) \neq 0$. Il a même été possible d'expliciter de telles équations[87]. Donc, contrairement à ce qu'on pourrait penser, d'une part il est impossible de déterminer pour toute équation diophantienne si elle a des solutions ou pas, et d'autre part il existe des équations simples (puisqu'elles s'écrivent sous la forme d'un polynôme) dont on sait à la fois qu'elles n'ont pas de solutions et qu'il est impossible de le démontrer dans le système dans lequel elles ont été formulées.

Les indécidables de l'informatique et de la théorie algorithmique de l'information

Un ordinateur fonctionne en exécutant des programmes. Quand on donne un programme à un ordinateur, on attend bien sûr qu'il fournisse un résultat et s'arrête au bout d'un moment (si possible pas trop long !). Peut-on être sûr, quand on fait tourner un programme donné, que l'ordinateur ne calculera pas indéfiniment ? Si, par exemple, le programme contient une boucle infinie (du type « Instruction 1 : a = 10. Instruction 2 : tant que a > 0 faire a = a + 1 ») l'ordinateur fonctionnera sans s'arrêter jusqu'à la fin des temps. Cette question est essentielle car si l'ordinateur ne s'arrête pas, on n'aura jamais le résultat cherché. Il est bien sûr possible dans les cas simples, comme celui de la boucle ci-dessus, de voir que l'ordinateur ne s'arrêtera jamais. Mais il serait très utile de posséder une méthode générale permettant de savoir pour tout programme s'il s'arrêtera ou pas. Il est possible de montrer qu'une telle méthode n'existe pas : il n'existe aucune méthode, aucun algorithme (donc aucun programme) qui, lorsqu'on lui donne en entrée un programme quelconque, peut dire si l'exécution de celui-ci se terminera. Ce problème, dénommé « problème de l'arrêt », a été prouvé indécidable par Turing en 1936. Le sens d'indécidable est ici le même que celui qui a été attribué au problème de la résolution des équations diophantiennes.

La théorie algorithmique de l'information a été élaborée par Kolmogorov, Solomonov et Chaitin dans les années 1960. Son objet est l'étude de la complexité des objets finis comme les suites de nombres[88]. Il nous suffira ici de donner la définition de la complexité

---

87. Voir Delahaye [1994] pour un exemple explicite.
88. Pour une présentation de cette théorie on pourra consulter par exemple Li [1993].

algorithmique d'un objet, qui est la longueur du plus petit programme informatique capable de l'engendrer[89]. Étant donné s, une suite finie de 0 et de 1, on note K(s) sa complexité. Il est alors possible de montrer que dans tout système formel S, il n'est possible de prouver qu'un nombre fini d'énoncés du type « K(s) = n ». En d'autres termes, quel que soit le système formel dans lequel on se place, tous les énoncés de ce type, sauf un nombre fini, seront indécidables. Ce résultat extrêmement surprenant signifie que dans presque tous les cas, on ne peut prouver que la complexité d'une suite donnée est égale à une certaine valeur.

Donnons enfin un dernier exemple d'indécidabilité avec le nombre Ω de Chaitin. Nous avons vu qu'étant donné un programme quelconque, on ne peut savoir si un ordinateur qui l'exécute finira par s'arrêter. Le nombre Ω est alors défini comme la probabilité pour qu'un ordinateur à qui on fait exécuter un programme tiré au hasard finisse par s'arrêter. Ce nombre possède des propriétés étranges[90]. On peut montrer que la connaissance de ses mille premiers digits permettrait de résoudre la plupart des conjectures mathématiques. Malheureusement, il est aléatoire et incompressible, ce qui signifie qu'aucun algorithme ne peut permettre de calculer un par un ses digits. On peut même montrer qu'aucun système formel ne permet d'en calculer plus qu'un nombre fini. Il en résulte que quel que soit le système formel dans lequel on se place, tous les énoncés du type « la nième décimale de Ω vaut 1 » sont indécidables à partir d'un certain rang. Chaitin a, de plus, construit une équation diophantienne dépendant d'un paramètre n telle qu'elle possède un nombre fini ou infini de solutions selon que le nième bit de Ω (exprimé en binaire) est 0 ou 1. Cette équation (certes longue puisqu'elle occupe deux cents pages) est donc telle que dans tout système formel il est impossible de savoir si elle possède ou pas un nombre infini de solutions sauf pour un nombre fini de valeurs de n.

2.6. CONCLUSION

L'énumération sommaire de diverses indécidables à laquelle nous nous sommes livrés avait pour but de montrer que l'indécidabilité n'est pas une affection que ne posséderaient que de rares systèmes pathologiques mais qu'elle est au contraire répandue dans un grand nombre de secteurs des mathématiques. La position confortable consistant à croire que les mathématiques permettent de prouver toutes les assertions vraies, que les méthodes de raisonnement utilisées sont incontestables et qu'il est possible de prouver

---

89. Plus précisément, il s'agit de la taille du plus petit programme autodélimité (c'est-à-dire qui contient une indication de la fin de son code) et on peut prouver que cette définition ne dépend du choix de l'ordinateur qu'à une constante près.

90. Voir Chaitin [1999] ou Delahaye [1994].

qu'elles le sont, cette position doit être rejetée comme incompatible avec les découvertes du XXe siècle. La situation actuelle doit nous rendre beaucoup plus modestes quant à nos prétentions.

De plus, comme le dit Hourya Sinaceur[91] : « S'il est relativement aisé de reconnaître la validité d'un résultat à partir d'hypothèses admises, il l'est beaucoup moins de se mettre d'accord sur les hypothèses que l'on peut ou doit admettre. » Selon l'opinion philosophique de base qu'on adopte (réalisme, idéalisme, formalisme, intuitionnisme, constructivisme) on sera conduit à accepter ou à refuser certains objets mathématiques et certaines méthodes de démonstration. Il n'entre pas dans notre objet de discuter ni même de décrire ces différentes attitudes philosophiques[92]. Ce qui nous importe est de constater que la tentation fondationnaliste d'une discipline ayant évacué toute incertitude doit être abandonnée en logique et en mathématiques, comme elle a été abandonnée dans les sciences empiriques. Ne nous méprenons cependant pas sur la nature de cette incertitude ou plutôt de ces incertitudes car il y en a de deux sortes.

Les premières sont des incertitudes de type philosophique et elles ne sont que la manifestation de différences de positions métaphysiques ayant chacune leurs défenseurs. Croire que les objets mathématiques ont une existence tout aussi réelle (bien que de nature différente) que les objets comme les tables et les arbres[93] est une croyance qui se situe à un niveau tellement fondamental, qu'un adversaire de cette conviction persuadé, lui, que les objets mathématiques n'existent qu'en tant que construction humaine, ne réussira quasiment jamais à convaincre son interlocuteur réaliste et vice versa. De la même manière, accepter des ontologies de plus en plus engagées et donc de plus en plus risquées[94] (par exemple par ordre de risque, ne croire qu'au fini, croire à l'infini actuel dénombrable, croire à l'infini actuel non dénombrable puis croire à l'existence de grands cardinaux de plus en plus grands) est en définitive matière de conviction personnelle, fonction des arguments favorables ou défavorables qui peuvent être avancés, du moins tant que le niveau de croyance auquel on se situe n'a pas été montré inconsistant (c'est là justement le risque qui croît avec la profondeur de l'ontologie). Ce qu'il faut en retenir, c'est que les mathématiques ne peuvent pas trancher définitivement (pour le moment) en faveur d'une ou l'autre de ces positions. Elles laissent donc une incertitude planer et il paraît peu probable que cette incertitude puisse être un jour éliminée définitivement.

Les deuxièmes sont des incertitudes techniques sur lesquelles tous les mathématiciens sont d'accord. Elles s'expriment à l'intérieur de cadres précis et signifient qu'il n'existe pas de cadre englobant la

---

91. Sinaceur [1999].

92. Le lecteur intéressé pourra se reporter par exemple à Benacerraf [1991].

93. Nous verrons cependant plus loin, dans le chapitre sur la mécanique quantique, que l'existence des objets n'est pas, elle-même, sans poser de graves difficultés.

94. Voir Delahaye [1995].

totalité des mathématiques et dans lequel il est possible de prouver de manière certaine toute vérité. D'une part, pour montrer la consistance du cadre formel dans lequel on se place, on est obligé d'avoir recours à des méthodes qui sortent de ce cadre et qui sont donc hors du champ de consistance qu'elles ont concouru à prouver. Il en résulte que la consistance ainsi démontrée a le même statut de fiabilité que celui de la méthode employée dont on n'a pas prouvé la consistance. Pour prouver la cohérence de la méthode de démonstration il faut de nouveau recourir à une démonstration qui sort du cadre de cette méthode et ainsi de suite à l'infini. D'autre part, dans tout cadre suffisamment puissant, il existe des vérités qu'on ne peut prouver formellement. Quel que soit le système considéré, il y aura toujours des vérités dans le modèle associé que le système est impuissant à prouver. Cela peut s'exprimer en disant qu'il y a deux niveaux d'incertitude. Le premier, de nature philosophique, est celui qui concerne le cadre qu'il convient d'adopter. Le débat à ce sujet est toujours ouvert et il n'est sans doute pas prêt d'être clos. Le second est celui qui subsiste à l'intérieur de tout cadre et sur lequel les mathématiciens sont tous d'accord. Comme le dit Ladrière[95] : « Le formalisme ne peut recouvrir adéquatement le contenu de l'intuition et, en ce sens, l'idée d'une formalisation totale doit être considérée comme irréalisable. »

Le lecteur profane en la matière ne doit pourtant pas en retirer l'impression que ces incertitudes permettent d'accepter n'importe quel point de vue. Les travaux que nous avons présentés sont au contraire une preuve éclatante de l'efficacité du raisonnement scientifique. Ils éliminent les conceptions intuitives naïves qu'on pourrait avoir *a priori*, en montrant que, contrairement à ce qu'il pourrait sembler au premier abord, certaines idées séduisantes ne sont pas cohérentes. Mais ce faisant, ils permettent de délimiter précisément les contours de ce qu'il est possible de penser, croire ou construire. En ce sens, ils nous montrent que l'univers du discours est beaucoup plus complexe que ce que l'intuition nous laisse croire et ils nous en font apercevoir les frontières. Nous avons évoqué, dans l'introduction, le paradoxe selon lequel le raisonnement scientifique est capable de cerner ses propres limites. Le lecteur peut commencer à comprendre que ce paradoxe n'est qu'apparent : une méthode peut être utilisée pour montrer qu'elle n'est pas utilisable dans un domaine. Il suffit pour cela de l'appliquer de toutes les manières possibles et de constater qu'aucune n'aboutit au but cherché. Un tel résultat, bien que négatif, doit être compris comme une connaissance supplémentaire sur le domaine en question et non pas comme un échec de la raison. C'est en ce sens que doivent être prises les limites que nous avons présentées en mathématiques et en logique.

---

95. Ladrière [1957].

Complément :
la théorie des ensembles

Nous présentons, dans ce complément, une analyse plus détaillée des raisons pour lesquelles la conception naïve des ensembles ne fonctionne pas. Comme on l'a vu, on appelle « prédicat » au sens intuitif du terme, toute manière d'énoncer une propriété qui peut s'appliquer à des objets. Ainsi « être rouge », « peser plus d'une tonne », « aimer les antiquités », « être un nombre premier » ou « avoir le même cardinal que l'ensemble des entiers naturels » sont des prédicats. Une idée naturelle est que pour tout prédicat, on peut considérer les objets[96] qui le satisfont (ceux pour lesquels il est vrai) et ceux qui ne le satisfont pas. Un objet peut ne pas satisfaire un prédicat dans deux cas : soit le prédicat ne s'y applique pas (par exemple, le prédicat « être rouge » ne s'applique pas à l'objet « la distance entre Paris et Marseille »), soit il s'y applique, mais l'objet ne le vérifie pas (le prédicat « peser plus d'une tonne » n'est pas vérifié par l'objet « une mouche »). Pour tout objet et tout prédicat que nous considérons, il semble donc que, ou bien le prédicat ne s'applique pas à l'objet, ou bien il s'y applique et, dans ce cas, il est vérifié ou non par cet objet. En effet, dire que le prédicat P ne s'applique pas à l'objet x est la même chose que dire que la proposition $P(x)$ n'a pas de sens. Si $P(x)$ a un sens, alors $P(x)$ est soit vrai soit faux (si on accepte que le principe du tiers-exclu s'applique aux propriétés des objets considérés). Étant donné un prédicat P, il semble donc légitime de s'intéresser à tous les objets pour lesquels P est vrai et de les penser comme un tout. Cette considération conduit donc au concept d'ensemble des objets pour lesquels P est vrai : $E = \{x \,;\, P(x)\}$. Cet ensemble des objets qui vérifient un prédicat est appelé « l'extension du prédicat » et il semble naturel de penser que tout prédicat a une extension (éventuellement vide).

Cette conception intuitive des objets et des prédicats est issue de la généralisation de notre expérience concrète macroscopique. Celle-ci nous montre, en effet, que pour tout objet que nous isolons, il existe une réponse (même si nous ne la connaissons pas) à la question de savoir si cet objet possède ou non telle ou telle propriété. Elle repose sur l'idée que l'univers est donné une fois pour toutes, qu'il est constitué d'objets individualisés et distincts dont les propriétés sont fixées (au moins à un instant donné) et que tout prédicat possède un

---

96. Nous employons ici le mot *objet* dans un sens large qui ne se limite pas aux objets matériels mais qui comprend aussi les concepts abstraits comme les nombres, les entités mathématiques, les forces et plus généralement tout ce qui peut être conceptualisé au sens intuitif du terme.

sens non ambigu et indépendant des objets auxquels on cherche à l'appliquer, permettant d'être sûr que ou bien l'objet le vérifie ou bien il ne le vérifie pas, même si nous ne connaissons pas forcément la réponse[97]. Cette position, consistant à se représenter l'univers comme constitué d'objets distincts, donnés une fois pour toutes et possédant une existence propre et des propriétés bien définies, participe du réalisme métaphysique naïf.

Ce cadre est le théâtre de la « conception naïve des ensembles » et c'est celui qui a guidé Georg Cantor dans sa construction initiale de la théorie des ensembles. Suivant lui, un ensemble est « toute collection, dans un tout M, d'objets définis et distincts (qui seront appelés les éléments de M) de notre intuition ou de notre pensée ». Les objections quant à la circularité de cette définition sont bien connues, puisque Cantor définit « ensemble » par « collection » dont le sens n'est ni plus ni moins évident. Il reste que cette définition semble décrire correctement l'intuition que nous avons du mot « ensemble » quand on la situe dans la conception réaliste naïve. Un ensemble est donc défini par ses éléments et par eux seuls. Cela signifie que deux ensembles qui ont les mêmes éléments sont, par définition, identiques, ce qu'on appelle « l'axiome d'extensionnalité ». Intuitivement, cette conception paraît parfaitement claire et il ne semble pas que nous ayons quelque difficulté à la comprendre ou à l'utiliser. Suivant Boolos [1971], on peut donner une description axiomatique de cette conception.

Si L est un langage formalisé du premier ordre dont les variables parcourent les ensembles et les objets (qui ne sont pas des ensembles) et si le prédicat à une place S signifie « est un ensemble » et le prédicat à deux places $\in$ signifie « est élément de », alors la théorie naïve des ensembles sera la théorie satisfaisant les axiomes suivants :

1) $\forall x\ \forall y\ (Sx \wedge Sy \wedge (\forall z)\ (z \in x \leftrightarrow z \in y) \rightarrow x = y)$ (axiome d'extensionnalité)

2) tout axiome de la forme $(\exists y)\ (Sy \wedge (\forall x)\ (x \in y \leftrightarrow \Phi))$ pour toute formule Φ dans laquelle y n'est pas libre[98].

Par exemple, cette théorie satisfait les axiomes suivants :

$(\exists y)\ (Sy \wedge \forall x\ (x \in y \leftrightarrow x \neq x))$ qui indique qu'il existe un ensemble vide.

$(\exists y)\ (Sy \wedge \forall x\ (x \in y \leftrightarrow (\exists w)\ (x \in w \wedge w \in z))$ qui indique qu'il existe un ensemble dont les éléments sont les éléments des éléments de z.

$(\exists y)\ (Sy \wedge \forall x\ (x \in y \leftrightarrow (Sx \wedge x \in x))$ qui indique qu'il existe un ensemble dont les éléments sont les ensembles qui sont éléments

---

97. Par exemple, savoir si un nombre est premier est très difficile, voire impossible avec les moyens actuels quand ce nombre est extrêmement grand. Cependant, personne ne doute que la question « le nombre $10^{1000000} + 7$ est il premier ? » admet une réponse définie même si nous ne la connaissons pas.

98. Une variable n'est pas libre dans une formule si elle n'est présente que dans la portée d'un quantificateur $\forall$ ou $\exists$.

d'eux-mêmes. Même si l'idée d'un ensemble qui se contient lui-même semble étrange, la théorie que nous avons formalisée n'écarte pas une telle possibilité. Il semble cependant que les ensembles intuitifs dont nous avons l'idée ne sont pas éléments d'eux-mêmes[99].

Mais cette théorie, qui semble *a priori* séduisante est inconsistante comme l'a montré Russell par le paradoxe suivant qui porte son nom. Un axiome de la théorie est en effet :

$(\exists y)\ (Sy \wedge \forall x\ (x \in y \leftrightarrow (Sx \wedge x \notin x)))$ ce qui signifie qu'il existe un ensemble dont les éléments sont les ensembles qui ne se contiennent pas eux-mêmes. Or, si y est un tel ensemble, ou bien y est élément de lui-même et dans ce cas il ne doit pas être élément de lui-même ou bien il n'est pas élément de lui-même et dans ce cas il doit être élément de lui-même. On arrive donc à une contradiction dans tous les cas, ce qui contredit le fait qu'un tel ensemble existe. Un tel ensemble ne peut donc pas exister et la théorie naïve qui possède un axiome stipulant l'existence de cet ensemble est inconsistante.

On pourrait penser qu'il est simple de rétablir la consistance de la théorie naïve. Après tout, si l'ensemble que nous avons considéré comme contradictoire est le seul exemple gênant, il suffit de l'exclure purement et simplement de notre théorie et de la conserver identique par ailleurs. Il suffit pour cela de limiter nos axiomes de la forme 2) à toute formule autre que $x \notin x$. Cela paraît un peu artificiel car cette formule est vérifiée par de très nombreux ensembles (et même par la totalité des ensembles auxquels on peut penser *a priori*) que nous appellerons « ensembles usuels », mais faisons cette concession. Un de nos axiomes autorisés est alors :

$(\exists y)\ (Sy \wedge \forall x\ (x \in y \leftrightarrow x = x))$.

Nous pouvons donc considérer l'ensemble y défini ci-dessus qui est l'ensemble de tous les ensembles. Mais par définition, tous les ensembles usuels lui appartiennent. Cet ensemble contient donc comme éléments tous les ensembles qui ne sont pas éléments d'eux-mêmes bien que nous nous interdisions de considérer que ces ensembles forment eux-mêmes un ensemble. Nous sommes donc en présence d'un ensemble tel que la collection formée par une partie de ses éléments ne soit pas un ensemble. Cette situation n'est pas satisfaisante car elle s'éloigne de l'intuition qui a présidé à notre théorie. Mais convenons quand même, avec une restriction de plus, de nous interdire de considérer l'ensemble de tous les ensembles, comme nous nous sommes interdits de considérer l'ensemble des ensembles qui ne sont pas éléments d'eux-mêmes. Il faut donc exclure de nos axiomes de la forme 2) ceux contenant la formule $x = x$ ou toute formule équivalente.

---

99. Nous avons cependant évoqué précédemment l'ensemble de toutes les choses pensables qui est lui-même pensable.

Malheureusement, même cette restriction ne suffit pas car on peut montrer que d'autres ensembles dans cette théorie sont contradictoires. C'est le cas par exemple de l'ensemble de tous les ordinaux[100]. Appelons ordinal tout ensemble de la forme : $\varnothing$, $\{\varnothing\}$, $\{\varnothing,\{\varnothing\}\}$, $\{\varnothing,\{\varnothing\},\{\varnothing,\{\varnothing\}\}\}$, etc. Notons les α_0 pour $\varnothing$, α_1 pour $\{\varnothing\}$ etc. Est-ce que les ordinaux forment un ensemble ? La réponse est non. On peut s'en convaincre intuitivement de la manière suivante[101]. On remarque qu'aucun ordinal n'est un élément de lui-même. De plus, on peut ranger les ordinaux par ordre croissant tel que $\alpha_0 \in \alpha_1 \in \alpha_2$ etc. (c'est ce que nous avons fait). On remarque alors que tout ensemble dont les éléments sont les ordinaux d'une suite d'ordinaux successifs à partir de α_0 jusqu'à un certain rang est lui-même un ordinal. Il en résulte que l'ensemble des ordinaux est lui-même un ordinal. Il doit donc se contenir lui-même comme élément. Mais dans ce cas, ce ne peut être un ordinal puisque aucun ordinal ne se contient comme élément, d'où une contradiction. C'est ce qu'on appelle « le paradoxe de Burali-Forti ». Il faut donc exclure aussi de notre théorie la collection des ordinaux qui ne constitue pas un ensemble. Cela indique que les ensembles à exclure ne peuvent être spécifiés de manière simple et que notre théorie naïve, même restreinte, est impuissante à éviter l'apparition d'ensembles pathologiques.

Ce qui précède n'est en rien une démonstration rigoureuse mais c'est en tout cas une indication intuitive forte de la difficulté de conserver l'intuition du réalisme ensembliste naïf dans un cadre modifié cohérent. Il semble donc nécessaire de corriger notre intuition de base qui contient certainement des idées contradictoires. C'est ce qu'ont fait d'abord Russell avec sa théorie des types, puis ultérieurement Zermelo et Fraenkel avec le système axiomatique formel qu'on appelle ZF.

L'idée de Russell pour éliminer les contradictions issues du concept d'ensemble de tous les ensembles, consiste à attacher à chaque objet un type (qu'on peut se représenter comme une sorte de rang) tel qu'un élément d'un ensemble ait forcément un type inférieur à celui d'un ensemble auquel il appartient. La relation d'appartenance ne peut donc relier que deux objets dont le type est différent. Il devient alors impossible qu'un ensemble appartienne à lui-même. Cette théorie est maintenant abandonnée.

La conception actuelle des ensembles, qui est formalisée dans ZF et qu'on appelle « la conception itérative des ensembles », correspond à une autre intuition du concept d'ensemble. Cette intuition paraît finalement aussi naturelle que celle de la conception intuitive mais, contrairement à ce qui pourrait sembler, elle ne lui est pas équiva-

---

100. La définition précise d'un ordinal est un ensemble α qui vérifie les propriétés suivantes : a) Tout élément de α est un sous-ensemble de α. b) Tout sous-ensemble de α contient un plus petit élément relativement à la relation $\in$ considérée comme une relation d'ordre strict sur α.

101. La démonstration rigoureuse est bien sûr possible.

lente puisqu'elle n'est pas sujette aux contradictions de la théorie naïve. L'idée principale de la conception itérative des ensembles est que l'ensemble des objets qui satisfont un prédicat ne forme un ensemble que lorsque ces objets ont préalablement été définis comme appartenant déjà à un ensemble. Dans ZF, l'axiome fautif $(\exists y)$ $(Sy \wedge (\forall x) (x \in y \leftrightarrow \Phi))$ est remplacé par des axiomes ne permettant la construction d'un ensemble en tant que collection d'objets possédant une certaine propriété que si ces objets appartiennent déjà à un ensemble[102]. Cette conception est dite « itérative » car elle revient à construire progressivement tous les ensembles en itérant l'opération consistant à former à chaque nouvelle étape tous les ensembles contenant comme éléments les ensembles construits aux étapes antérieures. On part ainsi de l'ensemble vide $\varnothing$ qui est le seul présent à l'étape 0. À l'étape 1, on construit l'ensemble $\{\varnothing\}$ qui contient l'ensemble vide. On a donc comme ingrédients pour l'étape 2, les ensembles $\varnothing$ et $\{\varnothing\}$. On construit alors les ensembles suivants : $\{\varnothing,\{\varnothing\}\}$ et $\{\{\varnothing\}\}$ et ainsi de suite[103]. On peut ainsi montrer que les difficultés que nous avons évoquées sont éliminées.

Il est intéressant d'examiner plus en détail les raisons qui font que la théorie naïve rencontre des difficultés qui disparaissent dans la conception itérative.

L'intuition qui nous fait accepter le fait que pour tout prédicat P et tout objet de l'univers x, $P(x)$ est soit vrai soit faux[104] provient directement de notre expérience usuelle du monde macroscopique. Les objets matériels macroscopiques nous semblent en effet exister indépendamment de nous et posséder des propriétés claires et définies. Ainsi, cette chaise occupe une partie bien déterminée de mon bureau, elle a un poids, une forme, une couleur qui sont eux aussi bien déterminés et si je me demande si cette chaise possède telle ou telle propriété, je suis sûr que la réponse est soit oui soit non. Comme il se trouve qu'une grande partie de l'univers dans lequel nous évoluons est constituée d'objets du même type que cette chaise et que nous agissons essentiellement sur ou par des objets de ce type, il nous semble naturel de généraliser notre expérience en supposant que l'univers n'est constitué que d'objets de ce type. Bien sûr, nous savons que ce n'est pas tout à fait vrai. Nous connaissons l'existence d'objets de nature différente comme les forces physiques, les ondes électromagnétiques, les nombres, mais au prix d'une légère extension du concept de propriété, il est facile de se convaincre que même ces objets ont des propriétés bien définies. Après tout, une onde électromagnétique se déplace à une vitesse bien définie, possède une fré-

---

102. Pour plus de détails sur ZF, on pourra consulter Krivine [1972] ou Kunen [1992] pour une présentation axiomatique ou Boolos [1971] pour une présentation des idées présidant à la conception itérative.

103. Attention à ne pas confondre cette construction avec celle des ordinaux. Par exemple, $\{\{\varnothing\}\}$ n'est pas un ordinal.

104. Nous considérerons que si P ne s'applique pas à x, $P(x)$ est faux.

quence, une amplitude ; une force possède une direction, une intensité et un nombre est pair ou impair, premier ou pas, etc. On se forge donc une conception dans laquelle tout objet de l'univers, même les objets non matériels, sont donnés une fois pour toutes à un instant précis, ont une existence indépendante et des propriétés qui leur sont attachées comme des attributs personnels.

Dans cette conception, il est donc naturel de s'autoriser à penser à la globalité des objets de l'univers qui possèdent telle ou telle propriété. En effet, il suffit de faire l'opération mentale consistant à passer un à un les objets de l'univers en revue et à mettre à gauche ceux qui n'ont pas la propriété et à droite ceux qui l'ont. Évidemment, personne ne pense qu'une telle opération est praticable, mais ce qui est important est qu'elle semble possible et que seuls, le nombre d'objets, la distance qui les sépare de nous et le temps limité d'une vie humaine font que nous ne pouvons pas effectuer cette opération en pratique. Malheureusement, cette conception conduit directement à la théorie naïve des ensembles dont nous avons vu qu'elle est inconsistante. Elle doit donc contenir quelque chose de faux. L'univers ne peut être considéré comme un gigantesque sac contenant tous les objets qui existent à la manière d'un sac de billes duquel nous pouvons tirer une à une les billes qu'il contient pour les examiner.

L'univers est une construction et les objets que nous considérons comme existants en quelque sorte *à l'extérieur de nous* sont en fait construits par notre cerveau à partir des sensations que nous éprouvons et grâce à un réseau de théories qui s'élaborent dès le plus jeune âge[105]. Il se trouve qu'en ce qui concerne la quasi-totalité de notre univers quotidien, nous avons oublié que cette construction a été nécessaire à un moment donné de notre enfance, d'abord parce que cette construction n'est pas consciente (la question de savoir ce que signifie le fait qu'elle pourrait l'être est d'ailleurs intéressante) et ensuite parce qu'elle s'est effectuée dans la toute petite enfance. Nous n'avons donc nulle possibilité à l'âge adulte de comprendre que les objets macroscopiques qui nous entourent ne sont pas donnés tels quels *à l'extérieur* mais nous apparaissent ainsi en raison de l'expé-rience limitée que nous avons faite dans un environnement lui aussi limité. Il se trouve heureusement que les progrès de la science font que depuis le début du XXe siècle, nous avons été en contact avec un environnement qui sort du cadre habituel dans lequel nous forgeons notre conception intuitive de l'univers. La nécessité en physique de prendre en compte des phénomènes concernant des objets microscopiques ou se déplaçant à des vitesses extrêmement grandes a conduit à l'élaboration de la mécanique quantique et de la théorie de la relativité. Ces deux théories, comme nous le verrons, ont montré que les nouveaux objets qui résultent de la construction, cette fois-ci consciente, qui est faite à

---

105. Cette conception, ses conséquences et ses difficultés, seront examinées au chapitre 6.

partir des phénomènes observés et des théories élaborées, ne possèdent plus les mêmes bonnes propriétés que les objets familiers qui nous entourent et qui ont présidé à l'élaboration de notre conception intuitive du monde. L'indication que nous avons donnée ci-dessus concernant la théorie naïve des ensembles va dans le même sens : l'univers « contient[106] » des objets qui ne sont pas aussi simples que les tables ou les chaises quand on les considère comme des touts macroscopiques. Quelle conception en découle-t-il ? Pour tenter de répondre à cette question, il est nécessaire d'examiner plus en détail ce qu'ont à dire les théories physiques (ce sera l'objet des chapitres ultérieurs). Continuons pour le moment avec la théorie des ensembles et les systèmes formels.

Il est possible de montrer que tout système formel admet plusieurs modèles dont certains non attendus[107]. Il est donc impossible d'encapsuler la totalité des propriétés d'un objet dans un système formel (au moins quand il s'agit d'objets en nombre infini). C'est ainsi que les axiomes de Peano ne suffisent pas pour déterminer complètement ce que nous entendons intuitivement par « les entiers naturels » (c'est-à-dire la suite 0, 1, 2,...) puisque toute structure matérialisant une progression arithmétique (comme la suite 1, 3, 5, 7,...) est un modèle de ce système d'axiomes (sans parler des modèles non-standards) et qu'il est impossible de construire un système d'axiomes dont le seul modèle soit les entiers naturels intuitifs. Cela signifie que si l'on considère qu'une définition en compréhension est l'analogue d'un nom, on peut donner un nom à ces objets, mais qu'il n'est cependant pas possible de les désigner de manière univoque. Le système de Peano désigne l'ensemble des progressions arithmétiques plus les modèles non-standards, il ne désigne pas N. Si maintenant, on identifie un prédicat P au système formel constitué par le langage permettant de l'exprimer et par l'axiome unique « $\forall x\ P(x)$ », alors il existera en général plusieurs modèles différents. Par exemple, le prédicat « Peano », qui dit qu'un objet vérifie les axiomes de Peano, est satisfait par N mais aussi par 2N ou pN[108] ou par les modèles non-standards.

On pourrait alors se dire que ceci n'est pas une objection à la conception naïve car il suffit de poser que l'ensemble $\{x\ ;\ P(x)\}$ est formé de la totalité des modèles de l'axiomatique de Peano. Une difficulté nouvelle apparaît alors qui montre que la notion de propriété

---

106. Le verbe « contient » ici ne doit pas être pris au sens premier du terme. Ce qu'il exprime est que nous sommes forcés dans notre étude de l'univers de prendre en considération des objets complexes.

107. On appelle modèle non attendu tout modèle d'un système formel qui possède des propriétés différentes de celles que possède le modèle intuitif qui a présidé à la construction du système formel. Ainsi, les axiomes de Peano possèdent des modèles dits non-standards dont les propriétés sont tout à fait contre-intuitives. L'analyse non-standard qui permet de donner une base rigoureuse aux concepts d'infiniment petit a été construite par Robinson à partir d'un modèle non attendu de ZF.

108. pN est l'ensemble des entiers multiples de p.

ne peut être séparée de l'objet auquel elle s'applique. Les axiomes de Peano contiennent en effet le terme « successeur de » et il se trouve que ce terme reçoit une interprétation différente, donc un sens intuitif différent, selon les modèles auxquels il s'applique. Dans N, il signifie +1, dans pN, il signifie + p. On voit donc que même s'il est vrai que N et pN satisfont Peano, ils ne peuvent le satisfaire simultanément car le sens des axiomes de Peano dépend du modèle qui les satisfait et il est différent selon les modèles. On a là un exemple prouvant que le sens d'un prédicat n'est pas toujours indépendant des objets auxquels il s'applique et que certains prédicats n'acquièrent de sens bien défini qu'en liaison avec l'objet auquel on cherche à l'appliquer. Nous verrons en physique quantique d'autres exemples qui, dans un contexte différent, indiquent la même difficulté. On voit alors que pour certains prédicats P, il devient incohérent de considérer l'ensemble des objets qui le satisfont car P n'est pas une propriété bien définie en elle-même. On pourrait être tenté d'objecter que cette situation se produit parce que le prédicat « Peano » est ambigu puisque la fonction « successeur de » n'a pas de signification déterminée et qu'il suffit alors de poser que « successeur de » signifie « +1 » pour que le seul modèle soit N. Une telle objection ne tient pas car elle repose sur une confusion.

Ce que l'argumentation ci-dessus indique (même si elle ne le prouve pas rigoureusement), c'est qu'il est impossible de définir formellement ce que signifie « +1 » de sorte que cette définition coïncide avec la signification intuitive de « +1 ». En effet, la signification intuitive de « +1 » repose sur l'intuition des nombres entiers 1,2,3 etc. Poser que « successeur de » signifie « +1 » imposerait qu'on ait au préalable défini formellement ce que signifie « +1 » et que cela ait été fait de telle sorte que la définition formelle de « +1 » coïncide avec la définition intuitive de « +1 ». Or justement, toute l'argumentation ci-dessus indique qu'il est impossible de définir formellement « +1 » de manière que seule la signification intuitive de « +1 » corresponde à la définition donnée par le système formel. En d'autres termes, toute tentative de définition formelle de « +1 » à l'intérieur d'un système formel aura pour résultat que différents modèles satisferont le système formel et que le sens de « +1 » sera différent selon les modèles. On a donc bien affaire à une ambiguïté qui tient à la nature même des choses et non pas à un manque de précision aisément réparable. On voit donc émerger une description où ce n'est qu'à l'intérieur d'un modèle d'un système formel que les prédicats acquièrent une signification et qu'il devient possible de s'interroger sur les objets qui le satisfont. Ainsi, cela n'a aucun sens de demander quels objets satisfont le prédicat « être le successeur de 0 » si l'on n'a pas précisé au préalable dans quel modèle du système de Peano on se place. Par contre, cela devient possible si on précise qu'on se place dans N (auquel cas la réponse est « 1 » ou dans 5N auquel cas la réponse est « 5 ».

Ainsi, on peut retenir quatre idées.

1. L'univers n'est pas un grand sac contenant des objets distincts et bien déterminés à un instant donné, dotés de propriétés dont le sens est fixé indépendamment des objets auxquels elles prétendent s'appliquer et qui ont une existence autonome indépendante. Comme le dit Putnam[109] « la quête des meubles de l'univers sera terminée avec la découverte que l'univers n'est pas une pièce meublée ». 2. Au contraire, les objets sont construits à partir de nos sensations à l'aide d'un réseau complexe de théories. 3. Les propriétés que nous attribuons aux objets n'acquièrent de signification qu'en liaison avec les objets auxquels elles s'appliquent. 4. Il est impossible de désigner de manière univoque certains objets et donc de leur donner un nom, si donner un nom consiste à définir formellement l'objet de manière univoque[110].

Dans la conception itérative, on se limite aux éléments d'un ensemble donné pour considérer ceux qui satisfont un prédicat. Cela revient à se restreindre volontairement à un cadre dans lequel la situation confortable de la conception naïve où les objets seraient préalablement donnés est réalisée. Il n'en résulte donc aucune contradiction. La philosophie qui en résulte est que certaines collections définies par une propriété (on dit définie en « compréhension ») sont, d'une certaine manière, trop grandes pour constituer des ensembles. On considère que tout ensemble doit apparaître explicitement à une certaine étape de la construction par itération. Une définition en compréhension ne sera licite pour former un ensemble que si elle consiste à limiter un ensemble déjà construit au sens itératif. Cette précaution permet d'éviter l'apparition des paradoxes qui minent la conception naïve.

---

109. Putnam [1980].

110. Ces problèmes peuvent être traités différemment dans le cadre de logiques d'ordre supérieur à 1 mais d'autres difficultés surgissent que nous ne pouvons discuter ici.

Conclusion de la première partie

Le but de cette première partie était de convaincre le lecteur de la nécessité d'abandonner la position décrite par ce que j'appellerai « la thèse fondationnaliste réaliste » qu'on peut schématiquement résumer de la manière suivante : *Le savoir peut être assis sur des fondations certaines et être construit de proche en proche, en s'assurant par vérification, à chaque étape de sa construction, que les théories élaborées sont vraies. L'édifice total ainsi constitué est une description adéquate de la réalité, non seulement dans ses manifestations empiriques, mais aussi dans sa structure profonde.*

Nous approfondirons, dans la troisième partie, les positions épistémologiques plus élaborées qui peuvent être défendues. Mais déjà, nous pouvons constater que l'analyse des conceptions des positivistes logiques montre que la possibilité de faire reposer l'édifice de nos connaissances sur des bases sûres et isolées du reste de la construction est un leurre. La connaissance est un vaste réseau d'énoncés étroitement imbriqués qui ne sont testables que de manière collective. Toute expérience concerne l'ensemble de ces énoncés et non l'un en particulier et il est en principe possible, suite à une prédiction non vérifiée, de remettre en cause n'importe lequel d'entre eux. Tout au plus certains jouissent-ils d'un degré supérieur d'enracinement et, occupant une région moins périphérique du réseau, seront moins facilement rejetés en raison de la maxime de mutilation minimale. Aucun critère ne permet de départager de manière non ambiguë le discours scientifique des autres types de discours et le statut de supériorité de la science n'est dû qu'à l'efficacité de celle-ci à organiser, décrire et prédire la réalité empirique. Aucune théorie ne peut recevoir de preuve définitive et la notion même de vérité d'une théorie semble perdre son sens face à la sous-détermination des théories par l'expérience. Une théorie devrait en effet être réputée vraie si elle décrivait parfaitement toute la réalité empirique de son champ d'application. Même si nous avons dénoncé l'impossibilité de prouver qu'une théorie donnée est effectivement dans cette situation, il n'est pas inconcevable que nous disposions à un moment donné d'une telle théorie qui ne serait jamais contredite par l'expérience. Mais selon la thèse de la sous-détermination des théories, il peut exister une autre théorie incompatible avec la première et partageant les mêmes qualités. Que peut-on dire de la vérité de ces deux théories ? Si l'une est décrétée vraie en raison de sa parfaite adéquation avec la réalité empirique, l'autre doit l'être aussi. Or, il est impossible que soient simultanément vraies deux théories contradictoires. Si, par contre, aucune n'est acceptée comme vraie, quel est donc le critère de vérité que nous accepterons ? Aucun ne semble s'imposer *a priori* et, comme nous le verrons, plusieurs critères différents sont proposés dans la littérature. Cela montre bien qu'il est aussi nécessaire d'abandonner la notion intuitive immédiate de vérité d'une théorie. Mais cet abandon n'est en fait qu'une fausse concession dans la mesure où le concept même de réalité semble lui aussi s'estomper[111]. Et sans réalité à laquelle faire référence, le concept de vérité perd sa pertinence. Nous remettons à la dernière partie du livre la tâche de détailler les différentes sortes de conceptions philosophiques destinées à répondre à ces questions et d'analyser leurs conséquences et leurs difficultés. Il nous suffit pour le moment de constater que les objets physiques et les forces qui leur sont associées (qui sont les entités censées constituer la réalité dans le sens habituel du terme) ne peuvent à l'examen conserver le statut de sûreté qui leur est d'ordinaire attribué et qu'ils doivent plutôt être considérés comme des entités intermédiaires postulées pour la commodité et la brièveté du discours. Comme le dit Quine[112], leur statut épistémologique est du même ordre que celui des dieux grecs ou des centaures. Il n'en diffère que par leur degré d'efficacité. Cette vision des choses est cependant refusée par certains philosophes et nous verrons qu'il n'existe pas de position unique consensuelle, qu'au contraire les préjugés philosophiques implicitement adoptés jouent un rôle fondamental dans les différentes conceptions en présence.

Même dans les sciences non empiriques comme les mathématiques, il faut abandonner l'espoir de construire des systèmes formels tels que tout énoncé vrai y soit démontrable. Cela signifie que tout système suffisamment complexe engendre des conséquences qui échappent à ses capacités de preuve. Il en résulte que, dans de tels systèmes, les structures engendrées et les liens entre ces structures dépassent les capacités d'élucidation formelle de ces systèmes. Les énoncés non démontrables dans le système formel standard utilisé par les mathématiciens sont infiniment nombreux. En inférer qu'il existe dans le discours empirique formalisé des limitations identiques est sans doute un raccourci abusif, mais nous verrons dans ce qui suit plusieurs exemples de limitations qui illustrent les difficultés que rencontre l'idée que tout peut être prouvé ou connu.

---

111. Nous aurons l'occasion d'en approfondir les raisons dans la partie consacrée à l'étude des fondements de la mécanique quantique et de revenir longuement sur ces questions à la fin du livre.

112. Quine [1953].

Partie II

LES LIMITES INTRINSÈQUES

CHAPITRE 3

Déterminisme et chaos

> *Cette époque, où l'on sera obligé de renoncer aux méthodes anciennes, est sans doute encore très éloignée ; mais le théoricien est obligé de la devancer, puisque son œuvre doit précéder et souvent d'un grand nombre d'années, celle du calculateur numérique[1].*

Du temps d'Aristote (384-322 av. J.-C.), on pensait que le monde terrestre n'était pas régi par des lois précises, contrairement au monde céleste, réputé parfait et immuable. « Les anciens établissaient une distinction radicale entre la région qui s'étend au-delà de la Lune jusqu'aux confins de l'univers, et la région sublunaire, où se trouve la Terre. Pour eux, les corps au-dessus de la Lune étaient formés d'éléments purs, sans mélange et ils ne pouvaient donc pas changer, ils étaient immuables et éternels. Les corps sublunaires, au contraire, étaient des mélanges des divers éléments, donc sujets aux changements et, partant, mortels. Ainsi les lois qui gouvernent le monde sublunaire — le Cosmos — diffèrent de celles qui gouvernent le ciel — l'Ouranos. », écrit Jacques Blamont[2]. Les irrégularités de notre monde étaient interprétées comme la manifestation des caprices des divinités qui le gouvernaient. Ce qui se produisait sur Terre était incompréhensible et imprévisible, il n'y avait pas d'ordre.

Les connaissances progressives que les hommes accumulèrent leur apprirent, petit à petit, que des régularités existent et qu'elles obéissent à des lois. Après la révolution de Galilée et Newton, on comprit que le monde terrestre est soumis à des lois qui sont les mêmes que celles qui régissent les cieux. C'est ainsi que la même force, obéissant à une loi unique (la loi de la gravitation), est responsable du mouvement des planètes autour du soleil et de la

---

1. Poincaré [1892].
2. Blamont [1993], p. 135.

chute des corps, comme celle d'un rocher qui se détache d'une paroi de montagne. Newton établit aux alentours de 1687, dans *Les principes mathématiques de la philosophie naturelle*, un système qui domina la pensée scientifique pendant plus de deux siècles et qui exerce encore une influence prépondérante dans la conception que nombre de penseurs se forgent de la Nature. Son système repose sur deux idées fondamentales. La première est l'idée que la Nature obéit à des lois qui nous sont accessibles. C'est ainsi que Newton énonce la loi de la gravitation, loi supposée universelle. La deuxième est que ces lois s'expriment sous une forme décrivant la variation dans le temps de certaines quantités (la position et la vitesse) et elle conduit Newton à inventer (simultanément avec Leibniz) le calcul différentiel. Dès lors, le mouvement des corps est régi par ce qu'on appelle aujourd'hui « une équation différentielle ». Or, ce type d'équation possède une propriété fondamentale, essentielle quant à la conception de la Nature qui en découle : si on connaît à un instant la position et la vitesse (ce qu'on appelle « l'état » à cet instant) des corps qu'on étudie, la position et la vitesse de ces corps sont déterminées de manière unique pour tout instant ultérieur. Il en résulte qu'il suffit de connaître l'état de l'ensemble des corps de l'Univers à un moment donné pour être théoriquement capable de prédire l'état de l'Univers à un instant futur quelconque. C'est ce qui a conduit Laplace[3], dans son *Essai philosophique sur les probabilités*, à écrire :

« Nous devons envisager l'état présent de l'univers comme l'effet de son état antérieur et comme la cause de celui qui va suivre. Une intelligence qui pour un instant donné connaîtrait toutes les forces dont la nature est animée et la situation respective des êtres qui la composent, si d'ailleurs elle était assez vaste pour soumettre ces données à l'analyse, embrasserait dans la même formule les mouvements des plus grands corps de l'Univers et ceux du plus léger des atomes : rien ne serait incertain pour elle, et l'avenir comme le passé seraient présents à ses yeux. »

Cette manière de voir les choses constitue le paradigme du déterminisme classique : un système physique est décrit par des lois qui permettent de calculer, à partir d'un état initial, tout état ultérieur. Même si, comme nous le verrons plus loin, la difficulté technique des calculs empêche souvent d'arriver à un résultat explicite, il n'en demeure pas moins qu'en principe, selon cette conception, nous sommes capables de prédire l'évolution future de tout système physique pourvu qu'on connaisse son état à un instant donné. Dans ce paradigme, on est donc passé d'une vision chaotique du monde, selon laquelle ce qui se produit n'est dû qu'aux caprices imprévisibles de forces qui nous échappent, à une vision d'ordre parfait où tout est régi par des lois qui nous sont accessibles et qui permettent de cal-

---

3. Laplace [1814].

culer, en principe, l'évolution de l'Univers pour l'éternité. Cette évolution est figée, immuable et l'état actuel de l'Univers fixe de manière inéluctable ce qui se passera dans le futur. Cette conception, directement issue du système newtonien, a dominé la pensée jusqu'à une date récente[4]. Je l'appellerai « conception laplacienne » en référence à la citation ci-dessus.

Bien sûr, après Newton, on a étudié d'autres forces que la gravitation, comme l'électricité et le magnétisme[5]. Mais ces forces étant elles-mêmes soumises à des lois décrites par des équations différentielles, cela n'altéra nullement la confiance dans le déterminisme et la puissance de prédiction de la science. Cette conception comporte également deux caractéristiques importantes qui furent attribuées progressivement aux systèmes physiques et qui reçurent une confiance accrue au fur et à mesure que les physiciens apprenaient à appliquer leurs équations à des systèmes de plus en plus nombreux et de manière de plus en plus habile. La première est la conviction que des lois simples engendrent des comportements simples et donc que les comportements complexes qui sont observés sont nécessairement dus à des lois ou à des systèmes complexes. La deuxième est l'hypothèse que de petites modifications de l'état initial d'un système se traduisent par des modifications également petites de son évolution. Afin de justifier l'apparente liberté qui est la nôtre ou le fait qu'on ne sache pas prédire réellement ce qui va se passer dans le monde qui nous entoure, il est facile de faire appel à des arguments liés à l'impossibilité matérielle de faire les calculs (jugés trop complexes) ou de connaître l'état de l'Univers (trop vaste pour nos moyens humains). Mais il est important de prendre conscience que sous l'hypothèse que nous ayons des méthodes de calcul suffisamment efficaces, des ordinateurs assez puissants et des moyens de mesure suffisants, rien n'interdit, selon cette conception, de prédire effectivement l'avenir. L'Univers est alors une vaste mécanique, une grande horloge selon la célèbre métaphore. Nous allons voir, dans ce chapitre, qu'une des révolutions conceptuelles de ces dernières années consiste à prendre conscience de la fausseté de cette vision du monde. Pour cela, il sera nécessaire de définir de manière plus précise un certain nombre de concepts utilisés en physique.

---

4. Ceci passe sous silence la révolution apportée par la mécanique quantique qui, par nature, n'autorise de prédictions que probabilistes. Mais la mécanique quantique s'applique aux systèmes microscopiques et ses effets peuvent être (sauf cas exceptionnels) négligés à l'échelle macroscopique. Il en résulte que la nature probabiliste des prédictions quantiques n'affecte en rien la nature déterministe des systèmes macroscopiques (voir le chapitre concerné à la physique quantique).

5. Maxwell prouva en 1865 que l'électricité et le magnétisme n'étaient que des manifestations différentes d'une seule et unique force : la force électromagnétique.

3.1. Représentation et compréhension

Systèmes et états

En physique, on parle fréquemment de *systèmes*. On désigne par là une portion bien délimitée du monde qui nous entoure, *un morceau de réalité* selon l'expression de David Ruelle[6], qu'on isole par la pensée. La description d'un système doit préciser à la fois quelles sont les entités physiques qu'on y inclut (corps matériels, champs, etc.) et quelles sont ses propriétés physiques qu'il faudra décrire et prédire. Cette description peut se faire avec différents niveaux de précision. Supposons, par exemple, qu'on désire étudier une boule en métal aimanté se déplaçant sur un billard. Si on pense que le champ magnétique terrestre est trop faible pour avoir une influence sur le mouvement de la boule et que, de plus, on ne s'intéresse qu'à la position et à la vitesse de la boule sur le billard, on pourra d'une part négliger l'existence du champ magnétique et d'autre part considérer que la boule est un point matériel. La représentation qu'on adoptera sera celle d'un système constitué par un point matériel de masse m glissant sur une surface plane et dont les seules propriétés considérées sont la position et la vitesse à chaque instant. Si on s'intéresse en outre à ce que les joueurs de billard appellent « les effets[7] », il faudra prendre en compte le rayon R et la vitesse de rotation de la boule ainsi que son frottement sur le tapis. Si, enfin, on suppose que le champ magnétique est suffisamment fort pour perturber le mouvement de la boule, il faudra aussi inclure le champ magnétique dans le système.

On voit donc que le même objet physique, dans la même situation, peut conduire à adopter des représentations constituées de systèmes différents. Dans le premier cas, le système est un point matériel glissant sur une surface plane et les grandeurs physiques qu'on étudie sont la position et la vitesse. Dans le deuxième cas, le système est une boule de rayon R, roulant avec frottement sur une surface rugueuse et on étudie de plus la vitesse de rotation. Enfin, dans le dernier cas, le système est une boule aimantée de rayon R, roulant avec frottement sur une surface rugueuse et soumise à des forces magnétiques, les grandeurs physiques étudiées étant identiques à celles du deuxième cas. Si en outre, on supposait que le mouvement de la boule pouvait à son tour avoir une influence sur le champ magnétique lui-même[8], il faudrait ajouter la valeur du

---

6. Ruelle [1991].

7. La boule est dite avoir un effet lorsque le joueur lui a imprimé un mouvement de rotation par l'intermédiaire de la queue, ce mouvement ayant pour effet d'augmenter ou de diminuer (selon la direction de la rotation) l'angle de réflexion de la boule sur une bande du billard.

8. Ce qui est bien sûr faux en ce qui concerne le champ magnétique terrestre.

champ magnétique, qui varierait, aux grandeurs physiques étudiées. Il s'agit bien de la même boule sur le même billard mais on l'idéalise différemment. Cependant, dans tous les cas, ce qu'on cherche à décrire, c'est l'évolution des propriétés physiques qu'on a retenues comme faisant partie du système. On voudra savoir, typiquement, la manière dont la position et la vitesse de la boule évoluent au cours du temps à partir de la donnée de ces deux quantités à un instant déterminé.

La donnée des valeurs de chacune des grandeurs physiques appartenant à un système constitue ce qu'on appelle « l'état » du système à cet instant. Cette notion d'état est fondamentale comme nous le verrons par la suite et sera à l'origine de difficultés profondes quand nous aborderons la mécanique quantique. En physique classique toutefois, il semble aller de soi qu'à tout instant, un système est dans un état bien défini, ce qui revient à dire que les grandeurs physiques qui lui sont attachées possèdent des valeurs déterminées précisément. Ainsi, la boule de notre exemple possède bien une position et une vitesse parfaitement définies à chaque instant, même si nous ne les connaissons pas, faute de les avoir mesurées. Il y a donc une correspondance parfaite, à chaque instant, entre la boule réelle et sa description par la donnée de son état. On peut ainsi associer à la boule une trajectoire qui est l'ensemble de ses positions successives au cours du temps.

Les physiciens ont l'habitude de travailler dans ce qu'on appelle « l'espace des phases » qui est un espace imaginaire, ici à quatre dimensions, dont les coordonnées sont les deux coordonnées de position de la boule sur le billard et les deux coordonnées de la quantité de mouvement (le produit de la masse par la vitesse) de la boule. À chaque instant t, la boule possède une certaine position (q_x, q_y) et une certaine quantité de mouvement (p_x, p_y) [9]. Son état est donc déterminé par ses deux coordonnées de position et ses deux coordonnées de vitesse. Pour cette raison, on dit que le système possède deux degrés de liberté [10]. On lui associe un point de coordonnées (q_x, q_y, p_x, p_y) dans l'espace des phases à quatre dimensions. L'évolution de la boule peut ainsi être décrite par la donnée de sa trajectoire dans l'espace des phases et la loi horaire de parcours de cette trajectoire. Nous aurons l'occasion de revenir plus loin sur ce concept important d'espace des phases.

Afin d'effectuer des prédictions sur les grandeurs physiques du système, c'est-à-dire sur son état futur, on utilise les lois qui en régissent l'évolution. En fait, la considération d'un système est indissociable de celle des lois qui gouvernent l'évolution des grandeurs physiques qui y

---

9. q_x (resp q_y) représente la composante de la position sur l'axe des x (resp sur l'axe des y) et de même pour (p_x, p_y).

10. D'une manière générale, un système dont l'état est déterminé par N coordonnées de position et N coordonnées de vitesse est dit posséder N degrés de liberté.

sont attachées. On peut dire que se donner la description d'un système correspond à modéliser la réalité pour pouvoir travailler de manière formelle à décrire son évolution par l'intermédiaire des lois qui y présidient. On appelle « modèle » l'ensemble constitué par la spécification d'un système physique et la donnée des lois auxquelles il obéit. Un modèle est utilisé pour décrire une portion du monde[11]. Ainsi, dans l'exemple ci-dessus, la portion du monde dont on souhaite décrire l'évolution est une boule qui se déplace sur un billard placé dans un champ magnétique. Si l'on se place dans le cas le plus simple, le modèle est constitué par le système réduit à un point matériel de masse m glissant sur un plan et par les lois de la cinématique. Si l'on veut tenir compte du roulement et du champ magnétique, le modèle est constitué par le système composé cette fois d'une boule en métal aimanté de rayon R, roulant sur une surface rugueuse, placée dans un champ magnétique et par les lois de la dynamique et de l'électromagnétisme.

Modèle et explication

La construction d'un modèle pour décrire une portion du monde est une tâche à la fois progressive et discontinue. Le modèle adopté à un moment n'est pas forcément un simple perfectionnement des modèles antérieurs. Thomas Kuhn a même suggéré qu'il leur est incommensurable[12] lorsque se produit ce qu'il appelle une « révolution » entraînant un changement de paradigme (nous en verrons des exemples ci-dessous). En fait, une telle construction résulte d'une succession d'équilibres entre la description du système que l'on considère, les lois qui sont postulées et l'accord entre les prédictions et les observations. Un écart entre prédiction et observation impose soit une nouvelle description du système, soit une modification des lois. Si, dans l'exemple ci-dessus, on omet le champ magnétique dans le système qu'on décrit, alors que celui-ci est assez fort pour influer sur le mouvement, les prédictions qui seront faites ne seront pas en accord avec l'observation de la boule réelle, il faudra donc inclure le champ dans le système. Mais il est possible que les lois de l'électromagnétisme qu'on utilise soient erronées et il sera alors nécessaire de les changer tout en conservant la même description du système lui-même.

Le but de la physique classique (celle de la fin du XIXe siècle) est double : il consiste d'une part à prédire le comportement futur du système qu'on étudie, c'est-à-dire à prédire ses états futurs à partir

---

11. Nous laissons ici de côté le problème épistémologique du champ du modèle : celui-ci est il restreint au système physique particulier que l'on a sous les yeux ou est-il applicable plus généralement à toute une classe de systèmes similaires (voire à la nature tout entière) ?

12. Kuhn [1962]. Cette position a été développée par Feyarabend [1975]. Ceci signifie pour simplifier, que les concepts auxquels il renvoie peuvent être de nature radicalement différente même s'ils portent le même nom. Ainsi, la masse d'un objet en mécanique newtonienne et en mécanique relativiste serait, selon cette conception des concepts incommensurables. Mais Kuhn lui-même a nuancé sa position à ce sujet.

de la donnée de son état à un instant déterminé qu'on qualifiera d'initial et d'autre part, à comprendre pourquoi le système se comporte de cette manière [13]. Prédire et expliquer sont ainsi les deux objectifs poursuivis. En fait, ces deux objectifs sont étroitement liés et ils se rejoignent dans la construction d'un modèle. On a vu plus haut qu'un modèle est constitué par la donnée d'un système et des lois qui régissent son comportement. D'une part, on prédit le comportement du système grâce à l'utilisation de lois qui portent sur les éléments constitutifs du système et qu'on applique à son état initial et, d'autre part, on dit qu'on a compris pourquoi le système se comporte ainsi quand on dispose de lois générales qui décrivent bien le comportement d'un grand nombre de systèmes analogues, dans des conditions variées. Le but de ce chapitre n'est pas d'analyser en détail les aspects épistémologiques de la construction des modèles scientifiques et nous ne préciserons donc pas ici les difficultés éventuelles que cette présentation intuitive renferme (voir le chapitre 6 pour une analyse de ces problèmes). On se contentera de remarquer que la description simplifiée que nous donnons ici est grossièrement conforme à la conception poppérienne que nous avons présentée précédemment [14]. On fait une hypothèse de modèle en spécifiant un système et des lois d'évolution, puis on teste ce modèle en le confrontant à l'expérience. Lorsque le test échoue on doit modifier le modèle. Par contre, si un grand nombre de tests variés réussissent, le modèle est de mieux en mieux corroboré et la confiance qu'on lui accorde augmente. Lorsque la confiance est suffisante, le modèle peut être considéré comme explicatif. Dans ce cas, cette compréhension du comportement du système doit permettre de se forger une représentation de la portion du monde concernée. Un équilibre s'établit alors entre le fait que ces lois sont d'autant mieux acceptées qu'elles réussissent à prédire le comportement d'un plus grand nombre de systèmes différents dans des conditions variées (c'est-à-dire que ce qu'elles prédisent est en accord avec ce qu'on observe) et le fait qu'étant acceptées comme outils prédictifs, elles deviennent progressivement des explications [15].

Le mouvement des planètes

Afin d'illustrer sur un exemple bien connu mais particulièrement parlant ce qui vient d'être dit de manière générale, on peut considérer

---

13. Le lecteur habitué au discours sur la science moderne s'étonnera peut-être de trouver ici mentionné le « pourquoi » comme un des buts de la physique dont on a maintenant coutume de dire qu'elle n'est concernée que par le « comment », mais c'est justement un des objectifs que nous poursuivons que d'analyser l'évolution de la notion de compréhension et sa disparition progressive avec la montée du formel.

14. Cf. chapitre 1.

15. C'est ici que le modèle poppérien trouve ses limites car, refusant tout concept apparenté à ce qui serait un degré de confirmation, il échoue à donner une cause rationnelle à la confiance croissante qu'on accorde à un modèle corroboré.

l'évolution de l'explication du mouvement des planètes. Notre but ici n'est pas de faire de l'histoire des sciences mais de tirer parti d'une analyse historique pour examiner comment se construisent les modèles et comment se forgent nos représentations. Le système étudié est constitué par les planètes et le comportement qu'on se propose de prédire est celui de leur mouvement sur la voûte céleste. On sait qu'une des premières explications, en vigueur chez les Grecs, consistait à penser que les planètes et les étoiles étaient fixées sur la voûte céleste qui tournait autour de la Terre en 24 heures et que chaque étoile accomplissait chaque jour un cercle parfait autour de la Terre[16]. Le système était donc constitué par le Soleil, les planètes, la Terre et la voûte céleste, et la grandeur physique étudiée était la position de chacune des planètes. Cette manière de voir les choses était en accord à la fois avec les données approximatives de l'époque et avec les idées théologiques attribuant aux corps célestes la nécessité d'un mouvement parfait, donc circulaire, selon les qualités que les Grecs attribuaient au cercle. Même s'il est faux de penser que l'idéal scientifique de l'époque était comparable à celui de la science dite classique qui est apparue bien plus tard, on retrouve là les deux objectifs cités plus haut. La loi générale attribuant à chaque corps céleste un mouvement circulaire faisant le tour de la Terre en 24 heures permet d'une part de prédire (avec la précision des mesures de l'époque) la position d'un astre à partir de sa position à un moment donné et, d'autre part, donne une explication au mouvement de cet astre. De plus, la représentation qui y est associée est imagée et intuitive : si les planètes sont fixées sur une sphère rigide qui tourne autour de la Terre, leur mouvement est parfaitement compréhensible.

L'astronome grec Hipparque, par une analyse précise de l'ensemble des données dont il disposait, fut le premier à constater, au IIe siècle avant notre ère, que le mouvement des planètes n'a nullement la régularité circulaire parfaite qu'on lui supposait. Notamment elles inversent leur course à certains moments avant de reprendre leur chemin, décrivant ainsi une boucle autour des étoiles fixes. L'écart de prédiction entre les lois admises et les données d'observation le conduisit à chercher de nouvelles lois plus en accord avec l'observation mais conservant toute son importance au mouvement circulaire. Il remarqua alors que le mouvement des astres peut être décrit comme résultant de la combinaison des mouvements de deux cercles : un grand cercle centré sur la Terre, le déférent, et un petit cercle dont le centre se déplace sur le déférent, l'épicycle. Puis, les observations devenant de plus en plus précises, il fut nécessaire de compliquer le modèle en recourant d'abord à 3, puis à un nombre croissant de cercles pour aboutir au système de Ptolémée qui domina l'astronomie jusqu'au XVIe siècle. On constate donc que lorsque l'expli-

---

16. Voilquin [1964]. Voir aussi Blamont [1993].

cation par une première loi ne permet plus de prédire le comportement du système, on change de loi pour en adopter une plus conforme aux observations. Cela aboutit, d'une part, à des prédictions plus précises et, d'autre part, à une nouvelle explication. Dans la théorie des épicycles, le mouvement des planètes est expliqué par le fait qu'elles sont fixées à un cercle qui tourne lui-même le long d'un autre cercle. La raison permettant de comprendre pourquoi les planètes se meuvent comme on l'observe a donc changé et avec elle la représentation du monde. Mais on peut dire que le nouveau modèle se situe ici dans la continuité du précédent et n'entraîne pas de véritable rupture.

C'est alors que Copernic proposa au XVIe siècle une nouvelle manière de voir les choses en adoptant l'idée que la Terre n'est pas le centre de tous les cercles mais tourne elle-même autour du Soleil. Cette nouvelle loi fut plus efficace pour prédire le mouvement des astres mais surtout, elle représenta une véritable révolution conceptuelle quant à l'explication de ce mouvement et à la représentation du monde qu'elle implique. C'est un exemple de ce que Kuhn appelle « un changement de paradigme ». Dans le système de Copernic, le mouvement apparent des planètes résulte de la combinaison de deux mouvements circulaires autour du Soleil, celui des planètes et celui de la Terre. Écarter la Terre de sa position privilégiée de centre de l'Univers était une révolution conceptuelle hardie. On sait à quelle triste fin fut conduit Giordano Bruno en 1600 pour avoir soutenu cette idée contre une Église dogmatique et comment Galilée dut en 1633 y renoncer officiellement pour sauver sa vie[17]. Cependant, Copernic restait encore prisonnier du mouvement circulaire uniforme.

Travaillant ensuite sur la masse de données accumulées par Tycho Brahé, Kepler énonça ses trois lois célèbres[18] entre 1604 et 1618. Elles permettent des prédictions plus précises et remplacent avantageusement le modèle des trajectoires circulaires coperniciennes. L'introduction des trajectoires elliptiques est une nouvelle révolution dont Kepler lui-même reconnaît la hardiesse puisqu'il avouera que sa première erreur était d'avoir considéré, avec l'ensemble des penseurs de son temps (Tycho Brahé compris), que l'orbite des planètes devait être un cercle parfait. Comme le dit Laplace[19] : « Ce fut dans l'antiquité une opinion générale que le mouvement uniforme et circulaire, comme le plus parfait, devait être celui des astres. »

---

17. Voir le texte de l'abjuration de Galilée cité par Blamont [1993], p. 620.

18. a) la loi selon laquelle les planètes se déplacent suivant une ellipse dont le soleil est l'un des foyers, b) la loi des aires, stipulant que le segment qui joint une planète au soleil balaie toujours la même surface dans le même temps, c) la loi selon laquelle le cube des grands axes des trajectoires elliptiques est proportionnel au carré des temps mis à les parcourir.

19. Laplace [1796].

Il faut bien reconnaître cependant qu'avec la découverte des lois de Kepler, la représentation concrète qu'on associait jusque-là à l'explication devient floue et qu'il semble qu'au-delà de l'image des trajectoires elliptiques, les autres lois sont de nature purement mathématique : les planètes se meuvent sur une trajectoire elliptique autour du Soleil (cela correspond à une image claire) et elles respectent la loi des aires et la loi selon laquelle le temps mis à parcourir la trajectoire elliptique est proportionnelle à la puissance 3/2 du grand axe (c'est ainsi et nulle image n'y est associée). Pourquoi en est-il ainsi ? Kepler n'apporte aucune réponse à cette question. Selon Roland Omnes[20], « ces règles peuvent être qualifiées d'empiriques, en ce sens qu'on les constate sans en voir nécessairement la raison profonde. [...] Avec Kepler, l'astronomie a rempli son rôle d'accoucheuse de la science en révélant l'existence de lois empiriques dont la forme est mathématique ». Le modèle associé peut donc être dit « instrumentaliste[21] ».

C'est Newton[22] qui, en 1687, répondra en introduisant un nouveau changement radical à la fois dans les lois régissant le mouvement des planètes et dans l'explication de ce mouvement. Ce faisant, il unifiera la physique céleste de Kepler et la physique terrestre de Galilée[23]. La théorie de Newton repose sur sa célèbre loi de la gravitation selon laquelle deux corps quelconques s'attirent selon une force proportionnelle au produit de leurs masses et inversement proportionnelle au carré de leur distance. Cette nouvelle loi[24] permettait à la fois de prédire précisément les trajectoires des planètes mais donnait aussi une explication aux lois empiriques de Kepler en les englobant dans une vision bien plus générale[25]. De plus, elle unifiait les raisons qui font qu'un corps lâché d'une certaine hauteur, tombe et celles responsables du mouvement des planètes autour du Soleil[26]. L'idéal cherché est atteint par la donnée d'une loi de la gravitation qui permet de prédire le mouvement des astres et de l'expliquer par l'existence d'une force d'attraction à distance. Le concept de force, absent du modèle de Kepler, comble le

---

20. Omnes [1994a].

21. L'instrumentalisme est la conception selon laquelle la Science n'a pour but que de prédire le résultat des observations et n'est donc qu'un ensemble de recettes qu'il est dénué de sens de vouloir interpréter comme une description de la réalité en soi. La prédiction ne sert alors plus de support à l'explication.

22. Newton [1687].

23. Galilée avait en effet établi que tous les corps en chute libre subissent la même accélération constante quelle que soit leur masse. Voir Thuillier [1983].

24. En liaison avec la loi de la dynamique selon laquelle un corps réagit à une force en accélérant de manière proportionnelle à la force et inversement proportionnelle à sa masse.

25. Il faut néanmoins préciser que la théorie de Newton montrait qu'en toute rigueur les lois de Kepler sont fausses car elles ne sont qu'une approximation quand on oublie les perturbations dues à l'attraction des planètes entre elles.

26. On pourra consulter la discussion de Popper dans *Le Réalisme et la science* (Popper [1983]) sur les relations entre le modèle newtonien et les modèles galiléen et képlérien et notamment sur la non-déductibilité de la dynamique newtonienne à partir de celles de Kepler et Galilée.

vide explicatif de ce dernier. Certes, Newton ne croyait pas vraiment que cette force avait une existence réelle mais la précision des prédictions qu'il est possible de faire en appliquant la loi de la gravitation est telle qu'elle a en retour renforcé la croyance en cette explication pendant presque deux siècles et demi. Il lui est associé une représentation assez imagée : celle d'un ensemble de corps dans l'espace ne subissant d'autres forces que la gravitation et dont le mouvement les uns par rapport aux autres est dû à la résultante de ces forces. Il faut remarquer ici l'écart qui existe entre le modèle grec et le modèle newtonien, le second ne pouvant nullement être considéré comme un simple perfectionnement continu du premier.

À l'époque de Newton, seules Mercure, Venus, Mars, Jupiter et Saturne étaient connues. Uranus fut découverte par Herschel, en 1781. Or, le mouvement d'Uranus était capricieux et refusait de se conformer à la loi de la gravitation. Une nouvelle transformation du modèle semblait nécessaire. Presque simultanément en 1846, Le Verrier et Adams proposèrent l'hypothèse qu'une planète supplémentaire était la cause des perturbations du mouvement d'Uranus. Ils calculèrent la position de la nouvelle planète qui fut observée conformément aux prédictions et nommée Neptune. La transformation du modèle s'était ainsi effectuée cette fois non par un changement de loi mais par un élargissement du système. Il faut souligner la puissance prédictive de la méthode, qui non contente de prédire le comportement des entités connues du modèle a permis de découvrir l'existence d'un objet alors inconnu. Avec l'augmentation de la précision des mesures, la même histoire s'est répétée. Percival Lowell postula l'existence d'une nouvelle planète en 1915 pour expliquer certaines perturbations du mouvement de Neptune. Cette planète, Pluton, fut observée par Clyde Tombaugh en 1930.

Mais l'histoire ne s'arrête pas là et ce qui suit montre que des difficultés apparemment semblables ne se règlent pas toujours par des solutions identiques. À partir de la constatation d'une anomalie dans le mouvement de Mercure, plus précisément dans ce qu'on appelle « la précession de son périhélie », Le Verrier, voulant rééditer l'exploit de la découverte de Neptune, postula l'existence d'une nouvelle planète, Vulcain, plus proche du Soleil que Mercure et qui serait responsable des perturbations. Mais Vulcain ne fut jamais observé et il revint à Einstein, en 1915, d'en donner la raison et de fournir avec sa théorie de la relativité générale, les lois et l'explication qui sont en vigueur de nos jours. La simple extension du système ne fut donc pas suffisante et il fallut cette fois procéder à une transformation des lois. Cela conduisit à des prédictions plus précises et mieux en accord avec les données observationnelles mais aboutit encore à une explication totalement nouvelle et à une représentation entièrement différente. Sans entrer ici dans les détails, on peut dire que la théorie de la relativité a transformé nos anciennes conceptions de l'espace et du temps pour les remplacer par un concept unique, celui d'espace-temps. La force de gravitation que postulait Newton devient alors un effet de la courbure de l'espace-temps provoqué par la présence de masses. Cela représente un nouveau changement de paradigme dont on peut dire qu'il est particulièrement révolutionnaire.

Remarquons l'évolution successive des lois et des explications qui ont été employées pour décrire et prédire le mouvement des planètes. À chaque époque, les explications, liées aux lois acceptées, ont été différentes et on mesure le fossé qui existe entre une représentation du monde qui postulait que les astres sont fixés sur une voûte céleste rigide tournant autour de la Terre et celle qui découle de la relativité générale, avec un espace-temp courbe à 4 dimensions. Ce que je voudrais souligner, c'est l'écart croissant qui se creuse entre la représentation liée au modèle et l'image intuitive à laquelle elle est associée. La première représentation des Grecs est liée à une image parfaitement intuitive et constitue donc une explication en ce qu'elle identifie le mouvement des planètes à quelque chose de familier dont on a l'expérience : une boule avec des points collés dessus qui tourne autour d'un point central. On peut donc penser avoir compris le mouvement des planètes par l'intermédiaire de cette image puisqu'on l'identifie à un système qu'il est tout à fait possible de construire dans son propre bureau. On peut objecter que le mouvement de la boule elle-même reste inexpliqué mais celui-ci est en dehors du phénomène qu'on cherche à expliquer qui est limité au mouvement observé des planètes et d'elles seules. L'introduction du modèle des épicycles ne fait que compliquer l'image intuitive sans en changer la nature. On reste dans le cadre d'une explication mécanique qui est compréhensible car elle ressemble à quelque chose de familier. Comprendre consiste en l'occurrence à ramener au familier, à assimiler à un concept dont on a déjà l'expérience. Avec les lois de Kepler, on abandonne déjà le domaine du familier représentable par des images : en dehors de la notion de trajectoire elliptique, qu'on peut se représenter, les deux autres lois sont de nature purement mathématique. Il n'est donc plus possible de prétendre *comprendre*, tout au plus peut-on constater que les planètes respectent ces lois, sans pour autant qu'on sache pourquoi. Les lois de Kepler sont purement empiriques et il n'en propose aucune explication. La théorie de Newton semble apporter une nouvelle compréhension en ce qu'elle donne une loi unique de laquelle découlent les lois de Kepler. Si l'on accepte qu'il existe une force d'attraction entre les corps et que cette force a la forme mathématique requise (et si l'on accepte aussi les lois de la dynamique) alors les lois de Kepler en deviennent des conséquences.

Mais est-il possible de dire qu'on *comprend* le mouvement des planètes ? Pourquoi la force de gravitation existe-t-elle et pourquoi a-t-elle cette forme ? Galilée, cité par Blamont[27], rejetait avec horreur, le concept d'attraction à distance : « Ce concept répugne complètement à mon esprit. Observant à quel point le mouvement des océans est local et sensible, je ne peux croire à des causes occultes et autres

----

27. Blamont [1993], p. 608.

futilités de ce genre. » On trouve le même rejet chez Descartes pour qui seules les actions de contact sont de nature intelligible. Newton lui-même a avoué avoir les plus grandes difficultés à admettre l'existence de cette force à distance, ce qui le conduisit à sa formule célèbre « je ne feins pas d'hypothèses », signifiant par-là qu'il ne cherche pas d'explication à la force de gravitation[28]. Feynmann[29] évoque une théorie qui avait été avancée pour donner une explication locale à la force de gravité. Elle consiste à supposer que l'univers est sillonné par certaines particules de manière uniforme et que certaines de ces particules heurtent les corps qu'elles traversent. Si le Soleil n'était pas là, les particules heurteraient la Terre uniformément mais avec la présence du Soleil, les particules venant de son côté sont en partie absorbées. Il y a donc plus de particules qui heurtent la Terre du côté opposé et la Terre est poussée vers le Soleil. Comme la dimension apparente du Soleil varie en fonction inverse du carré de la distance, la force qui agit varie de la même manière. Mais cette belle théorie ne fonctionne pas car si elle était vraie, la Terre, à cause de sa vitesse, devrait être ralentie sur son orbite par un flux de particules venant à sa rencontre, flux supérieur à celui des particules la rattrapant. Feynmann conclut en avouant que personne n'a inventé jusqu'à présent d'explication de la loi de la gravité et qu'on se contente d'utiliser sa forme mathématique. De nos jours, nous nous sommes habitués à cette idée et elle ne nous semble plus aussi étrange[30].

Le concept de compréhension est donc passé du stade où il signifiait « ramené à du familier » au stade où il signifie « prédit par une loi simple ». On assiste à une intrusion de plus en plus grande des mathématiques et du formel et le fait de comprendre l'évolution de l'état d'un système ne signifie plus qu'on puisse se le représenter intuitivement par une image matérielle mais plutôt qu'on puisse le modéliser par un formalisme mathématique cohérent. Cette tendance ne fait que s'accentuer et atteint un sommet avec la représentation liée à la relativité générale. Peut-on dire qu'on comprend le mouvement des corps grâce à cette théorie ? Oui dans un sens et non dans un autre. L'image associée à un espace-temps courbe est souvent celle qu'on donne par analogie avec une surface plane en caoutchouc qui se déformerait sous le poids de boules massives. Les vulgarisateurs de la théorie disent alors que l'espace-temps de la relativité générale courbé par la présence de masses est l'analogue en 4 dimensions de ce plan en caoutchouc déformé par les poids qu'on y a déposés. Cela suffit souvent pour donner l'illusion qu'on comprend ce qu'est un espace-temps courbe et donc permet de se forger une image intuitive asso-

---

28. Merleau-Ponty [1979].
29. Feynmann [1965].
30. En ce sens, on pourrait dire qu'on comprend mieux aujourd'hui la gravitation newtonienne que du temps de Newton car nous nous y sommes accoutumés.

ciée à la relativité générale. De cette manière et sans même connaître le formalisme mathématique associé, on peut avoir l'impression de comprendre, en un certain sens, le mouvement des corps en l'ayant ramené à quelque chose de familier : le mouvement d'une bille sur une surface en caoutchouc déformable. Mais c'est illusoire, cela ne permet pas de comprendre vraiment (en ce sens de ramener à un concept familier dont on a l'expérience) ce qu'est un espace-temps courbe. L'analogie présentée ci-dessus est en effet trompeuse en ce qu'elle passe totalement sous silence un aspect irréductible de l'espace-temps qui est le mélange intime qui s'y produit entre l'espace et le temps et que nulle analogie ne peut rendre de manière satisfaisante. Encore moins est-il possible de comprendre en ce sens ce qu'est la courbure du temps.

Cela suffit à montrer que si compréhension il y a, elle doit être entendue comme simple capacité à prédire de manière cohérente et unique les mouvements de l'ensemble des corps dans toutes les conditions possibles. La compréhension est donc réduite au maniement d'un formalisme et se confond avec la capacité d'utilisation de ce formalisme à fin de prédictions. À ce stade, toute compréhension fondée sur l'utilisation d'images intuitives ou de représentations mentales familières doit être abandonnée[31]. Doit-on pour autant considérer que cela conduit nécessairement à adopter une position instrumentaliste et abandonner le réalisme épistémique[32] ? Non, car il est toujours possible de penser que les concepts mathématiques utilisés ont leurs correspondants réels même s'il est impossible de s'en forger une représentation familière. On aboutit alors à la position appelée « réalisme mathématique » qui confère une existence réelle aux objets mathématiques eux-mêmes. La thèse de l'intelligibilité de la nature doit en revanche être affaiblie car la compréhension associée au réalisme mathématique n'est plus aussi immédiate et familière que celle qui était associée au réalisme métaphysique initial. Cela signe la mort du programme cartésien qui souhaitait se laisser guider par des images familières.

3.2. LE DÉTERMINISME MIS À MAL

Ce bref survol historique des modèles du mouvement des planètes nous a permis de voir comment la possession de données de plus en plus précises a conduit les astronomes à faire évoluer leurs conceptions. Tantôt c'est la structure du modèle qui a changé, tantôt

---

31. Ceci n'exclut pas le fait que les mathématiciens se forgent des images mentales associées au formalisme qu'ils développent et que ces images finissent par leur devenir familières.

32. Position philosophique consistant à penser que les concepts de la théorie se réfèrent à des éléments réels.

ce sont les lois régissant le mouvement. Ces transformations s'accompagnent parfois d'une modification radicale de la vision du monde associée, lors des changements de paradigme. À la fin du XIXe siècle, le modèle avait atteint un degré de précision remarquable. Cela ne s'était cependant pas produit immédiatement après que Newton eut énoncé sa loi de la gravitation. En effet, si les équations qui régissent le mouvement de deux corps soumis à leur attraction gravitationnelle se résolvent facilement, il n'en est pas de même quand on s'intéresse à trois corps. Mais avant d'examiner les difficultés auxquelles se sont heurtés les astronomes dans l'étude du mouvement des planètes, précisons les propriétés fondamentales que possèdent les équations qui décrivent ces mouvements.

Le déterminisme des équations différentielles

Les équations qui décrivent les mouvements de corps soumis exclusivement à la gravitation newtonienne sont des équations différentielles [33]. Comme on l'a vu plus haut, la loi de la gravitation de Newton stipule qu'entre deux corps de masses respectives m et M situés à une distance d, s'exerce une force attractive d'intensité proportionnelle au produit des masses et inversement proportionnelle au carré de la distance : $F = G\dfrac{mM}{d^2}$ (où G est la constante de la gravitation). Newton a aussi prouvé qu'un corps de masse m soumis à une force F subit une accélération γ proportionnelle à la force et inversement proportionnelle à la masse : $\gamma = \dfrac{F}{m}$. Ces deux lois suffisent pour écrire le système d'équations décrivant le mouvement d'un nombre arbitraire de corps soumis à leur seule interaction gravitationnelle. Par exemple, le mouvement d'un corps initialement au

---

33. Pour éviter au lecteur non-mathématicien des confusions dans la suite, il est utile de préciser la signification du vocabulaire que nous employons. Une équation est une relation d'égalité entre deux expressions faisant intervenir une ou plusieurs inconnues. On peut toujours ramener une équation à une forme où une expression est égalée à zéro. Les inconnues peuvent être des nombres. C'est par exemple le cas de l'équation du second degré $3x^2 +4x +1=0$. Résoudre cette équation consiste à trouver pour quelles valeurs de x cette égalité est vraie. Mais les inconnues peuvent aussi être des fonctions. C'est le cas des équations différentielles qui relient une fonction et ses dérivées, comme par exemple $\dfrac{df(x)}{dx} - f(x) = 0$. Résoudre une équation différentielle consiste à trouver quelles sont les fonctions qui la satisfont. L'équation précédente est vérifiée par les fonctions $f(x)=Ce^x$ (où C est une constante quelconque) qui en sont les solutions. En physique, on considère que la position et la vitesse d'un corps sont des fonctions du temps (la dérivée première de la position représente la vitesse, la dérivée seconde, l'accélération).

repos attiré par un autre corps de masse M est décrit par l'équation [34] :

$$\frac{d^2x}{dt^2} = \frac{GM}{x^2}$$

où x est la distance entre les deux corps sur l'axe qui les relie. Une telle équation différentielle relie une dérivée de la distance (ici la dérivée seconde par rapport au temps), à une expression faisant intervenir cette même distance. La caractéristique principale de ce type d'équation est que pour chaque valeur de x et de dx/dt (qui est la vitesse du corps) à un instant initial t_0 (c'est-à-dire pour chaque valeur de la position et la vitesse initiale), l'équation fixe de manière unique leurs valeurs à tout autre instant [35]. Autrement dit, lorsqu'un système est décrit par une telle équation différentielle (ou par un ensemble de telles équations), l'état du système à tout instant est fixé par son état initial. Si le système solaire est décrit par un système d'équations différentielles, son passé et son futur sont entièrement inscrits dans son présent. Comme le dit Ivar Ekeland [36], l'étude des équations différentielles nous donne l'impression que l'éternité est enfermée dans l'instant présent. C'est ce qui a conduit Laplace à écrire la phrase devenue célèbre que nous citions en début de chapitre et qui est souvent utilisée pour décrire le déterminisme. L'évolution d'un système est dite « déterministe » si l'état du système à un instant donné détermine précisément et de manière unique son état à tout instant ultérieur. Comme on vient de le voir, les mouvements d'un ensemble de corps soumis à la loi de la gravitation sont décrits par un système d'équations différentielles et sont donc parfaitement déterministes.

Les difficultés de la mécanique céleste et la théorie des perturbations

Cette possibilité théorique est cependant difficile à mettre en pratique car la résolution effective (on dit « l'intégration ») de

---

34. Conformément à la note précédente, x est ici considéré comme une fonction de t et l'équation devrait s'écrire $\dfrac{d^2x(t)}{dt^2} = \dfrac{GM}{x^2(t)}$. Mais la notation plus compacte usuellement employée remplace x(t) par x quand il ne peut y avoir d'ambiguïté.

35. Ceci provient de la raison suivante : l'équation différentielle admet différentes fonctions de type x(t) comme solution. Or, ces solutions ont la propriété que pour une position initiale x_0 et une vitesse initiale v_0 données à un instant initial t_0, il n'en existe qu'une (appelons là $x^s(t)$) qui vérifie les deux conditions $x^s(t_0) = x_0$ et $\dfrac{dx^s(t_0)}{dt} = v_0$. Il en résulte que si on se donne la position et la vitesse initiale, cela détermine de manière unique la fonction solution correspondante et donc que la position et la vitesse à tout instant ultérieur sont données de manière unique par $x^s(t)$ et $\dfrac{dx^s(t)}{dt}$.

36. Ekeland [1984].

l'équation différentielle est souvent ardue, quand elle est possible, ce qui est loin d'être toujours le cas. Le problème consistant à prédire l'évolution du système constitué par Jupiter, Saturne et le Soleil par exemple, est redoutablement complexe. Les mathématiciens des XVIIIe et XIXe siècles étaient incapables de prédire si Jupiter ne finirait pas par tomber sur le Soleil ou si Saturne ne s'échapperait pas dans l'espace. Devant la difficulté qu'ils rencontraient à résoudre explicitement les équations décrivant le système (c'est-à-dire à écrire de manière explicite les fonctions solutions), les mathématiciens furent amenés à développer de nouvelles méthodes de résolution, dites « perturbatives » en ce qu'elles procèdent par approximations successives par rapport à des petites déviations d'une trajectoire primaire correspondant à un système simplifié qu'on sait calculer exactement. Si l'on considère par exemple la trajectoire de la Terre autour du Soleil, il est possible de la calculer dans le système constitué exclusivement de ces deux corps, il s'agit de l'orbite elliptique képlérienne. Si l'on désire maintenant tenir compte de l'attraction de Jupiter, le système d'équations ne se résout plus. On procède alors en calculant par approximation la perturbation que Jupiter introduit dans le mouvement elliptique de la Terre. L'idée de base de la théorie des perturbations consiste donc à calculer un mouvement décrit par un système d'équations qu'on ne sait pas résoudre, sous la forme d'une perturbation, supposée petite, apportée à un mouvement idéal qu'on sait calculer exactement. En d'autres termes, on calcule une solution exacte à un problème approché qu'on sait résoudre en supposant que cela donnera une solution approchée du problème exact. Puis on calcule sur cette solution exacte l'effet de la perturbation matérialisant l'écart entre le problème approché et le problème exact. Concrètement, on effectue un développement en série de puissances de la perturbation. La perturbation étant supposée faible, les puissances successives sont de plus en plus petites. On se contente alors de calculer les premiers termes qui donnent une approximation de la solution, approximation d'autant meilleure que le nombre de termes pris en compte est grand. Il est possible de prouver que ce procédé est rigoureux dans certains cas particuliers comme, par exemple, celui du pendule que nous étudierons plus loin [37].

Laplace fit faire un pas en avant considérable dans ce domaine en publiant son *Traité de mécanique céleste* entre 1798 et 1825. Il montra notamment que dans le cas de Jupiter et Saturne, tous les neuf cents ans, les trajectoires se retrouvent dans le même état. D'une

---

37. Pour résoudre l'équation du mouvement d'un pendule, on suppose que l'angle d'oscillation est petit. Ceci a pour avantage de linéariser l'équation et on sait alors la résoudre facilement. L'équation complète (celle qui régit vraiment le comportement du pendule) n'est pas linéaire. On peut cependant prouver rigoureusement que le mouvement décrit par l'équation linéaire est une approximation du vrai mouvement, d'autant plus proche de celui-ci que l'angle est petit. Ceci a été démontré par Liapounov en 1895.

manière générale, il crut même montrer la stabilité du système solaire [38]. Cela signifiait pour lui que les planètes répéteraient inlassablement de manière cyclique leur mouvement autour du Soleil. C'est en utilisant ces méthodes que Le Verrier et Adams découvrirent Neptune comme nous l'avons vu précédemment. Mais les calculs étaient horriblement compliqués et ont demandé un an à Le Verrier et le double à Adams. De plus, les prédictions d'Adams et Le Verrier n'étaient pas parfaitement exactes et les positions qu'ils avaient prédites étaient assez éloignées de la position réelle à laquelle on a observé la planète [39]. En 1856, Le Verrier refait les calculs de Laplace concernant la stabilité du système solaire en prenant en considération des termes supplémentaires. Il trouve alors des valeurs sensiblement différentes de celles de son prédécesseur concernant les fréquences des mouvements. Puis en 1897, Hill refait une nouvelle fois ces calculs en les poussant plus loin et aboutit encore à des valeurs différentes.

Devant ces résultats discordants, il convenait de se demander ce qui ne marchait pas dans la méthode des perturbations qui aurait dû fournir des valeurs concordantes de plus en plus proches de la valeur réelle au fur et à mesure qu'on poussait les calculs d'approximation plus loin. Mais cela ne semblait pas être le cas. Il revint à Poincaré d'expliquer pourquoi.

Poincaré et les systèmes non intégrables [40]

Lorsque le système d'équations qui décrit le mouvement est intégrable, la trajectoire est donnée sous la forme de fonctions explicites reliant les coordonnées au temps. Ces fonctions permettent de calculer directement la valeur des coordonnées des corps quand on se donne l'instant choisi. Il est alors très simple de décrire le comportement du système. C'est par exemple le cas avec les lois de Kepler qui permettent de donner, pour chaque planète, l'équation de sa trajectoire elliptique en fonction du temps. Dans le cas d'un système de trois corps soumis à la force gravitationnelle, on a vu plus haut que, n'arrivant pas à trouver de solutions exactes, les astronomes durent utiliser des méthodes perturbatives pour en étudier le

---

38. Cette démonstration ne vaut que pour un modèle simplifié où on se limite aux approximations du premier degré. Le Verrier avait déjà douté de ce résultat, voir Laskar [1992]. De nombreux travaux récents comme ceux de Jacques Laskar ou de Jack Wisdom semblent indiquer au contraire que le système solaire est instable. Nous aurons l'occasion d'y revenir.

39. La prédiction de Le Verrier était meilleure que celle d'Adams mais l'observation effective de la planète à l'époque est souvent considérée comme un coup de chance car à quelques années de distance, la position réelle aurait été trop loin des positions calculées pour qu'on puisse l'observer.

40. Pour une présentation générale mais simple des travaux de Poincaré sur ce sujet, on pourra consulter Chabert [1991], Chabert [1992a], Ruelle [1987], Stewart [1989].

mouvement. Mais ces méthodes sont extrêmement lourdes et difficiles et les calculs à mener sont très longs. On peut alors se demander pourquoi les mathématiciens ne se sont pas concentrés en priorité sur la tâche de trouver des solutions exactes au problème des trois corps, solutions qui leur auraient permis d'obtenir, une fois pour toutes, les trajectoires cherchées en fonction du temps.

La situation semble en effet très frustrante : d'une part, l'évolution du système est décrite par un système d'équations différentielles qu'on sait parfaitement écrire et, pour cette raison même, cette évolution est parfaitement déterministe. Donc, pour un état initial donné, la position et la vitesse de chaque corps sont fixées de manière univoque en fonction du temps. Et d'autre part, faute de disposer explicitement de la fonction, solution des équations, qui fait correspondre la position et la vitesse au temps, on est obligé de faire des calculs longs et complexes qui ne donnent que des valeurs approchées. Il paraît alors naturel de tout tenter pour trouver cette fonction. Cette question fut justement posée par le mathématicien Karl Weierstrass comme sujet d'un concours que lança le roi Oscar II de Suède et de Norvège. Henri Poincaré, en 1889, remporta le prix en présentant un travail qui soutient que le problème n'a pas de solution. Poincaré démontra ensuite, dans ses célèbres *Méthodes nouvelles de la mécanique céleste* entre 1892 et 1899 [41], qu'une telle recherche est vaine. Poincaré démontre d'abord qu'il n'existe pas de solution explicite au problème des trois corps, donnant la position et la vitesse en fonction du temps. Cela signifie qu'aucune fonction obtenue par combinaison ou intégration de fonctions calculables comme les fractions rationnelles, les fonctions trigonométriques, les fonctions exponentielles, etc. ne peut être solution du problème. Mais Poincaré montre de plus que toute tentative pour exprimer une solution sous forme de fonctions définies par des séries échouera aussi puisqu'il prouve que les séries ainsi obtenues seront divergentes [42]. Or, on a vu que la méthode des perturbations est justement fondée sur l'idée de trouver une solution sous forme de développement en série de puissances de la perturbation apportée à un système qu'on sait résoudre explicitement. Il en résulte que les solutions qu'on obtient de cette manière ne sont pas des solutions exactes de l'équation qu'on cherche à résoudre.

----

41. Poincaré [1892].

42. Une fonction f est dite définie par une série quand elle peut être écrite sous la forme : $f(x) = \sum a_n x^n$. Mais cette définition n'a de sens que lorsque la somme infinie des termes de la série est finie. On dit alors que la série est convergente. Dans ce cas, plus on inclut de termes dans le calcul, plus on se rapproche de la valeur réelle de la somme de la série. C'est le cas, par exemple, de la fonction exponentielle définie par $e^x = \sum \dfrac{x^n}{n!}$ pour n variant de 0 à l'infini. Dans le cas contraire la série est dite divergente et sa valeur peut tendre vers l'infini ou osciller indéfiniment quand n augmente.

Le fait que les séries obtenues sont divergentes entraîne que lorsqu'on calcule leur somme en incluant un nombre croissant de termes, le résultat peut tendre vers l'infini ou osciller indéfiniment sans se rapprocher de la valeur cherchée. Poincaré montre cependant que ces séries sont asymptotiques. Cela veut dire que les premiers termes de la série donnent une approximation de la vraie valeur même si les termes suivants s'en écartent. Si l'on se contente de ces premiers termes, on va obtenir une valeur approchée de la valeur réelle. Mais si l'on veut améliorer l'approximation en calculant plus de termes, on aboutit à l'effet inverse et on s'éloigne de la valeur cherchée. Pousser plus loin les calculs dégrade donc le résultat. Il en résulte qu'on ne peut approcher le résultat à mieux qu'une certaine incertitude. C'est la raison pour laquelle les calculs de plus en plus poussés effectués par Laplace, Le Verrier puis Hill sont discordants. Un des problèmes qui se posent est alors de savoir quelle est l'approximation la meilleure à laquelle permet d'arriver la série qu'on utilise. De plus, le fait que ces séries divergent interdit de les utiliser pour en tirer des conclusions à long terme. On ne peut donc rien en déduire concernant la stabilité du système solaire.

On se trouve alors dans la situation paradoxale suivante :

a) on sait écrire facilement les équations auxquelles obéit l'évolution du système, ces équations sont des équations différentielles ;

b) il en résulte que pour un état initial donné, tout état ultérieur est fixé de manière unique par les équations, ce qui signifie que l'évolution du système est parfaitement déterministe ;

c) cependant, on est dans l'incapacité d'expliciter quelles sont les fonctions (solutions des équations différentielles) qui relient la position et la vitesse au temps et cette incapacité n'est pas due à notre maladresse temporaire mais est une conséquence inévitable de la forme des équations [43] ;

d) on est alors réduit à procéder par approximations successives en utilisant la méthode des perturbations ;

e) mais cette méthode a des limites qui font que même en poussant très loin les calculs, on ne peut espérer approcher la véritable solution à mieux qu'une certaine incertitude qui peut être faible mais qui cependant interdit toute prévision à long terme.

Selon Poincaré, les équations de Newton enferment donc une part de vérité qui nous échappera toujours puisque certaines de leurs conséquences resteront inaccessibles !

---

43. Cette impossibilité est de même nature que celle, démontrée par Abel en 1824, de l'impossibilité de trouver une méthode générale de résolution par radicaux (c'est-à-dire par des formules comme celle, bien connue, qui donne les solutions de l'équation du second degré $ax^2 + bx + c = 0$, soit $x = \dfrac{[-b \pm \sqrt{b^2 - 4ac}]}{2a}$) des équations de degré strictement supérieur à 4. Il ne s'agit nullement d'espérer que l'habileté d'un futur mathématicien de génie ou l'apparition de nouvelles techniques permettront de trouver un jour une solution. Une telle résolution par radicaux est, par nature, impossible.

Les échappatoires aux résultats de Poincaré

L'effet négatif des résultats de Poincaré fut ensuite nuancé par les travaux ultérieurs de Sundmann, d'une part, et de Kolmogorov, Arnold et Moser, d'autre part.

Les techniques de résolution des équations différentielles utilisées couramment à cette époque dans le problème à n corps étaient fondées sur une méthode due à Liouville[44] qui avait montré comment l'existence de quantités conservées[45] en nombre suffisant (égal au nombre de degrés de liberté du système) permet d'intégrer les équations[46]. La démonstration de Poincaré consistait à prouver que dans le cas du problème à 3 corps, il n'y avait pas assez de quantités conservées pour utiliser cette technique d'intégration. Ce constat, joint à l'échec de toutes les tentatives de l'époque pour résoudre les équations, amena Poincaré à conclure à l'absence de solution explicite, comme nous l'avons indiqué précédemment. Mais en fait, Poincaré n'avait démontré rigoureusement que l'impossibilité d'obtenir une solution par la technique de Liouville. De fait, un mathématicien suédois, Karl Fritiof Sundmann trouva ultérieurement des séries convergentes qui donnaient les coordonnées des corps en fonction de la racine cubique du temps. Sundmann a donc bien résolu de manière positive le problème posé par le roi Oscar II contrairement à ce que Poincaré pensait possible. Malheureusement, les séries proposées par Sundmann, bien que convergentes, ne sont pas utilisables en pratique car elles convergent beaucoup trop lentement, ce qui fait qu'il serait nécessaire de calculer un nombre astronomique de termes pour effectuer la moindre prédiction utile. Il reste alors plus commode de continuer à utiliser la méthode des perturbations à travers des séries qui, bien que divergentes, produisent des résultats approchés beaucoup plus rapidement.

Ensuite, la démonstration de Poincaré aboutissant à la conclusion que les séries obtenues par développement perturbatif étaient divergentes fut précisée par Kolmogorov, Arnold et Moser (c'est le célèbre théorème **KAM**). Ceux-ci montrèrent que, contrairement à ce que pensait Poincaré, les séries peuvent être convergentes pour certaines conditions initiales proches de celles engendrant des comportements périodiques[47].

Ces résultats nouveaux ont permis de mieux comprendre certains aspects du problème à n corps mais n'ont rien changé à la

---

44. Voir par exemple Arnold [1976], p. 270.

45. Une quantité conservée est une grandeur physique attachée au système (comme par exemple l'énergie) qui conserve la même valeur lors de l'évolution du système.

46. Nous verrons plus en détail en quoi consiste ce résultat dans le paragraphe sur les trajectoires quasi périodiques.

47. Pour une présentation plus précise mais accessible du théorème KAM voir Croquette [1987], Stewart [1989] ou Hubbard [1993].

conclusion essentielle à laquelle avait abouti Poincaré : dans le cas général, il est impossible de prédire avec une erreur aussi faible qu'on le souhaite le mouvement à long terme de plus de deux corps soumis à leur attraction gravitationnelle. Cette impossibilité est due à une propriété essentielle que possèdent les équations du mouvement et que Poincaré mit en évidence — la sensibilité aux conditions initiales : « Une cause très petite, qui nous échappe, détermine un effet considérable que nous ne pouvons pas ne pas voir, et alors nous disons que cet effet est dû au hasard [48]. »

Dans la suite, nous allons voir que cette propriété, loin d'être exceptionnelle, est en fait une propriété générale que possède la majorité des systèmes dynamiques non linéaires.

Déterminisme et non-prédictibilité

Le déterminisme est habituellement toujours associé à la prédictibilité : puisque les états ultérieurs d'un système dont l'évolution est déterministe sont déterminés par son état initial, l'état du système à un instant ultérieur t ne dépend que de l'état initial et de t. En d'autres termes, il existe une fonction qui fait passer de l'état à l'instant t_0 à l'état à l'instant t et cette fonction ne dépend que de l'état initial et de t. Il est donc légitime de s'attendre à ce qu'on puisse prédire les états futurs en appliquant à l'état initial la fonction qui transforme cet état en l'état à un instant t ultérieur quelconque. C'est de cette manière que la physique a toujours réussi. On est parfois obligé de procéder par approximations en raison de la trop grande complexité des calculs à mener. Mais ces approximations sont suffisamment précises pour que l'incertitude sur les prédictions soit maîtrisée et limitée. Négliger telle ou telle quantité de valeur inférieure à telle valeur, ou arrondir telle grandeur se traduit par une incertitude connue et limitée sur le résultat. C'est ce que Benoît Mandelbrot [49] appelle « un hasard bénin » : une incertitude ou une approximation initiale bornée par une valeur ε se traduit par une incertitude du même ordre de grandeur sur le résultat. De petites modifications entraînent de petits effets et de grands effets s'obtiennent par l'addition de petites modifications. On peut prouver que les systèmes régis par des équations différentielles linéaires [50] adoptent toujours ce comportement agréable. Jusqu'à une date récente, le sentiment dominant des physiciens était que la majeure partie des systèmes dynamiques, même ceux régis par des équations non linéaires, se comporte de cette manière civilisée.

---

48. Poincaré [1908].

49. Voir par exemple sa préface à Stewart [1989].

50. Une équation différentielle est linéaire lorsqu'elle ne comporte que des termes de degré 1 pour la variable et ses dérivées. Les équations différentielles linéaires sont les plus simples à résoudre.

Cette impression venait du fait qu'on avait toujours privilégié l'étude des systèmes intégrables et qu'on supposait implicitement qu'il était possible d'appliquer aux autres les mêmes résultats. En effet, nous avons tendance intuitivement à associer l'idée qu'un système est déterministe à l'espoir que ses mouvements seront simples et réguliers à l'instar des mouvements elliptiques de Kepler. Lorsqu'on abordait la mécanique céleste, régie par des équations non linéaires, on ne pouvait pas éviter de procéder par approximations. Mais on aurait pu espérer que le comportement agréable du hasard bénin permettrait des prédictions fiables. Les travaux de Poincaré montraient cependant que cet espoir était vain. Il n'était pas possible d'approcher autant qu'on le voulait les solutions réelles des équations du système et une incertitude croissante avec le temps empêchait toute prédiction précise à long terme [51]. On devait petit à petit découvrir que cette difficulté, loin d'être exceptionnelle, était au contraire la règle pour de très nombreux systèmes dynamiques non linéaires. Ces systèmes présentent en effet la propriété qu'une petite erreur sur l'état initial s'amplifie de manière exponentielle au point de fausser rapidement toute prédiction. Pour ces systèmes, l'évolution bien que parfaitement déterministe est imprévisible !

Il faut souligner combien cette conclusion est surprenante. Elle signifie l'échec de la méthode analytique et l'impuissance des mathématiques à calculer le comportement d'un système physique aussi simple que celui de trois corps en interaction gravitationnelle. Elle signifie *a fortiori* que la mécanique céleste, qui constituait jusque-là l'archétype de la puissance prédictive des mathématiques, rencontre des limites qui ne sont pas dues à une maladresse temporaire dans son maniement mais résultent de l'essence même des phénomènes étudiés. Poincaré était naturellement conscient de ces limites et, ne pouvant aller plus loin avec les méthodes quantitatives, il décida d'aborder le problème par des méthodes qualitatives. Devant son impuissance à calculer exactement les trajectoires du problème des trois corps, il s'intéressa à leur représentation dans l'espace des phases du système. Mais pour comprendre en profondeur la démarche de Poincaré, un détour par quelques compléments de mécanique s'avère indispensable.

---

51. En toute rigueur, ceci n'est pas vrai pour toutes les trajectoires possibles mais seulement pour la majeure partie d'entre elles. Le théorème KAM a permis de montrer que certaines trajectoires, très proches de trajectoires périodiques, sont calculables. Mais des trajectoires arbitrairement proches de ces dernières restent non calculables contrairement à ce qu'on pourrait attendre d'un comportement perturbatif agréable.

3.3. QUELQUES COMPLÉMENTS DE MÉCANIQUE [52]

L'espace des phases et le pendule sans frottement

Nous avons donné plus haut la définition de l'espace des phases pour le mouvement d'une boule sur un billard. L'état d'une boule se déplaçant sur un billard est spécifié par la donnée de ses deux coordonnées de position (q_x, q_y) et de ses deux coordonnées de quantité de mouvement (p_x, p_y). À chaque instant, on peut donc lui associer un point de coordonnées (q_x, q_y, p_x, p_y) dans un espace fictif à 4 dimensions qu'on appelle son « espace des phases ». La succession des états de la boule est alors représentée par la suite des points correspondants qui dessine une trajectoire dans l'espace des phases. Il est donc équivalent de se donner la suite des positions et des vitesses de la boule à chaque instant ou sa trajectoire dans l'espace des phases. Les deux représentent l'évolution du système mais l'étude de la trajectoire dans l'espace des phases correspond à une géométrisation du problème et facilite son étude comme on va le voir.

Changeons maintenant de système physique et étudions un pendule de longueur l, supposé sans frottement. On sait qu'un tel pendule, une fois écarté de sa position d'équilibre, oscille de manière périodique de droite à gauche et réciproquement. L'état du pendule sera défini par l'angle θ qu'il fait avec la verticale et par sa vitesse. C'est un système à un degré de liberté. L'équation du mouvement d'un tel pendule est :

$$\frac{d^2\theta}{dt^2} + \frac{g}{l}\sin\theta = 0$$

(g est l'accélération de la gravitation).

C'est une équation différentielle non linéaire difficile à traiter directement. Lorsque l'angle θ est petit, le sinus de l'angle est très proche de l'angle lui-même. On étudie alors l'équation linéarisée :

$$\frac{d^2\theta}{dt^2} + \frac{g}{l}\theta = 0$$

---

52. Ce qui suit est techniquement plus difficile. Pour les lecteurs que les subtilités de la mécanique rebuteraient, un résumé des résultats que nous présentons dans le paragraphe 3.3 de manière détaillée, sera donné à la fin de ce paragraphe. Le lecteur qui le souhaite peut donc directement passer à ce résumé qui lui permettra de reprendre le fil des idées. Pour ceux qui, au contraire, voudraient plus de détails mathématiques sur ces sujets en relation avec le chaos déterministe, voir Bergé [1984] ou Diu [1989] pour un exposé général.

Cette équation se résout (on dit aussi s'intègre) facilement. Sa solution est :

$$\theta = \theta_0 \cos(\omega t + \varphi) \text{ avec } \omega = \sqrt{\frac{l}{g}}$$

et la période du mouvement est :

$$T = 2\pi \sqrt{\frac{l}{g}}$$

On a donc remplacé l'étude d'une équation qui représente exactement le mouvement du pendule, mais qui est difficile à résoudre, par une équation plus simple à résoudre mais qui ne représente qu'approximativement le mouvement. On espère alors que la solution exacte du problème approché sera une solution approchée du problème exact. Comme nous l'avons mentionné précédemment, c'est justifié dans le cas du pendule comme l'a démontré Liapounov en 1895 : l'approximation, d'autant meilleure que l'angle est petit, représente correctement les mouvements pour de petits angles. L'espace des phases sera ici un espace à deux dimensions dont une coordonnée est l'angle θ et l'autre la vitesse angulaire dθ/dt. Le pendule, écarté d'un angle α petit et lâché au point A avec une vitesse nulle, redescendra pour atteindre la verticale au point B (angle 0) avec la vitesse maximale et remontera de l'autre côté jusqu'à atteindre l'angle α au point C avec une vitesse nulle puis le mouvement se répétera dans l'autre sens et ainsi de suite indéfiniment.

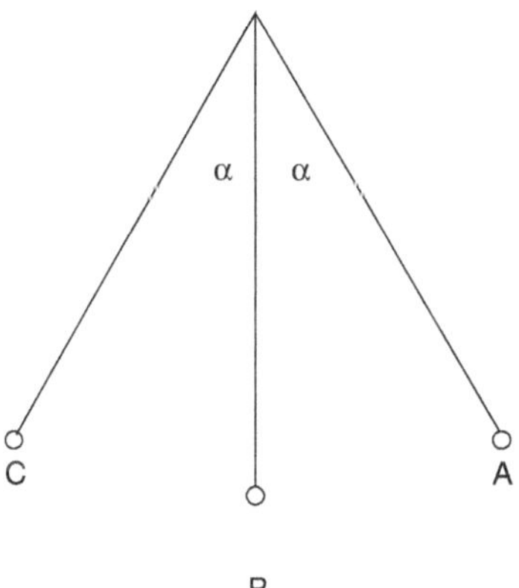

Figure 1. – Pendule simple.

Le mouvement sera donc périodique. Sa trajectoire dans l'espace des phases sera une ellipse [53] :

---

53. On a en effet : $\theta = \theta_0 \cos(\omega t + \varphi)$ et $\dfrac{d\theta}{dt} = -\omega\theta_0 \sin(\omega t + \varphi)$, ce qui représente une ellipse dans le plan de coordonnées θ et $\dfrac{d\theta}{dt}$.

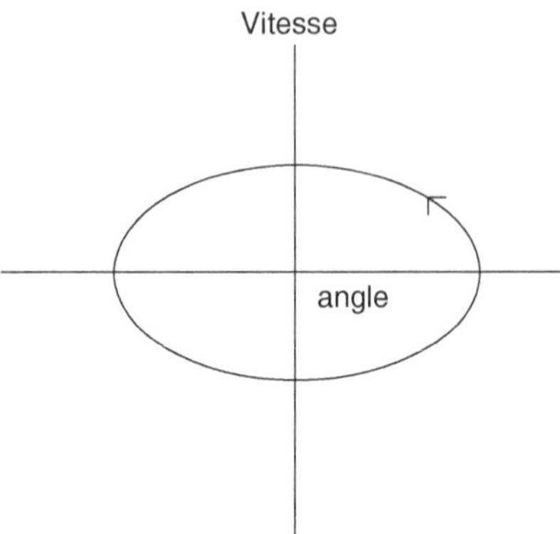

Figure 2. – Trajectoire dans l'espace des phases du pendule.

Si nous écartons le pendule d'un angle β différent mais toujours petit, la trajectoire dans l'espace des phases aura la même forme et sera une ellipse intérieure à l'ellipse précédente si l'angle est plus petit et une ellipse extérieure si l'angle est plus grand. On est dans le cas favorable où l'on dispose de la loi explicite de variation de l'angle et de la vitesse en fonction du temps et l'équation des trajectoires dans l'espace des phases s'en déduit directement. Si maintenant on imprime une vitesse initiale au pendule avant de le lâcher, deux cas peuvent se produire. Si la vitesse imprimée n'est pas trop grande, il remontera de l'autre côté et s'arrêtera avec une vitesse nulle à une position faisant un angle supérieur à l'angle de départ, puis il suivra la trajectoire correspondant à un lâcher à vitesse nulle de cette position. Si la vitesse est supérieure à une certaine vitesse seuil, le pendule se mettra à tourner autour de son axe et accomplira des mouvements de rotation. Il n'est alors plus possible d'avoir directement la loi de variation de l'angle θ en fonction du temps comme pour les angles petits. En effet, l'équation linéaire ne constitue plus une approximation valable et on ne peut résoudre simplement l'équation non linéaire [54]. Nous ne disposons donc plus d'une loi explicite d'évolution du système en fonction du temps du type θ = f(t).

Que faire ? Dans le cas du pendule, il existe heureusement une méthode permettant de connaître toutes les trajectoires dans l'espace des phases. Elle est fondée sur la remarque que l'énergie du système est une quantité conservée au cours du mouvement. La quantité

$$E\left(\theta, \frac{d\theta}{dt}\right) = \frac{1}{2}\left(\frac{d\theta}{dt}\right)^2 + \frac{g}{l}(1 - \cos\theta)$$

---

54. L'équation non linéaire est ici intégrable mais sa résolution fait appel à des fonctions elliptiques et les calculs sont complexes.

qui représente, à une constante multiplicative près, l'énergie du système est en effet une constante du mouvement. Les trajectoires dans l'espace des phases sont donc les courbes d'équation E = Constante. L'ensemble de toutes les trajectoires dans l'espace des phases (valable pour toutes les conditions initiales) est alors donné sur le graphique suivant :

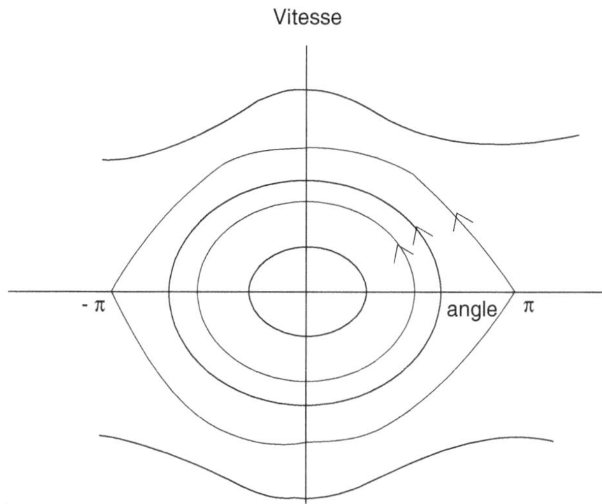

Figure 3. – Portrait de phase du pendule.

Un tel schéma s'appelle un « portrait de phase ». Les lignes ondulées en haut et en bas du graphique représentent les mouvements pour lesquels le pendule tourne autour de son axe. On obtient donc ainsi la description dans l'espace des phases de tous les mouvements possibles du pendule, mais il faut remarquer que cela s'est fait au détriment de la possibilité de décrire ces mouvements en fonction du temps. Si l'on part de deux positions initiales très proches, les trajectoires dans l'espace des phases seront voisines l'une de l'autre. Une petite erreur dans la détermination des conditions initiales aura donc comme conséquence une petite erreur sur la trajectoire suivie dans l'espace des phases. Bien que l'équation du mouvement soit non linéaire, le pendule a un comportement conforme au paradigme classique.

Un tel système sans frottement est dit « non dissipatif ». Si de plus, comme ici, son énergie totale reste constante lors de son évolution, il est dit « conservatif » ou « hamiltonien[55] ». On dit alors que

---

55. Cette appellation vient du fait qu'on montre qu'il est possible de décrire son comportement par une fonction de Hamilton (ou Hamiltonien) indépendante du temps.

l'énergie est une intégrale du mouvement. On remarque que toutes les trajectoires sont périodiques.

Résumons-nous. Le pendule sans frottement, système non dissipatif, est ainsi décrit par une équation différentielle non linéaire. Dans le cas particulier des petits angles, il est possible et on montre qu'il est légitime de linéariser l'équation et ainsi de la résoudre explicitement pour obtenir la dépendance directe en fonction du temps des variables (angle et vitesse) du système. Mais cela n'est pas possible que pour des angles petits et cette possibilité n'est que rarement offerte pour d'autres systèmes décrits par des équations non linéaires. L'équation complète, bien qu'ici théoriquement intégrable, est complexe à traiter et par conséquent on est conduit à appliquer une méthode qui ne tienne pas compte de son intégrabilité. Il en résulte que cette méthode sera aussi applicable pour des systèmes décrits par des équations non intégrables. Elle consiste à examiner le portrait de phases, c'est-à-dire l'ensemble des trajectoires possibles dans l'espace des phases du système. Dans le cas du pendule, la conservation de l'énergie permet de tracer aisément ce portrait de phases. Dans le cas général, on peut procéder par extrapolations successives [56]. L'examen du portrait de phases permet de tirer des enseignements sur le comportement du système, mais au détriment de la dépendance directe en fonction du temps qui n'est plus accessible. L'impossibilité dans laquelle on se trouve d'expliciter la dépendance à l'égard du temps dès que l'équation du système n'est pas intégrable conduit à se concentrer sur le comportement à long terme du système, qu'on appelle son comportement « asymptotique ». Le système se comportera-t-il de manière périodique, finira-t-il par s'arrêter ou adoptera-t-il un comportement plus complexe ? La réponse à cette question est donnée par la forme asymptotique des trajectoires dans l'espace des phases, c'est-à-dire par les trajectoires à très long terme du système. Dans le cas du pendule sans frottement, à chaque condition initiale correspond une trajectoire périodique différente représentée par une ellipse ou une ligne ondulée dans l'espace des phases. Nous allons maintenant voir des cas où le comportement à long terme est différent.

Le pendule amorti et l'oscillateur de Van der Pol

L'exemple du pendule sans frottement est théorique car dans la pratique un vrai pendule est soumis à divers frottements comme celui du fil dans l'air ou autour du point d'attache. Il en résulte que le mouvement réel d'un pendule n'est pas périodique mais finit toujours par s'arrêter : l'amplitude des oscillations diminue au cours du temps. L'énergie n'est pas constante mais décroît. Un vrai pendule n'est donc

---

56. En effet, en chaque point de l'espace des phases, l'équation fixe l'orientation de la tangente à la trajectoire.

pas un système non dissipatif conservatif mais un système dissipatif amorti. L'équation linéarisée qui le décrit est alors :

$$\frac{d^2\theta}{dt^2} + \gamma\frac{d\theta}{dt} + \frac{g}{l}\theta = 0$$

En effet, il est facile de voir qu'avec une telle équation, l'énergie du système n'est plus constante mais varie selon la loi

$$\frac{dE}{dt} = -\gamma\frac{d\theta}{dt}$$

(le terme $\gamma\dfrac{d\theta}{dt}$ représente l'amortissement)

Si γ est positif, le système est d'autant plus freiné que sa vitesse est grande. Un tel pendule écarté de la verticale et lancé avec une certaine vitesse initiale oscille de manière de plus en plus réduite pour s'immobiliser à la verticale et ce, quelles que soient les conditions initiales du mouvement. Dans l'espace des phases, la position d'équilibre final auquel aboutit le pendule est représentée par le point O, correspondant à un angle et une vitesse nuls. Les trajectoires de phases ont toutes l'allure de spirales aboutissant au point O. Pour cette raison le point O est appelé un « attracteur point fixe ». Il caractérise le comportement à long terme du pendule, la forme asymptotique des trajectoires qui, à long terme, sont toutes réduites au point O. Le pendule a un mouvement d'oscillation amortie.

Modifions maintenant la forme de l'équation en introduisant un terme qui jouera un rôle d'amortissement pour les grandes amplitudes mais un rôle d'amplification pour les petites amplitudes. On obtient alors ce qu'on appelle un « oscillateur entretenu » ou « oscillateur de Van der Pol[57] ». Intuitivement l'on peut voir qu'un tel système va osciller de manière régulée. Quand l'amplitude des oscillations est grande, le facteur complémentaire joue un rôle d'amortisseur et l'amplitude des oscillations diminue. Quand les amplitudes sont petites, il joue un rôle d'amplificateur et l'amplitude des oscillations augmente. On montre alors que le comportement à long terme d'un tel système tend vers une trajectoire fermée unique et stable autour de l'origine. Une telle trajectoire asymptotique a été appelée par Poincaré un « cycle limite ». Pour certaines valeurs de γ, ce cycle limite a la forme d'un cercle autour de l'origine, pour d'autres valeurs, sa forme se rapproche de celle d'un rectangle. Mais dans tous les cas, les trajectoires intérieures comme extérieures se rapprochent du cycle limite pour tendre vers celui-ci à long terme. Ce

---

57. L'équation classique d'un tel oscillateur est l'équation de Van der Pol qui diffère de l'équation du pendule amorti par le fait que le coefficient de frottement dépend de l'amplitude de l'oscillation :

$$\frac{d^2\theta}{dt^2} - \gamma\left[1 - \frac{\theta^2}{\theta_0^2}\right]\frac{d\theta}{dt} + \frac{g}{l}\theta = 0$$

cycle limite est donc un attracteur comme le point fixe. Son existence signifie que le système finit par se stabiliser dans un comportement périodique correspondant à une trajectoire qui est celle de l'attracteur dans l'espace des phases. Signalons cependant que dans tous ces exemples, le comportement du système à long terme reste périodique et donc prédictible. C'est une caractéristique des systèmes dont l'espace des phases est à une ou deux dimensions : leurs mouvements sont réguliers et en fait leurs équations sont toujours intégrables.

Les trajectoires quasi périodiques

D'une manière générale, on peut montrer que tout système conservatif à un degré de liberté, comme le pendule, est intégrable et que ses trajectoires dans l'espace des phases se réduisent à des cercles indiquant un comportement périodique. La configuration d'un système à N degrés de liberté est définie par N variables de position et N variables de quantité de mouvement. Son espace des phases est de dimension 2N. Un tel système est décrit par un ensemble de 2N équations différentielles liant les 2N coordonnées du système qui décrit la trajectoire dans l'espace des phases[58], ce sont les équations de Hamilton :

$$\begin{cases} \dfrac{dx_i}{dt} = \dfrac{\partial H(x, y)}{\partial y_i} \\[2ex] \dfrac{dy_i}{dt} = -\dfrac{\partial H(x, y)}{\partial x_i} \end{cases}$$

Intégrer le système (quand c'est possible) revient à trouver un changement de variables permettant de découpler les 2N équations pour les ramener à N ensembles, non liés, de 2 équations représentant chacun un système à un degré de liberté. Dans ces nouvelles coordonnées (I, θ), qu'on appelle « actions » et « angles », le hamiltonien ne dépend plus que des variables d'action : $H = H(I)$. Les équations du mouvement deviennent alors simples et peuvent être intégrées directement :

$$\begin{cases} \dfrac{dI_i}{dt} = \dfrac{\partial H(I)}{\partial \theta_i} = 0 \\[2ex] \dfrac{d\theta_i}{dt} = -\dfrac{\partial H(I)}{\partial I_i} = v_i(I) \end{cases} \quad \Rightarrow \quad \begin{aligned} & I_i = I_{0i} \\[2ex] & \theta_i = v_i(I_0)t + \theta_{0i} \end{aligned}$$

---

58. On montre qu'une équation différentielle d'ordre n se ramène à un système de n équations différentielles du premier ordre par un changement de variables approprié. Dans le cas du pendule, nous avons étudié l'équation du deuxième ordre équivalente au système de 2 équations du premier ordre mentionné ici.

Dans ce cas, la résolution de chacun de ces N systèmes de deux équations (qui sont chacun intégrables) aboutit à des trajectoires périodiques qui sont des cercles parcourus à fréquence constante dans le sous-espace des phases correspondant. Il en résulte que la trajectoire du système total dans l'espace des phases complet est un produit de cercles, chacun parcouru avec une certaine fréquence qui lui est propre. La trajectoire est alors contenue sur un tore [59] de dimension N qu'on note T^N. Lorsque le système est linéaire, on peut toujours trouver un tel changement de variables et tous les systèmes linéaires sont donc intégrables, mais c'est beaucoup plus rare quand le système ne l'est pas. Par ailleurs, chacune des n variables d'action I_i est une constante du mouvement. Il en résulte que lorsqu'un système à N degrés de liberté est intégrable, il existe N constantes du mouvement. En revanche, lorsqu'il n'est pas possible de trouver N constantes du mouvement, le système n'est plus intégrable [60].

Afin de se représenter plus facilement les choses, considérons un système intégrable à deux degrés de liberté. Son espace des phases est de dimension 4. D'après ce que nous venons de dire, par un changement de variables approprié, on peut décomposer le système lié de quatre équations différentielles qui décrit le comportement du système en deux sous-systèmes découplés de deux équations représentant deux systèmes à un degré de liberté. La trajectoire de chacun des sous-systèmes dans son espace des phases est un cercle parcouru à une certaine fréquence. Il en résulte que la trajectoire du système complet dans l'espace à quatre dimensions est contenue sur une surface T^2 qu'on obtient en faisant le produit des deux cercles, ce qui revient à faire effectuer à un des cercles un mouvement de rotation en suivant l'autre cercle. Le résultat ressemble à un pneu ou une chambre à air.

Le point qui représente l'état du système à un instant se déplace dans le temps en combinant les deux mouvements de rotation possibles, ce qui aboutit à le faire s'enrouler en spirale autour du tore. Deux situations peuvent alors se produire selon la valeur f_1/f_2 du rapport des fréquences de rotation. Si ce rapport est rationnel (c'est-à-dire s'exprime sous forme du rapport de deux nombres entiers), la trajectoire complète est périodique. En effet, au bout d'un certain nombre de tours, le point revient exactement à son point de départ [61]. La trajectoire est donc une ligne fermée s'enroulant autour du tore. En

---

59. Un tore à deux dimensions ressemble à une chambre à air. Le tore T^N est l'équivalent de la chambre à air dans un espace à N dimensions.

60. Cette méthode est celle découverte par Liouville et dont Poincaré a montré qu'elle ne s'appliquait pas au problème des trois corps. Le qualificatif de non intégrable se réfère donc à cette technique et ne doit pas faire croire que toute résolution est impossible comme le montre la solution de Sundmann.

61. Par exemple si f_1/f_2 vaut 2/5 alors au bout de 10 tours le système reviendra à son point de départ en ayant parcouru 2 tours sur le premier cercle et 5 tours sur le deuxième.

revanche, si ce rapport est irrationnel, jamais le système ne reviendra exactement à son point de départ mais il repassera arbitrairement près de ce point si on attend assez longtemps. Cela signifie que, quelle que soit la valeur arbitrairement petite ε qu'on se donne, le système repassera au bout d'un certain temps en un point plus proche que ε de l'état initial. Cela résulte d'une propriété appelée « densité » des nombres rationnels dans l'ensemble des nombres réels, à savoir que tout nombre réel peut être approché arbitrairement près par un nombre rationnel. Il en résulte aussi que contrairement au cas où le rapport est rationnel, la trajectoire n'est plus une courbe fermée s'enroulant autour du tore mais elle couvre de façon dense la surface du tore. La trajectoire n'est plus périodique, cependant elle repasse arbitrairement près de son point de départ. Pour cette raison, on qualifie ce type de mouvement de quasi périodique.

On a vu plus haut que tout système conservatif à un degré de liberté est intégrable [62] et adopte un comportement périodique dont la trajectoire dans l'espace des phases est un cercle. On voit maintenant que tout système conservatif à N degrés de liberté, lorsqu'il est intégrable (ce qui est loin d'être toujours le cas) adopte un comportement périodique ou quasi périodique dont la trajectoire s'inscrit sur un tore de dimension N. Si le rapport de ses fréquences propres est rationnel, le mouvement est périodique et la trajectoire est une courbe fermée s'inscrivant sur le tore. Si le rapport de ses fréquences propres est irrationnel, le système est quasi périodique et sa trajectoire couvre le tore de façon dense.

Trajectoires périodiques, quasi périodiques et prédictibilité

Ce qui précède montre que l'évolution des systèmes conservatifs intégrables est relativement simple. Leur trajectoire est soit périodique soit quasi périodique. Par ailleurs, le fait que ces systèmes sont intégrables signifie qu'il est possible d'expliciter la fonction qui relie les coordonnées au temps, même si en pratique cela peut être extrêmement complexe. Ces systèmes adoptent le comportement agréable du hasard bénin. Il est possible de prédire leur comportement à long terme (c'est évident pour les systèmes périodiques puisqu'ils répètent toujours le même mouvement) et une petite erreur sur les conditions initiales restera du même ordre de grandeur au cours du temps. La démonstration de Poincaré montre cependant que tous les systèmes conservatifs ne sont pas forcément intégrables, ceux qui le sont constituant même plutôt l'exception. Pour démontrer que le problème des trois corps n'est pas intégrable, Poincaré a prouvé qu'il n'existe pas de

---

62. On comprend maintenant pourquoi : puisque l'énergie est constante, le changement de variables qu'on a mentionné revient à prendre l'énergie comme variable d'action.

constantes du mouvement autres que l'énergie et les projections de la quantité de mouvement du centre de masse et du moment cinétique sur les trois axes, soit 7 constantes du mouvement. Si le problème était intégrable, il comporterait 9 quantités conservées puisque le système possède 9 degrés de liberté. Comment faire alors pour traiter les systèmes non intégrables ?

Dans le cas de la mécanique céleste, bien que le problème ne soit pas intégrable, il est proche d'un problème intégrable car la perturbation qu'apporte chaque planète au mouvement des autres planètes est faible devant l'effet gravitationnel du soleil. On peut alors encore trouver des coordonnées (I, θ) pour lesquelles l'hamiltonien se met sous la forme $H(I, \theta) = H_0(I) + \varepsilon H_1(I, \theta)$. Le mouvement régi par le hamiltonien $H_0(I)$ est intégrable puisqu'il ne dépend que de I. Il représente le mouvement képlérien des planètes. Le hamiltonien $\varepsilon H_1(I, \theta)$ représente les perturbations dues aux planètes et est petit devant H. Il est alors nécessaire de recourir à la méthode des perturbations que nous sommes maintenant mieux armés pour comprendre. Elle revient à trouver de nouvelles coordonnées (I', θ') sous forme de séries par rapport à ε et telles que le hamiltonien ne dépend plus que de I'. Dans ces nouvelles coordonnées, le système est intégrable et les mouvements obtenus sont de nouveau quasi périodiques. Le problème semble ainsi résolu. C'est la méthode qu'ont suivie tous les prédécesseurs de Poincaré. La difficulté à laquelle ils se sont heurtés n'était alors liée qu'à la complexité des calculs à mener pour manipuler les séries utilisées. Chaque terme supplémentaire qu'on veut considérer mène à une complexité accrue.

Cependant, nous avons vu que cette méthode semblait produire des anomalies dans les résultats. La raison en est, comme l'a prouvé Poincaré, que ces séries ne sont pas convergentes[63] et que leur utilisation n'a qu'une portée limitée. Au-delà d'un certain nombre de termes, les calculs qu'on peut effectuer en les utilisant s'éloignent du vrai résultat. Si on s'intéresse au comportement à très long terme du système étudié, les conclusions qu'on tirera par cette méthode sont tout simplement fausses. Nous comprenons maintenant mieux la conclusion à laquelle nous avions abouti précédemment : la méthode analytique consistant à calculer les trajectoires trouve ici ses limites. Nous avons déjà indiqué que devant l'échec de la méthode analytique, Poincaré a développé des méthodes plus qualitatives. Comme on l'a vu précédemment, l'impossibilité d'obtenir la dépendance explicite des coordonnées en fonction du temps conduit à se limiter à l'étude de la forme des trajectoires possibles dans l'espace des phases, au détriment de la loi temporelle de parcours de ces trajectoires. Mais la difficulté d'obtenir précisément ces trajectoires conduit à ne s'intéresser qu'à leur forme asymptotique. Cependant même ainsi, le problème reste en

---

63. Si elles étaient convergentes, le changement de variables considéré rendrait de fait le système intégrable.

général trop complexe : étudier directement la trajectoire asymptotique dans l'espace des phases complet est impraticable. Pour cette raison, Poincaré fut amené à développer des méthodes de simplification du problème qui permettent d'obtenir des renseignements précieux sur les trajectoires (la présence de périodicité, la stabilité) sans avoir à manipuler leurs équations complètes.

Section de Poincaré

L'exemple du pendule sans frottement nous a permis de voir comment l'étude des trajectoires dans l'espace des phases permet d'obtenir des informations sur le comportement à long terme du système sans résoudre explicitement les équations du mouvement. Malheureusement, il est en pratique extrêmement complexe, voire totalement impossible d'étudier directement les trajectoires dans cet espace. Dans le cas du problème à trois corps, chacun possède trois coordonnées de position dans l'espace et trois coordonnées de quantité de mouvement. L'espace des phases est donc un espace à 18 dimensions. En général, l'espace des phases d'un système dynamique à un nombre de degrés de liberté supérieur à deux est un espace qui possède un nombre de dimensions supérieur ou égal à 3. On commence donc par ne s'intéresser qu'au comportement asymptotique (c'est-à-dire à long terme) des trajectoires et on laisse de côté les comportements transitoires. Ensuite, au lieu d'étudier une trajectoire dans l'espace des phases complet, on s'intéresse aux intersections de cette trajectoire avec un plan qui la coupe. On obtient ainsi un ensemble de points dans le plan qui forme ce qu'on appelle « une section de Poincaré ».

Afin de nous représenter intuitivement cette description, plaçons-nous dans un espace des phases à trois dimensions. Une trajectoire périodique simple sera une courbe fermée revenant à son point de départ après un tour. Pour une telle trajectoire, la section de Poincaré sera réduite à un unique point, intersection de la courbe fermée avec le plan (trajectoire T de la figure 4). Une trajectoire périodique plus complexe pourra faire plusieurs tours avant de revenir à son point de départ. La section de Poincaré sera alors constituée de plusieurs points, lieux où la trajectoire coupe le plan. Une trajectoire périodique qui fait trois tours avant de revenir à son point de départ aura une section de Poincaré constituée de trois points. La représentation simplifiée de la section de Poincaré ramène l'étude du chemin continu le long de la trajectoire complète dans un espace à trois dimensions à un passage discontinu du point initial A_0 aux points suivants A_1 puis A_2 avec enfin un retour au point P_1. Puis, en raison de la périodicité, tout recommence (trajectoire T' de la figure 4).

Bien sûr, une telle simplification se fait au détriment de la connaissance de la forme précise de la trajectoire complète mais elle permet d'obtenir des renseignements importants qui seraient inaccessibles par l'étude directe de cette trajectoire. Pourquoi ? On vient de

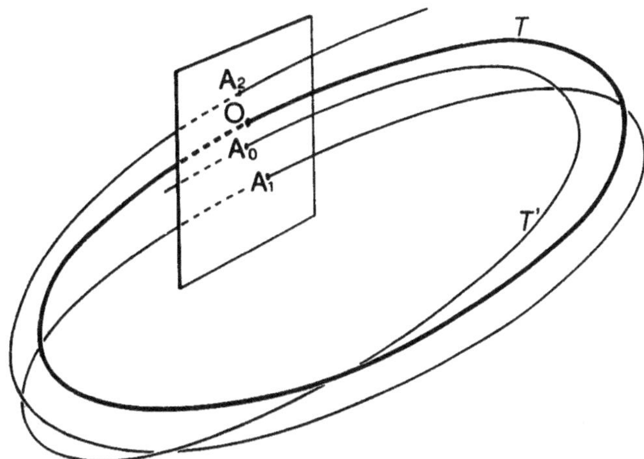

Figure 4. – Section de Poincaré (d'après Ekeland [1984]).

voir qu'une trajectoire périodique était caractérisée par une section de Poincaré constituée d'un ensemble fini de points. Il est donc facile de reconnaître sur la section de Poincaré qu'une trajectoire est périodique. Or, dans certains cas, il est possible de calculer explicitement la transformation (dite « application de premier retour ») qui permet de passer d'un point à son successeur dans la section de Poincaré alors qu'il est difficile, sinon impossible, d'expliciter les équations de la trajectoire complète dans l'espace des phases. Il en résulte qu'il devient possible de savoir si la trajectoire est périodique en examinant sa section de Poincaré alors qu'il est impossible de statuer sur la périodicité en étudiant directement la trajectoire complète. C'est d'ailleurs ainsi que Poincaré s'y est pris pour démontrer l'existence de solutions périodiques au problème des trois corps. On a évoqué plus haut la démonstration selon laquelle les séries auxquelles on aboutissait dans la résolution de ce problème étaient divergentes pour la plupart des conditions initiales. Démontrer directement la convergence de certaines d'entre elles pour prouver l'existence de solutions périodiques est extrêmement complexe. Plutôt que d'attaquer de front cette difficulté, Poincaré a montré la périodicité de ces trajectoires dans une section, ce qui a pour conséquence la convergence des séries associées. Les trajectoires périodiques ont donc une section de Poincaré qui se limite à un point ou à un ensemble fini de points. Les trajectoires quasi périodiques ont, elles, une section de Poincaré qui ressemble à une courbe fermée continue. C'est facile à comprendre si l'on se rappelle que les trajectoires quasi périodiques couvrent la surface d'un tore de façon dense. La section de Poincaré sera donc l'intersection du tore avec le plan de coupe, ce qui donne bien une courbe fermée continue. Il devient donc facile de savoir si une trajectoire est périodique ou quasi périodique en examinant sa section de Poincaré, ce qui est beaucoup plus simple qu'étudier la trajectoire dans son ensemble. Or, il apparaît que pour certaines conditions initiales, les trajectoires correspondantes d'un système non intégrable ont une section de Poincaré qui n'est ni réduite à quelques points ni analogue à une courbe fermée continue mais semble remplir toute une région du plan de manière aléatoire. Ces trajectoires n'ont aucune régularité et apparaissent chaotiques.

Les comportements chaotiques

On a vu précédemment que, concernant le problème des trois corps, Poincaré a prouvé qu'il n'existe pas de constantes du mouvement autres que l'énergie, la quantité de mouvement et le moment cinétique. Pour comprendre en quoi réside sa démonstration, il faut savoir que toute loi de conservation supplémentaire aurait contraint les trajectoires dans la section de Poincaré à se trouver sur des courbes analytiques ayant une forme lisse. Il suffit alors de trouver une trajectoire dans la section de Poincaré qui ne respecte pas cette contrainte pour montrer qu'il n'existe pas d'autre loi de conservation. Or, Poincaré montra, dans ce qu'on appelle « l'enchevêtrement homocline », qu'il existait une infinité de trajectoires qui ne se trouvaient pas sur une telle courbe. Il considéra une version simplifiée du problème des trois corps qu'on appelle « le problème restreint de Hill ». Il consiste à considérer que l'un des trois corps a une masse négligeable devant celle des deux autres. Les deux corps massifs supposés de masse égale se déplacent alors dans un plan sur des ellipses ayant un foyer commun. On suppose que le troisième corps de masse négligeable se déplace sur une droite perpendiculaire au plan et passant par le foyer commun. La vitesse et la position de ce troisième corps sont représentées par un point dans un plan qui est un sous-espace de l'espace des phases complet. On prend ce plan comme section de Poincaré. Étudiant alors ce qui se passe au voisinage d'une trajectoire périodique matérialisée par un point unique, Poincaré obtint une figure d'une telle complexité qu'elle lui fit dire : « On sera frappé de la complexité de cette figure que je ne cherche même pas à tracer. Rien n'est plus propre à nous donner une idée de la complication du problème des trois corps et en général de tous les problèmes de dynamique où il n'y a pas d'intégrale uniforme et où les séries de Bohlin sont divergentes. » Au voisinage immédiat d'une trajectoire périodique se trouvent donc des trajectoires dont le comportement est totalement chaotique. Comme on s'est placé dans l'espace des phases, la signification de ce résultat est la suivante : Si les conditions initiales d'un système à trois corps sont telles que celui-ci adopte un comportement périodique, une modification infime de ces conditions amène le système à adopter un comportement chaotique[64].

---

64. Comme nous l'avons signalé précédemment, le théorème KAM apporte cependant une restriction à ce résultat en montrant que pour certaines valeurs des conditions initiales proches de celles d'un système intégrable, les mouvements d'un système non intégrable restent quasi périodiques.

Voilà donc l'apparition du phénomène de sensibilité aux conditions initiales. Des conditions initiales aussi voisines soient-elles peuvent conduire à des comportements à long terme extrêmement différents puisque les uns peuvent être périodiques et les autres chaotiques. Comme par ailleurs il n'est pas possible de connaître avec une précision infinie les conditions initiales d'un système physique réel, la moindre incertitude aura pour conséquence qu'il sera impossible de prévoir le comportement asymptotique du système.

Résumé des résultats principaux [65]

Nous avons abouti à des résultats importants qui permettent d'avoir une vision plus précise des difficultés que pose l'analyse du comportement des systèmes dynamiques non linéaires et des méthodes utilisées pour progresser dans leur étude. Comprendre d'où provient un résultat permet toujours d'en avoir une connaissance plus profonde, c'est la raison pour laquelle nous avons présenté d'une façon relativement détaillée la manière dont les physiciens y sont parvenus. Il est utile à ce stade de récapituler les points principaux qui nous serviront par la suite.

Le comportement des systèmes dynamiques est décrit par des équations différentielles. Il en résulte qu'à partir d'un état initial donné, l'évolution dans le temps est unique. Cela signifie que ces systèmes ont un comportement déterministe. Lorsque les équations considérées sont linéaires, il est toujours possible de les résoudre et les systèmes associés se comportent alors de manière agréable car de petites incertitudes sur les conditions initiales ont pour résultat des incertitudes du même ordre de grandeur sur le comportement ultérieur. Les systèmes décrits par des équations non-linéaires sont beaucoup plus difficiles à étudier et dans la plupart des cas on ne sait pas résoudre les équations. Dans certains cas favorables, comme celui du mouvement du pendule sans frottement pour de petits angles, il est possible de remplacer l'équation qui fait problème par une équation intégrable décrivant un comportement proche du comportement réel. On obtient alors une solution exacte d'un problème approché dont on peut montrer qu'il est une solution approchée du problème exact. Mais cette technique n'est que rarement utilisable et même dans le cas simple du pendule, si on ne se limite pas à des angles petits, la solution qu'on obtient n'est pas une bonne approximation de la solution réelle. Dans d'autres cas, on peut trouver autant de quantités attachées au système dont la valeur se conserve au cours du temps (on les appelle des « constantes du mouvement ») qu'il y a de degrés de liberté du système. Les équations du mouvement sont alors intégrables par une méthode due à Liouville. Un changement de

---

65. Le lecteur qui aurait sauté les paragraphes précédents, plus techniques, peut ici reprendre le fil de l'exposé.

variable permet de trouver des solutions explicites qui se résument en une composition de mouvements circulaires dans l'espace des phases. Les trajectoires sont alors inscrites sur un tore de dimension égale au nombre de degrés de liberté. Si les fréquences de chacun des mouvements circulaires sont dans des rapports rationnels, le mouvement est périodique. Si les rapports sont irrationnels, le mouvement est dit « quasi périodique », ce qui signifie que le système repassera aussi près qu'on veut de sa position initiale. Dans les deux cas, le comportement du système reste prédictible car de petites erreurs dans la connaissance de l'état initial n'engendreront que de petites erreurs dans les prédictions. On est dans le cas agréable du hasard bénin.

Il arrive cependant (c'est même le cas général) que le système ne soit pas intégrable et que les approximations par la méthode des perturbations ne soient pas satisfaisantes. Pour de tels systèmes, il devient alors impossible de disposer d'une fonction explicite donnant l'évolution de leur état en fonction du temps. On est contraint de se contenter d'étudier le comportement à long terme du système (le comportement asymptotique). Pour cela, on étudie son portrait de phase qui est la représentation des trajectoires possibles dans l'espace des phases. Cette représentation permet d'obtenir des informations sur les caractéristiques du comportement (périodicité, stabilité, etc.), mais au détriment de la loi temporelle d'évolution du système.

Dans le cas du pendule sans frottement, à chaque condition initiale correspond une trajectoire périodique, un cercle ou une ligne ondulée dans l'espace des phases. Le cas du pendule amorti conduit, pour toutes les conditions initiales, à une trajectoire unique, réduite à un point, qu'on appelle « un attracteur » (le pendule finit par s'arrêter). Dans le cas de l'oscillateur de Van der Pol, la trajectoire asymptotique dans l'espace des phases est une courbe qui peut avoir une forme de cercle ou de rectangle déformé. Une telle courbe est appelée « un cycle limite ». Mais dans tous ces cas, le comportement du système reste périodique et donc prédictible. C'est une propriété générale des systèmes dont l'espace des phases possède moins de trois dimensions. Dans le cas du problème de trois corps en interaction gravitationnelle, Poincaré a montré que le comportement pouvait n'être ni périodique ni quasi périodique mais chaotique. Si on considère en effet l'intersection des trajectoires dans l'espace des phases avec un plan de coupe convenablement choisi (qu'on appelle « section de Poincaré »), les trajectoires périodiques seront représentées par un nombre fini de points et les trajectoires quasi périodiques par une courbe fermée. Or, dans le problème des trois corps, les intersections avec la section de Poincaré des trajectoires proches des trajectoires périodiques sont matérialisées par des figures extrêmement complexes qui sont le signe d'un comportement qui semble aléatoire. Il apparaît de plus, qu'aussi près qu'on se place d'une trajectoire périodique, il existe des trajectoires chaotiques. Cela signifie que deux conditions initiales aussi proches qu'on le veut peuvent conduire à des comportements entièrement différents puisque l'un peut être périodique et l'autre chaotique. Le phénomène de sensibilité aux conditions initiales apparaît. Il conduit à ce qu'une différence infime de point de départ dans l'espace des phases s'amplifie exponentiellement pour faire diverger rapidement deux trajectoires initialement très proches.

Nous allons maintenant voir comment ces notions théoriques s'appliquent à des systèmes réels.

3.4. LE CHAOS DANS LA NATURE

Un détour par la météorologie

En 1960, Edward Lorenz, météorologue de son état, s'intéresse aux équations de la convection atmosphérique, c'est-à-dire aux mouvements ascendants et descendants de l'air. Ces équations sont des équations différentielles issues de la théorie de la dynamique des fluides. Elles sont extrêmement complexes et l'on ne sait pas les résoudre explicitement. Lorenz commence par en simplifier certaines autant qu'il le peut pour aboutir au système non trivial[66] le plus simple qu'il puisse obtenir. Il cherche alors quel est le comportement prédit par les équations qu'il a obtenues. Pour cela, il procède par approximations successives grâce à un ordinateur. La description de l'atmosphère à un instant est donnée par la température, la pression, la vitesse de l'air, etc. en différents lieux. De manière identique à l'exemple de la boule de billard où l'état du système était donné par la position et la vitesse de la boule, la suite de ces nombres (température, pression, etc.) représente l'état du système. La technique consiste à entrer dans l'ordinateur une série de nombres représentant l'état initial dont on part puis à laisser la machine calculer les états suivants. C'est ainsi que de proche en proche, on obtient l'évolution temporelle des états et donc la description de la convection. Cela se matérialise par l'impression successive de la liste des nombres décrivant l'état de l'atmosphère à l'instant t + 1 heure puis t + 2 heures, etc.

En 1961, Lorenz veut prolonger sur une durée plus longue, une simulation de l'évolution qu'il a faite sur une certaine période. Le temps de calcul étant long, plutôt que de repartir de l'état initial et de laisser tourner son ordinateur le temps nécessaire, il veut obtenir son résultat plus rapidement en introduisant l'état du système obtenu à la moitié de sa simulation précédente. Ainsi, l'ordinateur doit reproduire la deuxième moitié de la simulation précédente (permettant une vérification utile tout en économisant le temps de la première moitié) et continuer au-delà. À sa grande surprise, il se rend compte que la nouvelle simulation n'a pas répété les résultats de la deuxième

---

66. C'est-à-dire non linéaire et non résoluble explicitement.

moitié de la première, comme cela aurait du se passer. Les deux simulations ont progressivement divergé pour bientôt ne plus rien avoir de semblable. Il pense d'abord à une erreur de l'ordinateur mais comprend qu'en fait la divergence provient des valeurs arrondies qu'il a entrées pour faire démarrer la deuxième simulation. L'ordinateur garde en mémoire des nombres à six chiffres dont seules trois décimales sont imprimées. Lorenz a entré les nombres arrondis qui sont imprimés. Il supposait que l'erreur minime n'aurait pas d'effet sur l'évolution du système selon le principe qui veut qu'une petite erreur au départ n'engendre qu'une erreur du même ordre de grandeur à l'arrivée. Mais ce n'est pas ce qui s'est passé. Le calcul effectué sur les valeurs arrondies à la troisième décimale donne des résultats totalement différents de celui fait sur les valeurs à six décimales. Cela signifie que les équations étudiées sont telles qu'une petite différence dans les conditions initiales est amplifiée de telle sorte qu'elle produit des évolutions totalement différentes. À partir de points de départ très proches, le système évolue vers des destinations éloignées.

Le paradigme de la physique classique selon lequel de petits écarts ont de petits effets, est violé ! Cette propriété est devenue célèbre sous le nom d' « effet papillon » : un simple battement d'aile d'un papillon au Brésil peut déclencher une tempête au Texas où sans ce battement d'aile, le temps aurait été clément[67]. On découvrit progressivement que, contrairement à ce qu'on pensait jusqu'alors, la majorité des systèmes dynamiques présente cette propriété que nous avons appelée « sensibilité aux conditions initiales ». Pour un système de cette nature, toute prévision à long terme du comportement est impossible. En effet, la moindre imprécision dans la donnée de l'état initial du système s'amplifie exponentiellement et fausse rapidement les prévisions calculées. Comme nous l'avons souligné, il faut bien comprendre que le système évolue de manière déterministe et qu'à partir d'un état initial précis, l'évolution est bien unique mais, aussi minime soit l'imprécision avec laquelle on se donne l'état initial, il arrive un moment où l'erreur de prédiction est du même ordre de grandeur que la prévision elle-même, la rendant inutilisable. Lorenz publia sa découverte dans un journal de météorologie et son article ne suscita aucune réaction durant plusieurs années.

Suivant une approche toute différente, les mathématiciens et les physiciens cherchaient depuis longtemps à comprendre le phénomène de la turbulence. Pour décrire ce dont il s'agit, je reprendrai l'exemple classique du robinet qui coule tel qu'il est présenté par David Ruelle[68]. Quand on ouvre un robinet, on peut s'arranger pour que l'écoulement

---

67. Il faut prendre garde à ne pas comprendre l'effet papillon comme le fait que le souffle d'air provoqué par le battement d'ailes du papillon a été amplifié jusqu'à se transformer en tempête. Ce qu'il signifie, de manière imagée, est que le battement d'ailes a modifié les conditions initiales et que cette modification peut à terme engendrer un comportement radicalement différent de celui qui se serait déroulé autrement.

68. Ruelle [1991].

d'eau entre le robinet et l'évier soit stationnaire : la colonne d'eau paraît immobile. Mais si on ouvre le robinet un peu plus, apparaissent des pulsations régulières dans la colonne, le régime est périodique. Si on ouvre encore un peu plus le robinet, les pulsations deviennent irrégulières et si on l'ouvre en grand, l'écoulement devient très irrégulier. On est entré dans le comportement turbulent. Ce comportement est caractérisé par le fait qu'un mouvement régulier devient soudain irrégulier. Mais les équations de la dynamique des fluides étant des équations différentielles, on s'attendrait à ce que le comportement du fluide soit régulier. Il y a donc quelque chose d'incompréhensible. De fait, le mécanisme d'apparition de la turbulence était un sujet sur lequel la physique d'avant les années 1970 avait assez peu de choses à dire. La théorie acceptée était due aux physiciens Lev Landau et Eberhard Hopf. Elle datait de 1948 et n'était pas totalement satisfaisante. En réfléchissant à cette théorie, David Ruelle se convainquit qu'elle était fausse et proposa avec Floris Takens[69], en 1971, une nouvelle manière de comprendre l'apparition de la turbulence en faisant appel à un concept nouveau, celui d'attracteur étrange.

Les attracteurs étranges

Le système de Lorenz s'écrit :

$$\frac{dx}{dt} = -ax + ay$$

$$\frac{dy}{dt} = bx - y - xz$$

$$\frac{dz}{dt} = cz + xy$$

Il comporte trois variables dynamiques et on peut donc visualiser son évolution par une trajectoire dans un espace à trois dimensions. Le système n'est pas intégrable et on ne peut donc expliciter une solution donnant (x, y, z) en fonction du temps. Heureusement, on peut calculer quand même les trajectoires. Pour cela, on procède de proche en proche. Il suffit de partir d'un point initial et de calculer le point suivant, suffisamment proche pour qu'on puisse identifier la trajectoire et sa tangente. Et l'on recommence à partir du point obtenu. Grâce à l'ordinateur, cette itération peut être menée rapidement. On entre donc le point de départ et on laisse l'ordinateur calculer les points successifs et représenter graphiquement la trajectoire. Le résultat est un objet constitué de deux anses qui tournent autour de deux points fixes (Fig. 5).

---

69. Ruelle [1971].

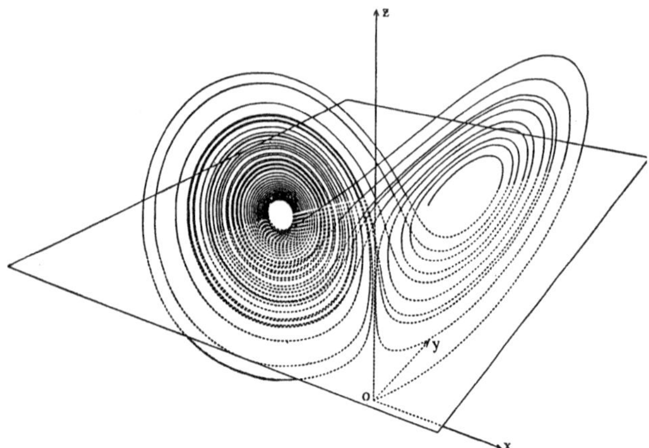

Figure 5. – Attracteur de Lorenz (d'après Ruelle [1991], p. 81, in *Lecture Note in Math n° 615, Oscar Landford, Springer, 1977.*

À partir d'un point O_1 la trajectoire commence, par exemple, par faire deux tours autour de l'anse 1 puis un tour autour de l'anse 2 pour revenir faire 3 tours autour de la première anse, etc. Partons maintenant d'un point O_2 proche du point O_1. On s'attend à ce que la nouvelle trajectoire soit très voisine de la première. En réalité, les deux trajectoires, initialement proches, se séparent très vite. La deuxième trajectoire fera, par exemple, encore deux tours autour de l'anse 1 mais ensuite 2 tours autour de l'anse 2, là où la première n'en faisait qu'un. À partir de là, les deux trajectoires seront déconnectées. Si l'on fait une simulation en visualisant le cheminement le long des trajectoires par le déplacement d'un point lumineux et qu'on fait partir simultanément un point de O_1 et un point de O_2, on verra les deux points lumineux, initialement proches, partir sur des chemins voisins et faire deux tours sur l'anse 1 puis un tour sur l'anse 2 pour se séparer quand le premier reviendra sur la première anse tandis que le deuxième fera un tour de plus sur l'anse 2. Puis leurs cheminements respectifs seront indépendants. Si on refait l'expérience en partant d'un nouveau point O_3, on obtiendra encore une nouvelle trajectoire différente des deux premières. On remarquera cependant que l'allure globale des trajectoires obtenues, si on laisse l'ordinateur calculer suffisamment longtemps, est identique quel que soit le point de départ. L'ordinateur dessinera toujours un objet avec deux anses.

Si l'on ne s'intéresse qu'à la figure dessinée par l'ordinateur à la limite, c'est-à-dire si l'on ne conserve que le dessin que l'ordinateur trace à partir d'un temps de calcul long, en effaçant le début des trajectoires, on obtient la même figure quel que soit le point de départ adopté. Cela signifie que, quelles que soient les conditions initiales du système, celui-ci finit toujours par évoluer le long d'une trajectoire unique. Ce type de trajectoire qui attire toutes les trajectoires a été appelé « un attracteur ». Nous avons dit précédemment que dans le cas d'un pendule amorti, toutes les trajectoires finissaient par aboutir à un point unique qu'on appelle « un point fixe ». Dans le cas de l'oscillateur de Van der Pol, nous avons vu que toutes les trajectoires tendaient à long terme vers une trajectoire unique fermée autour de l'origine, qu'on a appelée « un cycle limite ». Le point fixe comme le cycle limite sont des attracteurs. Ils attirent toutes les trajectoires qui, asymptotiquement, se confondent avec eux. Ces deux attracteurs sont toutefois banals dans la mesure où ils correspondent à des comportements simples. Dans le cas du point fixe, le système est immobile. Dans le cas du cycle limite, le système adopte un comportement périodique. Nous allons voir que l'attracteur du système de Lorenz est à la fois beaucoup plus intéressant et beaucoup plus étrange, d'où son appellation d'attracteur étrange par Ruelle et Takens.

Un attracteur est une trajectoire asymptotique vers laquelle tendent toutes les trajectoires dans l'espace des phases. Mais à la différence du cycle limite, un attracteur étrange comme celui de Lorenz[70] n'est pas une courbe ni une surface lisse mais un objet fractal[71]. Il n'est pas possible de détailler ici les propriétés des objets fractals et seul nous importe le fait que le mouvement sur un attracteur étrange présente le phénomène de dépendance sensitive des conditions initiales. Il est possible de comprendre simplement ce phénomène sur l'exemple purement mathématique de l'ensemble triadique de Cantor qui est un ensemble fractal.

Pour le construire, partons de l'intervalle de nombres réels [0, 1]. Partageons-le en trois intervalles égaux [0, 1/3], [1/3, 2/3] et [2/3, 1] puis ne conservons que les deux intervalles extrêmes [0,1/3] et [2/3,1]. Recommençons la même opération avec chacun des deux intervalles conservés. On obtient alors 4 intervalles de longueur 1/9. En itérant cette opération n fois, on obtient 2^n intervalles de longueur $1/3^n$ chacun. L'ensemble triadique de Cantor est constitué par l'ensemble des points restants quand on a effectué cette opération un nombre infini de fois. Ce sont les points dont l'écriture en base 3 ne comporte que des 0 et des 2. C'est un objet fractal dont la dimension est $\log_3 2$ (soit à peu près 0,63). Il présente la propriété que, pour tout élément de cet ensemble, il en existe toujours un (et même une infinité) aussi proche qu'on veut qui n'appartient pas à l'ensemble.

Supposons alors que le comportement d'un système soit tel que, si les conditions initiales sont représentées par un point appartenant à l'ensemble, le système évolue de manière périodique et de manière

---

70. Il en existe beaucoup d'autres introduits par le topologiste Smale qui a été un précurseur de la théorie du chaos.

71. Les objets fractals ont été inventés par Benoît Mandelbrot (Mandelbrot [1975]). Contrairement aux courbes, comme une ellipse, qui ont une dimension égale à 1, aux surfaces comme une sphère, qui ont une dimension égale à 2 aux volumes comme un cube plein, qui ont une dimension égale à 3, les objets fractals ont une dimension fractionnaire. Un objet fractal de dimension 1,5 a des propriétés intermédiaires entre celles d'une courbe et celle d'une surface.

Figure 6. – Ensemble de Cantor.

non périodique autrement. Dans ce cas, aussi près soit-on d'une trajectoire fermée, il existera une trajectoire qui divergera. Cela signifie que pour un tel système, il sera en pratique impossible de savoir si le comportement est périodique ou non car cela supposerait de connaître les conditions initiales avec une précision infinie.

Cet exemple est purement mathématique et ne correspond à aucun système physique concret. Le premier exemple plus réaliste d'un tel comportement a été donné par Hadamard[72]. Ce dernier a étudié les géodésiques (ce sont les lignes de plus courte longueur qui relient un point à un autre) de surfaces à courbure négative[73]. D'une manière générale, en l'absence de toute force s'exerçant sur lui, un point en mouvement sur une surface suivra une géodésique de cette surface. Pour les surfaces à courbure négative, certaines géodésiques se ferment sur elles-mêmes, d'autres sans repasser par leur point de départ restent confinées à une distance finie et d'autres s'en vont à l'infini. Or, Hadamard montra qu'aussi près qu'on se place d'une géodésique qui reste à distance finie, il existe une géodésique qui part à l'infini. Cela signifie que si l'on se donne la position initiale d'un point sur une telle surface, aussi petite soit l'incertitude sur cette position on sera dans l'impossibilité de prédire si le point restera à distance finie ou s'il s'éloignera infiniment[74]. Cet exemple est important car c'est la première démonstration rigoureuse d'un phénomène de sensibilité aux conditions initiales qui s'applique à un mouvement physique qui pourrait être réel. Nous verrons plus loin qu'une démonstration analogue pour une surface à courbure positive (le billard convexe) n'a été obtenue que bien plus récemment par Sinai.

Ces exemples seuls ne prouvent évidemment pas qu'il existe des systèmes physiques concrets ayant réellement un tel comportement et ce sont justement les progrès que nous avons présentés dans l'étude des systèmes dynamiques qui ont montré que, non seulement de tels systèmes existent, mais qu'ils constituent en fait la généralité, les systèmes périodiques ou quasi périodiques étant l'exception. Il est maintenant clair que la plus grande partie des systèmes dynamiques

---

72. Hadamard [1898].
73. Une surface possède une courbure négative en un point quand elle n'est pas tout entière située du même côté par rapport au plan tangent en ce point. L'exemple le plus simple d'une telle surface est la selle de cheval, mais il en existe de nombreux autres plus complexes.
74. Chabert [1992b]

non linéaires ont des trajectoires qui tendent vers un attracteur étrange et que ces systèmes présentent le phénomène de dépendance sensitives aux conditions initiales. Deux trajectoires initialement aussi proches qu'on veut finiront toujours par se séparer. La distance entre deux trajectoires croit exponentiellement en $e^{\lambda t}$ où λ est le coefficient de Lyapunov. On appelle « temps caractéristique » le temps nécessaire pour que les écarts initiaux soient multipliés par dix.

Avant d'analyser les conséquences philosophiques qu'il convient de tirer de ces résultats, il convient de présenter les conséquences physiques qui en découlent.

Les limites de prévision du temps

Le travail de Lorenz a permis de prendre conscience du fait que si les prévisions météorologiques sont aussi difficiles, c'est que le système dynamique qu'est l'atmosphère est un système vraisemblablement chaotique. Ce résultat avait été anticipé par Poincaré[75] : « Pourquoi les météorologistes ont-ils tant de peine à prédire le temps avec quelque certitude ? Pourquoi les chutes de pluie, les tempêtes elles-mêmes nous semblent-elles arriver au hasard, de sorte que bien des gens trouvent tout naturel de prier pour avoir la pluie ou le beau temps, alors qu'ils jugeraient ridicule de demander une éclipse par une prière ? Nous voyons que les grandes perturbations se produisent généralement dans des régions dont l'atmosphère est en équilibre instable, qu'un cyclone va naître quelque part ; mais où, ils sont hors d'état de le dire ; un dixième de degré en plus ou en moins en un point quelconque, le cyclone éclate ici et non pas là, et il étend ses ravages sur des contrées qu'il aurait épargnées. Si on avait connu ce dixième de degré, on aurait pu le savoir d'avance, mais les observations n'étaient ni assez serrées, ni assez précises, et c'est pour cela que tout semble dû à une intervention du hasard. Ici encore nous retrouvons le même contraste entre une cause minime, inappréciable pour l'observateur et des effets considérables, qui sont parfois d'épouvantables désastres. »

Mais Poincaré était trop en avance sur son époque et sa remarque fut oubliée. Par ailleurs, il ne disposait pas des techniques mathématiques nécessaires pour prouver son intuition. La preuve rigoureuse de l'existence du chaos dans les équations de Lorenz n'a d'ailleurs été apportée qu'en 1995 et encore faut-il souligner que cette preuve a nécessité l'intervention de l'ordinateur[76]. Les équations simplifiées de Lorenz ne représentent évidemment pas un modèle réaliste de l'évolution du temps. La preuve mathématique rigoureuse de l'existence du chaos dans un modèle réel est bien hors de notre portée. Il n'en reste pas moins que le fait que le modèle de Lorenz

---

75. Poincaré [1908].

76. Cette preuve apportée par Mischaikow et Mrozek (Mischaikow [1995]) est ce qu'on appelle une preuve assistée par ordinateur. Elle ne repose pas sur une démonstration mathématique pure mais utilise des résultats obtenus par l'ordinateur.

présente le phénomène de dépendance sensitive aux conditions initiales est un argument extrêmement fort pour penser que tout modèle plus réaliste y sera aussi soumis. La question immédiate qui se pose alors est de connaître le temps caractéristique du système dynamique constitué par l'atmosphère. On peut, en utilisant la théorie de la turbulence de Kolmogorov [77], évaluer la vitesse de croissance des perturbations dans l'atmosphère. La structure microscopique de l'air est sujette à de nombreuses fluctuations de densité, de vitesse, etc.

Ces fluctuations microscopiques qui échappent à nos moyens d'observation imposent une limite pratique à la précision avec laquelle on peut se donner l'état initial de l'atmosphère. En effet, même si on remplissait toute l'atmosphère autour de la Terre, du sol jusqu'à 20 km d'altitude, de capteurs uniformément répartis et distants de 1mm les uns des autres (ce qui est évidemment infaisable en pratique), on ne pourrait mesurer les fluctuations moléculaires qui se situent, du point de vue de la distance, plusieurs ordres de grandeur en dessous. Or, le temps nécessaire pour que des fluctuations microscopiques deviennent macroscopiques (c'est-à-dire de l'ordre du centimètre) est de quelques minutes. Au bout de quelques heures, les perturbations ont atteint l'échelle de quelques kilomètres et, en moins de deux semaines, elles concernent l'ensemble du globe terrestre. La conséquence de ce calcul est très claire. Comme il est impossible de se donner l'état initial de l'atmosphère avec une précision supérieure à l'échelle des fluctuations microscopiques et que ces fluctuations s'amplifient pour atteindre l'ensemble du globe en moins de quinze jours, toute tentative pour prédire le temps au-delà de cet horizon est vouée à l'échec. Nous ne saurons donc jamais [78] le temps qu'il fera le mois suivant.

Les systèmes chaotiques simples

L'exemple de la météorologie pourrait faire penser qu'un comportement chaotique est nécessairement lié à un système complexe. Une des grandes surprises apportées par l'étude des systèmes dynamiques est qu'il n'en est rien. Un espace des phases à trois dimensions est suffisant pour qu'un comportement chaotique survienne. Mais avant de passer à la description d'un système physique simple conduisant au chaos, examinons, à titre d'exemple, le comportement purement mathématique auquel conduit l'itération d'une équation extrêmement simple.

Soit l'application suivante, dite « application logistique » $x_{k+1} = ax_k(1-x_k)$ où a est une constante fixée entre 1 et 4 et où x_0 est pris entre 0 et 1. Pour a compris entre 1 et 3, l'itération mène à une valeur unique, quel que soit le point de départ qu'on prend comme x_0.

---

77. Ruelle [1991], p. 232.

78. Sauf si on découvre ultérieurement qu'il existe un processus physique en œuvre atténuant la propagation des fluctuations à partir d'une certaine échelle et qui supprime de fait le chaos atmosphérique mais ceci paraît peu probable.

Par exemple, pour a = 1,2, on aboutit après plusieurs itérations à une valeur qui ne change plus, de l'ordre de 0,167. Pour a = 2, on aboutit à une valeur fixe de 0,5. Ces valeurs sont des attracteurs points fixes. Quand a dépasse 3, la valeur limite qu'on obtient oscille alternativement entre deux nombres distincts. Pour a = 3,1, la valeur itérée passe alternativement de 0,558 à 0,764 [79]. C'est un cycle de période 2. Pour a = 3,5, un cycle de période 4 apparaît et la valeur passe successivement de 0,5 à 0,875, puis 0,383 et 0,827. Pour a égal à 3,55 la période du cycle passe à 8. Puis le doublement de périodes accélère et pour a égal à 3,58 la période a doublé un nombre infini de fois. On obtient alors un comportement chaotique où les valeurs itérées semblent ne plus suivre aucune règle. Si on itère l'application logistique pour une valeur de a égale à 3,581 par exemple, on obtient une suite de nombres qui paraissent aléatoires. C'est d'ailleurs par des procédés de ce type que les ordinateurs fournissent les nombres aléatoires qu'on obtient par les fonctions « random » des langages de programmation. Le comportement ultérieur de l'application logistique est des plus remarquables puisque des intervalles où l'ordre réapparaît se rencontrent de nouveau quand on augmente la valeur de a.

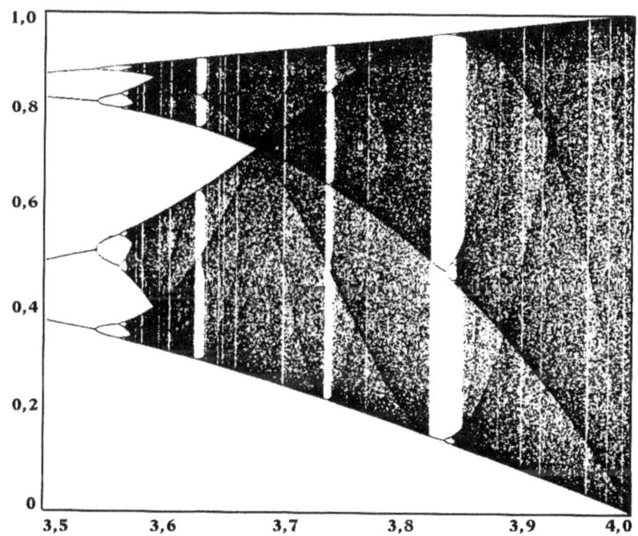

Figure 7. – Application logistique.

Mais il nous suffit de remarquer qu'il est possible d'obtenir des suites de nombres apparemment aléatoires, donc un comportement chaotique, à partir d'une équation aussi simple que l'application logistique. Point n'est besoin de fonctions compliquées. L'apparition du chaos mathématique n'est donc nullement liée à la complexité.

---

79. Nous arrondissons les valeurs au troisième chiffre après la virgule.

Il en est de même avec les systèmes physiques. Considérons tout d'abord un billard sur lequel on a placé des obstacles ronds (des champignons). Nous négligerons les frottements et supposerons que les collisions sont parfaitement élastiques. Lorsqu'une boule rebondit sur une des bandes du billard, on sait que l'angle d'incidence est égal à l'angle de réflexion. Il en résulte que si deux boules, suivant des trajectoires voisines qui font un angle α entre elles, heurtent une bande, elles rebondiront avec des trajectoires qui resteront voisines et feront encore le même angle entre elles. En revanche, le rebond sur un obstacle rond obéit à une loi identique à celle de la réflexion de la lumière sur un miroir convexe. L'angle de divergence des trajectoires suivies est multiplié par deux après le rebond. Il est relativement facile de voir que deux boules suivant des trajectoires proches finiront au bout de quelques rebonds sur les obstacles ronds par suivre des trajectoires assez différentes qui, au bout d'un certain temps, conduiront l'une des boules à heurter un obstacle alors que l'autre passera à côté. À partir de là, les trajectoires n'auront plus rien à voir entre elles. La loi de multiplication par deux des angles de divergence à chaque rebond conduit à une croissance exponentielle qui finit par rendre importante n'importe quelle différence d'angle initial, aussi petite soit-elle. La conséquence en est que le billard convexe est sujet au phénomène de dépendance sensitive aux conditions initiales. Deux boules suivant des trajectoires initiales aussi proches qu'on veut finiront au bout d'un temps plus ou moins long par suivre des trajectoires totalement différentes. Il est donc impossible de prédire la trajectoire d'une boule sur un tel billard pendant un temps arbitrairement long. La démonstration mathématique rigoureuse de cette propriété pour le billard convexe est complexe et n'a été donnée que récemment par le mathématicien Sinai[80].

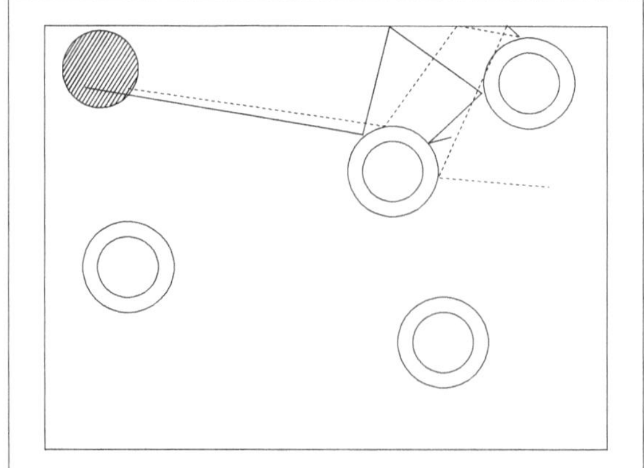

Figure 8. – Le billard convexe.

---

80. Sinai [1970]. Nous avons vu que la propriété équivalente pour un billard à courbure négative a été donnée bien avant par Hadamard.

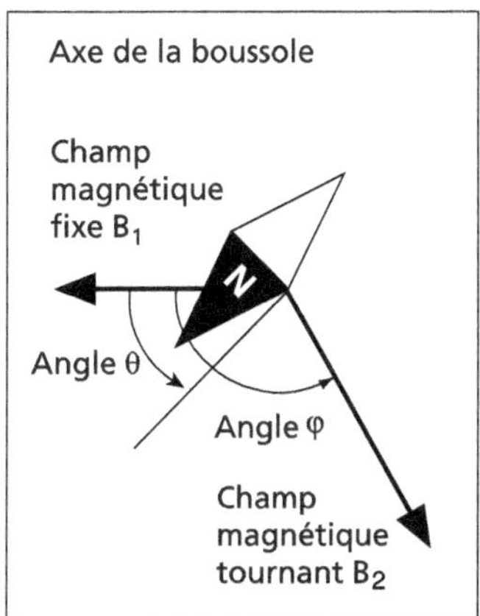

Figure 9. – Boussole dans un champ magnétique tournant.

Considérons maintenant l'exemple d'une boussole. Une boussole placée dans un champ magnétique fixe, comme le champ magnétique terrestre, finit toujours par s'aligner avec celui-ci après avoir effectué quelques oscillations de part et d'autre. Un tel système est comparable à celui du pendule amorti qui finit par s'arrêter. Il existe un point fixe attracteur et ce système à un degré de liberté possède un espace des phases de dimension 2. Supposons maintenant qu'on ajoute un champ magnétique tournant autour de l'axe de la boussole. La réalisation pratique d'un tel système est très simple : il suffit de poser un barreau aimanté sur un plateau tournant de même axe que celui de la boussole. Pour certaines valeurs de l'intensité des champs magnétiques ou de la vitesse de rotation, la boussole est sujette à des mouvements extrêmement complexes qui semblent chaotiques. Le nouveau système possède deux degrés de liberté, l'angle θ que fait la boussole avec le champ magnétique fixe et l'angle φ que fait le champ tournant avec le champ fixe. L'espace des phases est à trois dimensions car la vitesse de rotation du champ tournant étant supposée constante, le mouvement dans l'espace des phases total à quatre dimensions de coordonnées $(\theta, d\theta/dt, \varphi, d\varphi/dt)$ se fait en réalité dans le sous-espace à trois dimensions de coordonnées $(\theta, d\theta/dt, \varphi)$. Il n'est pas possible de donner ici les détails mathématiques de l'étude d'un tel système. Indiquons seulement qu'on constate que le chaos apparaît alors que l'espace des phases ne possède que trois dimensions.

D'une manière générale, de très nombreux systèmes aussi simples qu'une telle boussole, qui ne possèdent qu'un nombre de degrés de liberté faible (supérieur ou égal à deux), présentent un mouvement chaotique. Cela signifie qu'il est impossible de prédire leur comportement au-delà d'un certain temps, assez bref dans la plupart des cas. Le mouvement de la boussole dans un champ tournant défie par exemple toute prédiction au-delà de quelques dizaines de secondes. Il faut souligner à quel point il est remarquable que des systèmes simples, pour lesquels il est aisé d'écrire les équations du mouvement, résistent à toute tentative de prédire leur évolution à échéance relativement courte.

Retour sur le système solaire

Nous avons débuté notre étude des systèmes dynamiques par l'exemple historique du mouvement des planètes. Nous avons montré les difficultés qu'ont rencontrées les astronomes dans leurs prédictions et comment Poincaré a fini par conclure qu'il était impossible de trouver des solutions analytiques au problème des trois corps. Nous avons vu ensuite comment les résultats de Poincaré ont été atténués par la solution explicite trouvée par Sundmann pour le problème des trois corps et par le théorème KAM. À ce stade, nous pouvons nous demander quelle est la conclusion définitive à laquelle conduisent les travaux récents.

Écartons tout d'abord la solution de Sundmann. D'une part, celle-ci ne concerne que le problème des trois corps et même pour ce problème limité, elle est en pratique inutilisable pour obtenir des prédictions réelles à cause de sa convergence beaucoup trop lente. D'autre part, obtenir une solution du même type pour l'ensemble du système solaire est largement hors de portée et si par extraordinaire cela était possible, il est fortement probable que la lenteur de convergence d'une telle solution la rendrait totalement inutilisable[81]. Sur un autre plan, le théorème KAM a montré qu'il existe plus de solutions quasi périodiques que ne le pensait Poincaré. Cependant, il n'élimine pas le fait que certaines zones de conditions initiales conduisent à des comportements chaotiques des planètes. La question qu'il faut trancher est alors de savoir si notre système solaire réel est dans une zone chaotique ou pas. On peut trouver cette question étrange dans la mesure où les prédictions astronomiques constituent l'archétype de prévisions fiables à long terme. Ne peut-on pas prédire les éclipses, les marées, les positions des planètes avec une grande précision sur des échelles de temps de plusieurs milliers d'années ? Certes, mais comme le dit Ivar Ekeland[82], c'est une illusion non d'optique mais d'échelle. Le temps caractéristique[83] du système solaire est de l'ordre de quelques millions d'années. Cela explique qu'à l'échelle humaine, c'est-à-dire sur quelques milliers d'années, les

---

81. Il ne s'agit pas ici de mettre en avant les budgets de calculs limités dont on peut disposer ou l'impatience des chercheurs. Si l'ordre de grandeur de ces quantités était humainement raisonnable, on pourrait objecter qu'en y mettant les moyens suffisants on obtiendrait la solution. La lenteur de convergence dont il est question ici est d'un type tel qu'en mobilisant tous les ordinateurs de la Terre sur ce sujet, il faudrait attendre un temps dépassant l'âge de l'Univers, ce qui rend de fait la chose impossible.

82. Ekeland [1995].

83. On rappelle que le temps caractéristique est le temps nécessaire pour que la distance entre deux trajectoires proches soit multipliée par dix.

prévisions qu'on peut faire soient excellentes. En revanche, rien ne nous assure que des prédictions sur quelques centaines de millions d'années (qui étaient inaccessibles aux astronomes du siècle dernier[84]) resteront fiables.

La situation demeura incertaine jusqu'en 1988. Il existait en effet un résultat dû au mathématicien Nekhoroshev qui montre que si l'on se trouve très près d'une solution quasi périodique, il est possible, tant qu'on se limite à de faibles perturbations, de trouver une borne supérieure aux écarts des variables sur de très grandes périodes, éventuellement plus grandes que la durée future du système solaire. On pouvait donc espérer que même si le système solaire est chaotique, l'influence du chaos ne se fera sentir qu'au-delà de toute époque qu'il est sensé de considérer[85]. En fait, cet espoir est vain et les travaux récents de Jack Wisdom et de Jacques Laskar montrent que le système solaire est chaotique pour une échelle de temps de l'ordre de la centaine de millions d'années. En 1988, Sussman et Wisdom[86] ont montré que le comportement de Pluton était chaotique avec un temps caractéristique de 40 millions d'années. Il est donc impossible de prédire le mouvement de Pluton sur une période de plus de 400 millions d'années puisqu'une erreur initiale de 0,00000001 % deviendra une erreur de 100 % au bout de ce temps[87]. En 1989, Laskar[88] a montré que le temps caractéristique pour les planètes intérieures (Mars, la Terre, Vénus et Mercure) était de l'ordre de dix millions d'années. Cela signifie qu'une incertitude de cent mètres sur la position initiale devient une incertitude de un milliard de kilomètres[89] au bout de cent millions d'années. Comme le dit Laskar[90], après les travaux de Poincaré et le théorème KAM, on aurait pu penser que le mouvement du système solaire se plaçait dans une région de l'espace des mouvements relativement stables. Nous nous retrouverions alors très près du modèle de Laplace. Mais il semble bien qu'il en soit tout autrement. Nous sommes plutôt dans une zone de mouvement chaotique. Il en résulte que toute prédiction sur l'avenir du système solaire au-delà de cent millions d'années est impossible.

Un exemple spectaculaire de comportement chaotique observable à notre échelle de temps dans le système solaire est donné par Hypérion (c'est d'ailleurs le seul exemple connu à l'heure actuelle). Il s'agit d'un satellite de Saturne qui n'a pas une forme sphérique

---

84. À l'époque de Laplace, on pensait que la Terre était âgée de moins de cent mille ans !

85. Laskar [1992].

86. Sussman [1988].

87. Ceci signifie qu'une erreur de 4 km sur la position de Pluton, qui est environ à 6 milliards de km du Soleil, deviendra une erreur de 40 milliards de km (soit le périmètre de l'orbite de Pluton) au bout de 400 millions d'années.

88. Laskar [1989].

89. Soit la valeur du périmètre de l'orbite terrestre.

90. Laskar [1991].

mais ressemble à un gros menhir de dimension $380 \times 290 \times 230$ km [91]. La trajectoire d'Hypérion sur son orbite autour de Saturne est régulière et prévisible. Il met environ 21 jours pour en faire le tour. En revanche, au lieu de tourner régulièrement sur lui-même comme le font les autres gros satellites, Hypérion ne cesse de faire des pirouettes. Comme le dit Ian Stewart [92] : « La plupart des planètes roulent comme des ballons de football sur un stade. Hypérion ressemble davantage à un ballon de rugby qui rebondit sur un champ de bataille. Si vous pouviez bloquer la position de son point central et observer simplement la manière dont il bouge relativement à celui-ci, vous le verriez se balancer presque au hasard dans toutes les directions possibles. » Son comportement est maintenant mieux compris et il semble qu'Hypérion soit dans une vaste zone chaotique dont il n'a que peu de chances de sortir. Wisdom a calculé que l'axe et la vitesse de rotation d'Hypérion fluctuent de manière aléatoire sur une échelle de temps de quelques périodes orbitales seulement. L'horizon des prédictions pour Hypérion n'est donc que de quelques semaines !

L'existence d'un objet dans le système solaire dont il est possible d'observer directement le comportement chaotique est importante car elle montre qu'il est vain de penser qu'après tout, les calculs des mathématiciens sont purement théoriques et qu'il existe sûrement dans la nature un processus physique qui interdit aux objets réels de se comporter de manière aussi étrange. Le chaos est bien réel et le fait qu'il ne nous apparaît pas dans le mouvement des grandes planètes n'est dû qu'à l'échelle temporelle extrêmement réduite de nos observations.

3.5. Conclusion

Pendant des siècles, on a cru en la toute puissance de la méthode analytique. Les mathématiques étaient supposées nous permettre de calculer le comportement et l'évolution de tous les systèmes physiques pourvu qu'on disposât des équations correspondantes et de moyens de calcul suffisants. C'est ce qui a conduit Eugène Wigner [93] à parler de « l'efficacité déraisonnable des mathématiques ». Cette belle confiance se révèle fausse et pas d'une manière marginale puisque non seulement il existe des systèmes pour lesquels toute prévision est impossible mais, de plus, ces systèmes représentent la grande majorité des systèmes physiques. Dans le domaine des systèmes chaotiques, les mathématiques ne nous permettent plus de prédire l'évolution à l'infini, quelle que soit la précision avec laquelle

---

91. Peterson [1993].
92. Stewart [1989].
93. Wigner [1960].

on se donne les conditions initiales. Pour être en mesure de retrouver des prédictions fiables, il faudrait connaître avec une précision infinie les données d'où l'on part, ce qui est impossible. Comme le dit Ivar Ekeland[94] : « Plus jamais on ne dira : telle équation représente tel phénomène. Il faudra ajouter : le système est chaotique, son temps caractéristique est de tant, sachez qu'au-delà de cette durée certains calculs ne représentent plus rien, et si vous voulez calculer telle quantité utilisez telle méthode plutôt que telle autre. En d'autres termes, on ne pourra plus énoncer une théorie scientifique sans dire ce qui est calculable dans cette théorie et ce qui ne l'est pas, et sans indiquer dans chaque cas les moyens de calcul appropriés. On savait déjà que les théories scientifiques ont des limites de validité [...]. Il faudra s'habituer à ce qu'elles aient également des limites numériques. »

Déjà au début du siècle, la démonstration de Hadamard sur les géodésiques des surfaces à courbure négative avait conduit Duhem[95] à parler « d'une déduction mathématique à tout jamais inutile aux physiciens ». Ce que nous ont enseigné les travaux ultérieurs est le fait que cette situation n'est pas exceptionnelle mais représente en fait la généralité. Les travaux les plus récents en mécanique céleste ou en météorologie nous montrent même que les limites de notre pouvoir de prédiction touchent des aspects essentiels du monde qui nous entoure puisque nous ne pourrons jamais prédire le temps au-delà d'un certain horizon assez proche ni savoir si la Terre changera un jour d'orbite. Bien sûr, il est possible de relativiser l'importance de ces résultats en remarquant que nous restons capables de prédire l'avenir du système solaire pour des périodes de l'ordre de quelques dizaines de millions d'années ou de connaître le temps qu'il fera sur une semaine. De la même manière, beaucoup de systèmes auxquels nous sommes confrontés ont un comportement régulier et restent prévisibles. Notre environnement immédiat n'est pas, loin s'en faut, un univers de chaos imprévisible. S'il en était ainsi, la science n'aurait pu obtenir les résultats extraordinaires qu'elle a atteints et l'étude même du chaos n'aurait pu être entreprise. Comme Daniel Parrochia l'écrit[96] : « L'idée d'une nature chaotique en son fond n'a strictement aucune pertinence concrète au plan des réalisations humaines et n'influence à aucun niveau la pratique de l'ingénieur qui est tout entière un défi dressé contre de tels fantômes. [...] la turbulence n'empêche pas les avions de voler ni les turbines de tourner. »

Toutefois nous avons souligné dans notre introduction que notre objectif est de conduire une analyse philosophique et épistémologique des conceptions qu'on est en droit d'avoir de l'Univers à travers l'examen des résultats produits par la science. Il s'ensuit que quelle que soit la pertinence pratique des conclusions que nous présentons,

---

94. Ekeland [1995].
95. Duhem [1906].
96. Parrochia [1997].

leur pertinence philosophique est claire. Pour beaucoup de systèmes simples comme une boussole dans un champ magnétique tournant (les gadgets mobiles que certains aiment poser sur leur bureau sont construits sur ce principe), le mouvement est imprévisible au-delà de quelques dizaines de secondes. Il est quand même frappant de constater que malgré les progrès faramineux de la science et de la technologie actuelle, des objets aussi rudimentaires échappent et échapperont toujours à nos calculs !

Outre l'agacement légitime qu'on peut éprouver face à notre impuissance, il faut souligner que le paradigme de la possible mathématisation de la nature doit être revu. Depuis Newton, ce paradigme consiste à penser que les phénomènes naturels obéissent à des lois qui s'expriment sous forme mathématique par des équations différentielles et que cela apporte la garantie que nous pourrions, avec des moyens suffisants, prédire, au moins de manière approchée, les comportements de tout système. On admet que pour des systèmes comportant un très grand nombre de degrés de liberté (par exemple pour les gaz, à cause du nombre énorme de molécules qui les composent), il est nécessaire d'utiliser des méthodes statistiques et non pas de tenter de résoudre directement les équations différentielles du mouvement. Mais les méthodes statistiques fournissent des prédictions d'excellente qualité grâce à la loi des grands nombres et cela ne pose guère de problème. En revanche, pour les systèmes simples, comportant peu de degrés de liberté (le système solaire en fait partie), on espérait que les méthodes de résolution par approximation nous donneraient des prédictions approchées fiables, leur fiabilité étant proportionnelle au travail qu'on accepterait d'y consacrer. Cet espoir doit être abandonné. Quels que soient les moyens théoriques ou techniques dont on disposera, quel que soit le temps qu'on acceptera de passer sur une prédiction, il existera toujours un horizon temporel infranchissable dans nos prédictions. Cet horizon est variable selon la nature du système et selon les limites de principe qui existent dans la précision qu'on peut obtenir sur les conditions initiales mais il est fini dans tous les cas.

L'Univers ne peut plus être considéré comme une grande machine dont il est possible de prévoir le comportement au moyen de calculs mathématiques, même complexes. Au siècle dernier, une telle affirmation aurait paru scandaleuse et aurait été interprétée comme signifiant un abandon du déterminisme. La seule éventualité de non-prédictibilité envisageable était, à l'époque, le fait qu'un système se comporte de manière aléatoire au sens propre du terme, c'est-à-dire qu'il échappe à toute loi. Or une telle éventualité était exclue car elle aurait signifié la fin de la science et le retour aux superstitions d'autrefois. Les progrès de la recherche ont montré qu'une échappatoire était possible et qu'un système peut parfaitement être déterministe et cependant non prévisible. L'équivalence entre déterminisme et prédictibilité est morte. Même si l'on veut croire que le monde dans lequel nous vivons est déterministe (nous nuancerons toutefois cette affirmation au chapitre suivant consacré à la mécanique quantique), il n'en est pas moins non-prédictible. C'est ce que signifie l'expression « chaos déterministe ». La toute-puissance des mathématiques analytiques a des limites que nous avons commencé à cerner.

Il est cependant possible de soulever une objection à cette conclusion. Le phénomène de sensibilité aux conditions initiales nous dit que l'erreur initiale s'amplifie exponentiellement avec le temps. Il en résulte que plus les prédictions qu'on souhaite obtenir sont lointaines, plus il est nécessaire d'augmenter la précision avec laquelle on se donne les conditions initiales. Cela étant, si l'on se donne l'échelle de temps de prévisions souhaitée, on peut calculer la précision requise pour y parvenir. Si l'on se place, comme nous l'avons fait, dans le cadre de la mécanique classique (non quantique), rien n'interdit en principe d'améliorer autant qu'on le veut la précision avec laquelle on mesure les conditions initiales. Dans ce cas, on peut penser, contrairement à notre conclusion, qu'un système sensible aux conditions initiales reste prévisible à toute échelle de temps pourvu qu'on se donne les moyens de mesure et de calcul suffisants.

On peut donner à cette objection deux réponses. La première consiste à remarquer que même si, en principe, on peut augmenter indéfiniment la précision sur les conditions initiales, en pratique il existe certaines limites qui paraissent infranchissables. Dans l'exemple de la prévision du temps, il paraît en pratique impossible, même dans un avenir lointain, de disposer de moyens de mesure nous permettant de connaître l'état de chaque molécule d'air de l'atmosphère. La conclusion à laquelle nous avons abouti reste donc valable mais elle semble être une impossibilité pratique et non une impossibilité de principe. La deuxième est plus fondamentale en ce qu'elle pose une impossibilité de principe. Dès lors qu'on veut obtenir un degré de précision extrême, la mécanique classique n'est plus le cadre adapté et il faut se placer dans le formalisme de la mécanique quantique. Or celui-ci, en raison du principe d'incertitude de Heisenberg, pose des limitations de principe à la précision qu'on peut atteindre sur l'état initial. Il en résulte que notre conclusion est valide aussi en principe. Toutefois, pour être rigoureux, il convient de réexaminer les résultats que nous avons présentés dans le cadre nouveau de la mécanique quantique. Nous reviendrons sur ce point après le chapitre suivant consacré à la mécanique quantique.

CHAPITRE 4

Réalisme et monde quantique

> *Comme Popper l'a remarqué, nos théories sont des filets que nous construisons pour attraper le monde. Nous ferions mieux d'accepter le fait que la mécanique quantique a fait surgir un poisson plutôt étrange[1].*

Le chapitre précédent nous a permis d'apprécier les succès de la mécanique classique créée par Galilée et Newton. Celle-ci permet d'expliquer aussi bien le mouvement des planètes que celui d'une boule de billard, la chute des corps et la trajectoire des fusées envoyées dans l'espace, de prédire les marées, l'apparition des comètes, bref, elle s'applique apparemment à tous les mouvements des corps physiques. Nous avons vu cependant quelles sont ses limites quand il s'agit de l'utiliser pour prédire effectivement et avec précision le comportement des systèmes chaotiques. La mécanique classique rencontre, par ailleurs, un autre type de limite liée à son champ d'application. Lorsque la vitesse des corps étudiés n'est plus négligeable devant la vitesse de la lumière (notée c et qui vaut 300 000 km/s) ou que la force du champ de gravitation devient intense, la mécanique classique ne s'applique plus. Dans le premier cas, il faut lui substituer la théorie de la Relativité restreinte et dans le second, la théorie de la Relativité générale, toutes deux découvertes par Albert Einstein. Mais le champ d'application de la mécanique classique est, de plus, limité aux objets de taille macroscopique. Dès qu'on s'intéresse à des objets dont la dimension est de l'ordre des dimensions atomiques (typiquement de l'ordre de 10^{-10} m), la mécanique classique doit être remplacée par la mécanique quantique.

La mécanique quantique est donc la théorie qui doit être utilisée pour décrire le comportement des atomes et des particules

---

1. Redhead [1987].

subatomiques (électrons, protons, neutrons, etc.). Dans ce domaine, son efficacité est remarquable. Elle explique la couleur des corps, le fonctionnement des semi-conducteurs, les propriétés des métaux, les niveaux d'énergie de l'hydrogène ou la superfluidité de l'hélium liquide. Aucun phénomène physique n'a nécessité jusqu'à présent sa révision tant que les énergies en jeu restent non relativistes[2]. Mais la mécanique quantique est une théorie étrange dont les fondements ont soulevé de nombreuses questions d'interprétation qui ne sont d'ailleurs pas toutes entièrement résolues, bien que des progrès très significatifs aient été faits ces dernières années. Nous allons voir notamment que la mécanique quantique nous force à reconsidérer entièrement beaucoup d'idées intuitives que nous avons sur les propriétés des objets, sur les rapports entre l'observateur et le phénomène observé, sur le déterminisme, et qu'elle nous conduit à modifier radicalement la conception du monde qu'on pourrait légitimement construire à partir de la mécanique classique. Il est cependant important de souligner que, quels que soient les problèmes qui ont été soulevés à son propos, il s'est toujours agi de problèmes d'interprétation du formalisme et jamais de problèmes d'application. La mécanique quantique fonctionne remarquablement bien et c'est une des théories les plus précises qui ait jamais été construite. Mais l'interprétation de son formalisme a souvent conduit à des conséquences philosophiques qui semblaient contraires au bon sens ou à l'intuition[3]. C'est en cela que la mécanique quantique a alimenté de nombreux débats qui ont engendré un certain nombre d'élucubrations fantaisistes. Bien que ces débats ne soient pas tous clos, nous pouvons aujourd'hui considérer que nous comprenons mieux ce qui est compréhensible en elle et avons appris à ne pas chercher à comprendre (au sens premier du chapitre précédent, c'est-à-dire à ramener à une image familière) ce qui ne l'est pas.

Rappelons les raisons qui ont conduit à l'invention de la mécanique quantique.

---

2. Einstein a démontré qu'un corps de masse m possède une énergie associée à cette masse dont la valeur est donnée par la célèbre formule $E = mc^2$. On vient de dire que la Relativité restreinte est nécessaire dès que la vitesse des objets n'est plus négligeable devant celle de la lumière. Un corps animé d'une telle vitesse possède une énergie cinétique qui n'est plus négligeable devant son énergie de masse mc^2. On dit alors qu'il est dans le domaine des énergies relativistes.

3. Il y a eu des tentatives, que nous examinerons plus loin, de construire des formalismes alternatifs qui ne présentent pas les propriétés étranges de la mécanique quantique. On peut aujourd'hui dire que ces formalismes ont été réfutés. En ce sens, les étrangetés de la mécanique quantique (ou d'autres étrangetés similaires) paraissent inévitables car elles sont partagées par tous les formalismes qui reproduisent ses prédictions.

4.1. Un problème insoluble en physique classique [4]

À la fin du XIXe siècle subsistait un problème que la physique de l'époque était incapable de résoudre. Un corps chauffé émet un rayonnement et change de couleur avec la température. Un morceau de fer devient successivement rouge sombre, rouge orangé, jaune puis blanc à mesure que sa température s'élève. La couleur qu'on observe est due à la superposition de rayonnements de différentes longueurs d'onde. Kirchoff avait montré, aux alentours de 1860, que la matière est capable d'émettre et d'absorber de la lumière à des fréquences bien déterminées, identiques pour l'émission et l'absorption. Il étudia alors, à l'aide de la thermodynamique, le rayonnement émis par une substance portée à une température uniforme. Il montra que la répartition des fréquences du rayonnement émis ne dépend que de la température et non de la nature de la substance. Le problème théorique consistait alors à trouver une formule donnant la répartition des puissances du rayonnement, en fonction de sa longueur d'onde, d'une enceinte portée à la température T, ce qu'on appelle « le spectre de rayonnement du corps noir ». Il fallait donc trouver la loi générale U (ν, T) donnant la densité d'énergie associée à chaque fréquence ν en fonction de la température T. En 1896, Wien propose la loi

$$U(\nu, T) = a\nu^3 e^{-\frac{b\nu}{T}}$$ (dite « loi de Wien » où a et b sont des constantes).
En 1900, Lord Rayleigh établit, *à partir de la physique classique*, la

relation : $$U(\nu, T) = 8\pi\nu^2 \frac{kT}{c^3}$$ (où k est une constante appelée

« constante de Boltzmann »). Mais cette relation faisait apparaître une contradiction car elle conduisait à une énergie totale infinie pour le rayonnement, ce qu'Ehrenfest a appelé « la catastrophe ultraviolette » car cela se produit à cause de la contribution des petites longueurs d'onde qui sont celles du rayonnement ultraviolet. Par ailleurs, on constatait empiriquement que la relation de Rayleigh est bien vérifiée pour les basses fréquences mais que pour les hautes fréquences, c'est la loi de Wien qui marche le mieux.

En 1900, Planck donna une formule d'interpolation entre les deux domaines et introduisit pour les besoins une constante h (appelée depuis « constante de Planck ») :

$$U(\nu, t) = \frac{8\pi\nu^3}{c^3} \frac{h\nu}{e^{\frac{h\nu}{kt}} - 1}$$

---

4. On appelle physique classique, la physique de la fin du XIXe siècle qui, outre la physique newtonienne, comprenait aussi la thermodynamique, développée par Boltzmann et la théorie de l'électromagnétisme de Maxwell.

Il obtint d'abord cette relation de manière empirique en cherchant comment raccorder les deux formules puis essaya de lui donner une justification statistique en faisant l'hypothèse que la matière se comporte comme un ensemble d'oscillateurs tels que l'énergie de l'oscillateur qui émet à la fréquence ν est égale à un nombre entier de fois hν. C'était la première fois qu'était postulée une quantification de l'énergie en paquets ou quanta, de valeurs hν, qui représentent l'échange minimum possible, aussi bien à l'émission qu'à l'absorption. Cette quantification était une explication possible mais les physiciens ne la prirent pas vraiment au sérieux : ils ne pensaient pas qu'elle représentait une propriété réelle et la prenaient plutôt pour un artifice de calcul. C'est Einstein qui, le premier, pour expliquer l'effet photoélectrique, considéra que les quanta de Planck avaient bien une existence réelle. Pour le comprendre, il est nécessaire d'étudier de plus près ce qu'est la lumière.

4.2. LA DOUBLE NATURE DE LA LUMIÈRE ET DE LA MATIÈRE

Savoir de quoi est constituée la lumière est une question que les hommes se sont toujours posée. Pythagore puis Platon avaient déjà avancé chacun une théorie. Dans la première moitié du XIXᵉ siècle, deux conceptions s'opposaient. La première, proposée par Huyghens et développée par Fresnel et Young, stipulait que la lumière est faite d'ondes transversales se propageant à travers un milieu élastique, l'éther. C'était la conception dominante. La deuxième, anciennement avancée par Newton, était une conception corpusculaire selon laquelle la lumière est constituée de particules très petites et se déplaçant très vite. La conception ondulatoire impliquait que la lumière se propage plus rapidement dans l'air que dans l'eau alors que c'était l'inverse pour la conception corpusculaire. En 1850, Foucault réussit à comparer les vitesses de la lumière dans l'air et dans l'eau. Son expérience réfuta l'hypothèse corpusculaire et la nature ondulatoire de la lumière fut admise. La notion de vibration de l'éther fut ensuite remplacée par Maxwell et Hertz par celle d'ondes électromagnétiques transversales, mais ils continuèrent à admettre que la lumière était un phénomène ondulatoire.

Les interférences : un argument en faveur de la nature ondulatoire

L'expérience classique permettant de mettre en évidence la nature ondulatoire de la lumière est celle des interférences. Un rayon de lumière passe d'abord à travers un premier trou puis à travers un écran comportant deux trous rapprochés A et B, pour être enfin projeté sur un écran où l'on observe une figure de bandes alternativement sombres et claires qu'on appelle « des franges d'interférences ».

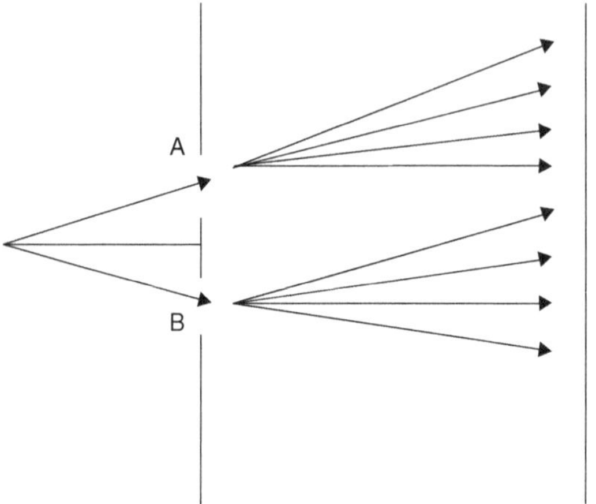

Figure 10. – Dispositif de production de franges d'interférences.

L'explication de cette figure est simple si l'on suppose que la lumière est composée d'ondes sinusoïdales qui peuvent suivre deux trajets différents selon que la lumière est passée par un trou ou par l'autre. La distance parcourue par la lumière qui arrive en un point de l'écran n'est pas la même selon que le rayon lumineux est passé par le trou A ou par le trou B. Selon le point d'arrivée, les deux trajets peuvent être tels que les deux rayons arrivent en phase (c'est-à-dire que la différence de longueur des trajets est un multiple de la longueur d'onde) ou pas. Dans le premier cas, les rayons lumineux s'ajoutent donnant un point clair, dans le deuxième cas ils se retranchent aboutissant à un point sombre. Une mesure de l'écartement des franges permet d'en déduire la longueur d'onde de la lumière utilisée (variant de 0,4 µ pour le violet à 0,7 µ pour le rouge[5]). Cette expérience est un argument fort en faveur de la nature ondulatoire de la lumière car elle en fournit une explication naturelle.

L'effet photoélectrique : un argument en faveur de la nature corpusculaire

En 1887, Hertz avait au cours d'expériences célèbres définitivement prouvé la réalité des ondes électromagnétiques qui découlaient du formalisme unificateur de Maxwell. La lumière n'est alors qu'une onde électromagnétique de longueurs d'onde particulières (comprises entre 0,4 µ et 0,7 µ). Dans le détecteur que Hertz avait construit pour mettre en évidence les ondes électromagnétiques, celles-ci se manifestaient par des étincelles qui jaillissaient entre les extrémités

---

5. 1 µ vaut un millionième de mètre.

ouvertes de son appareil. Or, un phénomène étrange se produisait : quand la lumière violette des étincelles était réfléchie sur l'appareil, la production d'étincelles semblait facilitée. Hertz ne sut pas trouver d'explication à son observation. C'est Lénard, un de ses élèves, qui mit en évidence le fait que la lumière ultraviolette a la propriété de faire évaporer les électrons[6] d'une surface métallique, ce qu'on appelle aujourd'hui « l'effet photoélectrique ». Le problème était que selon la théorie de Maxwell, une augmentation de l'intensité lumineuse devait avoir pour effet une augmentation de la vitesse des électrons éjectés du métal. Or, l'expérience donnait un résultat différent : ce n'était pas la vitesse des électrons qui augmentait mais leur nombre, la vitesse restant constante. Pour augmenter la vitesse des électrons émis, il fallait accroître la fréquence de la lumière employée. C'est Einstein qui donna l'explication de ce mystère et qui, ce faisant, sema le germe qui permit le développement ultérieur de la mécanique quantique. Einstein prit au sérieux l'hypothèse de Planck selon laquelle la lumière n'échange de l'énergie avec la matière que de manière discontinue, par quanta. Mais Planck s'était contenté de quantifier les échanges d'énergie. Pour lui, la lumière restait une onde continue lorsqu'elle se propageait. Einstein alla plus loin en supposant que la lumière est réellement constituée de quanta, les photons : « Si, en ce qui concerne la variation de l'entropie avec le volume, le rayonnement monochromatique de densité suffisamment faible se comporte comme un milieu discontinu de quanta d'énergie de grandeur hv, il est alors raisonnable de se demander si les lois de l'émission, et de la transformation de la lumière ne correspondent pas à ce qu'elles seraient si la lumière était constituée de ces mêmes quanta d'énergie[7]. »

Cette proposition est révolutionnaire car elle signifie un retour à la conception corpusculaire de la lumière, conception qui semblait avoir été réfutée. Einstein montra comment cette idée permettait d'expliquer l'effet photoélectrique. Augmenter l'intensité de la lumière revient à augmenter le nombre de photons émis par seconde donc le nombre de chocs entre photons et électrons. Le résultat est une augmentation du nombre d'électrons éjectés. Augmenter la fréquence de la lumière, c'est augmenter l'énergie de chaque photon émis, donc taper plus fort sur les électrons qui sont alors éjectés à plus grande vitesse. C'est exactement ce que l'expérience constate.

Le comportement ondulatoire de la matière

L'effet photoélectrique n'est compréhensible que si la lumière est constituée de particules, les photons. Mais l'expérience des franges d'interférences ne l'est que si la lumière est une onde. On est donc

---

6. Les électrons ont été découverts en 1897 par J.J. Thomson.
7. Einstein [1905] cité dans Segré [1984], p. 123.

confronté à deux expériences cruciales donnant des résultats incompatibles.

Cette position est inconfortable mais c'est typiquement de ce genre de situation qu'émergent les révolutions conceptuelles. Pendant plusieurs années, cette énigme resta entière et les partisans de l'une ou l'autre conception campèrent sur leurs positions.

Louis de Broglie, en 1923, réfléchissant aux conséquences de la théorie de la Relativité restreinte fit une hypothèse audacieuse : si la lumière comporte un aspect corpusculaire, la matière doit symétriquement manifester un comportement ondulatoire. Son raisonnement était schématiquement le suivant. Les particules de matière ont une masse. La Relativité montre que la masse est une forme d'énergie. Or l'énergie peut être liée à une fréquence si on la divise par la constante de Planck. Une fréquence est la caractéristique d'une onde. Donc la matière manifeste un comportement ondulatoire. Résumé ainsi, ce raisonnement peut paraître peu rigoureux, il permet cependant de calculer la fréquence associée à une masse m. Selon la Relativité, une masse m est dotée d'une énergie propre $E = mc^2$. La fréquence associée à une masse m est donc mc^2/h. La prédiction que la matière se comporte de manière ondulatoire paraît insensée tant il est évident que tout dans notre expérience prouve le contraire. Mais les longueurs d'onde associées aux objets macroscopiques sont telles qu'il ne peut en résulter aucun effet mesurable. La démonstration de la justesse des vues de de Broglie vint en 1927 quand Davisson et Germer observèrent pour la première fois des figures de diffraction de faisceaux d'électrons avec une fréquence correspondant exactement à celle prévue par de Broglie. Leur expérience prouva que les électrons manifestent un comportement ondulatoire. La symétrie entre ondes et corpuscules était alors rétablie. La lumière comme la matière manifestaient un comportement tantôt corpusculaire tantôt ondulatoire.

La théorie en cours à l'époque pour expliquer l'atome était celle que Bohr avait énoncée en 1913. À la suite de ses expériences de projection de particules α sur des feuilles d'or[8] en 1910, Rutherford avait proposé une représentation de l'atome analogue à un petit système solaire. Des électrons de charge négative gravitent autour d'un noyau de charge positive. Selon la physique classique, cette représentation était impossible. Les électrons auraient dû rayonner et tomber sur le noyau en moins d'un cent millionième de seconde. Pour éviter cette difficulté, Bohr avait complété ce modèle en introduisant l'hypothèse *ad hoc* que, d'une part, les électrons ne peuvent suivre que certaines orbites de rayons quantifiés et que, d'autre part, ils peuvent passer d'une orbite à l'autre en émettant ou en absorbant un photon. Cette théorie avait réussi à expliquer un grand nombre d'observations liées

---

8. Les particules α sont des noyaux d'Hélium 4 constitués de deux protons et deux neutrons.

au rayonnement émis par les atomes, mais elle commençait à rencontrer des difficultés devant un nombre croissant d'observations nouvelles plus précises. Cependant le plus grave est qu'elle n'avait rien à dire au sujet de ce comportement étrange qu'adoptaient aussi bien les photons que les électrons.

C'est en 1926, avec l'invention de la mécanique ondulatoire par Schrödinger et celle de la mécanique des matrices par Heisenberg, Born et Jordan, que naît la mécanique quantique. Les deux formalismes seront ensuite intégrés par Dirac[9] dans la théorie qui constitue la version actuelle de la mécanique quantique. Abandonnons à ce stade l'aspect historique[10] du processus pour bien comprendre le problème physique.

Le comportement quantique

Nous allons maintenant présenter de manière plus précise le comportement des objets quantiques comme les photons ou les électrons. Comprendre à quel point leur comportement diffère du comportement des objets macroscopiques auxquels nous sommes habitués est facile à partir de l'analyse de quelques expériences simples[11]. L'objet quantique qui nous servira de cobaye est l'électron, mais ce que nous dirons à son sujet sera valable pour tous les autres objets quantiques.

Pour commencer, nous reprendrons l'expérience que nous avons faite avec des photons. Dirigeons un faisceau d'électrons issus d'une source ponctuelle vers une plaque comportant deux trous A et B (qu'on appelle des « trous d'Young ») et regardons de l'autre côté de la plaque comment les électrons se répartissent sur une deuxième plaque, parallèle à la première, placée un peu plus loin.

On peut imaginer qu'on place sur la deuxième plaque des détecteurs régulièrement espacés autour de la position centrale et qui font entendre un petit clic quand ils reçoivent un électron. Faisons d'abord l'expérience en bouchant le trou A et en laissant le trou B ouvert. On constate tout d'abord que les électrons arrivent bien un par un car jamais deux détecteurs ne cliquent en même temps. Si on attend suffisamment longtemps pour qu'un grand nombre d'électrons soient émis, la courbe qui donne le nombre d'électrons reçus en fonction de la position présente un maximum en face du trou B et décroît régulièrement autour. L'expérience symétrique consistant à laisser le trou A ouvert et à boucher le trou B donne un résultat analogue avec

---

9. Dirac [1930].

10. Le lecteur intéressé par cet aspect pourra consulter Hoffmann [1981], Segré [1984], Deligeorges [1984] ou, pour un exposé plus technique, Jammer [1989]. Il pourra aussi se reporter à la description qu'en donnent les pères fondateurs eux-mêmes Bohr [1961], de Broglie [1937], Heisenberg [1958] [1962].

11. Nous nous inspirerons ici de la présentation donnée par Feynman [1965] qui reste une des plus claires qui soient.

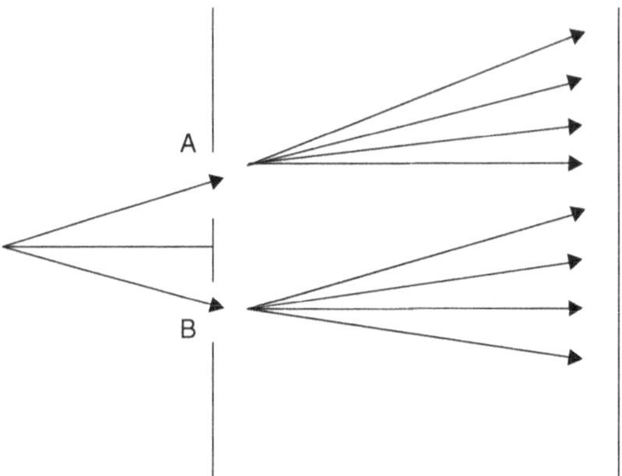

Figure 11. – L'expérience des trous d'Young.

une courbe présentant cette fois un maximum en face du trou A. Ouvrons maintenant les deux trous simultanément. On s'attend à ce que la courbe montrant l'arrivée des électrons soit la somme des deux courbes précédentes. En effet, les électrons passent ou bien par le trou A ou bien par le trou B, donc en tout point de la plaque d'arrivée, le nombre d'électrons qui y parviennent est la somme du nombre d'électrons qui, pour y parvenir, sont passés par le trou A et de ceux qui sont passés par le trou B. Ceux passant par le premier trou vont construire la courbe présentant un maximum en face du trou A et ceux qui passent par le trou B vont construire la courbe présentant un maximum en face du trou B. Comme notre dispositif est symétrique, il y aura en moyenne autant d'électrons passant par chaque trou et la courbe totale sera bien donnée par la somme des deux courbes.

Faisons l'expérience. Surprise ! La courbe que nous obtenons n'est pas du tout la somme des deux courbes à laquelle nous nous attendrions, elle est identique à celle qui donne l'intensité lumineuse sur l'écran dans le cas de l'expérience avec des photons. Des zones où beaucoup d'électrons sont arrivés alternent avec des zones où très peu d'électrons sont parvenus. On observe l'équivalent des franges d'interférences. Or, nous avons vu que les interférences sont la signature d'un comportement ondulatoire. Comment expliquer que des électrons qui *a priori* ne sont pas des ondes mais des particules puissent donner une figure d'interférences ?

On pourrait tenter de donner une explication en supposant que les électrons, dont certains passent par le trou A et d'autres par le trou B, interagissent entre eux de telle manière que les chocs des premiers contre les seconds conduisent à ce qu'ils ne puissent arriver que dans certaines parties alternées de l'écran. Une telle théorie serait sans doute complexe mais elle est possible compte tenu du grand nombre d'électrons qui constituent le faisceau. Un moyen de la tester est alors de réduire progressivement l'intensité du faisceau utilisé jusqu'à être assuré que les électrons ne sont émis qu'un par un avec un intervalle de temps suffisant entre chaque émission. Dans ce cas, il n'y aurait jamais qu'un électron à la fois sur le trajet et les électrons ne pourront pas interagir entre eux. Il devrait donc y avoir une disparition des franges d'interférences. Une telle expérience est délicate mais réalisable. Si on attend assez longtemps pour qu'un nombre suffisant d'électrons ait eu le temps d'arriver, on constate que les franges d'interférences sont toujours présentes. Si on regarde la figure se construire progressivement, on constate que les électrons arrivent bien un par un et se répartissent aléatoirement pour donner à la fin l'image habituelle des franges d'interférences.

Ce constat, pour le moins remarquable, signifie que ce n'est pas le choc des électrons les uns contre les autres qui les guide aux bons endroits. Notre tentative d'explication est donc réfutée sauf à supposer qu'un électron isolé est capable de se couper en deux et que chaque moitié passant par un trou différent va agir sur l'autre pour que, conjointement, elles se retrouvent au bon endroit. On peut alors se dire qu'il suffit de regarder, électron par électron, si on observe une telle scission. Un électron est-il capable de se couper en deux ? Refaisons l'expérience mais éclairons maintenant les trous pour voir à travers lequel passe chaque électron. Quand un électron passera par le trou A, on verra un éclair proche du trou correspondant et symétriquement pour le trou B. Si un électron se coupe en deux pour passer par les deux trous, on observera deux éclairs simultanés. Que voit-on ? On constate que chaque électron passe par un trou et un seul et que jamais on observe deux éclairs simultanés signalant qu'un électron s'est coupé en deux pour passer par les deux trous. On est donc capable de dire que les électrons restent entiers et on peut même retracer électron par électron par quel trou s'est fait le passage, en enregistrant par exemple le fait que l'électron n° 1 est passé par le trou A, l'électron n° 2 est passé par le trou A, l'électron n° 3 est passé par le trou B, etc. Dans ce cas, on ne voit vraiment pas comment le résultat pourrait être différent de la somme des deux courbes correspondant chacune au bouchage d'un trou. En effet, chaque électron est bien passé par un trou ou par un autre puisque nous l'avons vu. Regardons alors la courbe de répartition des électrons : cette fois, elle correspond effectivement à ce que nous attendons, elle est bien la somme des deux courbes ! Le fait d'avoir modifié notre dispositif de manière à nous permettre de savoir par quel trou est passé chaque électron a changé le résultat et les franges d'interférences ont disparu.

Synthétisons nos observations. Les électrons sont bien individualisés à leur arrivée comme l'indiquent les clics séparés des détecteurs. Les électrons passent bien par un trou ou par un autre et ne se scindent jamais pour passer par les deux trous simultanément. C'est attesté par le fait que si nous éclairons les trous, nous ne voyons jamais deux éclairs simultanés. Les électrons semblent donc se comporter comme des particules. Quand on ouvre les deux trous, on devrait donc obtenir le même résultat qu'en ajoutant les résultats des deux expériences avec un trou fermé. Malgré cela, si nous n'éclairons pas les trous pour être capables de déterminer par quel trou est passé chaque électron, les électrons se répartissent de la même manière que s'ils étaient des ondes et donnent une figure d'interférences. En revanche, si nous voulons espionner la nature en regardant par quel trou est passé chaque électron, les interférences sont détruites et les électrons se comportent alors comme des particules, la courbe obtenue est bien la somme des deux courbes avec un trou fermé.

On dit souvent que l'observation du trou par lequel passent les électrons introduit une perturbation qui modifie le phénomène et empêche l'apparition des interférences. On l'explique par le fait qu'éclairer les électrons pour voir à travers quel trou ils passent revient à faire entrer des photons en collision avec eux et que le choc consécutif modifie leur trajectoire, d'où la disparition des interférences. Cette explication, dont nous nous contenterons à ce stade, n'est pas totalement satisfaisante et nous verrons comment la préciser.

L'expérience que nous venons de décrire renferme l'essentiel du mystère du comportement quantique. Les électrons se comportent tantôt comme des ondes, tantôt comme des particules. Si on n'espionne pas les électrons pour savoir par quel trou ils passent, ils se comportent comme des ondes. Si on les regarde, ils se comportent comme des particules. C'est ce que Bohr appelait « la complémentarité ». L'aspect ondulatoire et l'aspect corpusculaire sont complémentaires. Cela ne doit toutefois pas être entendu comme la complémentarité de deux aspects coexistant comme le serait, par exemple, la description d'un cylindre par ses projections circulaires et rectangulaires. La complémentarité au sens de Bohr implique une exclusion, chaque aspect se manifestant au détriment de l'autre. Pour lui [12] : « De même que le concept de Relativité exprime que tout phénomène physique dépend essentiellement du système de référence qui sert à l'encadrer dans l'espace et le temps, de même le concept de Complémentarité est un symbole de la limitation, fondamentale en physique atomique, de notre représentation habituelle de phénomènes indépendants des moyens d'observation. » Aucun objet habituel ne se comporte de cette manière. Comme le dit Feynman [13]: « On peut se demander comment ça marche vraiment. Quel est le mécanisme en œuvre en réalité ? Personne ne connaît aucun mécanisme. Personne ne peut vous donner de ce phénomène une explication plus profonde que la mienne — c'est à dire une simple description. »

L'étrangeté du comportement quantique permet de comprendre pourquoi il a fallu si longtemps pour qu'une théorie satisfaisante émerge. Un formalisme correct n'est apparu que dans les années 1925

---

12. Bohr [1961].
13. Feynman [1965].

et il a fallu plusieurs années avant que toutes ses conséquences soient définitivement acceptées. Toutes les expériences menées depuis cette époque ont confirmé la mécanique quantique de manière éclatante et certaines de ses propriétés les plus surprenantes ont pu être progressivement mises en évidence expérimentalement. Nous allons présenter dans la suite un certain nombre d'entre elles qui ont des conséquences philosophiques importantes pour notre propos. L'appareil mathématique de la mécanique quantique est trop complexe pour être détaillé ici, il est cependant indispensable de présenter certains traits du formalisme pour être à même de comprendre les problèmes soulevés et leurs conséquences.

4.3. QUELQUES ÉLÉMENTS DE MÉCANIQUE QUANTIQUE [14]

L'état d'un système

Nous avons défini, au chapitre précédent, ce qu'on appelle « l'état » d'un système en physique classique. Les objets macroscopiques comme les boules de billard ou les planètes possèdent des propriétés qui leur sont attachées et qui constituent leur état à un moment donné. Par exemple, nous avons vu que pour une boule de billard, cela pouvait être sa vitesse (ou sa quantité de mouvement) et sa position. L'état du système est la liste des valeurs des grandeurs physiques représentant les propriétés du système, par exemple pour la boule, deux coordonnées de position et deux coordonnées de vitesse. Toute liste de valeurs ne représente pas forcément un état réel du système. Deux nombres décrivant une position située en dehors du billard ne correspondent pas à un état possible de la boule. Le modèle doit spécifier quelles contraintes pèsent sur les valeurs pouvant correspondre à un état possible et la théorie préciser comment varient ces valeurs. Certains formalismes sont tels qu'en faisant la somme, éventuellement pondérée (on l'appelle alors une « composition linéaire [15] ») de deux états possibles, on obtient un

---

14. Un effort sera ici demandé au lecteur pour accepter sans démonstration les résultats qui seront exposés. Le formalisme quantique est complexe et il est hors de question de l'aborder dans toutes ses subtilités. Nous essayerons de justifier tant que faire se peut les résultats que nous utiliserons, mais souvent nous serons obligés de nous contenter de donner et d'utiliser ces résultats tels quels. De plus, nous sacrifierons la rigueur mathématique à la simplicité de l'exposé. Notre seul but est de faire comprendre les idées principales au détriment de l'exposition de certaines subtilités non essentielles pour notre propos. Des exposés simples et accessibles de ces idées sont données dans Rae [1986] ou Ortoli [1984]. Le lecteur qui souhaite avoir une présentation détaillée du formalisme quantique pourra se reporter à Cohen-Tanoudgi [1996] ou Feynman [1979].

15. Si E et E' sont deux états représentés respectivement par les listes de valeurs (x, y,...t) et (x', y',...,t'), l'état E + E' est représenté par la liste (x + x', y + y',..., t + t'). Une combinaison linéaire est une somme pondérée du type aE + bE'. Elle correspond à la liste de valeurs (ax + bx', ay + by',..., at + bt').

nouvel état possible du système. Dans ce cas, si on assimile l'état du système, en tant que liste de nombres, à un vecteur, les états forment un espace vectoriel dit « espace des états ». En électrostatique [16] par exemple, l'état d'un ensemble de corps conducteurs à l'équilibre est donné par les densités électriques et les charges totales de chaque conducteur et par le potentiel en tout point de l'espace. Toute combinaison linéaire d'états d'équilibre est elle-même un état d'équilibre qui s'interprète comme celui où les densités, les charges totales et le potentiel correspondent à cette même combinaison linéaire des densités, des charges et des potentiels des états entrant dans la combinaison.

La physique classique fait preuve d'un engagement ontologique fort quant aux propriétés des systèmes physiques et aux états correspondants : à tout système peuvent être attachées des propriétés qui lui appartiennent en propre. Toute propriété d'un système possède à tout moment une valeur bien définie. La vitesse, la position, le moment cinétique, la température d'un système physique sont toujours parfaitement déterminés, même si nous ne les connaissons pas explicitement. De plus, toutes les propriétés attachées à un système sont simultanément définies et mesurables. Le fait de mesurer la valeur d'une des propriétés ne modifie en rien la valeur possédée par les autres propriétés, il en résulte que le fait de mesurer la valeur d'une propriété ne change pas l'état du système mesuré. Enfin, si l'on mesure la valeur d'une propriété d'un système dans un état qui stipule que la valeur de cette propriété est α, on est assuré de trouver la valeur α et réciproquement, si on a mesuré la valeur α pour une propriété, on est sûr que le système est dans un état qui correspond à cette valeur pour la propriété en question. Cela découle directement de la définition que nous avons adoptée pour le concept d'état. À tout système correspond donc un état bien défini donné par la liste des valeurs des propriétés attachées au système. Réciproquement, il est toujours possible d'interpréter la liste de nombres entrant dans la description d'un état comme celle de l'état d'un système dont les propriétés à cet instant ont les valeurs correspondantes. Ces valeurs peuvent ne pas être possibles pour le système en question (par exemple, une valeur de position hors du billard pour la boule), mais elles sont cependant interprétables en termes de sens. Cette nuance est importante pour la suite. Un état où la boule est à l'extérieur du billard n'est pas possible à cause des contraintes qui font qu'elle est emprisonnée sur la table, mais un tel état est descriptible (nous venons de le faire) en termes linguistiques.

En mécanique quantique, la situation est différente. Non seulement, il existe des systèmes qui ne sont dans aucun état défini mais, de plus, certains états précis ne sont pas interprétables en termes linguistiques classiques. Il n'est plus possible de considérer que les pro-

---

16. L'électrostatique est la théorie qui décrit le comportement de corps conducteurs électriquement chargés à l'équilibre.

priétés d'un système possèdent toutes simultanément des valeurs définies. Mesurer la valeur d'une propriété peut avoir comme conséquence de changer la valeur d'une autre propriété. L'état d'un système n'est donc plus indépendant des mesures qui sont faites sur le système. La séparation classique entre l'état objectif du système et la mesure qu'on peut faire de cet état disparaît. Comme nous le verrons, cela pose le problème de la signification qu'il faut alors accorder au concept d'état quantique et à celui de propriété possédée par un système.

En mécanique quantique, l'état d'un système est quelquefois appelé sa « fonction d'onde » (cette dénomination provient de la mécanique ondulatoire de Schrödinger). Un des principes de la mécanique quantique qu'on appelle « le principe de superposition » stipule que toute combinaison linéaire d'états quantiques possibles d'un système est un état quantique possible du système[17]. Il en résulte que les états quantiques forment un espace vectoriel appelé « espace de Hilbert des états[18] ». Il faut insister sur le fait que ce principe n'est pas un réquisit accessoire mais qu'il constitue un des fondements de la mécanique quantique[19]. L'une des curiosités de la mécanique quantique est que certains états (on les appelle « états superposés ») obtenus par combinaison linéaire d'états donnés, bien que possibles selon la théorie, ne sont pas interprétables en termes classiques. Cela signifie qu'ils ne correspondent pas à des valeurs définies des grandeurs physiques concernées. Pour illustrer ce point nous allons étudier un système constitué par un électron en nous intéressant à l'une de ses propriétés appelée « le spin ».

Le spin et les états superposés

Le spin est une propriété des particules qui ne peut être décrite correctement qu'en mécanique quantique. On peut essayer d'en donner une représentation intuitive si on se représente une particule comme une boule tournant sur elle-même. Son spin serait alors l'équivalent de son moment cinétique de rotation propre[20]. Cette image n'est cependant pas à prendre au pied de la lettre car elle masque les propriétés fondamentalement quantiques du spin. Tout d'abord, le spin est quantifié, c'est-à-dire, puisque c'est un vecteur, que ses projections sur un axe ne peuvent prendre que certaines valeurs, entières ou demi-entières, selon le type de la particule. Pour les bosons, le spin est entier et peut valoir 0, 1, 2 etc. alors que pour les fermions, il est demi-entier et peut valoir 1/2, 3/2, etc. Un boson

---

17. Aux restrictions près imposées par ce qu'on appelle les règles de supersélection que nous laisserons ici de côté.

18. Un espace de Hilbert est un espace vectoriel dont les vecteurs possèdent certaines propriétés particulières qu'il serait trop complexe de détailler ici.

19. Le lecteur tenté de se débarrasser des conséquences étranges qu'il entraîne en le supprimant devrait donc jeter avec lui l'ensemble de la mécanique quantique.

20. C'est un vecteur de longueur proportionnelle à la vitesse angulaire de rotation et dirigé selon l'axe de rotation.

est un peu comme une boule qui ne pourrait tourner sur elle-même qu'à des vitesses multiples de 1 tour par seconde (1/2 tour par seconde pour les fermions), elle pourrait ainsi tourner à 0, 1, 2 ou 10 tours par seconde mais pas à 2,3 tours par seconde. Pour être plus précis, la projection sur un axe du spin d'un boson de spin entier n peut prendre uniquement les valeurs n, n −1,..., 1, 0, −1,..., −n et celle du spin d'un fermion de spin demi-entier n/2 peut prendre uniquement les valeurs n/2, n/2−1,..., 1/2, −1/2,..., −n/2.

L'électron est un fermion de spin 1/2. Il en résulte que la projection de son spin sur un axe (par exemple l'axe Oz) ne peut prendre comme valeur que −1/2 ou +1/2 [21]. La mesure de la projection sur un axe du spin d'un électron se fait au moyen d'un appareil de Stern et Gerlach [22]. On fait passer l'électron dans un champ magnétique orienté selon l'axe voulu. L'électron est dévié vers le haut ou vers le bas selon que son spin est +1/2 ou −1/2. Il suffit d'observer son impact sur un écran pour connaître la valeur du spin suivant l'axe considéré. Considérons donc un système constitué d'un seul électron et intéressons-nous exclusivement à son spin. Si on note respectivement $|+\rangle_z$ et $|-\rangle_z$ les états [23] où la projection du spin de l'électron suivant Oz est égal à +1/2 et −1/2, l'état combinaison linéaire $\frac{1}{\sqrt{2}}[|+\rangle_z + |-\rangle_z]$ est un état possible de l'électron conformément au principe de superposition. Cependant, il ne correspond à aucune valeur définie de la projection du spin suivant Oz. La mécanique quantique prédit en effet que si l'on mesure suivant cet axe le spin d'un électron dans cet état [24], le résultat sera tantôt +1/2, tantôt

---

21. Le spin est exprimé en unités $\frac{h}{2\pi}$, égales à $1,05 \times 10^{-34}$ joule seconde où h est la constante de Planck introduite, comme nous l'avons vu plus haut, par Planck dans sa formule pour le corps noir. La constante $\frac{h}{2\pi}$ est notée ħ et porte le nom de constante de Planck réduite.

22. En réalité, l'appareil de Stern et Gerlach a été utilisé initialement pour mesurer le spin d'atomes d'argent. Une telle mesure pour un électron est plus complexe car le passage de l'électron dans un champ magnétique engendrerait une force de Lorentz (proportionnelle à la charge de l'électron, à sa vitesse et au champ magnétique) qui écarterait l'électron de sa trajectoire. Mais nous passerons cette difficulté sous silence dans la suite.

23. Cette notation est due à Dirac qui donna le nom de « ket » à un tel vecteur. Elle permet d'exprimer facilement le produit scalaire de deux vecteurs d'état sous la forme < a|b > où < a| appelé « bra », est le vecteur conjugué du ket |a >.

24. Le lecteur scrupuleux serait ici en droit de demander comment on sait qu'un électron est dans un tel état. En effet, étant donné la définition que nous en avons donnée jusqu'ici, il est facile de comprendre ce qu'est un électron dans un état $|+\rangle_z$: c'est un électron qu'on a fait passer à travers un appareil de Stern et Gerlach dont le champ magnétique est dirigé selon Oz et pour lequel le résultat de mesure a été +1/2. Un tel processus s'appelle une préparation d'état. Mais comment obtient-on un électron dans l'état superposé ? Cette question trouvera sa réponse plus loin et nous demandons au lecteur de patienter.

–1/2 avec une répartition égale des deux valeurs. D'une manière plus générale, une mesure du spin suivant l'axe Oz d'un électron dans l'état $[\cos\alpha|+\rangle_z + \sin\alpha|-\rangle_z]$ donnera +1/2 avec la probabilité $\cos^2\alpha$ et –1/2 avec la probabilité $\sin^2\alpha$. Cela signifie que si l'on considère un ensemble de N électrons dans l'état en question et qu'on effectue une mesure de spin suivant Oz de ces N électrons, on obtiendra en moyenne après les mesures, $N\cos^2\alpha$ électrons dont le spin suivant Oz est +1/2 et $N\sin^2\alpha$ électrons dont le spin suivant Oz est –1/2.

La conclusion qu'il faut en tirer est que lorsqu'un électron est dans un tel état superposé, la projection de son spin suivant Oz ne possède aucune valeur définie. Pour contourner cette énigme, on peut être tenté d'interpréter l'état superposé $[\cos\alpha|+\rangle_z + \sin\alpha|-\rangle_z]$ comme décrivant en fait un mélange statistique d'électrons dont une proportion $\cos^2\alpha$ est dans l'état $|+\rangle_z$ (c'est-à-dire pour lesquels la valeur du spin suivant Oz est +1/2) et une proportion $\sin^2\alpha$ est dans l'état $|-\rangle_z$ (c'est-à-dire pour lesquels la valeur du spin suivant Oz est –1/2). La superposition ne serait alors que l'expression formelle du mélange de plusieurs états différents mais dont chacun correspondrait à une valeur bien définie du spin. Pour montrer que c'est inexact, considérons d'un côté, un ensemble E de N électrons dans l'état superposé et de l'autre, un ensemble E' de N électrons dont une proportion $\cos^2\alpha$ est dans l'état $|+\rangle_z$ et une proportion $\sin^2\alpha$ est dans l'état $|-\rangle_z$. Si la superposition n'est que la manière formelle d'exprimer un mélange, les deux ensembles doivent être identiques et toutes les prédictions sur les mesures qu'on peut faire sur les deux ensembles doivent coïncider. C'est bien le cas, comme nous l'avons vu, sur les mesures de spin suivant Oz qui donnent +1/2 avec une proportion $\cos^2\alpha$ et –1/2 avec une proportion $\sin^2\alpha$ pour les deux ensembles. En revanche, les prédictions concernant une mesure de spin suivant un autre axe, par exemple Ox, sont différentes. Une mesure de spin suivant Ox sur l'ensemble E donnera comme résultat +1/2 dans une proportion $1/2(\cos\alpha + \sin\alpha)^2$ et –1/2 dans une proportion $1/2(\cos\alpha - \sin\alpha)^2$. Alors que la même mesure sur l'ensemble E' donnera +1/2 et –1/2 répartis à égalité.

On peut montrer, de manière générale, qu'il est impossible de construire un mélange statistique d'électrons dont chacun est dans un état de spin défini suivant Oz et tel que les prédictions de la mécanique quantique soient identiques pour ce mélange statistique et pour l'ensemble d'électrons dans l'état superposé correspondant. Il est donc impossible d'interpréter un ensemble de N électrons dans l'état superposé $[\cos\alpha|+\rangle_z + \sin\alpha|-\rangle_z]$ comme un mélange d'électrons dont une partie serait dans l'état $|+\rangle_z$ et aurait donc un spin +1/2 et une autre partie serait dans l'état $|-\rangle_z$ et aurait un spin –1/2. Il en résulte que le spin suivant Oz d'un électron dans l'état superposé $[\cos\alpha|+\rangle_z + \sin\alpha|-\rangle_z]$ ne peut être considéré comme possédant une valeur définie. *La superposition quantique ne se réduit pas à un mélange statistique*[25].

L'étrangeté de ce constat augmente encore si l'on raisonne cette fois sur la position de l'électron. Si $|x\rangle$ est l'état d'un électron occupant la position x et $|x'\rangle$ celui d'un électron dans la position x', le principe de superposition indique que l'état $|x\rangle + |x'\rangle$ est un état possible. Quelle position occupe un électron dans un tel état ? La mécanique quantique indique qu'il sera observé une fois sur deux en x et une fois sur deux en x'. Pour des raisons analogues à celles que nous avons mentionnées ci-dessus, il n'est pas possible d'interpréter cela comme représentant un mélange d'électrons dont une moitié occupe la position x et l'autre moitié la position x'. Il en résulte qu'un électron dans cet état n'occupe aucune position définie dans l'espace. On pourrait considérer qu'il est à la fois dans les deux endroits ou qu'il est un peu dans chaque position, mais cela n'a pas grand sens et l'on préfère considérer qu'un tel état quantique ne s'interprète pas en termes macroscopiques habituels. En effet, les objets auxquels nous sommes habitués ne se trouvent jamais dans un état comparable.

Reprenons alors l'expérience des trous d'Young. On a vu que quand on éclaire les trous, on peut voir par lequel passent les électrons. Notons $|1\rangle$ l'état de l'électron qui correspond à un passage par le premier trou et $|2\rangle$ celui qui correspond au passage par le deuxième trou. D'après le principe de superposition, l'état $|1\rangle + |2\rangle$ est un état possible de l'électron. Par quel trou est passé l'électron dans cet état ? Ni par le trou 1 ni par le trou 2 : il est impossible d'interpréter l'état superposé comme correspondant à un électron qui est passé par l'un des trous. Il se trouve que lorsqu'on accumule sur un écran des électrons qui sont soit dans l'état $|1\rangle$ soit dans l'état $|2\rangle$ (ce qui se produit lorsqu'on fait l'expérience en éclairant les trous), l'on obtient une figure sans interférence qui est la somme des courbes obtenues en bouchant successivement chaque trou. En revanche, lorsqu'on accumule des électrons qui sont dans l'état $|1\rangle + |2\rangle$ (ce qui est le cas quand on n'éclaire pas les trous), on obtient des franges d'interférences. L'indétermination dans laquelle se trouve un système dans un état superposé est donc valable pour toutes les propriétés physiques, que ce soit le spin, la position ou l'impulsion. Nous verrons que cette indétermination est directement liée à une autre caractéristique quantique des propriétés d'un système. Mais au préalable, présentons le principe qui régit le phénomène de la mesure d'une grandeur attachée à un système.

---

25. Ceci est d'ailleurs clair en physique des particules où la superposition de mésons K et de leurs antiparticules conduit à l'existence d'une nouvelle particule observable.

Le principe de réduction du paquet d'ondes

En mécanique classique, on suppose qu'il est toujours possible de mesurer la valeur d'une propriété d'un système sans le perturber. Si une boule roule avec une vitesse v sur un plan incliné, le fait de mesurer cette vitesse ne va ni la modifier, ni perturber le mouvement de la boule (du moins si l'on s'y prend bien). L'important est qu'en principe, une mesure ne fait que constater la valeur que possède une propriété du système dans un état donné et n'a aucune influence sur l'état du système. En mécanique quantique, il en va différemment et une opération de mesure va, la plupart du temps, perturber le système en modifiant son état.

Le principe de réduction du paquet d'ondes (ainsi appelé en référence à la fonction d'onde du système) régit précisément le processus de mesure. Il énonce quelles sont les valeurs qu'il est possible de trouver quand on mesure une propriété sur un système dans un état donné et quel sera l'état dans lequel se trouvera le système après la mesure, en fonction du résultat qu'on aura trouvé. Pour pouvoir parler du principe de réduction du paquet d'ondes, il faut encore mentionner une autre différence importante entre mécanique classique et mécanique quantique. En mécanique classique, les grandeurs observables sont des nombres ou des vecteurs (liste de nombres). Les choses sont plus complexes en mécanique quantique. Le formalisme quantique associe à chaque grandeur physique observable d'un système (position, impulsion, spin, énergie, etc.) un opérateur appelé (justement) « une observable ». Un opérateur est une fonction de l'espace des états dans lui-même qui fait correspondre à chaque vecteur d'état un autre vecteur d'état. On dit souvent qu'un opérateur transforme un vecteur d'état en un autre[26]. On appelle vecteur propre d'un opérateur, un vecteur tel que l'action de l'opérateur a pour effet de le multiplier par une constante. Si P est un opérateur et $|\psi\rangle$ un vecteur d'état, $|\psi\rangle$ sera vecteur propre (on dit aussi « état propre ») de P si $P|\psi\rangle = \lambda|\psi\rangle$. La constante λ est appelée « valeur propre » associée au vecteur propre $|\psi\rangle$[27]. Un opérateur a en général plusieurs valeurs propres.

Le principe de réduction du paquet d'ondes stipule alors que :

a) lors de la mesure d'une observable A, les seuls résultats qu'on peut trouver sont les valeurs propres de A ;

---

26. Un opérateur est l'analogue pour l'espace des états, de ce qu'est une fonction f de l'ensemble des nombres réels dans lui-même. Une telle fonction transforme des nombres réels en d'autres nombres réels. Par exemple, la fonction f(x) = 2x transforme chaque nombre réel en son double. Un opérateur P transforme un ket $|\psi\rangle$ en un ket $P(|\psi\rangle)$ qu'on note plus simplement $P|\psi\rangle$.

27. Les observables sont des opérateurs dits hermitiens qui vérifient certaines propriétés entraînant le fait que leurs valeurs propres sont des nombres réels.

b) si l'on trouve la valeur propre α comme résultat de la mesure, le système se trouvera après la mesure dans l'état propre de A correspondant à la valeur propre α[28] ;

c) la probabilité de trouver la valeur propre α comme résultat de la mesure est égale au carré d'un nombre qui s'obtient à partir de l'état initial du système et des états propres de l'observable A[29].

Cela appelle les commentaires respectifs suivants.

a) Les résultats qu'on peut obtenir lors d'une mesure sont restreints à certaines valeurs liées à l'observable mesurée ; par exemple, dans le cas de l'observable de spin suivant un axe pour un électron, seules les valeurs $+1/2$ et $-1/2$ (qui sont précisément les valeurs propres de l'observable associée au spin) seront possibles, comme nous l'avons indiqué plus haut. Dans le cas où l'on mesure l'énergie d'un système et où l'observable associée (qu'on appelle « le hamiltonien ») a des valeurs propres discrètes, le système ne pourra posséder que certaines énergies bien définies. C'est l'origine de la quantification de l'énergie que nous avons rencontrée à propos du spectre de rayonnement du corps noir établi par Planck.

b) Quel que soit l'état initial du système, si la mesure d'une observable A a fourni la valeur α, le système sera, après la mesure, dans l'état propre de A correspondant à α. Cela signifie que la mesure a modifié l'état du système sauf dans le cas particulier où celui-ci était déjà dans l'état propre correspondant.

c) Dans le cas le plus général où l'observable possède plusieurs valeurs propres distinctes, il n'est pas possible de prévoir avec certitude le résultat de la mesure. La mécanique quantique ne fournit que la probabilité d'obtenir tel ou tel résultat. On se trouve donc en présence d'une prédiction non déterministe, de nature probabiliste.

Les observables incompatibles

Il se trouve qu'en général, appliquer à un vecteur d'état l'opérateur A suivi de l'opérateur B n'est pas équivalent à lui appliquer d'abord l'opérateur B puis l'opérateur A[30]. Cela signifie qu'en général AB n'est pas égal à BA quand A et B sont des opérateurs quelconques. Lorsque AB = BA on dit que A et B commutent. Or, le formalisme quantique a comme conséquence qu'il n'est pas possible de connaître simultanément la valeur de deux grandeurs physiques d'un système

---

28. Plus généralement, dans l'état projection du vecteur d'état initial sur le sous-espace propre engendré par les vecteurs propres de valeur propre α.

29. Plus précisément, c'est le carré du module de la projection du vecteur d'état initial sur le sous-espace propre engendré par les vecteurs propres de valeur propre α.

30. Cela se produit aussi pour les opérations qu'on peut faire sur les nombres : par exemple ajouter 2 et multiplier ensuite par 3 n'est pas équivalent à multiplier par 3 et ajouter 2 au résultat.

lorsque les observables associées à ces grandeurs ne commutent pas. On peut se convaincre de la plausibilité de ce résultat de la manière suivante. Il n'est possible de connaître la valeur d'une grandeur physique qu'en la mesurant. Considérons alors un système dans un état initial $|\psi\rangle$. Imaginons que nous voulons connaître la valeur de deux propriétés du système, A et B, associées à des opérateurs qui ne commutent pas. On peut commencer par mesurer A. Le principe de réduction du paquet d'ondes nous dit que le résultat peut être l'une quelconque des valeurs propres associées à A. Mais il nous dit aussi que si l'on a obtenu α comme résultat, l'état du système ne sera plus $|\psi\rangle$ mais deviendra l'état propre associé à α. Si l'on mesure maintenant B, on ne peut obtenir comme résultat que l'une quelconque des valeurs propres de B. Supposons que nous ayons obtenu β. Le système se retrouve alors, après les deux mesures faites dans cet ordre, dans l'état propre associé à β. On pourrait penser qu'on connaît simultanément la valeur de A et celle de B : α et β. Pour s'en assurer, il devrait suffire de refaire une mesure de A.

Avant de voir ce qui se passe si l'on répète cette mesure, faisons la remarque suivante : nous avons dit que le résultat de la mesure ne peut donner que l'une quelconque des valeurs propres de l'observable mesurée et que la probabilité d'obtenir une valeur propre dépend de l'état initial et des états propres de l'observable. On n'est donc assuré d'obtenir comme résultat une valeur propre donnée que si l'état initial est tel que la probabilité d'obtenir une autre valeur propre est nulle, c'est-à-dire si l'état dans lequel se trouve le système est l'état propre correspondant à cette valeur. Si l'on effectue deux fois de suite une mesure de l'observable A, on obtiendra bien deux fois la même valeur puisque après la première mesure, le système sera justement projeté dans l'état propre correspondant et la deuxième mesure ne pourra que donner le même résultat. C'est d'ailleurs ce qui permet de donner un sens au fait qu'on a vraiment mesuré la valeur de A[31]. Dire que l'on connaît simultanément la valeur de A et celle de B signifie que si l'on effectuait une nouvelle mesure, que ce soit de A ou de B, on serait assuré de trouver α pour A et β pour B. Dans le cas où l'on a fait la mesure de B en second, on vient de voir qu'une nouvelle mesure de B redonnera bien le même résultat β. De la même manière, il est légitime d'attendre qu'une nouvelle mesure de A redonne la valeur α. Or, on peut montrer que lorsque les observables A et B ne commutent pas, l'état propre de B associé à la valeur β dans lequel se trouve le système après la mesure ayant donné la valeur β est tel que la probabilité d'obtenir une valeur de A différente de α n'est pas nulle[32]. En conséquence, il est possible de conduire trois

---

31. Si deux mesures successives de la même propriété A ne donnaient pas le même résultat, on serait en droit de douter connaître la valeur possédée par A.

32. Ceci parce que si A et B ne commutent pas, leurs états propres ne sont pas identiques et donc l'état propre de B associé à β dans lequel se trouve le système n'est pas un état propre de A.

mesures successives de A puis B puis de nouveau A donnant comme résultats successifs, α, β et $\alpha' \neq \alpha$. Puisqu'une nouvelle mesure de A ne redonne pas le résultat α, il est donc illégitime d'affirmer que A possède la valeur α. La mesure de B a perturbé le système et a modifié en quelque sorte la valeur que possédait A. Mais la situation est la pire qu'il soit possible d'envisager en ce qui concerne A puisque non seulement la valeur de A n'est plus α mais il est même impossible de dire que A possède une valeur définie. En effet, une mesure de A peut donner plusieurs résultats différents. Le tableau ci-dessous récapitule les différentes étapes.

	État propre avant la mesure	Mesure	Résultat	État propre après la mesure
1	$|\psi>$	A	α	$|\alpha>$ A vaut α
2	$|\alpha>$ A vaut α	A	α	$|\alpha>$ A vaut toujours α
3	$|\alpha>$ A vaut α	B	β	$|\beta>$ B vaut β
4	$|\beta>$ B vaut β A ne vaut plus α	A	$\alpha' \neq \alpha$	$|\alpha'>$ A vaut α'

On se trouve ici dans la même situation que lorsqu'on se demandait quelle valeur possédait suivant Oz le spin d'un électron dans l'état superposé $[\cos\alpha|+\rangle_z + \sin\alpha|-\rangle_z]$. On avait conclu qu'il était impossible de dire que la valeur était définie. Le lien entre les deux situations va maintenant apparaître clairement une fois que nous aurons présenté deux résultats. Le premier est que l'observable associée au spin suivant Oz ne commute avec aucune des observables associées au spin suivant un autre axe. Le deuxième est que l'état superposé $[\cos\alpha|+\rangle_z + \sin\alpha|-\rangle_z]$ est l'état propre, associé à la valeur propre $+1/2$, de l'observable de spin suivant l'axe Oi qui fait un angle α avec Ox. Il en résulte que l'électron est dans l'état $[\cos\alpha|+\rangle_z + \sin\alpha|-\rangle_z]$ lorsqu'une mesure suivant l'axe Oi a été faite et a donné le résultat $+1/2$ [33]. Comme l'observable de spin suivant Oi ne

---

33. Le lecteur a ainsi la réponse à la question de savoir comment on sait que l'électron est dans l'état superposé. En fait le seul moyen de connaître l'état d'un système est d'effectuer une mesure sur ce système et de constater le résultat. Le système se trouve alors dans l'état propre correspondant à la valeur propre obtenue. En toute rigueur, ceci ne suffit quelquefois pas car plusieurs états peuvent être associés à une seule valeur propre et il est alors nécessaire de mesurer une ou plusieurs autres observables (qui commutent entre elles et avec la première et dont la mesure ne détruit pas la première valeur) pour préciser l'état unique dans lequel est le système. Lorsque la mesure de plusieurs observables permet de fixer de manière unique l'état associé, on dit que les observables mesurées forment un ensemble complet d'observables qui commutent (ECOC). Mais cette subtilité n'est pas essentielle à notre propos.

commute pas avec l'observable de spin suivant Oz, la mesure qui a permis de savoir que l'électron est dans l'état $[\cos\alpha|+\rangle_z + \sin\alpha|-\rangle_z]$ a détruit la valeur que pouvait posséder le spin suivant Oz et celle-ci n'est plus définie. Le fait que la valeur du spin suivant Oz n'est pas définie quand l'électron est dans l'état superposé n'est donc que la manifestation du fait que dans cet état, l'électron a un spin bien défini suivant l'axe Oi et qu'il est impossible qu'il ait simultanément une valeur définie pour le spin suivant Oz puisque les observables associées au spin suivant Oz et au spin suivant Oi ne commutent pas.

La conclusion qu'il faut en tirer est qu'il est impossible de connaître simultanément les valeurs d'observables qui ne commutent pas car la mesure d'une deuxième observable incompatible aura comme effet de modifier la valeur de la première. Il est par exemple impossible de connaître simultanément la position et la vitesse d'une particule. C'est une situation radicalement différente de celle de la mécanique classique pour laquelle il est toujours possible en principe de connaître simultanément les valeurs de toutes les propriétés d'un système.

L'équation de Schrödinger

Le principe de réduction du paquet d'ondes nous dit comment évolue l'état d'un système lorsqu'une mesure est effectuée sur ce système. Mais l'état d'un système évolue aussi en fonction du temps indépendamment de toute mesure. La loi d'évolution des états est une équation différentielle appelée « équation de Schrödinger ». Elle s'écrit :

$$i\frac{h}{2\pi}\frac{\partial|\psi\rangle}{\partial t} = H|\psi\rangle$$

Sa résolution permet en principe[34] de calculer l'état d'un système au temps t lorsque son état initial est $|\psi\rangle$. Comme nous l'avons souligné dans le chapitre sur le chaos déterministe, le fait que l'évolution de l'état, en l'absence de mesure, est régi par une équation différentielle implique que cette évolution est déterministe. Si l'on connaît l'état à un instant initial, on peut prédire avec certitude l'état à un instant ultérieur.

À ce stade, nous pouvons résumer et synthétiser les conséquences de ce que nous avons appris sur les propriétés quantiques des systèmes.

---

34. En pratique, la résolution effective de l'équation de Schrödinger est impossible pour la plupart des systèmes quantiques un peu complexes.

4.4. Première analyse des implications ontologiques

Résumé des propriétés quantiques

Le lecteur non-physicien se sent peut-être dérouté par le caractère abstrait du formalisme quantique. Celui-ci consiste à établir une correspondance entre, d'une part, les systèmes physiques, les grandeurs attachées à ces systèmes et les observations effectuées et, d'autre part, des objets mathématiques et des équations portant sur ces objets, de telle sorte que les résultats mathématiques obtenus, une fois retraduits en fonction de ce qu'ils représentent, reproduisent correctement les observations physiques. La justification du formalisme repose *a posteriori* sur son adéquation avec les résultats physiques qu'il prédit.

Le lecteur ne doit donc pas chercher de compréhension intuitive des objets du formalisme en termes de compréhension physique directe. L'état quantique d'un système est représenté par un vecteur appartenant à un espace vectoriel appelé « espace de Hilbert des états ». Par conséquent toute combinaison linéaire d'états possibles est elle-même un état possible (principe de superposition). À chaque grandeur physique attachée au système (position, impulsion, énergie, spin, etc.) est associé un opérateur qui agit sur les états possibles et qu'on appelle « une observable ». Le principe de réduction du paquet d'ondes stipule que lorsqu'on mesure une observable A sur un système dans l'état $|\psi\rangle$, on ne peut obtenir comme résultat que l'une des valeurs propres de l'observable A. Lorsque l'observable A possède plusieurs valeurs propres distinctes, la probabilité d'obtenir une valeur propre donnée α est fonction de l'état initial $|\psi\rangle$ et des états propres de A associés à α (c'est le carré du module de la projection de $|\psi\rangle$ sur le sous-espace propre engendré par les vecteurs propres de A associés à α). Après une mesure ayant donné α comme résultat, le système n'est plus dans l'état $|\psi\rangle$ mais est projeté dans l'état propre associé à α (d'une manière plus générale, son état est la projection de $|\psi\rangle$ sur le sous-espace propre engendré par l'ensemble des vecteurs propres associés à α). La mesure d'une observable (ou d'un ensemble complet d'observables qui commutent) permet de connaître précisément l'état dans lequel est le système. On dit qu'on a « préparé » le système dans l'état correspondant. Comme le système n'est en général pas dans le même état avant et après une mesure, il est impossible de mesurer une grandeur sans perturber le système (sauf si celui-ci est déjà dans un état propre de l'observable mesurée). Lorsque deux observables ne commutent pas, il est impossible de connaître simultanément leur valeur. À chaque fois qu'on connaît précisément la valeur d'une observable, la valeur des observables qui ne commutent pas avec elle n'est pas définie. En l'absence de toute mesure, l'état d'un système évolue de manière déterministe selon l'équation de Schrödinger.

Analyse de la signification des propriétés

A) *Disparition de la correspondance directe entre état et propriétés.*

Contrairement à ce qui se passe en mécanique classique, l'état d'un système n'est plus la liste exhaustive des valeurs possédées par les grandeurs physiques attachées au système. L'état quantique est déterminé par la mesure d'un ensemble d'observables qui commutent. Cela signifie qu'après avoir choisi parmi toutes les observables attachées au système un ensemble comprenant le plus grand nombre d'entre elles qui soient compatibles (qui commutent), une mesure des valeurs simultanées de ces observables (ce qui est possible puisqu'elles commutent) fixera l'état du système comme correspondant à la liste de ces valeurs. Le prix à payer en est que toutes les autres observables ne pourront plus être considérées comme ayant des valeurs définies lorsque le système est dans cet état[35]. On pourrait donc, à ce stade, être tenté de se représenter les états quantiques comme des états classiques pour lesquels il serait, par principe, impossible de donner une valeur à toutes les composantes simultanément[36]. Non seulement comme s'il était impossible de connaître à la fois la position et la vitesse d'une boule de billard mais que de plus, indépendamment de la connaissance qu'on en a, la position et la vitesse ne pouvaient posséder de valeur définie simultanément.

Il est important de souligner que dans le formalisme quantique, même si la donnée d'un état ne peut spécifier qu'une partie des propriétés d'un système, cette donnée est censée représenter la totalité des informations pertinentes sur le système. C'est en ce sens qu'on dit quelquefois que la mécanique quantique est « complète ». Il ne faut pas penser que l'état « réel » du système est « lui » plus complet que l'état quantique qui ne peut « encapsuler » qu'une partie de cet état[37]. L'état réel est l'état quantique et rien d'autre[38]. Si l'état quantique ne spécifie pas les valeurs de toutes les propriétés simultanément, ce n'est pas parce qu'il est incomplet mais parce qu'un état qui spécifierait simultanément toutes ces valeurs est physiquement impossible.

---

35. On pourrait objecter que ce n'est pas parce que nous ne pouvons mesurer simultanément ces valeurs, qu'elles n'ont pas indépendamment de notre connaissance, une valeur définie. Nous avons écarté une telle possibilité dans notre analyse des états superposés en montrant que la mécanique quantique orthodoxe n'autorise pas une telle interprétation. Il n'en reste pas moins que certaines tentatives pour incorporer cette idée dans le cadre d'un formalisme modifié (théories à variables cachées) ont été menées. Nous présenterons plus loin les conséquences de ces essais.

36. Nous verrons en fait dans la partie C) de ce paragraphe que cette interprétation n'est pas tenable en raison des propriétés d'interférences qui peuvent exister entre certaines composantes de l'état.

37. Cette idée est justement celle des théories à variables cachées (cf. note précédente).

38. Nous verrons plus loin qu'Einstein a tenté de réfuter cette position qui lui semblait choquante.

On peut à ce stade présenter quelles sont les observables qui commutent et dont il est possible de connaître la valeur simultanément et celles qui sont incompatibles. Si l'on se restreint aux propriétés que sont la position, l'impulsion et le spin, on a le résultat suivant. Ces trois grandeurs sont des vecteurs déterminés par leurs trois composantes suivant un système d'axes orthonormés Oxyz. À chaque projection sur un axe correspond alors une observable. La position est associée aux trois observables R_x, R_y, R_z, l'impulsion aux trois observables P_x, P_y, P_z et le spin aux trois observables S_x, S_y, S_z. Les trois observables de position commutent. Il est donc possible de connaître le vecteur position d'une particule. Il en est de même pour le vecteur impulsion. En revanche, les observables de spin ne commutent pas deux à deux. Il est donc impossible de connaître simultanément la valeur de la projection du spin suivant deux axes distincts. Les observables de spin commutent toutes avec les observables de position et d'impulsion mais les observables de position et d'impulsion ne commutent que lorsqu'elles sont en projection sur un axe différent, ainsi R_x et P_y commutent mais pas R_x et P_x. Il en résulte qu'une particule peut avoir une position définie et un spin suivant Ox défini mais dans ce cas, ni l'impulsion ni les projections du spin suivant Oy et Oz n'auront de valeur définie. Une particule peut avoir une impulsion définie et un spin suivant Ox défini mais dans ce cas, ni la position ni les projections du spin suivant Oy et Oz n'auront de valeur définie. Une particule peut avoir une position définie selon l'axe Ox et l'axe Oy, une impulsion définie selon l'axe Oz et un spin défini selon l'axe Oz mais dans ce cas, ni la position selon Oz, ni l'impulsion selon Ox et Oy, ni le spin selon Ox et Oy ne seront définis.

L'image classique d'un système possédant des propriétés qui lui sont attachées indépendamment de toute mesure est donc à abandonner. Les propriétés n'ont pas de valeur en soi mais s'en voient attribuer une selon la mesure qu'on en fait. Si l'on mesure la composante du spin suivant Oz, il est erroné de croire que la composante suivant Ox a une valeur mais que, simplement, nous ne la connaissons pas. Si l'on considère qu'une propriété n'existe que dans la mesure où elle possède une valeur déterminée — et on voit mal quelle signification on pourrait accorder au fait de dire qu'une propriété existe mais qu'elle n'a aucune valeur —, on en est réduit à conclure que l'existence d'une propriété n'est plus un attribut de l'objet lui-même mais de l'ensemble composé par l'objet et par l'appareil de mesure utilisé. D'une certaine manière l'on peut dire que c'est la mesure qui crée la propriété ou que la propriété est déchue de son statut d'entité autonome pour le statut de simple potentialité. Une propriété n'est que la potentialité d'obtenir un résultat lors d'une mesure. Le spin suivant Oz n'est alors plus une propriété possédée par l'électron lui-même mais une manière de parler de ce qui peut se produire lorsqu'on fait passer l'électron dans un appareil de Stern et Gerlach. Les propriétés d'un système ne sont pas attachées au système seul mais désignent son comportement possible lorsqu'il interagit avec un appareil de mesure. Cette manière de présenter la mesure a été initialement mise en avant par Bohr.

Il existe cependant une échappatoire permettant de connaître partiellement la valeur de deux observables qui ne commutent pas. Si l'on se contente de mesurer approximativement, par exemple la position d'une particule, il est possible de connaître simultanément l'impulsion de cette particule, mais de manière approximative aussi. La précision qu'on est en droit d'attendre de ces mesures simultanées est limitée par les relations d'incertitude de Heisenberg qui stipulent que le produit des incertitudes sur deux mesures incompatibles est toujours supérieur à une certaine constante. Par exemple, le produit des incertitudes sur la position et sur l'impulsion d'une particule ne peut être inférieur à h/4π. Cela signifie que plus on mesure avec précision la position, plus l'incertitude sur l'impulsion sera grande. À la limite d'une précision infinie sur la position, l'impulsion ne sera plus définie du tout, comme nous l'avons vu ci-dessus.

Dans le monde macroscopique, nous avons l'impression qu'il est toujours possible de mesurer simultanément la position et l'impulsion d'un objet. En réalité, à cause de l'imprécision de nos appareils de mesure, cela n'est fait qu'avec une certaine incertitude. Nous avons l'illusion que cette incertitude peut être aussi réduite que nous voulons car nous sommes très loin des limites imposées par la mécanique quantique. À titre d'exemple, si on s'intéresse à un grain de poussière de diamètre 1 μ, de masse 10^{-15} kg et de vitesse 10^{-3} m/s, une mesure de position à 0,01 μ près engendrera une incertitude sur l'impulsion de 10^{-26}kg.m/s soit une incertitude relative de 10^{-8}, bien au-delà de la précision de nos appareils de mesure[39]. Si nos appareils étaient assez sensibles, on se rendrait compte que lorsque nous mesurons avec précision la position d'un objet, nous perdons la connaissance précise de son impulsion. Le fait d'attribuer aux objets des propriétés ayant des valeurs définies est donc une illusion due au fait que nos appareils macroscopiques ne sont pas assez sensibles.

B) *Indéterminisme.*

Les prédictions de la mécanique quantique sont de nature probabiliste. Nous avons vu que lorsqu'un électron est dans l'état $[\cos\alpha|+\rangle_z + \sin\alpha|-\rangle_z]$, une mesure de son spin suivant Oz donnera la valeur +1/2 avec la probabilité $\cos^2\alpha$ et la valeur −1/2 avec la probabilité $\sin^2\alpha$. De manière générale, le principe de réduction du paquet d'ondes donne les probabilités pour que, lors d'une mesure d'une observable A, on trouve telle ou telle valeur propre comme résultat. Si l'observable A possède plusieurs valeurs propres distinctes, il est impossible de prédire avec certitude le résultat d'une mesure alors même qu'on connaît précisément l'état initial du système. Cette situation est radicalement différente, encore une fois, de ce qui se passe

---

39. Cohen-Tannoudgi [1996], p. 46.

en mécanique classique dont le paradigme déterministe implique que la connaissance de l'état initial permet de prédire avec certitude l'évolution du système et les valeurs obtenues lors de toute mesure ultérieure.

Il est cependant nécessaire d'être plus précis pour bien comprendre où réside la différence de prédictibilité entre la mécanique quantique et la mécanique classique. En mécanique classique, il existe une correspondance biunivoque stricte entre l'état du système et la valeur de ses propriétés. Connaître son état est donc rigoureusement équivalent à connaître la valeur de ses propriétés. Le déterminisme classique qui signifie que l'état initial permet de prédire l'état à tout instant ultérieur a pour conséquence immédiate qu'il est aussi possible de prédire les valeurs de toutes les propriétés. En mécanique quantique, l'évolution de l'état d'un système est aussi déterministe, elle est régie par l'équation de Schrödinger. La connaissance de l'état initial d'un système permet de prédire avec certitude les états ultérieurs du système tant qu'on n'effectue aucune mesure. Mais connaître l'état d'un système à un moment donné ne suffit pas pour prédire les valeurs de ses propriétés. La différence qui existe entre le fait de connaître précisément l'état d'un système et celui de connaître la valeur des propriétés du système a pour conséquence que même si l'état évolue de manière déterministe entre les mesures, le résultat d'une mesure ne peut plus être prédit que de manière probabiliste.

Revenons sur le caractère essentiellement irréductible de la nature probabiliste des prédictions quantiques par contraste avec les prédictions probabilistes de certaines théories classiques. La nécessité de se contenter de prédictions probabilistes est en effet apparue en physique bien avant la mécanique quantique. La mécanique statistique, par exemple, ne pouvait déjà fournir que des prévisions probabilistes. La mécanique statistique est la théorie sous-jacente à la thermodynamique. Elle explique les caractéristiques globales des gaz (température, pression) par les mouvements des molécules de ces gaz. Selon la mécanique statistique, la pression d'un gaz est due aux chocs des molécules sur les parois du récipient. En principe, la mécanique classique (avec les lois des chocs) permet de calculer les trajectoires (position et vitesse) de toutes les molécules du gaz. En pratique, un litre de gaz comporte un nombre de molécules de l'ordre de 10^{22}. Il est totalement impossible de résoudre le système d'équations correspondant (il est même impossible de l'écrire). On en est réduit à se contenter de calculer des moyennes sur ces trajectoires et ces moyennes s'obtiennent à partir de probabilités. Il est admis que chaque molécule possède à tout moment une position et une vitesse déterminées mais devant l'impossibilité de traiter le volume astronomique de données que cela représente, on se limite à calculer la probabilité qu'une molécule soit à tel ou tel endroit et possède telle ou telle vitesse. Ces probabilités permettent ensuite d'effectuer des moyennes sur un grand nombre de molécules et ces moyennes représentent justement la pression ou la température du gaz, permettant de reproduire les résultats de la thermodynamique, qui, elle, obtenait ces résultats sans faire d'hypothèse sur la constitution interne du gaz. La mécanique statistique est donc une théorie probabiliste, mais la nature probabiliste de son mécanisme est due à l'impossibilité matérielle de traiter trop d'informations à la fois. Elle n'entraîne aucune conséquence ontologique sur le comportement des systèmes qu'elle étudie. Ces systèmes possèdent bien à tout moment des caractéristiques bien définies et ce n'est que notre incapacité à calculer les états précis de chaque molécule qui nous contraint à utiliser des probabilités. On pourrait dire que cette théorie est explicitement probabiliste mais implicitement déterministe.

La nature probabiliste de la mécanique quantique est toute différente. Ce n'est pas notre incapacité à traiter trop d'informations à la fois ou notre méconnaissance des états précis qui nécessite l'utilisation des probabilités mais bien la nature même des objets quantiques qui en est la cause. Il y a là une conséquence ontologique sur cette nature. La mécanique quantique est la première théorie qui semble indiquer que le fonctionnement intime de la nature n'est pas déterministe. L'indéterminisme quantique est particulier d'une part, en ce qu'il est intrinsèque et d'autre part, en ce qu'il résulte non pas de l'évolution des états (qui est déterministe) mais de la disparition de la correspondance directe entre un état et la valeur des propriétés du système dans cet état.

C) *Interférence des amplitudes de probabilité.*

Nous avons vu en A) que l'état $|\psi\rangle$ d'un système ne peut plus être interprété comme la liste des valeurs possédées par l'ensemble des propriétés du système. Nous avons tenté alors de nous représenter un état quantique comme l'analogue d'un état classique pour lequel il serait interdit de donner des valeurs à toutes les composantes simultanément. Mais cette représentation n'est pas bonne car elle ne rend pas compte des capacités des composantes de l'état à interférer entre elles. Reprenons l'expérience de passage d'électrons au travers des trous d'Young. Nous avons appelé $|1\rangle$ ou $|2\rangle$ l'état d'un électron qui est passé par le trou 1 ou le trou 2. Nous comprenons maintenant que $|1\rangle$ est l'état d'un électron pour lequel une mesure a montré qu'il passait par le trou 1. C'est cette mesure qui a précipité l'électron dans l'état $|1\rangle$. Lorsqu'un appareil de mesure permettant de savoir par quel trou est passé chaque électron est en place, tout électron arrivant sur l'écran est soit dans l'état $|1\rangle$ soit dans l'état $|2\rangle$. Nous avons vu que dans ce cas, il n'y avait pas d'interférence. En effet, le principe de réduction du paquet d'ondes nous dit qu'une mesure de la position de l'impact sur l'écran d'un électron dans l'état $|1\rangle$ donnera le résultat x[40] avec une probabilité égale au carré du module de la projection de

---

40. X est la distance de l'impact à une origine arbitrairement choisie.

$|1\rangle$ sur l'état $|x\rangle$, état qui correspond à un électron observé à la position x. Cette probabilité se note $p_1(x) = |\langle x|1\rangle|^2$. Il se trouve que la courbe de répartition des impacts sera la courbe présentant un maximum en face du trou 1. Il en est de même pour les électrons dans l'état $|2\rangle$. La probabilité pour un électron dans l'état $|2\rangle$ d'être observé sur l'écran à la position x est $p_2(x) = |\langle x|2\rangle|^2$. Comme chaque électron arrivant sur l'écran est soit dans l'état $|1\rangle$ soit dans l'état $|2\rangle$, la courbe finale obtenue sera la somme des deux courbes, c'est la courbe totale sans interférence correspondant à la probabilité :

$$p(x) = \frac{1}{2}[p_1(x) + p_2(x)] = \frac{1}{2}[|\langle x|1\rangle|^2 + |\langle x|2\rangle|^2].$$

En revanche, dans le cas où l'on n'observe pas par quel trou passent les électrons, ceux-ci arrivent tous sur l'écran dans l'état superposé $\frac{1}{\sqrt{2}}[|1\rangle + |2\rangle]$ [41]. Le principe de réduction du paquet d'ondes nous dit alors que la probabilité d'observer un impact à la position x est donnée par :

$$p'(x) = \frac{1}{2}[|\langle x|1\rangle|^2 + |\langle x|2\rangle|^2 + \langle 1|x\rangle\langle x|2\rangle + \langle 2|x\rangle\langle x|1\rangle].$$

Nous n'expliquerons pas plus avant la signification précise de cette formule mais nous nous contenterons de remarquer que p'(x) contient des termes supplémentaires (qu'on appelle « les termes croisés ») par rapport à p(x). Ces termes sont justement ceux qui induisent la présence des interférences. Ils résultent de la possibilité de l'état $|1\rangle$ d'interférer avec l'état $|2\rangle$ au sein de l'état superposé. On comprend alors maintenant pourquoi les interférences disparaissent lorsqu'on observe par quel trou passent les électrons. En effet, lorsqu'on n'observe pas le trou de passage, l'état de tous les électrons qui arrivent sur l'écran est l'état superposé et la courbe de répartition des impacts s'obtient à partir de la probabilité d'impact p'. Celle-ci est matérialisée par une figure d'interférences. Lorsqu'on observe au contraire par quel trou passent les électrons, la mesure a pour effet de modifier l'état de chaque électron qui est projeté soit dans l'état $|1\rangle$ soit dans l'état $|2\rangle$ avant son arrivée sur l'écran. Les électrons qui arrivent sur l'écran sont donc dans l'un ou l'autre de ces deux états. La courbe résultante s'obtient alors à partir de la probabilité p et elle ne contient plus d'interférence.

La discussion précédente montre que, suivant une suggestion de Born, l'interprétation qu'il convient de donner à l'état $|\psi\rangle$ d'un système est celle d'une amplitude de probabilité. Cela signifie que la probabilité que, lors d'une mesure, on obtienne un résultat x (et que le système soit projeté dans l'état propre associé $|x\rangle$), est égale au

---

41. Le facteur $\frac{1}{\sqrt{2}}$ est présent pour des raisons de normalisation.

carré du module de la projection de l'état initial $|\psi\rangle$ sur l'état $|x\rangle$. Si l'on note $\psi(x)$[42] la projection de $|\psi\rangle$ sur $|x\rangle$, la probabilité d'obtenir x est alors $|\psi(x)|^2$. Ce n'est qu'une explicitation du sens qu'il faut donner au principe de réduction du paquet d'ondes que nous avons vu précédemment.

Dans cette interprétation, l'état quantique n'a plus le même statut que l'état classique. Ce dernier possédait en quelque sorte une réalité en ce qu'il représentait la liste des valeurs possédées à un instant par les propriétés du système. L'état quantique ne représente, lui, qu'un outil mathématique utilisé pour calculer les probabilités que les propriétés du système aient telle ou telle valeur. De plus, $|\psi\rangle$ ne représente même pas directement une probabilité, c'est le carré de son module qui est une probabilité (en ce sens, on parle d'amplitude de probabilité)[43]. La mécanique quantique voit donc apparaître un phénomène nouveau qui est l'interférence d'amplitudes de probabilité. C'est ce qui a fait dire à Heisenberg[44] : « La conception de la réalité objective des particules élémentaires s'est donc étrangement dissoute, non pas dans le brouillard d'une nouvelle conception de la réalité obscure ou mal comprise, mais dans la clarté transparente d'une mathématique qui ne représente plus le comportement de la particule élémentaire mais la connaissance que nous en possédons. »

4.5. Les théories à variables cachées et la non-séparabilité

La complétude de la mécanique quantique

L'abandon d'un grand nombre de caractéristiques propres à la physique classique cause une sensation d'inconfort qu'ont ressentie beaucoup de physiciens dans les années qui ont suivi la construction du formalisme quantique. Nous présenterons dans un prochain paragraphe les positions précises adoptées par différents groupes de physiciens. Ici, nous nous contenterons de mentionner l'opposition entre deux conceptions. D'une part, celle de Einstein, Schrödinger et de Broglie qui restent attachés à une physique réaliste dans laquelle les objets étudiés ont une existence en soi, des propriétés bien définies qui ne dépendent nullement du processus d'observation et telles qu'une prédiction non probabiliste des résultats reste, au moins en principe, possible. C'est le sens de la célèbre affirmation d'Einstein[45] : « Dieu, au moins, ne joue pas aux dés. » D'autre part,

---

42. Cette projection de l'état quantique sur un état défini de position est ce qu'on appelle sa fonction d'onde et c'est sous cette forme que Schrödinger avait initialement construit sa mécanique ondulatoire.

43. Ceci par analogie avec l'optique où l'intensité de la lumière est donnée par le carré de l'amplitude de l'onde lumineuse.

44. Heisenberg [1962].

45. Lettre à M. Born du 4 décembre 1926 dans Born [1972].

celle dite de « l'école de Copenhague », principalement défendue par Bohr et Heisenberg, qui accepte telles quelles les étrangetés de la mécanique quantique en faisant remarquer que leur aspect choquant pour l'intuition provient du fait que cette dernière est construite à partir de données du monde macroscopique. Pour Bohr et Heisenberg, se poser des questions sur ce qui se passe « réellement » entre deux mesures n'est pas pertinent. Seule importe la connaissance de ce qui est mesurable, le reste est dépourvu de sens. Du moment que la mécanique quantique permet de faire des prédictions (même sous forme probabiliste) qui sont en accord avec l'expérience et qu'elle prévoit les phénomènes observés, il est vain d'essayer de savoir, par exemple, par quel trou d'Young l'électron est en fait passé si l'on n'observe pas l'événement en question. Cette position, qu'on peut qualifier d'instrumentaliste ou de positiviste, se satisfait donc de l'efficacité prédictive de la théorie et va même jusqu'à décréter dépourvue de sens toute question qui ne se réfère pas à un phénomène observable.

Pour Bohr et Heisenberg, l'état d'un système tel qu'il est formalisé en mécanique quantique englobe la totalité de l'information pertinente sur le système. Pour Einstein, puisque l'état quantique ne permet pas aux différentes propriétés d'un système de posséder des valeurs simultanément définies alors que, selon lui, il va de soi que ces propriétés ont « en réalité » des valeurs définies, c'est que le formalisme quantique est incomplet. Une théorie pour être complète doit avoir la propriété qu'à chaque élément de la réalité physique corresponde un élément de la théorie. La mécanique quantique pour être une théorie satisfaisante devrait donc se voir compléter par des éléments supplémentaires permettant de rétablir une connaissance précise de l'ensemble des propriétés d'un système. Ces éléments supplémentaires sont les variables cachées. Ce désaccord fondamental éclate violemment lors de la parution en 1935 d'un article d'Einstein, Podolski et Rosen [46] (ci-après EPR) qui suggèrent une expérience destinée à mettre en défaut le caractère de complétude de la mécanique quantique. Il est coutume de présenter l'argument d'Einstein, Podolski et Rosen (dit paradoxe EPR) non pas sous sa forme initiale mais sous une forme plus simple proposée par Bohm [47].

Le paradoxe EPR

Einstein et ses collaborateurs commencent par affirmer l'existence d'une réalité objective qui ne dépend pas des mesures qu'un éventuel observateur pourrait mener. Ce qu'est cette réalité objective est difficile à préciser mais ils proposent un critère qui permet d'en identifier certains éléments : « Si, sans perturber en aucune manière

---

46. Einstein [1935].
47. Bohm [1951].

un système, on peut prédire avec certitude la valeur d'une quantité physique qui s'y rapporte, alors il y a vraiment un élément de la réalité physique qui correspond à cette quantité[48]. »

Considérons la désintégration d'un système constitué par deux particules identiques de spin 1/2 dans un état dit « singulet ». Un état singulet est un état tel que le spin total du système est nul selon toutes les directions. Appelons A la première particule et B la seconde. A et B sont de spin 1/2 et la projection sur un axe de leur spin pourra avoir la valeur +1/2 ou la valeur –1/2. Appelons $|A+\rangle_z$ l'état de la particule A correspondant à une valeur +1/2 du spin suivant Oz. Les autres notations seront construites de la même manière. Un état singulet s'écrit dans le formalisme quantique

$$\frac{1}{\sqrt{2}}[|A+\rangle_z|B-\rangle_z - |A-\rangle_z|B+\rangle_z].$$ Supposons que le système des deux particules soit initialement au repos en O et qu'à l'instant t = 0, il se désintègre. Par conservation de l'impulsion, chaque particule part dans une direction opposée. Mesurons maintenant à l'instant t le spin suivant Oz de la particule A. La conservation du moment cinétique impose que si l'on trouve +1/2 pour A, une mesure de spin suivant Oz de B devra donner –1/2 puisque le spin total est nul (et vice versa si l'on trouve –1/2 pour A). On peut donc prédire avec certitude quel sera le spin suivant Oz de B si l'on mesure celui de A. De plus, cette capacité de prédiction du spin suivant Oz de B a été obtenue sans faire aucune mesure sur B qui peut être très éloigné de A au moment où s'effectue la mesure sur A : il est alors raisonnable de penser qu'on n'a aucunement perturbé B. On a donc connaissance du spin suivant Oz de B sans avoir fait aucune mesure sur B ni l'avoir perturbé. C'est donc que le spin suivant Oz de B possède réellement cette valeur et que, selon le critère proposé, un élément de réalité correspond à ce spin. De plus, il aurait été tout aussi envisageable d'effectuer une mesure du spin suivant Oy (ou suivant n'importe quel axe) de A et la conclusion aurait été de la même manière que le spin de B suivant cet axe correspond à un élément de réalité. La conclusion qu'il faut en tirer est que, contrairement à ce que prétend la mécanique quantique, le spin de B possède bien une valeur définie simultanément selon tous les axes. La mécanique quantique, qui ne peut représenter correctement le fait que toutes ces valeurs soient simultanément définies, est donc une théorie incomplète.

Une autre manière de présenter les choses est encore plus gênante apparemment pour le formalisme quantique. Si, après la désintégration du système des deux particules, on mesure le spin suivant Oz de A et qu'on trouve + 1/2, on saura que le spin suivant Oz de B est –1/2. La mécanique quantique nous dit alors que le système des deux particules est dans l'état $|A+\rangle_z|B-\rangle_z$ obtenu en faisant le

---

48. Einstein [1935].

produit des états individuels $|A+\rangle_z$ et $|B-\rangle_z$. De la même manière, si on trouve -1/2 pour A, le système total sera dans l'état : $|A-\rangle_z|B+\rangle_z$. Comme la mesure sur A n'a pas pu perturber l'état de B qui pouvait se trouver très loin, c'est que B se trouvait déjà dans l'état $|B-\rangle_z$ (ou $|B+\rangle_z$) avant la mesure sur A. Mais dans ce cas, A devait aussi se trouver déjà dans l'état $|A+\rangle_z$ (ou $|A-\rangle_z$). Il en résulte qu'avant la mesure sur A, le système total était déjà dans un des deux états $|A+\rangle_z|B-\rangle_z$ ou $|A-\rangle_z|B+\rangle_z$. Cette conclusion est analogue à celle qu'on tirerait dans le cas d'une expérience macroscopique portant par exemple sur la séparation, suite à une explosion, des deux essieux d'une charrette à quatre roues qui seraient animés de vitesses de rotation égales mais en sens inverse[49]. Dans ce cas, il suffirait de mesurer la vitesse de rotation d'un des essieux pour en déduire celle de l'autre. Mais, comme le fait remarquer d'Espagnat, il n'y aurait dans ce cas aucun paradoxe car d'une part, dès la séparation, les deux essieux possèdent bien une vitesse de rotation définie et d'autre part, les composantes de la vitesse de rotation d'un essieu peuvent avoir des valeurs simultanément définies selon tous les axes.

Dans le cas quantique, la situation est toute différente. Reprenons donc notre conclusion selon laquelle avant la mesure, le système total est déjà dans un des deux états mentionnés $|A+\rangle_z|B-\rangle_z$ ou $|A-\rangle_z|B+\rangle_z$. Nous savons que par hypothèse, l'état initial du système total est l'état singulet $\frac{1}{\sqrt{2}}[|A+\rangle_z|B-\rangle_z - |A-\rangle_z|B+\rangle_z]$. Comment concilier ces deux aspects ? Une possibilité est offerte par le fait que le formalisme quantique n'autorise que des prédictions probabilistes. Si un ensemble E de N systèmes dont une moitié est dans l'état $|A+\rangle_z|B-\rangle_z$ et l'autre moitié dans l'état $|A-\rangle_z|B+\rangle_z$ produit les mêmes résultats de mesure qu'un ensemble E' de N systèmes dans l'état singulet, alors il est légitime de considérer qu'il s'agit d'ensembles identiques et que l'écriture de l'état initial sous forme singulet n'est qu'une manière de représenter un mélange de N/2 systèmes dans l'état $|A+\rangle_z|B-\rangle_z$ et de N/2 systèmes dans l'état $|A-\rangle_z|B+\rangle_z$. On retrouve ici le raisonnement que nous avions conduit pour savoir si une superposition d'états de spin défini selon Oz est équivalente à un mélange d'états de spin défini suivant Oz. La conclusion sera identique. Les prédictions quantiques portant sur l'ensemble E et sur l'ensemble E' ne sont pas les mêmes. Il n'est donc pas légitime de considérer que N systèmes dans un état singulet sont équivalents à N/2 systèmes dans l'état $|A+\rangle_z|B-\rangle_z$ et N/2 système dans l'état $|A-\rangle_z|B+\rangle_z$. Mais alors nous nous heurtons à une contradiction : nous partons de systèmes qui sont dans l'état singulet et notre raisonnement montre qu'avant toute

---

49. D'Espagnat [1965].

mesure, ces systèmes sont soit dans l'état $|A+\rangle_z|B-\rangle_z$, soit dans l'état $|A-\rangle_z|B+\rangle_z$, donc ne sont pas dans l'état singulet. Présenté de cette manière, l'argument semble aboutir au fait que la mécanique quantique est contradictoire.

Si l'on accepte l'argument d'Einstein, Podolski et Rosen, la conclusion qu'il faut en tirer est tout d'abord que le formalisme quantique est incomplet puisqu'il ne permet pas de rendre compte du fait que les propriétés peuvent avoir des valeurs définies simultanément. Mais cet argument semble de plus imposer une modification du formalisme pour sortir de la contradiction concernant l'état dans lequel se trouve le système total avant toute mesure. Est-ce l'état singulet ou l'un des deux états de spin défini ?

Si, au contraire, compte tenu de ses résultats jamais mis en défaut, on met en doute le fait que la mécanique quantique peut produire un résultat contradictoire, il faut identifier où se situe la faille dans le raisonnement précédent[50].

La réponse de Bohr

Bohr a fourni une réponse à ce paradoxe dès 1935[51]. Pour lui, on ne peut parler de l'existence d'un système et de ses propriétés indépendamment de la présence d'instruments de mesure susceptibles d'interagir avec lui. Selon cette position, une propriété physique n'appartient pas à un système microscopique mais à l'ensemble constitué du système et de l'appareil de mesure. Ce n'est que par commodité de langage que nous attribuons la propriété mesurée au système lui-même. Ainsi, quand on mesure le spin suivant Oz d'un électron, on mesure non pas une propriété de l'électron mais une propriété de l'ensemble électron + appareil de mesure. Il en résulte que pour Bohr, dans l'expérience EPR, le spin non mesuré de B n'a pas de réalité physique puisque le spin en question est une propriété de B et d'un éventuel appareil de mesure qui est ici absent. Comme le dit d'Espagnat[52]: « Sa manière de raisonner [de Bohr] équivaut à poser que la particule et l'instrument disposé de manière à effectuer sur elle une mesure bien spécifiée constituent à certains égards un système unique, qui serait modifié d'une manière essentielle si la disposition de l'instrument était changée. Pour cette raison, il ne serait pas légitime de se livrer à des inférences concernant l'état de la particule sans spécifier en même temps l'état exact du dispositif expérimental qui interagira avec la particule dont il s'agit. »

Bohr admet bien sûr que la mesure du spin de A n'influence pas B de manière mécanique (par une quelconque perturbation physique au sens habituel du terme), mais sa conclusion est beaucoup plus

---

50. On pourra consulter Eberhard [1989].
51. Bohr [1935].
52. D'Espagnat [1980].

dévastatrice pour la conception intuitive qu'on peut se faire des deux systèmes. Elle aboutit à cette conséquence qu'avant la mesure du spin de A, les deux particules A et B, bien que spatialement séparées par une distance éventuellement très grande, ne forment pas deux entités séparées. L'ensemble constitué par les deux particules est dans l'état singulet $\frac{1}{\sqrt{2}}[|A+\rangle_z|B-\rangle_z - |A-\rangle_z|B+\rangle_z]$, mais ni la particule A ni la particule B ne possède individuellement d'état défini. Seul le système total possède un état (qui est cet état singulet). Nous avons vu précédemment que dans un état donné, les propriétés d'un système ne sont pas toutes définies simultanément ; nous arrivons ici à un résultat encore plus étrange : un objet quantique peut n'être dans aucun état. La différence entre les états quantiques et les états classiques se creuse. Compte tenu de la définition qu'on en a donné, il serait impossible en physique classique qu'un système ne possède pas d'état défini. En mécanique quantique, lorsque deux systèmes ont interagi, seul le système global constitué des deux systèmes est dans un état défini. Il n'est possible d'attribuer un état à aucun des sous-systèmes composant le système global. C'est ce qu'on appelle « la non-séparabilité » ou « l'inséparabilité quantique ». Il est bien sûr hors de question d'avoir une représentation intuitive ou imagée d'une telle propriété, elle est trop radicalement en dehors de notre expérience macroscopique.

La solution du paradoxe EPR consiste donc à considérer qu'avant la mesure du spin de A, l'ensemble des deux particules est dans l'état singulet et qu'aucune des deux particules ne possède d'état défini. Lorsque la mesure de spin est effectuée, A acquiert un état individuel qui peut être $|A+\rangle_z$ ou $|A-\rangle_z$ et corrélativement B acquiert l'état $|B-\rangle_z$ ou $|B+\rangle_z$. La contradiction disparaît alors, de même que la possibilité de conclure à l'existence simultanée des valeurs de spin suivant tous les axes pour B puisqu'une seule mesure peut être effectivement faite sur A. La contrepartie qu'il faut admettre est que la mesure du spin de A permet à B — qui peut être éventuellement très éloigné — d'acquérir instantanément un état individuel[53]. C'est encore plus étrange si l'on remarque que le même raisonnement en ce qui concerne la position des particules aboutit à la conclusion qu'aucune des deux n'est localisée avant qu'on mesure la position de l'une d'entre elles et que cette mesure est simultanément responsable de la localisation de l'autre. A et B forment donc un tout inséparable avant toute mesure et sont séparées par la première mesure effectuée. Si l'on prend au sérieux la non-séparabilité, on peut même se demander s'il convient de parler d'objet à propos de chacune des par-

---

53. L'objection selon laquelle ce processus semble violer la théorie de la relativité qui interdit à un signal de se déplacer plus vite que la lumière est écartée par le fait qu'il est possible de montrer qu'aucune énergie ni information ne peut être transmise de cette manière.

ticules tant que celles-ci n'ont pas été séparées par une mesure sur l'une d'entre elles. Avant toute mesure, on pourrait dire que seul l'ensemble des deux particules mérite d'être qualifié d'objet.

Les théories à variables cachées

Il est évident que l'aspect contre-intuitif de la non-séparabilité (peut-être plus encore que les autres conséquences de la mécanique quantique) n'a pas satisfait ceux des physiciens qui s'opposaient déjà à la mécanique quantique. La recherche de formalismes différents qui permettraient de revenir à des comportements plus raisonnables des systèmes physiques avait été suscitée initialement par le désir de rétablir le déterminisme. C'est le sens de la remarque d'Einstein que nous avons citée au début de cette partie. Mais l'accent a ensuite plutôt porté sur les aspects ontologiques. Le défi consiste à construire une théorie qui ne possède pas certaines des propriétés indésirables de la mécanique quantique (ou mieux encore qui n'en possède aucune) sous la contrainte de fournir les mêmes prédictions puisque la mécanique quantique n'a jamais été mise en défaut. L'idée initiale consiste à supposer que l'état quantique d'un système, qui ne fournit que des contraintes statistiques sur les résultats de mesure, représente en fait une moyenne d'états individuels bien déterminés auxquels on peut associer des valeurs définies des grandeurs. L'état quantique est alors complété par une ou plusieurs variables (dites « cachées ») dont la connaissance permettrait de prédire avec certitude la valeur des grandeurs mesurées. Comme le dit Bell[54] : « Connaître l'état quantique d'un système n'implique, en général, que des restrictions statistiques sur les résultats des mesures. Il semble intéressant de se demander si ces éléments statistiques peuvent être supposés survenir, comme en mécanique statistique classique, en raison du fait que ces états sont des moyennes sur des états mieux définis pour lesquels les résultats seraient individuellement bien déterminés. »

La conséquence en est (si l'on accepte le critère de réalité d'Einstein) qu'on peut raisonnablement admettre que les grandeurs en question possèdent les valeurs prédites et cela, indépendamment de toute mesure. Par exemple, si un état $|\psi\rangle$ du formalisme quantique orthodoxe prédit que la valeur de l'observable A peut être a_1 avec la probabilité p_1 ou a_2 avec la probabilité p_2, la théorie à variable cachée complétera la description de l'état du système en associant à $|\psi\rangle$ une variable λ qui pourra valoir $+1$ ou -1. Si le système est dans l'état $|\psi, +1\rangle$, la mesure de A donnera obligatoirement la valeur a_1 et si le système est dans l'état $|\psi, -1\rangle$, la mesure de A donnera obligatoirement la valeur a_2. Le formalisme quantique n'utilisant que $|\psi\rangle$ sera donc incomplet puisqu'il ignorera le fait qu'il est possible de donner

---

54. Bell [1987].

une description plus fine de l'état du système. Un état tel que $|\psi, +1\rangle$ est dit « sans dispersion » puisque la valeur de l'observable est définie précisément. Cela permet alors de rétablir le déterminisme puisque la connaissance de l'état complet permet de prédire avec certitude le résultat de la mesure. De plus, le système possède des propriétés aux valeurs bien définies. On élimine ainsi deux des propriétés choquantes de la mécanique quantique. Une telle idée est naturelle et elle surgit spontanément dès qu'on fait le parallèle avec la thermodynamique et la mécanique statistique. La thermodynamique donne en effet, comme nous l'avons déjà dit, des prédictions qui sont des moyennes effectuées sur des états que la mécanique statistique spécifie complètement. C'est en ce sens que Louis de Broglie pensait que la mécanique quantique est la thermodynamique d'un milieu sub-quantique.

La première théorie de ce type, proposée par de Broglie, utilise la dualité onde-corpuscule en proposant que toute particule soit accompagnée d'une onde qui la guiderait dans son trajet. Pour cette raison, cette théorie est appelée « théorie de l'onde pilote ». L'expérience des trous d'Young trouve alors une explication simple. Les électrons qu'on observe sur l'écran d'arrivée sont bien des particules et ne passent que par un seul trou mais l'onde qui accompagne chaque électron peut, elle, passer par les deux trous et interférer avec elle-même. Les électrons, guidés chacun par leur onde pilote, se répartissent donc à l'arrivée selon un schéma dicté par les interférences de leur onde pilote.

Cette théorie, malgré son aspect séduisant, présente cependant des difficultés. Tout d'abord, les caractéristiques de cette onde pilote sont peu communes : elle ne transporte aucune énergie mais peut cependant interagir avec l'électron qu'elle guide. Ensuite, elle ne parvient pas à décrire des systèmes de plusieurs particules. De Broglie l'a finalement abandonnée pendant plusieurs années[55] avant de la reprendre sous une forme modifiée (théorie de la double solution) qui fut développée sous un angle différent par Bohm. Nous reviendrons sur la théorie de Bohm plus loin car elle offre une alternative à la mécanique quantique dans les discussions ontologiques.

Von Neumann, de son côté, avait énoncé une preuve mathématique, selon laquelle aucune théorie à variables cachées ne pouvait reproduire toutes les prédictions de la mécanique quantique[56]. Cette preuve a conduit à l'abandon de la recherche d'une telle théorie jusqu'à ce qu'on mette en évidence une faille dans son argument. Cela explique l'arrêt temporaire des recherches visant cet objectif.

---

55. Voir la préface à la deuxième édition en 1973 de *La Physique nouvelle et les quanta* de De Broglie [1937] où il explique qu'après s'être rallié aux vues de Bohr, il a repris ses convictions initiales différentes au début des années 1950. Voir aussi la préface de Lochak à de Broglie [1982].

56. Neumann [1932].

Nous n'entrerons pas ici dans l'analyse des théories modifiées[57] qui visent à permettre de rétablir le déterminisme ou la possibilité pour un système de posséder des propriétés bien définies en l'absence de toute mesure. Nous nous contenterons de signaler que, parmi les théories à variables cachées, celles qu'on appelle « théories locales », car les propriétés des systèmes sont déterminées par des facteurs qui ne dépendent pas d'entités éloignées du système lui-même, peuvent fournir des prévisions globalement analogues à celles de la mécanique quantique à certaines exceptions près qui vont justement jouer un rôle important dans la suite. Disons cependant, en anticipant sur la suite, que ces exceptions ont permis de réfuter expérimentalement ces théories. Il n'est donc plus possible aujourd'hui de soutenir une position fondée sur les théories locales.

Les inégalités de Bell : le verdict expérimental

À ce stade, les partisans de la mécanique quantique non modifiée et ceux des théories à variables cachées en étaient réduits à se renvoyer des arguments théoriques ou philosophiques mais chacun pouvait rester sur ses positions. L'expérience EPR est ce qu'on appelle « une expérience de pensée ». Cela signifie qu'elle est destinée à mettre en évidence des conséquences particulières du formalisme mais qu'elle ne produit aucun effet expérimental testable. C'est John Bell qui, dans un célèbre article de 1964[58], amena la controverse sur le terrain expérimental en montrant que toute théorie qui supposerait un comportement local (et donc qui refuserait la non-séparabilité) serait en désaccord avec la mécanique quantique concernant le résultat de certaines mesures corrélées. Ce désaccord est manifesté par une inégalité respectée par les théories locales et violée par la mécanique quantique. Il est important d'insister sur le fait que la seule hypothèse dont Bell a besoin pour montrer qu'une théorie doit respecter cette inégalité est que la théorie en question vérifie le principe de causalité locale selon lequel la probabilité d'événements se produisant dans une certaine région de l'espace-temps R_V n'est pas modifiée par une information concernant des événements se produisant dans une autre région de l'espace-temps R_U si R_V et R_U sont séparées par un intervalle du genre espace (ce qui signifie qu'aucun signal ne peut se propager de l'une à l'autre).

Afin de comprendre en quoi consiste cette inégalité[59], reprenons l'exemple de deux particules 1 et 2 de spin 1/2 dans un état singulet qui se séparent dans deux directions opposées. On a vu qu'en raison de la conservation du moment cinétique, si l'on mesure le spin suivant une direction de la particule 1, le spin suivant la même direction de la particule 2 devra être opposé. Considérons alors un

---

57. Voir par exemple Selleri [1986].
58. Bell [1964].
59. On pourra aussi consulter la preuve donnée par d'Espagnat [1976].

appareil capable de mesurer le spin d'une particule selon n'importe lequel de 3 axes arbitrairement choisis A, B ou C. Si l'on trouve comme résultat de la mesure selon l'axe A la valeur + on notera[60] le résultat A⁺. Si l'on trouve comme résultat de la mesure selon l'axe B la valeur – on notera le résultat B⁻, etc. Comme les particules sont dans l'état singulet, la conservation du moment cinétique entraîne que, si l'on trouve comme résultat A⁺ pour la particule 1, une mesure du spin selon A de la particule 2 devra donner A⁻. De même si l'on a obtenu B⁻ pour la particule 1, l'on trouvera B⁺ pour la particule 2. Cela sera en fait valable pour tous les axes[61].

Plaçons-nous alors dans le cadre des théories à variables cachées locales. Une de leurs caractéristiques est de supposer (contrairement à la mécanique quantique) que les composantes selon tous les axes du spin des particules ont des valeurs bien définies et que la mesure ne fait que révéler la valeur que possédait le spin selon l'axe mesuré. Une particule pourra donc être dans l'état $A^+B^-C^+$, ce qui signifie que la composante de son spin suivant l'axe A est +, celle suivant l'axe B est – et celle suivant l'axe C est +. Il existe donc 8 états possibles pour une particule. Considérons maintenant un grand nombre N de telles particules. On peut remarquer que le nombre $N(A^+B^+)$ de particules qui possèdent une composante de spin positive selon l'axe A et l'axe B est égal à la somme du nombre $N(A^+B^+C^+)$ de particules possédant une composante positive selon les axes A, B et C et du nombre $N(A^+B^+C^-)$ de particules possédant une composante positive selon les axes A et B et une composante négative selon l'axe C. Cela découle immédiatement du fait que la valeur de la composante selon l'axe C est définie simultanément avec les deux autres et qu'elle ne peut être que positive ou négative. Donc $N(A^+B^+) = N(A^+B^+C^+) + N(A^+B^+C^-)$. Par ailleurs, il est clair que $N(A^+B^+C^+) \leq N(A^+C^+)$[62] et que $N(A^+B^+C^-) \leq N(B^+C^-)$. Il en résulte que $N(A^+B^+) \leq N(A^+C^+) + N(B^+C^-)$. Si l'on disposait d'un appareil capable de mesurer simultanément les composantes selon deux axes du spin d'une particule, il serait possible de tester directement cette inégalité. Comme ce n'est pas le cas[63], rappelons-nous que nous avons considéré des systèmes de deux particules qui possèdent des composantes de spin opposées selon tout axe. Si nous mesurons le spin suivant A de la particule 1 et que nous obtenons + et que nous mesurons le spin suivant B de la particule 2 et que nous obtenons –, nous pourrons en déduire que la particule 1 est dans l'état A^+B^+ (puisque nous avons supposé que toutes composantes sont simultanément définies). Il en résulte que le nombre de particules dans l'état A^+B^+ est égal au nombre de couples où l'on a

---

60. Pour simplifier les notations, nous omettrons le facteur 1/2 dans la suite.

61. Attention au fait que dans cette notation, A et B ne désignent plus les particules comme précédemment mais les axes de mesure.

62. Puisque $N(A^+C^+) = N(A^+B^+C^+) + N(A^+B^-C^+)$.

63. L'existence même d'un tel appareil signifierait d'ailleurs directement que la mécanique quantique est incomplète !

mesuré la composante de spin suivant A de la particule 1 et trouvé +
et où l'on a mesuré la composante de spin suivant B de la particule 2
et où on a trouvé –. Nous pouvons alors écrire l'inégalité précédente
sous la forme $n(A_1^+B_2^-) \leq n(A_1^+C_2^-) + n(B_1^+C_2^+)$ où $n(A_1^+B_2^-)$ représente
le nombre de couples où l'on a trouvé une composante positive de
spin suivant A pour la particule 1 et une composante négative de spin
suivant B pour la particule 2. Cette inégalité est, elle, testable
puisqu'elle ne nécessite qu'une seule mesure de spin sur chaque particule. Pour cela, il suffit de faire des mesures sur un grand nombre
de couples de particules. On mesurera en fait la proportion de
couples vérifiant A^+B^- et on la comparera à la somme des proportions
de couples vérifiant A^+C^- et B^+C^+.

Insistons sur le fait que l'inégalité obtenue découle directement
de l'hypothèse, respectée par les théories locales, selon laquelle une
particule possède des composantes de spin simultanément définies
suivant tous les axes. Or, il se trouve que la mécanique quantique
prédit que pour certaines orientations des axes A, B, C, l'inégalité ne
sera pas respectée. C'est en cela que résident les exceptions que nous
signalions dans la section précédente.

Dès 1972, une série d'expériences visant à vérifier si l'inégalité
était violée ou pas ont été menées. Sur le plan pratique, le montage
d'une telle expérience est redoutablement complexe. Nous passerons
sous silence les raisons qui font que l'inégalité que nous avons
énoncée n'a pas pu être testée directement et que c'est une forme
légèrement modifiée de cette inégalité qui l'a été, cela ne modifie en
rien les conclusions. Le principe de la première expérience a été
proposé en 1969 par Clauser, Horne, Holt et Shimony et l'expérience
a été menée en 1972 par Freedman et Clauser. Elle a été suivie par
plusieurs autres qui, en majorité ont montré que l'inégalité est violée
et dans des proportions qui correspondent exactement aux prédictions de la mécanique quantique. Cependant, jusqu'en 1982, il était
encore possible pour les partisans des théories à variables cachées
locales de faire appel à un argument pour sauver leurs conceptions.
Cet argument est le suivant : dans toutes les expériences, la direction
de mesure de chaque appareil était choisie suffisamment tôt pour
permettre un éventuel échange d'informations entre les appareils. En
d'autres termes, il n'était pas impossible d'imaginer un hypothétique
mécanisme par lequel, une fois les directions de mesure choisies, une
influence se propage d'un appareil à l'autre à une vitesse plus faible
que celle de la lumière, informant l'appareil de mesure de la particule
1 de la direction choisie pour la mesure sur la particule 2. Bien sûr,
une telle influence aurait été hors du champ de la physique connue
mais elle aurait permis de nier la non-séparabilité. Cette possibilité a
été définitivement écartée par l'expérience menée par Aspect[64] en
1982. Son dispositif expérimental a été conçu pour que la direction

---

64. Aspect [1982a] [1982b].

de mesure de la particule 2 soit choisie à un moment où il est trop tard pour qu'un signal, même se propageant à la vitesse de la lumière, puisse influencer la mesure de la particule 1. Le verdict expérimental est donc sans appel : toute théorie à variable cachée locale est réfutée par l'expérience. La séparabilité, c'est-à-dire le fait qu'une mesure effectuée par un instrument sur une particule ne peut influencer le résultat d'une mesure faite par un autre instrument éloigné sur une autre particule ayant interagi avec la première, doit être abandonnée.

La non-séparabilité et le contextualisme : nouvelles propriétés quantiques

Il est utile à ce stade de jeter un regard en arrière sur les étapes du raisonnement qui a permis d'établir la non-séparabilité.

1) L'adoption de prémisses portant sur le fait qu'une théorie est locale a comme conséquence que les mesures de corrélation portant sur certaines grandeurs doivent vérifier certaines inégalités (inégalités de Bell).

2) Les prédictions de la mécanique quantique aboutissent à une violation de ces inégalités.

3) L'expérience montre que ces inégalités sont violées. Les théories locales sont donc réfutées mais pas la mécanique quantique.

4) Il en résulte deux positions possibles mais mutuellement exclusives :

a) On peut continuer à admettre que les propriétés d'un système peuvent être toutes simultanément définies mais, dans ce cas, il faut accepter le fait que les propriétés d'une particule peuvent influencer instantanément, quelle que soit la distance, les propriétés d'une autre particule ayant interagi avec la première. C'est la position des défenseurs des théories à variables cachées non locales.

b) On peut rejeter le fait que les propriétés d'un système sont simultanément définies et accepter le formalisme de la mécanique quantique.

5) Dans les deux cas, il est nécessaire d'admettre que certaines propriétés ou certains événements peuvent s'influencer instantanément quelle que soit la distance entre eux. Les théories à variables cachées locales (comme toutes les théories locales) sont de toute façon réfutées par l'expérience.

On a coutume d'appeler « non-séparabilité » cette propriété lorsqu'elle s'applique à la mécanique quantique et « non-localité » lorsqu'elle s'applique aux théories à variables cachées non locales. La différence est subtile et exprime en fait une distinction de nature ontologique. En mécanique quantique, elle exprime que des systèmes qui ont interagi ne peuvent être considérés comme indépendants tant qu'une mesure ne les a pas séparés. Un ensemble de deux électrons dans l'état singulet forme donc un tout indissociable même si les électrons sont à une grande distance l'un de l'autre. Aucun d'eux ne possède d'état individuel et la non-séparabilité exprime ce fait. Dans une théorie à variables cachées non locales, on suppose au contraire que chaque électron possède des propriétés bien définies mais qui ne sont pas indépendantes de celles de l'autre. La non-localité exprime donc la possibilité d'influences à distance instantanées de certaines propriétés sur d'autres. Comme le dit Bitbol[65], la non-localité est une projection ontologique de la non-séparabilité.

Un autre théorème important de limitation est celui de Kochen et Specker[66]. De même que le théorème de Bell montre que toute théorie à variables cachées compatible avec la mécanique quantique doit être non locale, le théorème de Kochen et Specker montre que toute théorie à variables cachées déterministe compatible avec la mécanique quantique doit être contextualiste. Pour comprendre ce dont il s'agit, considérons un système physique S et trois observables A, B, C définies sur S telles que B et C sont compatibles avec A mais pas entre elles. Supposons qu'on mesure simultanément A et B ou A et C. Dans une théorie à variables cachées déterministe, on s'attendrait à ce que le résultat de la mesure de A dépende de l'état global du système mais pas du choix (B ou C) de l'autre observable mesurée[67]. En d'autres termes, on s'attend à ce que la mesure d'une observable ne dépende pas du contexte. Une théorie satisfaisant cette condition sera appelée « non contextualiste ». Or Kochen et Specker ont montré que toute théorie déterministe à variables cachées compatible avec la mécanique quantique est nécessairement contextualiste. Comme le dit d'Espagnat[68], une théorie contextualiste satisfait ce qu'il appelle le corollaire de Bohr : « Les conditions qui définissent les types possibles de prédictions concernant le comportement futur d'un système quantique sont partie inhérente de la description de tout phénomène auquel l'expression "réalité physique" peut valablement être attachée. » On retrouve ici l'essence de la réfutation par Bohr du paradoxe EPR. Mais il ajoute : « [alors que] Bohr suggérait seulement l'existence d'une influence sur les types de prédictions pouvant être faites (position ou quantité de mouvement ou...) ici nous avons affaire à une influence portant sur les valeurs mêmes des grandeurs dynamiques en jeu ».

Il semble donc bien que toute théorie reproduisant les prédictions de la mécanique quantique doive être non locale et contextualiste. Il est

---

65. Bitbol [1996].
66. Kochen [1967].
67. Dans l'exemple donné par Kochen et Specker, une particule de spin 1 est considérée. Dans un tel cas, l'observable S^2, qui est la somme des carrés des observables de spin suivant 3 directions orthogonales S^2_x, S^2_y, S^2_z, est égale à 2. Ceci entraîne que l'un des S^2_i soit égal à 0. Or, il est possible de démontrer que pour reproduire les prédictions de la mécanique quantique, une telle théorie ne peut conférer sans ambiguïté une valeur à S^2_i (i étant une direction donnée) sans qu'on spécifie au préalable quelles directions orthogonales on adoptera.
68. D'Espagnat [1994].

certain qu'on est alors bien loin de la motivation originelle qui a présidé à la construction des théories à variables cachées.

4.6. LE PROBLÈME DE LA MESURE [69]

Deux principes d'évolution

Nous avons vu qu'en l'absence de toute mesure, l'état d'un système évolue conformément à l'équation de Schrödinger :

$$i\frac{h}{2\pi}\frac{\partial|\psi\rangle}{\partial t} = H|\psi\rangle.$$

La résolution de cette équation permet de déterminer l'état $|\psi(t)\rangle$ du système à tout instant t dès lors qu'on connaît l'état $|\psi(t_0)\rangle$ à l'instant initial t_0 et qu'aucune mesure n'est effectuée sur le système entre t_0 et t. Comme nous l'avons déjà remarqué précédemment, l'équation de Schrödinger est une équation différentielle et par conséquent l'évolution qui lui obéit est déterministe. Par ailleurs, nous savons que lors d'un processus de mesure, le formalisme quantique prescrit d'appliquer le principe de réduction du paquet d'ondes. Ce principe donne les états vers lesquels peut évoluer l'état initial lorsque la mesure d'une certaine grandeur est faite et nous fournit de plus les probabilités que l'état final soit tel ou tel état possible. Or, d'une manière générale, l'évolution décrite par l'équation de Schrödinger est différente de celle décrite par le principe de réduction du paquet d'ondes. Le fait que coexistent deux principes d'évolution donnant des prédictions différentes n'est pas *a priori* gênant si l'on remarque que les conditions d'application de l'un et de l'autre semblent bien spécifiées : l'un s'applique lorsque le système évolue sans qu'aucune mesure ne soit faite et l'autre s'applique dès lors qu'une mesure est effectuée. Cela suppose néanmoins que le concept de mesure soit parfaitement clair et bien défini. Mais il se trouve justement qu'il est extrêmement difficile de définir de manière non ambiguë ce qu'est une mesure. Cette ambiguïté introduit alors une difficulté qu'on peut interpréter comme permettant de douter du choix qu'il convient de faire entre les deux processus d'évolution.

Pour en comprendre l'origine, rappelons-nous que la mesure d'une grandeur quelconque sur un système quantique S fait toujours intervenir un appareil de mesure A. Par exemple, la mesure d'une composante de spin d'un électron nécessite l'utilisation d'un appareil de Stern et Gerlach. Lors du processus de mesure, le système S va interagir avec l'appareil de mesure A. Considérons un système S

---

69. On pourra consulter Wheeler [1983] qui contient de nombreuses sources sur le problème de la mesure.

constitué par un électron dans un état de spin suivant Oz superposé $\psi_e = [a|+\rangle_z + b|-\rangle_z]$ et faisons une mesure de la composante suivant Oz de cet électron en le faisant passer à travers un appareil de Stern et Gerlach convenable A. Deux descriptions sont alors possibles. La première est simplement de considérer qu'on effectue une mesure sur S dans l'état initial ψ_e grâce à l'appareil A. Par application du principe de réduction du paquet d'ondes, le système S sera après la mesure dans un des deux états possibles $|+\rangle_z$ ou $|-\rangle_z$ et l'appareil A dans un état correspondant à un impact de l'électron sur l'écran en haut $|\uparrow\rangle_z$ si l'état de l'électron est $|+\rangle_z$ et en bas $|\downarrow\rangle_z$ si cet état est $|-\rangle_z$; L'état de l'appareil est donc un état macroscopique défini, corrélé à l'état de l'électron après la mesure. C'est la description que nous avons utilisée jusqu'à présent et qui correspond bien à ce qu'on entend habituellement par une mesure.

Mais on peut aussi faire le raisonnement suivant : l'appareil A est lui-même un système physique et il est donc décrit par la mécanique quantique [70]. Soit alors ψ_A l'état de l'appareil avant la mesure. La mécanique quantique nous dit qu'avant l'interaction entre A et S, le grand système composé de l'électron S et de l'appareil de mesure A est dans l'état quantique $\psi_A\psi_e$ qui est le produit des états initiaux de l'électron et de l'appareil. Or le grand système S + A n'est, lui, soumis à aucune mesure [71]. Son évolution est donc régie par l'équation de Schrödinger appliquée au vecteur d'état $\psi_A\psi_e$. Les deux descriptions sont *a priori* tout aussi légitimes l'une que l'autre et l'on devrait s'attendre à ce qu'elles aboutissent à un même résultat concernant les états de S et de A. Ce serait possible si l'évolution de l'état du grand système (décrite par l'équation de Schrödinger) était telle qu'il soit possible d'en extraire après l'interaction entre S et A, un état pour le système S qui soit identique à celui qu'on obtient en appliquant le principe de réduction du paquet d'ondes à S seul et que l'état de A soit l'état corrélé correspondant. Or, il n'en est rien et les deux descriptions donnent des résultats totalement différents. L'évolution par l'équation de Schrödinger ne permet jamais de transformer un état superposé pour S en état réduit (c'est-à-dire tel qu'il lui corresponde une valeur définie de la grandeur mesurée) comme le fait le principe de réduction du paquet d'ondes. Elle ne permet pas non plus à l'appareil de mesure d'être dans un état macroscopique défini. En effet, à partir de l'état initial $\psi_A\psi_e$, l'évolution par l'équation de Schrödinger aboutit à l'état :

$$\psi_{Ae}^f = a|+\rangle_z|\uparrow\rangle + b|-\rangle_z|\downarrow\rangle.$$

---

70. L'appareil est un système macroscopique composé d'un nombre énorme de particules mais la mécanique quantique est une théorie à prétention universelle qui s'applique à tout système physique (dans la limite non relativiste), qu'il soit microscopique ou macroscopique.

71. C'est là un point important. La mesure faite sur S est matérialisée par l'interaction de S et de A, en revanche le système S + A ne subit aucune interaction avec un quelconque autre appareil, il n'est donc soumis à aucune mesure.

Cet état, qu'on appelle un état « enchevêtré » car les états des deux sous-systèmes sont liés de manière non factorisable, correspond au fait que le système S et l'appareil A forment un système indivisible dont l'état est un état superposé. Cet enchevêtrement est analogue à celui que nous avons rencontré (sans le nommer) dans le cas de l'argument EPR. L'ensemble {système + appareil} forme un tout indivisible qui est dans un état superposé. Si l'on s'intéresse uniquement à l'appareil, cela signifie qu'il devrait être dans un état correspondant à une superposition d'impacts en haut et en bas. Cette difficulté est ce qu'on appelle « le problème de la mesure ».

Qu'est-ce qu'une mesure ?

Le concept de mesure est essentiel dans tous les problèmes d'interprétation que pose la mécanique quantique. Nous avons vu que c'est uniquement lors d'une mesure que les grandeurs physiques d'un système acquièrent une valeur définie et qu'il est impossible de considérer que la position, l'impulsion ou le spin suivant un axe d'une particule possèdent une quelconque valeur tant qu'on n'a pas fait de mesure de la grandeur concernée[72]. Nous avons aussi exposé l'interprétation que donnait Bohr de ce phénomène : les grandeurs physiques comme la position, l'impulsion ou le spin ne sont pas des grandeurs appartenant au système en propre mais elles doivent être considérées comme attachées à la fois au système et à l'appareil de mesure. En pratique, il est clair que nous savons toujours dire si nous faisons une mesure sur un système ou pas. Le problème de choix d'application de l'un ou l'autre des postulats d'évolution ne se pose donc pas.

Comme le fait remarquer Bohr, dès lors qu'une mesure est faite, un appareil macroscopique intervient et il faut appliquer le principe de réduction du paquet d'ondes. Cette attitude est pragmatiquement correcte car elle donne toujours le bon résultat. Elle n'est cependant pas satisfaisante sur le plan conceptuel pour deux raisons. La première est que, comme nous l'avons souligné au paragraphe précédent, si la mécanique quantique est une théorie universelle, elle s'applique en droit à l'appareil de mesure, même si celui-ci est macroscopique. Le fait que nous savons que nous effectuons une mesure ne devrait pas entrer en ligne de compte. Or, la prédiction qu'elle fait dans ce cas n'est pas la bonne puisqu'elle ne réussit pas à prédire que l'appareil de mesure et le système sont dans des états non superposés après la mesure. La deuxième est que si l'on interprète cette position comme voulant dire en gros qu'il y a mesure dès lors qu'il y a interaction avec un système macroscopique, alors on se heurte à deux problèmes. D'une part, la frontière entre microscopique et

---

72. Nous nous plaçons ici dans le cadre de la mécanique quantique orthodoxe non complétée par des variables cachées.

macroscopique n'est pas tracée de manière nette. Quand considère-t-on qu'un appareil est macroscopique ? Et que penser des systèmes macroscopiques qui sont dans un état quantique (superconductivité, superfluidité) ? D'autre part, il est facile de voir que se contenter de dire qu'une mesure n'est rien d'autre qu'une interaction avec un objet macroscopique ne convient pas, comme nous allons le montrer ci-dessous avec un nouvel exemple[73] qui complète celui de l'expérience des trous d'Young.

Une interaction macroscopique qui n'est pas une mesure

Nous allons donner dans ce paragraphe un argument montrant qu'il serait erroné d'identifier mesure et interaction avec un objet macroscopique. Pour cela, nous nous appuierons sur une expérience dont la description demande la présentation d'un certain nombre de concepts nouveaux.

Classiquement, la lumière est considérée comme une onde. Elle est constituée de vibrations qui se situent dans un plan orthogonal à la direction de propagation. On dit que la lumière est une onde transversale. Pour la lumière ordinaire, la direction de ces vibrations est aléatoire mais il est possible d'obtenir des rayons lumineux tels que la direction de vibration est une droite fixe. Une telle lumière est dite « polarisée ».

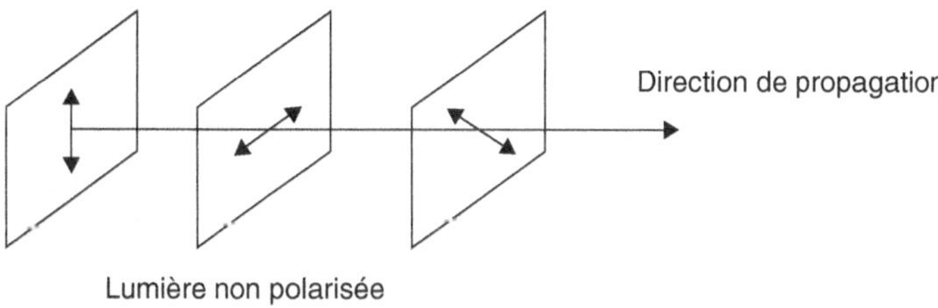

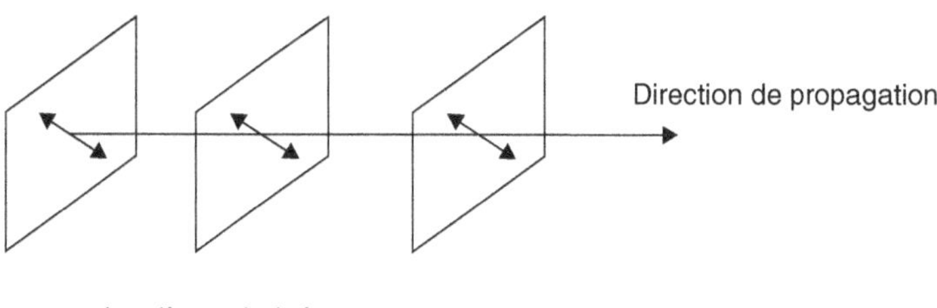

Figure 12. – Lumière polarisée ou non.

---

73. Nous suivrons la présentation claire qu'en donne A. Rae [1986].

Il existe des substances (qui s'appellent des filtres polarisants ou polariseurs) qui ne laissent passer que la partie d'un rayon lumineux qui est parallèle à une direction donnée. Lorsqu'un rayon lumineux passe à travers un tel filtre, il en ressort atténué puisque seules les vibrations parallèles à la direction de polarisation du filtre ont pu passer. La lumière qui en émerge est alors dite « polarisée selon cette direction ». Si l'on fait passer une lumière polarisée selon un certain axe à travers un polariseur dont l'axe fait un angle α avec l'axe de polarisation de la lumière, l'intensité du rayon émergent est égale à l'intensité initiale multipliée par $\cos^2\alpha$. Il en résulte que si les axes sont orthogonaux, la lumière est complètement arrêtée alors que si les axes sont parallèles, le rayon est transmis en totalité. Il se trouve qu'il est possible de fabriquer des dispositifs ayant un comportement encore plus intéressant pour notre propos, à partir de cristaux de calcite qui ont la propriété de séparer un rayon lumineux en deux rayons émergents polarisés selon des directions orthogonales. Un tel cristal sépare donc les deux composantes de polarisation d'un faisceau lumineux.

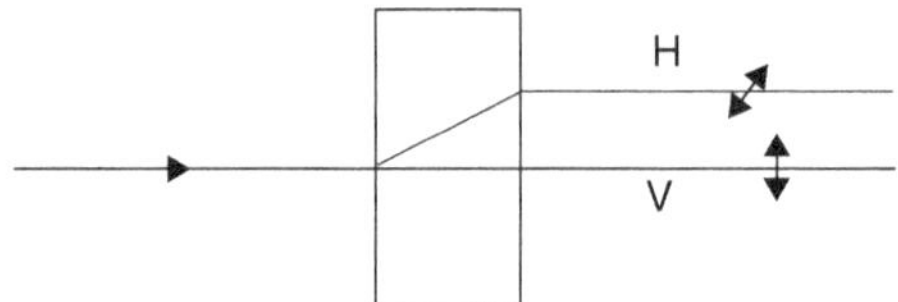

Figure 13. – Cristal de calcite.

Les deux faisceaux émergents polarisés selon deux directions orthogonales seront par convention appelés « H » et « V » (pour horizontale et verticale). On appellera un tel cristal « un cristal HV ». Le carré de l'intensité du faisceau initial est égal à la somme des carrés des intensités de chacun des faisceaux émergents. Il est aussi possible de considérer un cristal qui divise le faisceau initial en deux faisceaux polarisés selon des directions à 45° des directions H et V. Le faisceau sera alors séparé en un faisceau polarisé à +45 ° et un faisceau polarisé à – 45° par rapport à l'horizontale. D'une manière générale, nous appellerons « cristal d'axes α et $\alpha + 90$ ° », un cristal qui sépare la lumière en deux faisceaux émergents, le premier polarisée selon un angle α avec l'horizontale et le second selon un angle $\alpha + 90$ °.

Mais la mécanique quantique nous apprend que la lumière est constituée de photons qui manifestent un double comportement, ondulatoire et corpusculaire. La polarisation est un concept qui semble essentiellement ondulatoire et on pourrait penser *a priori* qu'elle ne s'applique pas à un photon individuel. Pourtant, si l'on envoie un photon sur un cristal de calcite, il émergera sur l'un ou l'autre des canaux de sortie. On dira alors qu'un photon émergeant selon le canal H (ou V) est polarisé horizontalement (ou verticalement). De même, si l'on utilise un cristal divisant la lumière en composantes polarisées à +45° ou −45°, on dira qu'un photon émergeant sur le canal correspondant à +45° (ou −45°) qu'il a une polarisation à +45° (ou −45°). C'est justifié *a posteriori* par le fait que si un photon est sorti sur le canal H d'un cristal HV et qu'on le fait passer à travers un nouveau cristal HV, il ressortira encore sur le canal H. De même, si l'on fait passer un photon polarisé horizontalement à travers un polariseur dont l'axe est horizontal, il passera à travers alors qu'il sera bloqué par un polariseur dont l'axe est vertical. On obtiendrait des résultats analogues pour les autres directions de polarisation. Cela permet donc de donner une signification opérationnelle à la polarisation d'un photon même si, contrairement au cas de la représentation sous forme d'onde, nous ne pouvons plus nous figurer concrètement cette polarisation

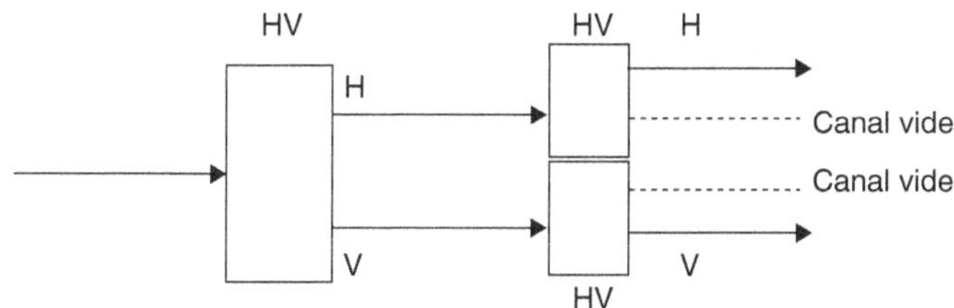

Figure 14. – Polarisation d'un photon.

Si l'on envoie un photon de polarisation donnée[74] à travers un cristal de calcite dont le premier axe fait un angle α avec l'axe de polarisation du photon incident, la probabilité que le photon émerge sur le faisceau correspondant est $\cos\alpha$. Par exemple, si l'on envoie un photon polarisé à +45° sur un cristal séparant les composantes horizontale et verticale, la probabilité que le photon émerge sur le faisceau correspondant à la polarisation horizontale est de 1/2 et elle est égale à celle qu'il émerge sur le faisceau correspondant à la polarisation verticale. De plus, on peut vérifier que la mesure de la polarisation suivant un axe détruit la polarisation que le photon possédait selon un autre axe.

Pour le vérifier, envoyons des photons polarisés à +45° sur un cristal HV puis refaisons-les passer à travers un cristal qui mesure les composantes à 45° (Fig. 15).

On constate que les photons émergent du premier cristal à moitié sur le canal correspondant à une polarisation horizontale et à moitié sur celui correspondant à une polarisation verticale. C'est conforme au fait qu'un photon polarisé à +45° a la même probabilité d'être mesuré avec une polarisation horizontale qu'avec une polarisation verticale. Les photons passent ensuite dans un cristal mesurant

---

74. On suppose qu'il a émergé sur l'un des faisceaux d'un cristal de calcite dont l'axe est connu.

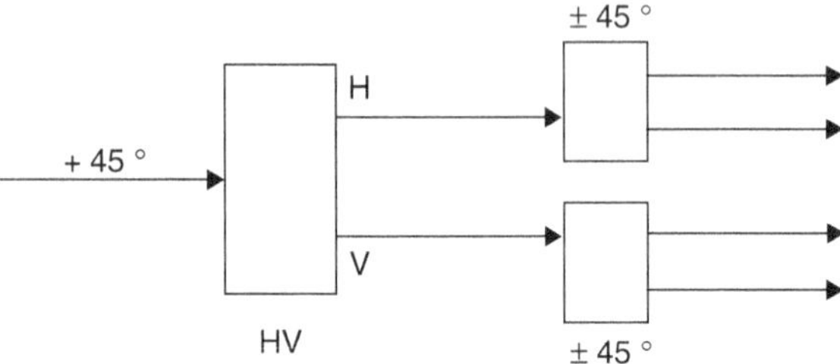

Figure 15.

la polarisation à ±45°. On constate alors qu'émergent 50 % de photons dans les canaux correspondant à +45 ° et 50 % dans ceux correspondant à –45 °. L'interprétation est claire : la mesure de la polarisation HV a détruit la polarisation +45 °. Tous les photons qui sont sortis du cristal HV dans le canal H ont une polarisation horizontale (si l'on place un polariseur horizontal sur le trajet de ces photons, ils le traverseront tous) et en conséquence, ils ne sont plus polarisés à +45 °. Ils émergent donc du cristal ±45 ° sur les deux canaux possibles. Il en est de même avec les photons du canal V. On retrouve ici une situation analogue à celle de la mesure du spin d'une particule suivant un axe. Après une mesure, la valeur n'est définie que selon l'axe correspondant à la mesure effectuée et une mesure ultérieure selon un autre axe détruit cette valeur.

Considérons maintenant l'expérience suivante. Faisons passer un faisceau lumineux polarisé à +45 ° successivement à travers un cristal de calcite HV puis à travers un cristal analogue mais inversé par rapport au premier (que nous notons $\overline{\mathrm{HV}}$). Mesurons ensuite la polarisation ±45° du faisceau sortant. On constate que le faisceau émergent du deuxième cristal a conservé sa polarisation initiale à +45°. On a donc reconstitué le faisceau initial.

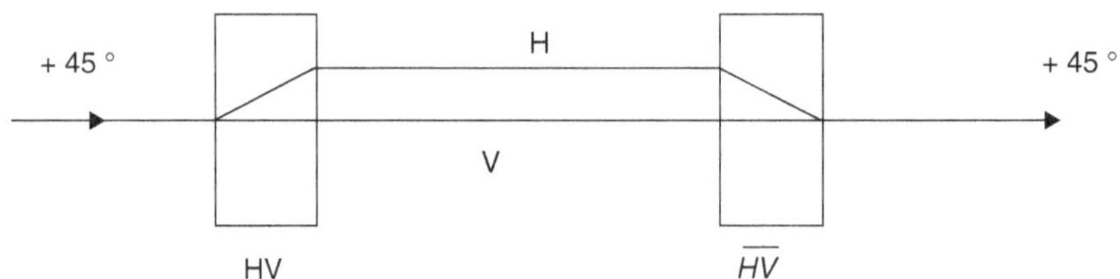

Figure 16.

Faisons la même expérience en envoyant maintenant un photon polarisé à +45 °. On constate que le photon sortant du deuxième cristal a la même polarisation à +45 ° que le photon entrant (Fig. 17).

Que peut-on dire d'une telle expérience ? Le photon polarisé à +45° qui entre dans le premier cristal HV en ressort par un des

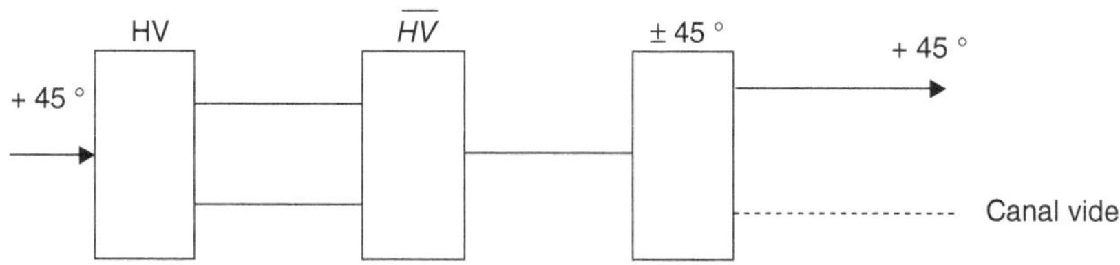

Figure 17.

canaux H ou V. C'est en tout cas ce que nous avons constaté quand nous avons placé un détecteur à la sortie du cristal. Ce devrait donc être un photon polarisé H ou V qui entre dans le deuxième cristal qui le replace dans l'unique canal de sortie. En entrant ensuite dans le cristal ±45°, il devrait sortir par l'un ou l'autre des canaux avec une probabilité égale. Sur un grand nombre de photons, on devrait donc observer une répartition équitable entre les deux canaux. Pourtant, tous les photons sortent par le canal +45 °, indiquant qu'ils ont conservé leur polarisation initiale. Procédons alors par étape. Commençons par faire l'expérience en bloquant le canal H de sortie du premier cristal (Fig. 18).

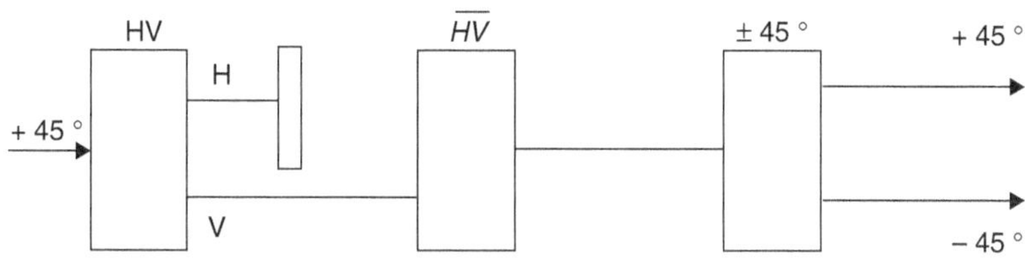

Figure 18.

On constate que les photons qui atteignent le cristal ±45 ° — qui sont alors tous passés par le canal V du premier cristal — émergent tantôt selon le canal +45 ° tantôt selon le canal –45 ° du cristal ±45 °. C'est conforme au fait qu'une mesure selon un axe différent détruit la polarisation initale. La même expérience faite en bloquant le canal V du premier cristal aboutit au même résultat.

Lorsqu'on ouvre les deux canaux de sortie du premier cristal, on s'attendrait donc à ce que les photons émergent encore tantôt par le canal +45 ° tantôt par l'autre. Ce résultat serait logique puisque, comme on l'a vu, chaque photon passe par un canal. Si un photon passe par le canal V, on pourrait penser qu'il est dans les conditions de l'expérience où l'on a bloqué le canal H et réciproquement. Comme dans les deux cas, le photon peut sortir soit par le canal +45 ° soit par le canal –45 °, il devrait en être de même quand les deux canaux sont ouverts. Or, il n'en est rien et lorsque les deux canaux sont ouverts, tous les photons sortent par le canal +45 °. Le lecteur se rappelera ici l'expérience des trous d'Young : les électrons passent par un trou ou par l'autre comme on peut le vérifier si l'on détecte leur passage. Pourtant, si les deux trous sont ouverts, on observe une figure d'interférences et si l'on ferme un des trous, les franges disparaissent. Cette expérience est rigoureusement analogue. Tout se passe comme si chaque photon savait si le canal ou le trou par lequel il n'est pas passé est bloqué ou pas.

Le constat que nous faisons est le suivant :

1) Si l'on détecte les photons qui passent à travers le premier cristal HV on voit qu'ils émergent soit par le canal H soit par le canal V. Aucun photon ne se coupe en deux pour émerger par les deux canaux à la fois.

2) Si l'on mesure la polarisation des photons qui passent par le canal H en les faisant passer dans un second cristal HV on observe qu'ils émergent tous par le canal H du second cristal. Ceci confirme qu'ils ont tous la polarisation H. De même pour les photons qui émergent par le canal V du premier cristal.

3) Si l'on fait passer un photon polarisé H dans un cristal ±45 °, il émerge par le canal +45 ° ou –45 ° avec une probabilité 1/2. (Il en est de même pour un photon polarisé V.)

4) Si l'on bloque le canal H du premier cristal, on est sûr que tous les photons passent par le canal V. Après passage dans le cristal HV inversé et passage dans le cristal ±45 °, ils émergent bien à moitié par le canal +45° et à moitié par le canal 45 °. De même si on bloque le canal V du premier cristal. C'est bien conforme au fait que tous les photons qui passent par un canal défini (H ou V) possèdent la polarisation correspondante.

5) Pourtant, si l'on ouvre les deux canaux sans détecter les photons qui passent (après passage dans le cristal inversé HV, on ne sait donc plus par quel canal est passé chaque photon), les photons émergent du cristal ±45 ° uniquement par le canal +45 °.

L'interprétation à la Bohr de ce constat est simple. L'expérience avec les deux canaux ouverts (appelons-la « expérience 2 ») correspond à un dispositif expérimental différent de celle où l'on détecte par quel canal est passé le photon (expérience 1). On peut alors choisir :

— soit de détecter par quel canal est passé chaque photon (expérience 1) et dans ce cas, chaque photon perd sa polarisation +45 ° et acquiert une polarisation définie H ou V avant d'entrer dans le cristal ±45 ° ;

— soit de ne pas détecter par quel canal est passé chaque photon (expérience 2) et dans ce cas, chaque photon conserve sa polarisation +45 °.

La conclusion qu'il faut en tirer est que dans le cas de l'expérience 2, il n'y a pas mesure de polarisation H ou V. Le fait de passer à travers le premier cristal HV n'est pas suffisant pour que la polarisation HV prenne une valeur définie si l'on ne détecte pas par quel canal est sorti le photon.

Cette expérience permet donc d'éliminer la tentative d'interprétation de la position de Bohr (qu'il n'a d'ailleurs jamais soutenue sous cette forme) qui consisterait à supposer qu'une mesure est faite dès lors qu'il y a interaction avec un objet macroscopique. Dans notre exemple, le photon interagit avec le cristal de calcite qui est un objet macroscopique et pourtant cela n'est pas suffisant pour qu'une mesure de polarisation soit effective. La mesure n'intervient que si l'on complète le dispositif par un détecteur qui permet de connaître effectivement par quel canal le photon est sorti[75].

Le rôle de la conscience

Nous avons terminé le paragraphe précédent en concluant qu'une simple interaction avec un objet macroscopique ne suffisait pas pour qu'il y ait mesure mais qu'il était nécessaire que le dispositif expérimental comprenne un détecteur. À ce stade, reprenons le raisonnement que nous avons mené dans l'analyse du problème de la mesure. Pour cela, revenons sur l'expérience de mesure de la polarisation HV d'un photon. Le système quantique S est constitué du photon et l'appareil de mesure A est un cristal de calcite auquel sont ajoutés deux détecteurs permettant de savoir par quel canal est sorti le photon. Si l'on adopte le point de vue selon lequel on considère qu'une mesure de la polarisation du photon est effectuée, on applique le principe de réduction du paquet d'ondes au photon et celui-ci nous dit que le photon sera, après passage à travers l'appareil, dans un état défini de polarisation H ou V. Si l'on adopte le point de vue (également défendable) selon lequel le grand système S + A n'est soumis à aucune mesure, l'application de l'équation de Schrödinger au grand système conduit à un état enchevêtré entre un état de polarisation superposé du photon et un état de l'appareil où chaque détecteur est dans un état superposé « déclenché/non-déclenché ». On constate que les deux points de vue mènent à des conclusions divergentes.

L'aspect paradoxal du problème est porté à son comble dans la fameuse expérience du chat de Schrödinger où, selon le résultat de la mesure, un revolver tire ou pas sur un chat enfermé dans une boîte. Selon le point de vue du grand système, le chat est dans un état superposé « mort/vivant » tant qu'un observateur n'a pas regardé à l'intérieur de la boîte. Cela soulève donc le problème de l'incohérence apparente des règles de la mécanique quantique puisque les deux points de vue paraissent aussi justifiés l'un que l'autre. La seule possibilité de sauver la mécanique quantique est alors de trouver une

---

75. Cette réfutation n'est pas une preuve rigoureuse. Il serait en effet possible de soutenir que l'interaction avec le cristal ne fait intervenir que certains atomes du cristal et qu'elle n'est donc pas macroscopique. L'aspect macroscopique de l'interaction n'interviendrait, selon certains, que lorsqu'il y a amplification de l'interaction par un détecteur. Nous considérerons cependant qu'elle suffit à montrer que la simple intervention d'un objet macroscopique ne règle pas facilement le problème.

raison de préférer le premier point de vue qui, seul, donne le bon résultat puisque aucun physicien n'a jamais observé d'appareil macroscopique dans un état superposé. La raison donnée par Bohr consiste à remarquer qu'en pratique on sait très bien quand on fait une mesure et l'on doit alors appliquer le principe de réduction. Mais cette solution, bien qu'opérationnellement valide, ne l'est pas conceptuellement car elle ne donne aucun critère objectif permettant de définir ce qu'est une mesure[76]. Elle se contente de donner un critère pragmatique, certes efficace, mais conceptuellement insuffisant[77]. Comme on l'a vu, il est impossible de caractériser une mesure comme étant simplement une interaction avec un objet macroscopique. On est donc conduit à s'interroger plus avant pour spécifier clairement ce qui différencie une mesure d'une interaction banale.

Une mesure est avant tout destinée à nous permettre de connaître la valeur d'une grandeur physique. Si l'on analyse la succession d'événements qui se produisent lors de la mesure de la polarisation HV d'un photon, on peut résumer le processus de la manière suivante :

a) arrivée du photon sur le cristal de calcite,

b) passage du photon à l'intérieur du cristal et interaction photon-cristal,

c) sortie du photon,

d) interaction entre le photon et un des détecteurs,

e) réaction du détecteur concerné qui peut par exemple déclencher l'allumage d'une ampoule,

f) observation de l'ampoule allumée par l'expérimentateur qui prend connaissance du détecteur activé.

Le point de vue consistant à appliquer l'équation de Schrödinger à l'ensemble des systèmes physiques de l'expérience (photon, cristal, détecteur, ampoule) est parfaitement cohérent. Il en résulte que selon ce point de vue, aucune mesure n'est effectuée sur le grand système et que celui-ci devrait après la mesure se trouver dans un état superposé. Cela signifie que les ampoules de chaque détecteur devraient être dans une superposition d'états « allumée/éteinte », ce qui n'est évidemment pas le cas. À un moment de la chaîne, une mesure réduisant les états superposés se produit. Mais il n'y a aucune raison pour que cette réduction intervienne à un moment plutôt qu'à un autre dans la chaîne a)-e).

---

76. En particulier elle ne répond pas à la question de savoir à quel moment se décide le sort du chat.

77. Soulignons cependant que la position de Bohr et de l'école de Copenhague est cohérente et qu'elle peut être jugée suffisante dès lors qu'on adopte une philosophie positiviste selon laquelle la science n'a pour but que de donner un langage descriptif et des recettes pour prédire les résultats des observations. Dans cette conception, toute interrogation portant sur des phénomènes non observables (comme la position d'une particule qu'on n'observe pas) est dénuée de sens.

En revanche, une analyse plus détaillée de f) semble offrir une possibilité. Lors de l'observation d'une ampoule allumée par l'expérimentateur, la chaîne d'événements suivante se produit :

fa) un photon issu de l'ampoule pénètre dans l'œil de l'observateur et atteint sa rétine

fb) le nerf optique est excité

fc) l'aire optique du cerveau est activé

fd) ...

fe) l'observateur prend conscience de ce qu'il voit.

Les étapes fa) à fd)[78] sont des processus ne faisant intervenir que des systèmes physiques pour lesquels il est encore possible de faire le raisonnement appliqué au grand système S + A. Le nerf optique, l'aire optique, etc. sont, selon ce raisonnement, dans un état superposé. La chaîne des étapes successives est appelée « une chaîne de von Neumann » qui fit remarquer qu'aucune raison ne s'impose de décider que la mesure est faite à tel ou tel endroit de la chaîne. En revanche, l'étape fe) fait appel à un élément apparemment non physique qui est la conscience de l'observateur. Le moyen de briser la chaîne de von Neumann est alors de considérer que c'est à cette étape que la mesure se produit. C'est donc lorsque la conscience de l'observateur intervient que la mesure est faite et c'est la conscience de l'observateur, non soumise à la mécanique quantique, qui est responsable de la réduction du paquet d'ondes.

Cette position a été défendue par von Neumann, London et Bauers, et Wigner[79]. Ce dernier imaginait qu'un ami agisse en intermédiaire entre lui-même considéré comme observateur ultime et l'appareil de mesure. Si le formalisme quantique s'appliquait à la conscience, son ami devrait être lui-même dans un état superposé, ce qu'il excluait puisque aucun être humain (à jeun) n'a avoué avoir eu cette impression. Il en concluait que la conscience est hors du champ de la mécanique quantique et responsable de la réduction du paquet d'ondes. Cette interprétation semble proposer une solution séduisante du problème de la mesure. Elle est cependant sujette à des difficultés qui font qu'elle n'a jamais été vraiment acceptée par la majorité des physiciens. Tout d'abord, elle introduit un dualisme qui est gênant pour beaucoup. Il existerait dans le monde deux sortes d'entités : d'une part, celles qui sont soumises à la mécanique quantique et d'autre part, les consciences qui ne le sont pas. Certes, cette idée est loin d'être neuve et Descartes l'a clairement défendue[80]. Une objection bien connue consiste à remarquer qu'il reste à expliquer comment la conscience agit sur la matière. Pour Descartes, le lieu de l'interaction était la glande épiphyse dont le rôle était mystérieux à l'époque.

---

78. Les points de suspension de l'étape fd matérialisent l'ensemble des processus physiques qui se produisent dans le cerveau avant la prise de conscience et que nous ne détaillons pas faute de les connaître.

79. London [1939], Wigner [1967].

80. Zwirn [1994].

Aujourd'hui, on ne se satisfait plus d'une telle explication et aucune autre n'est disponible.

De plus, les implications de cette position sont pour le moins étonnantes. Selon la mécanique quantique, une grandeur n'a de valeur définie que lorsqu'elle est mesurée, il en résulte que c'est la conscience d'un observateur qui est responsable du fait qu'une particule possède une position définie, une vitesse définie ou un spin défini. Comme on voit mal quel sens donner à l'existence d'une particule pour laquelle aucune des grandeurs physiques attachées ne posséderait de valeur, il s'ensuit que l'existence même d'une particule est subordonnée à la présence d'un observateur qui fait une mesure sur celle-ci. En l'absence d'observateur, il serait donc illégitime de dire qu'une particule existe. La conséquence ultime en est que les objets — qui sont constitués de particules — n'existent que lorsque quelqu'un est là pour les observer. Mais alors, qu'était l'univers avant l'apparition de l'homme ? Faut-il croire que la lune n'existait pas avant que le premier homme préhistorique ne lève les yeux au ciel ? Les animaux possèdent-ils une conscience suffisante pour réduire les états superposés ? Et si oui, est-ce vrai des mammifères uniquement ou aussi des insectes et des bactéries ? On aboutit à une série de questions dont l'absurdité jette un doute sur la validité de l'hypothèse. Un moyen extrême de répondre à ces questions est d'adopter la position solipsiste consistant à penser que seule une conscience (la sienne) existe et que tout n'est que création de cette conscience. Mais cette position, bien que cohérente, est stérile et peu satisfaisante[81]. Enfin, d'autres questions plus directes peuvent être posées. Si, lors d'une mesure de polarisation HV d'un photon, l'appareil de mesure comprend un enregistreur qui note le résultat et qu'un observateur n'en prend connaissance que bien plus tard (mettons dix ans), la réduction du paquet d'ondes a-t-elle lieu dix ans après que le photon est passé dans l'appareil quand l'observateur prend conscience du résultat ? Cela semble peu plausible. Certains ont alors imaginé que le processus de réduction avait bien lieu au moment du passage dans l'appareil grâce à un processus, rétroactif dans le temps, de la conscience sur le photon. De telles idées — bien que difficiles à réfuter expérimentalement — sont éminemment suspectes *a priori*.

De plus, on peut donner un argument plus immédiat de nature à rendre peu plausible un rôle aussi essentiellement direct de la conscience sur la réduction. Reprenons notre détecteur HV doté d'un enregistreur et complétons le dispositif par un cristal HV inversé suivi d'un cristal orienté à 45 ° comme dans l'expérience de la fin du paragraphe précédent (Figure 19).

Envoyons maintenant sur ce dispositif un photon polarisé à +45 °. Si la conscience est indispensable à la mesure de la polarisation, le photon traversant le premier cristal HV et ses détecteurs-enregistreurs

---

81. Nous en présenterons cependant plus loin une variante intéressante.

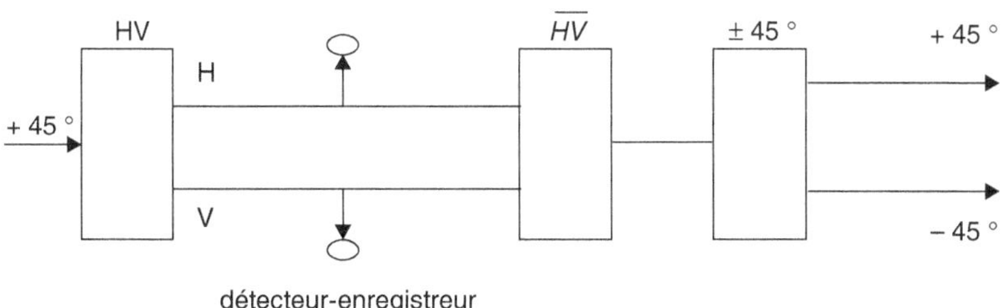

Figure 19.

ne possédera une polarisation H ou V définie que si un observateur a pris connaissance de l'enregistrement. Si donc aucun observateur ne prend conscience du canal par lequel a transité le photon, on peut s'attendre à ce que sa polarisation +45 ° soit conservée comme dans le cas où il n'y a pas de détecteur. Laissons l'expérience se dérouler automatiquement et n'observons que les photons qui émergent du dernier cristal ±45 °. On constate qu'ils émergent pour une moitié par le canal +45 ° et pour l'autre par le canal −45 °. Cela signifie qu'ils entrent dans le cristal avec une polarisation H ou V et non pas avec la polarisation initiale +45°. Le dispositif intermédiaire a donc bien effectué une mesure de polarisation HV alors qu'aucune conscience n'a pris connaissance du résultat. Il est possible de rétorquer que les résultats sont enregistrés et qu'une prise de connaissance, même tardive, induira rétroactivement la mesure. Dans ce cas, complétons l'appareil avec un dispositif qui détruit les enregistrements au fur et à mesure qu'ils sont faits. Cela empêche à tout jamais une prise de conscience des résultats et pourtant les photons continuent à émerger dans les deux canaux du cristal ±45 °prouvant qu'une mesure de polarisation HV a bien eu lieu[82].

Au-delà de ces conséquences peu acceptables, le fait qu'une mesure semble bien avoir eu lieu alors qu'aucune conscience n'est intervenue est un argument fort pour rejeter l'interprétation idéaliste. Mais nous allons donner une raison supplémentaire, le fait qu'une solution au problème de la mesure qui ne fait intervenir que des éléments physiques a pu récemment être construite. Nous verrons cependant que la conscience continue à jouer un rôle mais de manière beaucoup plus subtile que celle consistant à postuler qu'elle a une action directe sur la matière.

Avant d'en venir à la solution la plus communément acceptée aujourd'hui, il est intéressant de signaler une proposition faite en 1957

---

82. Ce raisonnement ne doit pas être considéré comme une réfutation rigoureuse de la position idéaliste car il est possible de dire que l'interaction avec les détecteurs ayant modifié l'état des photons, les interférences entre les deux canaux ne peuvent plus se produire même si aucune mesure n'a été réalisée. Nous le proposons donc seulement à titre d'argument à charge.

par Hugh Everett III, qui a été soutenue un temps par Wheeler et qui joue encore un rôle dans certaines versions de cosmologie quantique[83]. La solution en question est radicale en ce qu'elle suppose qu'aucune réduction du paquet d'ondes ne se produit jamais, mais que lors de chaque mesure, l'univers se scinde en autant d'univers parallèles qu'il existe de possibilités de résultats. Ainsi, lorsqu'on mesure une polarisation HV d'un photon, l'univers se sépare en deux, le premier dans lequel la polarisation est H et le second dans lequel la polarisation est V. Les observateurs sont aussi multipliés de la même manière. Les différents univers ne peuvent en aucune manière communiquer entre eux. Cela permet de lever l'objection selon laquelle aucun observateur ne s'est jamais senti coupé en deux. Il est tout simplement impossible de se rendre compte du fait que l'univers se multiplie puisque tout observateur d'un univers est totalement coupé des autres. Pour cette raison, cette solution que son auteur appelait « théorie des états relatifs » est souvent appelée « théorie des mondes multiples ». Malheureusement présentée ainsi, cette théorie soulève plus de problèmes qu'elle n'en règle. Tout d'abord elle est, par nature, non testable donc non falsifiable et selon le critère de Popper elle ne peut être qualifiée de scientifique. Ensuite, le nombre absolument astronomique d'univers dont elle est amenée à postuler l'existence paraît vraiment peu économique. Mais, plus grave, elle ne donne aucun critère précis pour déterminer quand les scissions d'univers se produisent. Elle se contente de dire que cela se produit quand un événement de type mesure intervient. La question de spécifier ce qu'est une mesure n'est donc pas réglée et, en ce sens, on peut dire qu'elle ne résout pas le problème de la mesure. Nous reviendrons plus loin sur les problèmes posés par cette interprétation et nous proposerons une autre interprétation qui permet d'échapper à un certain nombre de ces difficultés.

La théorie de l'environnement [84]

La solution actuellement la mieux acceptée du problème de la mesure a son origine dans une remarque de H. Zeh[85] selon laquelle les systèmes macroscopiques ne peuvent jamais être considérés comme isolés si on les traite d'un point de vue quantique. Dans toute la discussion précédente, nous avons raisonné en oubliant totalement le fait que l'appareil de mesure est plongé dans un environnement avec lequel il

---

83. Everett [1957], Wheeler [1957], de Witt [1973]. La présentation que nous faisons ici est celle qui est usuellement donnée. Elle est sujette à des objections assez fortes qui me semblent rédhibitoires. Certains exégètes d'Everett la présentent sous une forme plus subtile qui échappe essentiellement à ces critiques. Nous reviendrons plus amplement sur cette théorie à la fin de ce chapitre puisque nous présenterons une interprétation, le solipsisme convivial, qui n'est pas sujette à ces objections.

84. Outre les articles originaux de Zurek mentionnés ci-après, on pourra consulter pour une discussion approfondie d'Espagnat [1990], d'Espagnat [1994] ou pour une présentation non technique Zwirn [1992] [1997].

85. Zeh [1970].

interagit. Cet oubli paraît justifié par la méthodologie de la physique qui consiste justement à isoler par la pensée un système pour l'étudier en négligeant la complication provenant du fait qu'il existe d'autres systèmes dans l'univers. C'est ainsi que lorsqu'on étudie le mouvement d'une boule de billard on ne tient pas compte de l'attraction gravitationnelle causée par les objets proches (à commencer par le joueur lui-même) ou lorsqu'on calcule l'orbite d'un satellite autour de la Terre, on néglige l'influence des étoiles. Il est donc habituel quand on étudie un système en physique, de le considérer comme isolé et de ne pas tenir compte de son environnement. C'est la raison pour laquelle jusqu'à une date récente (le début des années 1970), aucun physicien n'a pensé nécessaire de procéder autrement dans le problème de la mesure. Mais dans tous les cas usuels, cette attitude est justifiée par le calcul qui montre que l'effet de l'environnement est extrêmement faible et ne produirait aucune conséquence appréciable dans l'évolution du système si l'on en tenait compte. Zeh fit cependant remarquer que les niveaux d'énergie des systèmes macroscopiques sont très proches les uns des autres et qu'il en résulte qu'une très petite perturbation est capable de causer une transition d'un niveau à l'autre. Comme le dit d'Espagnat[86] : « Même un infime grain de poussière perdu dans les espaces interstellaires ne peut être considéré comme restant isolé durant aucun laps de temps appréciable. » En conséquence, il paraît indispensable de tenir compte du rôle de l'environnement dans l'analyse que nous avons faite de la mesure d'une propriété d'un système S par un appareil A. On pourrait *a priori* penser que la conclusion à laquelle nous nous sommes heurtés — à savoir que l'appareil est, après la mesure, dans un état superposé — s'appliquera aussi à l'environnement qui finira dans un état superposé. Dans ce cas, nous n'aurons rien gagné à faire intervenir l'environnement. En fait, cette conclusion, bien que valide, peut être contournée pour des raisons subtiles que nous allons évoquer. Le premier à décrire un mécanisme explicite faisant intervenir l'environnement pour résoudre le problème de la mesure fut W. Zurek[87] au début des années 1980. Afin de comprendre en quoi cela constitue une solution satisfaisante, il est nécessaire de fournir un nouvel effort pour introduire les outils adéquats.

La matrice densité et la nouvelle formulation du problème[88]

Le problème de la mesure peut être formulé en faisant appel à ce qu'on appelle le formalisme de « la matrice densité », qui est un

---

86. D'Espagnat [1994].
87. Zurek [1981] [1982] [1991].
88. Ce qui suit est techniquement plus difficile et il ne sera pas possible ici de donner plus que des indications permettant d'avoir une idée des raisonnements. Le lecteur rebuté par l'aspect technique des paragraphes suivants pourra se reporter directement au paragraphe 4.7 en acceptant pour argent comptant ce qui sera exposé.

moyen plus général de représenter les états quantiques. Commençons d'abord par une analogie classique et imaginons que nous secouions une boîte fermée contenant un dé et la posions ensuite sur une table. Avant d'ouvrir le couvercle, nous savons que le dé, à l'intérieur, peut montrer un chiffre de 1 à 6 mais nous ignorons lequel. Chaque chiffre a la même probabilité 1/6 d'apparaître. Si nous faisons cette manipulation avec un grand nombre N de boîtes identiques, chaque chiffre apparaîtra dans approximativement 1/6 des boîtes (selon la loi des grands nombres plus il y aura de boîtes, plus on sera près de 1/6). Une façon de décrire l'état de l'ensemble des dés contenus dans les boîtes consiste à considérer qu'il s'agit d'un mélange de dés dont 1/6 sont dans l'état 1, 1/6 dans l'état 2, etc. Nous pouvons représenter cet état par un tableau carré de 36 éléments dont les éléments diagonaux sont tous égaux à 1/6 et les autres tous nuls. Un tel tableau dont les éléments non diagonaux sont nuls est appelé « une matrice carrée diagonale d'ordre 6 ». Cette matrice peut alors être utilisée pour connaître la probabilité qu'en ouvrant une boîte au hasard, on trouve un dé montrant la face 1. Il suffit pour cela de regarder la valeur de l'élément situé à l'intersection de la ligne 1 et de la colonne 1, c'est-à-dire le premier élément diagonal. D'une manière générale, si l'on veut connaître la probabilité de tomber sur un dé montrant la face i, il suffit de regarder la valeur de l'élément diagonal n°i, intersection de la ligne i et de la colonne i. Bien sûr dans cet exemple, tous les éléments diagonaux sont égaux et cette représentation paraît inutilement complexe. Supposons maintenant que nos dés soient biaisés (tous de la même façon) et aient des probabilités différentes de donner les différents chiffres. Dans ce cas, pour connaître la probabilité qu'une boîte ouverte au hasard contienne un dé montrant la face i, il suffit encore de regarder la valeur de l'élément diagonal n°i. Mais cette valeur diffère selon le chiffre choisi. Même dans ce cas notre représentation paraît encore inutilement complexe puisque les éléments non diagonaux qui sont tous nuls ne servent à rien. On pourrait donc se contenter de donner une liste des valeurs diagonales (sous la forme d'un vecteur). Effectivement, en physique classique une telle matrice est inutile mais il en est autrement en mécanique quantique comme nous allons le voir.

Retenons pour le moment qu'une telle matrice permet — certes de manière inutilement compliquée — de représenter l'état d'un mélange M de N systèmes dont n_1 sont dans l'état E_1, n_2 dans l'état E_2,..., n_p dans l'état E_p. La matrice correspondante, dite « matrice densité », sera la matrice carrée diagonale d'ordre p dont tous les éléments non diagonaux sont nuls et dont l'élément diagonal n°i vaut n_i/N. Si l'on observe au hasard un des systèmes du mélange M et que l'on veut connaître la probabilité qu'il soit observé dans l'état E_i, il suffit de se reporter à l'élément diagonal n°i qui est cette probabilité.

Revenons maintenant au cadre quantique et considérons un ensemble E de N électrons, tous dans le même état de spin superposé $\cos\alpha |+>_z + \sin\alpha |->_z$. Une mesure de spin suivant Oz d'un électron de cet ensemble peut donner le résultat + avec la probabilité $\cos^2\alpha$ et le résultat – avec la probabilité $\sin^2\alpha$. On pourrait penser, par analogie avec l'exemple des dés, que la matrice densité descriptive de l'ensemble E est la matrice carrée diagonale d'ordre 2 contenant $\cos^2\alpha$ comme premier élément diagonal et $\sin^2\alpha$ comme deuxième élément diagonal. Mais selon la définition que nous avons donnée ci-dessus, la matrice ainsi décrite est celle d'un mélange M d'électrons dont une proportion $\cos^2\alpha$ est dans l'état $|+>_z$ et une proportion $\sin^2\alpha$ dans l'état $|->_z$. Or nous avons vu précédemment qu'un tel mélange M d'électrons n'est pas identique à l'ensemble E d'électrons tous dans l'état superposé. La matrice densité de l'ensemble E d'électrons dans l'état superposé doit ainsi être différente et de fait, le formalisme quantique prescrit que cette matrice contient outre les éléments diagonaux mentionnés, des éléments non diagonaux égaux à $\cos\alpha\sin\alpha$.

$$\begin{bmatrix} \cos^2\alpha & 0 \\ 0 & \sin^2\alpha \end{bmatrix} \qquad \begin{bmatrix} \cos^2\alpha & \cos\alpha\sin\alpha \\ \cos\alpha\sin\alpha & \sin^2\alpha \end{bmatrix}$$

matrice du mélange M $\qquad\qquad$ matrice de l'ensemble E

Les éléments non diagonaux représentent les termes d'interférences qui jouent un rôle si important dans les processus quantiques et ne sont pas interprétables en termes macroscopiques. Effectuons alors une mesure de spin suivant Oz de tous les électrons de l'ensemble E. Chacun tombe dans un état de spin défini suivant Oz avec une probabilité donnée par les éléments diagonaux. Après ces mesures, l'ensemble E devient donc cette fois identique au mélange M et la matrice densité correspondante devient la matrice diagonale. Le problème de la mesure consiste alors à expliquer comment se produit le passage de la matrice non diagonale représentant un état superposé à la matrice diagonale représentant un état réduit.

Quelle est la grandeur mesurée ?

Le problème se complique d'une autre énigme. Un espace vectoriel peut être engendré par combinaison linéaire d'un ensemble de vecteurs indépendants qui forment ce qu'on appelle « une base de l'espace ». Une infinité de bases sont possibles puisqu'à partir d'une base on peut en définir une nouvelle en choisissant de nouveaux vecteurs indépendants, combinaisons linéaires des anciens vecteurs de base. Par exemple, pour l'espace des états de spin d'un électron, les vecteurs d'états $|+\rangle_z$ et $|-\rangle_z$ forment une base, ce qui signifie que tout état de spin de l'électron peut être obtenu comme combinaison linéaire de ces deux états. Mais les états $\dfrac{1}{\sqrt{2}}[|+\rangle_z + |-\rangle_z]$ et

$\frac{1}{\sqrt{2}}[|+\rangle_z - |-\rangle_z]$ forment aussi une base de cet espace et il est équivalent d'exprimer un état de l'électron dans cette base ou dans l'autre. Or, la matrice densité prend une forme différente selon la base choisie et n'est pas diagonale dans n'importe quelle base. Comment est alors choisie la base dans laquelle, après la mesure, la matrice densité prend la forme diagonale ?

Exprimée sous forme physique et non mathématique, cette question revient à se demander pourquoi, avec un appareil de Stern et Gerlach dont le champ magnétique est orienté selon Oz, on ne pourrait pas mesurer le spin suivant Ox. Cette question apparemment étrange est pourtant naturelle quand on se réfère au formalisme qui décrit le passage de l'électron dans l'appareil. Supposons qu'on envoie un électron initialement dans l'état $\frac{1}{\sqrt{2}}[|+\rangle_z + |-\rangle_z]$ dans un appareil de Stern et Gerlach dont le champ magnétique est orienté selon Oz. Après l'interaction entre l'électron et l'appareil mais avant l'observation du résultat, le formalisme quantique stipule qu'une corrélation s'est établie entre l'état de l'appareil et l'état de l'électron. Plus exactement, comme nous l'avons déjà vu, seul le système électron-appareil possède un vecteur d'état qui peut s'écrire : $\psi_{SA} = \frac{1}{\sqrt{2}}[|+\rangle_z|\uparrow\rangle + |-\rangle_z|\downarrow\rangle]$.

Cet état est tel que lors de l'observation, si la réduction aboutit à l'observation d'un état de l'appareil correspondant à un impact de l'électron en haut $|\uparrow\rangle$, alors l'état de l'électron sera $|+\rangle_z$ et pour un impact en bas $|\downarrow\rangle$, l'état de l'électron sera $|-\rangle_z$. C'est en ce sens qu'on peut dire qu'on a effectué une mesure du spin suivant Oz de l'électron. Mais cette description est exprimée dans la base correspondant à $|+\rangle_z$ et $|-\rangle_z$ pour l'électron et la base $|\uparrow\rangle$ et $|\downarrow\rangle$ pour l'appareil. Or, le même état ψ_{SA} peut être écrit dans n'importe quelle base. Par le même état ψ_{SA} peut être écrit dans n'importe quelle base. Par exemple, dans la base $|+\rangle_x$ et $|-\rangle_x$ pour l'électron, il s'écrirait :

$$\psi_{SA} = \frac{1}{2}\{|+\rangle_x[|\uparrow\rangle + |\downarrow\rangle] + |-\rangle_x[|\uparrow\rangle - |\downarrow\rangle]\}.$$

Ceci s'interprète comme le fait que l'observation d'un état superposé d'impact haut et bas de l'électron sur l'écran (l'état $[|\uparrow\rangle + |\downarrow\rangle]$) est corrélé à une mesure de spin + suivant Ox. Bien sûr, en pratique, on n'observe jamais d'impacts superposés pour un électron mais c'est un constat expérimental qui n'explique pas pourquoi il en est ainsi. Du point de vue du formalisme, rien ne privilégie le fait que l'appareil doive être observé uniquement dans les états $|\uparrow\rangle$ ou $|\downarrow\rangle$, c'est justement un des problèmes à résoudre. Il en résulte que tant qu'on ne sait pas dans quelle base la matrice densité est diagonalisée, le formalisme quantique n'indique pas quelle est la grandeur mesurée.

La solution de Zurek

Zurek montre que si l'interaction entre l'appareil de mesure et l'environnement, définie par un hamiltonien[89] d'interaction, a une forme bien particulière, on peut préciser quelle grandeur est mesurée. La base de l'espace des états qui est sélectionnée pour diagonaliser la matrice densité correspond aux grandeurs physiques de l'appareil de mesure qui ne sont pas perturbées par l'interaction de ce dernier et de l'environnement. En termes techniques, c'est la base des vecteurs propres de l'observable qui commute avec le hamiltonien d'interaction. De plus, il est possible de montrer que l'interaction du système et de l'appareil avec l'environnement est responsable de la diagonalisation de la matrice et donc de la réduction du paquet d'ondes. Nous ne pouvons reproduire ici les calculs aboutissant à ces résultats et seul le principe de cette solution pourra être exposé.

L'essentiel consiste à remarquer que la matrice densité S_{SA} de l'ensemble système-appareil peut être obtenue à partir de la matrice densité totale S_{SAE} de l'ensemble système-appareil-environnement en tant que trace partielle[90] de S_{SAE} sur l'environnement, ce qui, dans le formalisme quantique est l'opération mathématique associée au fait qu'on néglige les degrés de liberté de l'environnement qui ne sont jamais observés. Par exemple, pour un appareil qui interagit thermiquement avec l'air de la pièce dans laquelle il se trouve, on est dans l'incapacité de considérer la position et la vitesse de toutes les molécules d'air de la pièce. On peut alors montrer que lorsque la matrice S_{SA} est écrite l'exponentielle négative qui cause cette disparition est proportionnelle à la racine carrée du nombre d'états possibles de l'ensemble système-appareil-environnement. Il faut cependant remarquer qu'en toute rigueur, ces éléments ne deviennent jamais totalement nuls mais ils sont rapidement si petits que leurs effets sont inobservables en pratique. Le temps nécessaire pour que les éléments non diagonaux deviennent négligeables, qu'on appelle « le temps de décohérence », dépend du type de l'interaction. Pour des objets macroscopiques, ce temps est extrêmement court. Joos et Zeh[91] ont montré en 1985 que la superposition des positions de deux corps ayant une masse égale à celle de la Terre et situés à la distance Terre-Lune engendre une incertitude inférieure à 10^{-15} cm en un dix-milliardième de seconde. Zurek et Unruh[92] ont calculé, dans un modèle représentant une particule plongée dans un

---

89. Rappelons que le hamiltonien est l'opérateur H associé à l'énergie qui intervient dans l'équation de Schrödinger.

90. La trace d'une matrice est la somme de ses éléments diagonaux. La trace partielle correspond à l'opération qui consiste à passer de la matrice totale à une nouvelle matrice dont chaque élément est obtenu comme la somme des éléments de même indice relativement à A et S mais d'indices différents relativement à l'environnement.

91. Joos [1985].

92. Unruh [1989].

milieu chaud, que le temps de décohérence d'une masse de un gramme à la température ambiante est 10^{40} fois inférieur au temps de mise à l'équilibre du système. Même en prenant pour ce dernier une valeur égale à l'âge de l'Univers, soit 10^{17}s, le temps de décohérence est de l'ordre de 10^{-23}s. Cette théorie permet donc de disposer d'un moyen élégant de résoudre les problèmes posés par la mesure. Aux anciennes associations « classique = macroscopique » et « quantique = microscopique » qui étaient sujettes aux difficultés que nous avons exposées, elle substitue les associations « classique = ouvert » et « quantique = isolé ».

Doit-on alors considérer que le problème de la mesure est définitivement réglé ? Cette question est délicate et demande à être examinée plus en détail[93]. En effet, la réponse qu'on peut y apporter dépend en grande partie des présupposés philosophiques qu'on adopte. C'est l'objet de la discussion philosophique qui termine ce chapitre. Auparavant, nous examinerons les solutions alternatives qui ont été proposées.

La théorie de Bohm

Comme nous l'avons indiqué précédemment, la théorie de Bohm est une amélioration de la théorie initiale de De Broglie. C'est la théorie à variables cachées la plus aboutie et elle réussit à reproduire correctement les résultats de la mécanique quantique et même ceux de la mécanique quantique relativiste connue sous le nom de « théorie quantique des champs ». Dans cette théorie, la fonction d'onde ψ d'une particule possède deux significations. D'une part, c'est comme en mécanique quantique, une distribution de probabilité dont le carré du module donne la probabilité de présence de la particule. Mais c'est aussi une onde réelle qui lui sert de guide. Issue d'un « potentiel quantique », elle détermine de façon univoque la trajectoire que suit la particule. Cette théorie s'oppose à la mécanique quantique en ce qu'elle considère que les particules possèdent des propriétés bien déterminées même en dehors de toute mesure. Elle est donc proche sur ce plan de la physique classique. Selon l'expression de d'Espagnat, elle est « ontologiquement interprétable ». Cependant, cet aspect rassurant est trompeur dans la mesure où, pour être en accord avec les prédictions de la mécanique quantique, cette théorie doit être non locale et contextuelle en raison des inégalités de Bell et du théorème de Kochen-Specker. Il en résulte que le comportement des particules ne ressemble en rien à celui de la physique classique. La non-localité entraîne que la valeur d'une grandeur possédée par une particule peut dépendre de la valeur d'une autre grandeur appartenant à une autre particule distante. Par ailleurs, le contextualisme a comme conséquence,

---

93. On pourra consulter d'Espagnat [1990], d'Espagnat [1994], Zwirn [1997]

comme nous l'avons vu, que la valeur prédite pour une grandeur appartenant à une particule dépend de la configuration expérimentale mise en place pour la mesurer. La forme de l'onde pilote dépend de la totalité de l'appareillage en place et de l'environnement. Il s'ensuit que la trajectoire d'une particule, bien que parfaitement déterminée, ne peut être mesurée puisque toute adaptation de l'appareillage induira une modification de la trajectoire que la particule aurait suivie. On se trouve donc en face d'une théorie qui rétablit l'ontologie habituelle de la physique classique mais qui interdit, dans sa construction même, qu'on puisse avoir connaissance de ses propriétés.

Bohm soutient l'idée, qui paraît raisonnable, que ce n'est pas parce que nous ne pouvons connaître quelque chose que ce quelque chose n'existe pas. En cela, il s'oppose nettement à Bohr dont la thèse est plutôt que si nous ne pouvons connaître quelque chose alors il est dénué de sens d'en parler. Mais la théorie de Bohm exhale un relent de frustration puisqu'elle nous allèche avec le retour de concepts classiques pour aussitôt nous enlever tout moyen d'en avoir une véritable connaissance. Par ailleurs, l'ontologie supplémentaire dont nous gratifie Bohm n'a aucune conséquence empirique qui permette de préférer sa théorie à la mécanique quantique. Sa complexité technique bien supérieure à celle de la mécanique quantique n'a donc comme contrepartie que la possibilité de restaurer une ontologie qui échappe à toute connaissance précise. C'est la raison pour laquelle cette théorie n'est pas considérée comme une alternative véritable et que les physiciens ne l'utilisent pas concrètement. Cependant, le fait même qu'elle puisse être construite nous servira dans la suite lorsque nous aborderons les conséquences philosophiques qu'on est en droit de tirer des limitations quantiques.

Les autres solutions

Il est impossible de présenter ici de manière exhaustive les très nombreuses autres solutions qui ont été proposées. D'une part, leur nombre rend cette tâche extrêmement ardue et d'autre part, les difficultés techniques qu'elles suscitent sortent du cadre de cet ouvrage. On pourra néanmoins consulter d'Espagnat [1994] qui en donne une description plus précise. Il est cependant intéressant d'en présenter trois qui sont actuellement parmi les plus connues et qui tentent de retrouver une sorte de micro-réalisme (c'est à dire d'existence réelle des micro-objets). La première est due à Girardi, Rimini et Weber[94] et consiste à modifier l'équation de Schrödinger en lui ajoutant un terme qui permet une évolution dans laquelle un cas pur se change en un mélange statistique bien défini. Cette approche permet de résoudre d'une certaine manière le problème de la mesure mais elle

---

94. Ghirardi [1986].

se heurte sous sa forme initiale à certains obstacles comme, par exemple, le fait que lors de la réduction du paquet d'ondes celui-ci voit son énergie augmenter. Par ailleurs, son interprétation en termes de micro-réalisme n'est pas exempte de graves difficultés liées entre autres à sa non-localité.

La deuxième est l'œuvre de Omnes et Griffiths[95]. Un des buts de Griffiths est de rétablir le fait qu'une mesure nous renseigne non pas sur la valeur que possède la propriété mesurée après (comme c'est le cas dans l'interprétation quantique usuelle) mais bien sur la valeur que possédait la propriété avant. Il s'agit donc de retrouver la possibilité pour une grandeur de posséder une valeur définie en l'absence d'une mesure. Pour cela, l'auteur utilise le concept d'histoire qui représente la succession des valeurs que possèdent les observables. Certaines histoires, dites « cohérentes », sont supposées être interprétables de manière réaliste. Omnes a ensuite poursuivi la théorie de Griffiths en lui ajoutant une dimension logique à travers ce qu'il a appelé « les logiques cohérentes ». Cette approche ne peut cependant pas être considérée comme réconciliant la mécanique quantique avec l'objectivité forte qui était celle de la mécanique classique[96] car elle n'échappe pas aux objections qui ont été soulevées précédemment à propos de la mécanique quantique standard.

La troisième théorie a été proposée dans le cadre de la cosmologie par Gell-Mann et Hartle[97]. Elle partage certains traits communs avec celle de Griffiths et Omnes. Elle fait aussi appel au concept d'histoire. Selon ces auteurs, il n'est pas possible d'attribuer une probabilité à toute histoire. Seules certaines histoires dites « à gros grains » obtenues comme sommes d'histoires à grains fins (c'est-à-dire plus précises) peuvent se voir attribuer une probabilité. Le procédé consistant à passer d'histoires précises (à grains fins) à des histoires sommes (à gros grains) est appelé *coarse graining*. Cette théorie utilise le phénomène de décohérence que nous avons présenté plus haut et veut interpréter aussi bien le *coarse graining* que la décohérence de manière objective. Mais une analyse précise des concepts en jeu (que nous ne pouvons détailler ici) montre que cette volonté ne peut être considérée comme satisfaite[98].

Il en résulte que les solutions présentées ci-dessus ne peuvent être considérées comme remettant en cause de manière significative les conséquences que nous présenterons ci-dessous.

---

95. Pour une présentation des idées principales voir Omnes [1994a] [1994b].
96. Voir à ce sujet la critique de d'Espagnat [1994].
97. Voir par exemple pour une description simple Gell-Mann [1994].
98. Voir de nouveau d'Espagnat [1994].

4.7. Conséquences philosophiques

Nous supposerons, comme nous l'avons fait jusqu'ici, que les prédictions empiriques de la mécanique quantique sont exactes. Cette hypothèse ne peut être rigoureusement prouvée mais en l'état actuel de nos connaissances, il serait irrationnel de supposer le contraire. Les prédictions en question ont été mises à l'épreuve dans d'innombrables expériences, portant sur des sujets extrêmement variés et selon les protocoles les plus divers. Jamais la mécanique quantique n'a été mise en défaut. Il est bien sûr possible de penser qu'une expérience future produira une réfutation d'une de ses prédictions et nécessitera la construction d'une nouvelle théorie. Mais même dans ce cas, il semble aujourd'hui exclu que les conséquences de ce nouveau formalisme hypothétique aboutissent à un retour en arrière vers une physique retrouvant les caractéristiques familières de la physique classique. Il est même clair que les théories en cours de développement visant à décrire le monde à des échelles de plus en plus petites et qui tentent d'unifier la gravité avec les trois autres interactions (électromagnétique, forte et faible), ont des conséquences aboutissant à des remises en cause des concepts classiques encore plus radicales que celles que nous avons exposées. La théorie des supercordes, qui porte actuellement les espoirs des physiciens, est en cours de constitution mais l'interprétation des objets mathématiques qu'elle utilise pose des problèmes encore plus redoutables que ceux de la mécanique quantique. Il n'est pas possible de les aborder ici. Nous nous limiterons aux conséquences du formalisme quantique ou des formalismes à variables cachées qui n'ont pas été réfutés, c'est-à-dire aux théories à variables cachées (TVC) non locales qui reproduisent les prédictions de la mécanique quantique. Certaines conclusions, comme la non-séparabilité, semblent établies définitivement. D'autres, comme l'indéterminisme le sont moins nettement. Il sera important de souligner que certaines conclusions sont tirées des formalismes eux-mêmes et supposent donc la validité de telle ou telle théorie alors que d'autres conséquences sont directement issues de résultats expérimentaux à travers des considérations très générales et semblent alors peu susceptibles d'être abandonnées.

La non-séparabilité

Comme nous l'avons vu, la non-séparabilité exprime le fait qu'il est impossible d'attribuer des propriétés individuelles et une existence indépendante à deux systèmes ayant interagi avant qu'une mesure ait été faite sur l'un d'eux. Les expériences comme celle d'Aspect ont montré que sous des hypothèses très générales, supposer que deux objets quantiques ayant interagi (comme des paires de photons émis par un atome qui se désexcite) constituent des systèmes séparés et indépendants conduit à des conséquences contraires à l'observation. Il faut donc accepter, aussi contre-intuitif que cela soit, que la non-séparabilité est une propriété des systèmes quantiques. Cette conclusion n'exige pas que le formalisme quantique soit accepté de préférence à tout autre formalisme. Il ne s'agit pas ici d'une conclusion qui provient de l'adoption d'un formalisme particulier mais d'un enseignement tiré directement de l'expérience puisque la seule hypothèse utilisée pour dériver les inégalités de Bell (expérimentalement violées) est la localité. En ce sens, la non-séparabilité peut être maintenant considérée comme une propriété solidement établie[99]. La mécanique quantique la respecte et n'est donc pas réfutée mais il existe des formalismes alternatifs à variables cachées qui, la respectant aussi, ne sont pas réfutés non plus. Les expériences dont il est question réfutent en revanche les TVC locales qu'il faut désormais éliminer car elles ne permettent pas de prédire correctement les résultats empiriques.

Se représenter de manière imagée la non-séparabilité est extrêmement difficile. Si, au moins, il était possible de limiter son influence à des distances microscopiques, son étrangeté serait réduite. Nous sommes en effet plus disposés à accepter que des phénomènes inhabituels se produisent à des échelles atomiques (de l'ordre de 10^{-10} m) qu'à envisager qu'ils interviennent dans notre environnement quotidien. Pourtant, les résultats des expériences sont nets : la non-séparabilité agit sur des distances macroscopiques. Dans l'expérience d'Aspect, les photons sur lesquels on fait les mesures sont séparés de plus de 10 m et ils le sont par une distance de l'ordre d'un km dans des expériences plus récentes[100]. Il est encore plus difficile d'accepter l'idée que, si l'on prend au sérieux le concept de fonction d'ondes de l'Univers (et on ne voit pas ce qui s'y oppose), des systèmes séparés par des distances cosmologiques peuvent être dans des états enchevêtrés qui interdisent de les considérer comme des entités indépendantes. En poussant les choses à l'extrême, l'existence même de ces entités ne peut être envisagée de manière individuelle. Seul « existe » un système constitué par le tout formé de l'ensemble des systèmes ayant interagi et qui n'ont été soumis à aucune observation, même si ce tout est étalé sur plusieurs années-lumière. Comme le dit Redhead[101] dans la phrase que nous avons mise en tête de ce chapitre : « C'est ainsi — une sorte d'action à distance ou de non-séparabilité semble inévitable dans toute tentative raisonnable de comprendre le point de vue quantique sur la réalité. Comme Popper l'a remarqué, nos théories sont des filets que nous construisons pour

---

99. Rappelons ici que la non-séparabilité est synonyme de la non-localité lorsqu'on se place en mécanique quantique.

100. Tapster [1994].

101. Redhead [1987].

attraper le monde. Nous ferions mieux d'accepter le fait que la mécanique quantique a fait surgir un poisson plutôt étrange. »

Ces considérations ont évidemment des conséquences importantes que nous utiliserons plus loin dans la discussion sur la Réalité.

Déterminisme ou hasard

Le formalisme quantique ne peut faire, dans le cas général, que des prédictions de nature probabiliste. Mais à la différence des théories probabilistes classiques comme la mécanique statistique, le non-déterminisme quantique ne résulte pas de notre ignorance de l'état détaillé des systèmes mais de l'essence même de cet état. En mécanique quantique, le vecteur d'état d'un système représente tout ce qu'il est possible de savoir sur le système. Si on refuse de se placer dans le cadre des théories à variables cachées, on est donc obligé d'admettre que la nature elle-même ne sait pas à l'avance quel va être le résultat d'une mesure pour laquelle il existe plusieurs possibilités. N'en déplaise à Einstein, il semble bien que Dieu joue aux dés. L'indéterminisme essentiel dont il est question est donc bien plus radical que celui que nous avons envisagé dans l'étude du chaos déterministe. Rappelons toutefois que l'indéterminisme quantique ne concerne que les résultats de mesure et non pas l'évolution dans le temps de l'état d'un système qui est, elle, parfaitement déterministe.

Il est cependant possible, pour ceux qui persistent à refuser le hasard absolu, d'adopter le formalisme de certaines TVC non locales qui préservent le déterminisme. L'idée de base consiste à postuler l'existence de variables cachées qui, si nous les connaissions, permettraient de prédire avec certitude le résultat d'une mesure[102]. Cette attitude, bien que cohérente, est cependant coûteuse. D'abord il faut insister sur le fait que si ces théories rétablissent la possibilité en principe (si l'on connaissait la valeur des variables cachées) de prédire le résultat qu'on obtiendrait si l'on mesurait une grandeur A, elles n'autorisent pas pour autant à considérer que A possède cette valeur avant la mesure. Elles ne peuvent donc pas s'interpréter comme rétablissant un réalisme habituel. Par ailleurs, les théories dont il est question souffrent de graves défauts qui contrebalancent leur aspect rassurant. Le formalisme qui leur est associé est bien plus complexe que celui de la mécanique quantique et malgré cette complexité, elles sont stériles en ce qu'elles ne font aucune prédiction nouvelle par rapport à la mécanique quantique. Aucun physicien sensé ne sera donc prêt à les utiliser concrètement car le prix de leur complexité d'utilisation n'est compensé par aucun avantage prédictif. Ensuite, elles semblent extrêmement difficiles à étendre au cadre relativiste. Lorsqu'on considère des énergies élevées, ce qui est le cas

---

102. Dans ce cas, même si nous, humains, ne pouvons faire mieux que de prédire de manière probabiliste, Dieu, lui au moins, ne joue pas aux dés.

en physique des particules, il est obligatoire de tenir compte des effets décrits par la relativité restreinte. L'extension de la mécanique quantique dans le domaine relativiste a donné naissance à la théorie quantique des champs qui est le pilier de la physique moderne des particules. Dans le cas de l'interaction électromagnétique par exemple, la théorie correspondante est l'électrodynamique quantique qui est actuellement considérée comme la théorie la plus précise jamais construite. Or, les théories à variables cachées posent de difficiles problèmes quand il s'agit de les marier avec la relativité restreinte même si la théorie de Bohm dont nous avons parlé a réussi cette extension.

Enfin, et c'est peut-être le plus grave, la motivation pour introduire ces théories consiste à tenter de rétablir une interprétation raisonnable du fonctionnement du monde. Malheureusement pour elles, cette motivation n'aboutit nullement et les théories en question souffrent d'interprétations au moins aussi étranges que celle de la mécanique quantique. Elles doivent être au minimum non locales et contextuelles. Ce dernier aspect entre autres interdit, contrairement à ce qu'on pourrait souhaiter pour de telles théories, de considérer que certaines observables aient une valeur définie lorsqu'un jeu de variables cachées est donné. Comme nous l'avons vu, les valeurs en question dépendent en effet de la spécification de données contextuelles comme, par exemple, la direction d'axes de coordonnées. Ces arguments ne sont évidemment pas suffisants pour écarter la possibilité qu'une théorie à variables cachées de ce type soit correcte. Il n'est donc pas interdit pour qui veut préserver une sorte de déterminisme d'adopter une telle théorie. C'est en ce sens que l'indéterminisme n'est pas une conclusion aussi contraignante que la non-séparabilité. Cependant, les raisons ci-dessus exposées font que les physiciens, dans leur grande majorité, préfèrent penser que la bonne théorie est la mécanique quantique [103]. Ils sont donc contraints d'accepter l'indéterminisme essentiel qui lui est associé.

La disparition de la notion d'état
comme représentation de ce qui « est »

Ce qui précède montre la nécessité d'abandonner le concept d'état individuel d'un système comme synthétisant l'ensemble des propriétés qu'il possède à un instant donné. Que l'on adopte le formalisme quantique orthodoxe ou une des TVC, l'état du système n'est plus qu'un outil permettant de prédire (de manière probabiliste dans le cas de la mécanique quantique et des TVC non déterministes, de manière déterministe dans le cas des TVC déterministes) le résultat que la mesure d'une certaine grandeur produira. Aucun des formalismes ne peut être interprété comme signifiant que la grandeur

---

103. Zwirn [1990].

mesurée possède la valeur prédite et ce dès avant la mesure[104]. C'est la mesure elle-même qui est responsable du fait que la grandeur mesurée adopte une valeur définie. L'état d'un système ne représente donc plus ce qu'« est » le système ou quelles sont ses propriétés, comme c'était le cas en physique classique, mais uniquement la potentialité qu'il fournisse tel ou tel résultat lors de telle ou telle mesure.

Au surplus, les conclusions auxquelles nous avons abouti montrent qu'indépendamment des représentations que fournit le formalisme, il est même impossible d'imaginer ou de penser que les grandeurs attachées au système possèdent des valeurs définies. Cette conclusion est de peu d'importance pour tous ceux qui adoptent l'attitude positiviste de l'école de Copenhague. S'interroger sur l'état réel d'un système entre deux mesures est pour eux dénué de sens et seul importe ce qui est mesuré. En revanche, elle montre à tous ceux qui veulent conserver une position réaliste, que le réel qu'ils veulent préserver refuse de se voir attribuer des propriétés définies quand il n'est pas observé. Ceci nous amène donc naturellement à analyser le rôle de l'observateur.

Le rôle de l'observateur

La physique classique nous a habitués à une correspondance biunivoque entre le monde et sa description. Nous pensons naturellement que notre perception des objets correspond à l'existence d'objets qui lui sont réellement conformes. Ainsi, l'existence d'une chaise, là, est cause de notre perception de « chaise, là » et cette perception est conforme à l'objet qui la cause donc, en retour, elle nous autorise à croire qu'il existe une chaise, là, qui est telle que nous la percevons. Dans ce tableau, l'observateur joue un rôle essentiellement passif. Il se borne à enregistrer ce qui existe à l'extérieur de lui-même et n'agit ni sur cet extérieur ni sur ce qu'il enregistre. C'est la raison pour laquelle la physique classique est dite « objective ».

La mécanique quantique nous force à modifier cette vision en faisant jouer un rôle bien plus fondamental à l'observateur. Comme l'ont bien montré les analyses de d'Espagnat[105], il semble impossible de formuler la mécanique quantique sans faire référence à un observateur. La raison est bien sûr liée au problème de la mesure. Le paragraphe précédent a permis d'évoquer la disparition de la possibilité d'interpréter l'état d'un système comme décrivant les propriétés possédées par le système. La mécanique quantique n'est donc pas une théorie objective si on entend par « objectif », un formalisme qui décrit la réalité indépendamment de tout observateur. Mais ce n'est pas non plus une théorie subjective au sens où chacun y trouverait sa

---

104. Sauf dans les cas particuliers où une mesure identique vient d'être effectuée.
105. D'Espagnat [1965], [1979].

vérité, différente de celle des autres[106]. C'est selon le terme de d'Espagnat, une théorie « à objectivité faible » ou « intersubjective », c'est-à-dire une théorie qui fait nécessairement intervenir un observateur mais où tous les observateurs sont d'accord sur ce qu'ils observent. Cet accord intersubjectif est d'ailleurs une des raisons souvent invoquée à l'appui de la thèse réaliste : l'explication la plus simple du fait que différents observateurs sont d'accord sur ce qu'ils observent est qu'il existe « quelque chose » en dehors d'eux qui cause leurs perceptions. C'est une explication par le principe de la cause commune. En revanche, contrairement à ce qui était concevable en physique classique, il n'est plus possible de supposer que ce « quelque chose » ressemble vraiment à ce que nous en percevons. C'est la raison pour laquelle d'Espagnat parle de « réel voilé » pour désigner ce qui cause nos perceptions mais ne nous est pas directement accessible. Ce réel voilé est, partiellement au moins, décrit par le formalisme quantique[107] et est indéterministe, non séparable et non compréhensible en totalité.

Il est intéressant de voir apparaître une distinction entre le monde tel qu'il est et le monde tel que nous le percevons. Bien sûr, une telle distinction est très loin d'être une nouveauté en philosophie. Le concept de monde en soi, inaccessible et incompréhensible a, chez de nombreux philosophes anciens, été opposé au monde des phénomènes de la réalité empirique. Ce qui est nouveau ici, c'est que cette conception ne provient pas de réflexions abstraites qu'on est toujours libre d'accepter ou de refuser au nom d'autres réflexions tout aussi abstraites, mais est directement issue, de manière assez contraignante, d'un aller-retour entre expérience et théorie. Il semblerait que, pour la première fois dans l'histoire de la philosophie, le choix de croire qu'il existe un monde extérieur à tout observateur et grossièrement conforme à ce que nous en percevons ne soit plus possible sauf à adopter une attitude irrationnelle. Cette conclusion semble s'imposer même si l'on refuse le formalisme quantique pour adopter celui des TVC non locales. Quel est alors le schéma dans lequel s'inscrire ? Une première possibilité, celle de l'école de Copenhague adoptée par Bohr, Heisenberg, Born, consiste à refuser de considérer que ces questions ont un sens. La mécanique quantique fonctionne remarquablement bien dans ses prédictions, il est inutile de se demander ce qui se passe en dehors de ce qui est observable. La maxime des partisans de cette position, qu'on peut qualifier de « positivistes » ou d'« instrumentalistes », est bien caricaturée par A. Garg[108] : « Tais-toi et calcule. » Mais l'inclinaison de certains les poussera à refuser cette attitude et à chercher à aller plus loin, à faire

---

106. Nous verrons cependant plus loin qu'une interprétation possible aboutit à une conclusion qui est assez proche de cela.

107. C'est pourquoi il est qualifié de seulement voilé et non pas de totalement inconnaissable.

108. Cité par Tegmark [1998].

de la métaphysique au sens propre du terme. Dans ce cas, il devient inévitable de s'interroger sur le statut de nos perceptions.

Une deuxième possibilité est de considérer que cela a un sens de s'interroger sur le statut de la réalité et d'apporter comme réponse que seule la réalité empirique a une existence et qu'il est illusoire de chercher, en dehors de nous et au-delà des phénomènes observables, une cause profonde de nos observations. J'appellerai « réalisme empirique » cette position. Elle considère que le formalisme quantique n'est qu'un outil mathématique utile pour décrire et prédire les résultats d'observations et qu'il ne faut accorder aucun statut de réalité aux entités mathématiques non observables qui sont utilisées. Se demander à quoi ressemble un électron dans un état superposé de position est totalement dénué de sens puisqu'un électron dans cet état n'est rien d'autre qu'un auxiliaire de calcul commode pour prédire ce qu'on observera si l'on fait une mesure de position de l'électron. Cette attitude se subdivise en deux selon que l'on considère la réalité empirique limitée à ce qui est observable en pratique ou incluant tout ce qui est en principe observable. Ainsi, les tenants de la première possibilité ne feront aucune distinction entre deux systèmes décrits par des états différents mais tels que l'observation pratique de leur différence ferait intervenir des mesures impraticables (par exemple demandant plus de temps que l'âge de l'Univers). Je les appellerai des « réalistes empiriques pragmatiques ». Les adeptes de la deuxième position penseront au contraire qu'une différence de principe est suffisante pour que deux descriptions ne soient pas identifiées même si l'observation des effets de cette différence est hors de portée. Ce sont les « réalistes empiriques de principe ». Enfin, une troisième position que j'appellerai le « réalisme métaphysique » consiste à croire qu'au-delà du monde empirique, il existe quelque chose qui entretient une certaine relation avec la réalité empirique. C'est la position de d'Espagnat. Si on l'adopte, on est conduit à accepter que l'observateur joue un rôle important. Mais il reste encore une marge de liberté dans le rôle qu'on est prêt à lui conférer. Nous allons revenir sur ce point important mais auparavant, il nous faut insister sur le fait qu'une attitude rationnelle impose un choix parmi les hypothèses que nous avons proposées et l'acceptation de toutes ses conséquences aussi étranges puissent-elles paraître.

L'impact de la théorie de l'environnement

Comme nous l'avons vu, la théorie de l'environnement permet, par l'intermédiaire du mécanisme de décohérence, de rendre compte de la diagonalisation de la matrice densité. Un problème subsiste néanmoins, c'est le problème « ET-OU » signalé par Bell et qui survient lorsqu'on s'intéresse à la mesure d'un système individuel et non pas d'un ensemble de systèmes. Une matrice densité diagonale n'a en effet aucune raison de recevoir une interprétation probabiliste quand elle décrit un système individuel. Comme il le dit[109] : « Si l'on n'était pas, au départ, en quête de probabilités, [...] l'interprétation évidente serait que le système est dans un état où les divers $\psi_m>$ coexistent. »

Même si la diagonalisation supprime les effets d'interférences entre les différents états possibles, elle n'implique pas qu'un seul soit présent. Au contraire, elle stipule plutôt leur coexistence. Il reste donc à expliquer pourquoi et comment la mesure ne donne qu'un seul résultat. Cette difficulté est importante et nous y reviendrons. Si l'on passe sur cette difficulté, est-ce que la décohérence donne une description claire et non ambiguë du processus de mesure ? Oui en un certain sens, et c'est la raison pour laquelle ce mécanisme est maintenant majoritairement accepté. Lors d'une mesure d'une propriété d'un système quantique S par un appareil macroscopique A, la prise en compte de l'environnement E de l'appareil permet de montrer que l'évolution de la matrice densité S_{AS} de l'ensemble {appareil + système quantique} par l'équation de Schrödinger prend très rapidement une forme quasi diagonale puisque les termes non-diagonaux deviennent très petits.

Il est pourtant nécessaire de ne pas oublier deux points fondamentaux : le premier, que c'est uniquement parce qu'on ne considère pas les degrés de liberté de l'environnement qu'on a le droit de se restreindre à la matrice densité S_{AS} sans quoi il serait nécessaire de considérer la matrice densité totale S_{ASE} qui, elle, n'est pas diagonale. Le deuxième, qu'en toute rigueur, si l'on attend suffisamment longtemps, les termes non diagonaux peuvent redevenir non négligeables. Ces difficultés sont écartées parce que faire une mesure mettant en évidence une observable portant sur ces degrés de liberté ou attendre que les éléments non diagonaux redeviennent importants est impossible en pratique car cela nécessiterait des dispositifs de mesure et un temps qui excèdent de plusieurs ordres de grandeur nos possibilités (voire celles de l'Univers tout entier). Il n'empêche que cette impossibilité n'est que de fait et non pas de principe. Il en résulte que, selon qu'on adopte l'une ou l'autre des attitudes philosophiques que nous avons présentées ci-dessus, les conséquences sur l'image du monde qu'on en tire seront différentes.

Si l'on est réaliste empirique pragmatique, la conclusion est simple. Le mécanisme de décohérence est l'explication définitive du problème de la mesure. La seule réalité ayant un sens est la réalité empirique des observations pratiquement réalisables. Après décohérence, la réalité est décrite par la matrice densité S_{AS} diagonale et il est dénué de sens de remarquer qu'il serait en principe possible de mesurer des effets non prédits par cette matrice puisque ces mesures sont infaisables en pratique. La réalité empirique est alors conforme à son apparence.

---

109. Bell [1990] cité par d'Espagnat [1994].

Si l'on est réaliste empirique de principe, la conclusion est différente. Elle consiste alors à accepter le fait que l'apparence de la réalité empirique est expliquée par la décohérence tout en considérant que la réalité empirique en soi est différente. Il existe alors, d'une part, une réalité empirique non accessible dans laquelle la réduction du paquet d'ondes n'a pas lieu et où les systèmes restent dans des états superposés, et une apparence de cette réalité où les appareils semblent être dans des états macroscopiquement définis. Curieusement, les réalistes empiriques de principe sont donc finalement conduits à adopter une position assez proche de celle des réalistes métaphysiques. Ces derniers doivent en effet considérer que la décohérence ne fournit qu'une explication de l'apparence de la réalité en soi qui reste quantique dans son essence puisque aucun des points nécessaires au fonctionnement de la décohérence n'est satisfait par la réalité non empirique. On peut même aller jusqu'à penser que, dans la mesure où les réalistes empiriques de principe sont contraints d'accepter l'existence de deux niveaux de réalité empirique, leur position ne présente plus vraiment de différence avec celle des réalistes métaphysiques. Les deux estiment qu'il est sensé de parler de propriétés non observables. La seule différence réside dans le fait que les premiers restreignent la classe des propriétés non observables dont ils acceptent de parler aux propriétés non observables uniquement pour des raisons pratiques. Mais cette différence paraît finalement mineure comparée à celle qui les oppose aux réalistes empiriques pragmatiques.

La décohérence semble donc nous permettre de simplifier le choix des attitudes possibles. La première possibilité est de limiter la réalité aux phénomènes pratiquement observables et de considérer comme dénué de sens de s'interroger sur tout ce qui se passe hors de ce cadre. Dans ce cas, la décohérence fournit une solution définitive (à la difficulté du « ET-OU » près) au problème de la mesure. La deuxième possibilité est d'admettre qu'il existe une réalité des phénomènes qui échappe à nos possibilités de mesure. Dans ce cas, il faut admettre que la réalité en question est profondément quantique et que c'est seulement son apparence qui paraît classique. Il est intéressant de constater que dans les deux cas, la conscience continue à jouer un rôle. Certes, ce rôle est différent de celui que lui assignaient von Neumann et Wigner. Il n'est pas question ici d'une quelconque action de la conscience sur les systèmes quantiques. Contrairement à ce que ces auteurs postulaient (et qui posait le difficile problème de comprendre le mécanisme par lequel la conscience pouvait modifier l'état physique d'un système tout en restant elle-même à l'extérieur de toute description physique), la conscience n'agit nullement sur la réalité en soi. En revanche, c'est la conscience qui est responsable de la forme sous laquelle cette réalité nous apparaît. Pour un réaliste empirique pragmatique, la réalité est limitée à ce que nos capacités humaines autorisent, et ultimement c'est bien notre conscience qui détermine ces limitations. Pour un réaliste empirique de principe ou métaphysique, la conscience n'agit pas sur la réalité en soi mais par les limites d'observations qu'elle nous impose, elle prescrit le cadre dans lequel cette réalité nous apparaît. Cette solution (qui partage des traits communs avec le kantisme) est finalement assez satisfaisante car il paraît naturel que la conscience joue un rôle dans le monde de nos perceptions. Le fait qu'avant l'invention du mécanisme de décohérence, aucune solution permettant d'éliminer purement et simplement le rôle de la conscience n'a été trouvée était un indice de son aspect essentiel. La décohérence a permis de montrer que ce rôle était plus subtil que celui qu'avaient voulu lui faire jouer von Neumann et Wigner.

Retour sur la théorie d'Everett

Nous avons donné plus haut la présentation habituelle de la théorie des mondes multiples d'Everett qui consiste à dire que le monde se scinde, à chaque mesure, en autant de branches qu'il existe de résultats possibles pour la mesure. Ces branches sont supposées être réelles simultanément même si elles ne peuvent pas communiquer entre elles. Cette interprétation se heurte cependant à certaines difficultés. La première, que nous avons évoquée, est qu'elle ne spécifie pas ce qu'il faut entendre par « mesure ». Si, comme c'est le but initial d'Everett, les observateurs sont eux-mêmes considérés comme des objets quantiques, alors il n'y a pas de différence entre une interaction avec un appareil de mesure et une interaction avec un observateur conscient. Dans ce cas, une mesure et une scission se produisent à chaque fois qu'un système dans un état superposé interagit avec un autre système qui se corrèle au premier. Il y a donc multiplication des systèmes. Mais comme d'Espagnat[110] le fait remarquer, une difficulté surgit si l'on considère l'expérience suivante où un système dans l'état singulet se désintègre en deux particules U et V. On a vu précédemment que dans un tel cas, l'état du système est décrit par : $|u_+\rangle|v_-\rangle - |u_-\rangle|v_+\rangle$ où $|u_+\rangle$ est l'état de U correspondant à un spin + selon Oz. Selon cette interprétation, le monde se scinde donc en deux branches après la désintégration. L'une correspond à un univers où U a une composante de spin + suivant Oz et V une composante –, et l'autre correspond à l'inverse. Il y a donc 4 particules dans le « supermonde » qui regroupe les deux divisions. Mais l'état singulet présente une symétrie sphérique qui fait qu'il peut aussi s'écrire $|u'_+\rangle|v'_-\rangle - |u'_-\rangle|v'_+\rangle$ où $|u'_+\rangle$ représente un état + de spin de U suivant n'importe quelle direction (par exemple Ox). Si donc on écrit l'état singulet sous cette forme, on conclut que le monde s'est divisé en deux branches dont l'une correspond à un univers où U a une composante de spin + suivant Ox et V une composante – et l'autre correspond à l'inverse. Ce raisonnement peut en fait être répété pour

---

110. D'Espagnat [1976].

toutes (une infinité) les directions de l'espace. Rien ne nous permet de privilégier une direction par rapport aux autres. On peut, comme d'Espagnat, conclure en disant que dans ce cas, il n'y a pas subdivision mais alors, comme il le fait remarquer, il devient difficile de préciser quand il doit y avoir division compte tenu de la similarité du processus général de mesure avec l'exemple donné ci-dessus. Ou bien, on peut admettre que l'univers se scinde en autant de doubles branches qu'il y a de directions possibles dans l'espace, ce qui est extrêmement peu satisfaisant.

Le solipsisme convivial [111]

Une autre interprétation est possible et je voudrais la développer sous une forme amplifiée que j'appellerai « solipsisme convivial » pour des raisons qui apparaîtront plus loin. Elle consiste à supposer qu'il n'y a en fait jamais de division, que l'Univers reste unique et que sa fonction d'ondes, incluant les observateurs et leur conscience, évolue uniquement selon les prescriptions de l'équation de Schrödinger[112]. Dans ce cas, cette fonction d'ondes décrit comme nous l'avons montré un état enchevêtré. Reprenons l'exemple simple de la mesure de la composante suivant Oz du spin d'un électron initialement dans un état superposé $\psi_E = [a|+\rangle_z + b|-\rangle_z]$. Faisons passer cet électron dans un appareil de Stern et Gerlach A dont le champ magnétique est dirigé selon Oz. Après l'interaction, on sait que l'état du système composé de l'électron plus l'appareil sera : $\psi_{AE}^f = a|+\rangle_z|\uparrow\rangle + b|-\rangle_z|\downarrow\rangle$ [113]. Considérons alors un observateur de l'appareil. Si l'on suppose que le grand système {électron + appareil + observateur} évolue selon l'équation de Schrödinger, son état sera :

$$\psi_{AEO}^f = a|+\rangle_z|\uparrow\rangle|\odot\rangle + b|-\rangle_z|\downarrow\rangle|\otimes\rangle$$

où l'on note $|\odot\rangle$ l'état de l'observateur d'un impact de l'électron en haut de l'écran et $|\otimes\rangle$ l'état de l'observateur d'un impact en bas. Un tel état ne correspond pas à ce que nous constatons empiriquement puisqu'il décrit un enchevêtrement où l'observateur est dans un état de conscience superposé dans lequel il a observé une superposition d'impacts en haut et en bas. Nous prétendons, dans cette interprétation, que c'est pourtant bien l'état dans lequel se trouve l'Univers incluant l'observateur après la mesure. Il nous faut alors expliquer comment, malgré cette description qui adopte une fonction d'ondes

---

111. Il faut préciser que ce qui suit est nettement plus prospectif que ce qui précède et ne reflète aucunement une position généralement admise. L'interprétation proposée me semble cependant, par sa cohérence, présenter un intérêt certain malgré son aspect fortement étrange.

112. Cette interprétation a déjà été proposée dans d'Espagnat [1976] avant la découverte de la théorie de l'environnement et a été reprise dans d'Espagnat [1994] sous une forme moins développée que dans le présent ouvrage.

113. Voir le paragraphe sur la théorie de la mesure.

non réduite, l'observateur a, lui, conscience de n'avoir observé qu'un des résultats possibles et se sent dans un état réduit non superposé, à savoir soit $|\smiley\rangle$ soit $|\frownie\rangle$.

L'explication est en deux étapes. La première consiste à remarquer que l'impression qu'a l'observateur dépend directement de ce qui est accessible à sa conscience. Or, ce qui est accessible à sa conscience se réduit à ce qu'il est capable de percevoir donc de mesurer d'une manière ou d'une autre. L'observateur ne peut donc avoir conscience d'effets non mesurables, que ce soit en principe ou en pratique. En particulier, il lui est impossible de faire la différence entre un système décrit par une matrice densité non diagonale faisant intervenir l'environnement et une matrice diagonale négligeant les degrés de liberté de l'environnement. De la même manière, il ne peut voir de différence entre une matrice densité exactement diagonale et une matrice densité dont les termes non diagonaux redeviendront importants dans plusieurs milliards d'années. Tout se passe donc pour lui comme si le système qu'il observe était décrit par la matrice densité diagonale à laquelle le processus de décohérence permet d'aboutir. L'apparence de ce qu'il observe est la même que si l'Univers avait évolué non pas dans l'état enchevêtré que nous avons mentionné mais dans l'état correspondant à une matrice densité diagonale pour l'électron et l'appareil. Or, nous avons vu qu'une telle matrice représente, lorsqu'elle s'applique à un ensemble de couples électron-appareil, un mélange de couples où l'électron est dans l'état $|+\rangle$ et l'appareil dans l'état $|\uparrow\rangle$ et de couples où l'électron est dans l'état $|-\rangle$ et l'appareil dans l'état $|\downarrow\rangle$. C'est d'ailleurs la raison pour laquelle on considère que la décohérence permet de résoudre le problème de la mesure. Cependant, nous avons signalé que cette solution laissait subsister la difficulté « ET-OU » mise en avant par Bell. Elle consiste à remarquer que lorsqu'on ne s'intéresse qu'à un système individuel, l'interprétation d'une matrice densité diagonale ne permet pas de dire que le système correspondant est dans un des états possibles décrits par la matrice. Au contraire, il faudrait considérer que le système est dans tous les états à la fois, mais différemment du cas d'une superposition puisqu'il n'existe aucune corrélation entre les différents états.

C'est ici qu'intervient la deuxième étape de notre interprétation. Elle consiste à postuler qu'à ce stade, la conscience de chaque observateur « sélectionne » ou « s'accorde à » ou « s'accroche à » un seul des états possibles. La réduction définitive, celle où l'état de conscience et la valeur mesurée associée se définissent, intervient donc à ce moment. Nous appellerons « accrochage » le mécanisme qui fait que l'état de conscience sélectionne un et un seul des états de la superposition. Comme nous le verrons plus bas, le mécanisme d'accrochage ne se contente pas de sélectionner un état, il y accroche l'observateur dans un sens qui s'éclairera plus loin. L'image générale est donc la suivante : L'Univers, incluant les observateurs et leur conscience, évolue conformément à l'équation de Schrödinger et sa fonction d'ondes n'est jamais réduite. Elle demeure dans un état enchevêtré. C'est ce que Tegmark appelle « le point de vue externe [114] ». En revanche, la conscience qu'un observateur peut avoir de cet univers superposé dépend des limitations propres à la nature humaine qui l'empêchent d'être sensible à des différences faisant intervenir des quantités non observables pour des raisons soit de principe soit de nature pratique. Il en résulte que tout se passe pour la conscience humaine comme si le système observé était décrit par la matrice densité diagonale. Intervient alors le mécanisme d'accrochage qui accorde la conscience de l'observateur à un seul des états possibles intervenant dans la matrice diagonale et c'est ce dernier processus qui élimine le problème du « ET-OU ». L'état de conscience de chaque observateur n'est alors relatif qu'à l'apparence pour lui d'un univers dont la description exacte montre qu'il est en principe tout autre. Mais les limitations de la nature humaine font qu'il est impossible de prendre conscience de cette différence. C'est le point de vue interne.

On peut se demander si cette interprétation permet de rester en accord avec les prédictions de la mécanique quantique. En effet, le vecteur d'état de l'Univers restant enchevêtré, il n'est pas évident, *a priori*, que le mécanisme d'accrochage soit cohérent avec les prédictions empiriques de la mécanique quantique qui suppose qu'après une mesure, le système mesuré est dans un état réduit non superposé. Afin de montrer que tel est bien le cas, explicitons le processus de mesure dans notre interprétation.

Reprenons l'expérience consistant à mesurer le spin suivant Oz d'un électron dans un état superposé au moyen d'un appareil de Stern et Gerlach. Selon le formalisme que nous avons plusieurs fois utilisé, on sait que l'électron est dans l'état initial $\psi_E = [a|+\rangle_z + b|-\rangle_z]$ et qu'après l'interaction, le système {électron + appareil} sera dans l'état $\psi^f_{AE} = a|+\rangle_z|\uparrow\rangle + b|-\rangle_z|\downarrow\rangle$. De même, nous avons vu que l'intervention d'un observateur aboutira à ce que le système total incorporant l'observateur sera après interaction avec celui-ci (nous employons ici à dessein le mot « interaction avec l'observateur » et non « prise de conscience » puisqu'une différence va être établie entre les deux) dans l'état :

$$\psi^f_{AEO} = a|+\rangle_z|\uparrow\rangle|\odot\rangle + b|-\rangle_z|\downarrow\rangle|\otimes\rangle.$$

Comme nous l'avons souligné, cet état ne rend pas compte de l'état de conscience non superposé de l'observateur. Pour éviter toute ambiguïté, nous ferons la distinction entre le cerveau de l'observateur et son état de conscience. Ce n'est pas une hypothèse supplémentaire mais un simple artifice de langage qui nous permettra de nous exprimer plus clairement. En particulier, lorsque nous parlerons d'un

---

114. Tegmark [1998].

état superposé, c'est au cerveau qu'il s'appliquera alors que par construction du mécanisme d'accrochage, l'état de conscience ne pourra jamais être dans un état superposé. On peut admettre que si le cerveau est dans un état macroscopiquement bien défini, alors l'état de conscience sera dans le même état. En revanche, si le cerveau est dans un état superposé, l'état de conscience associé sera défini comme explicité ci-dessous. Supposons qu'au départ, l'état de conscience de l'observateur est ψ_O et l'état initial de l'appareil ψ_A : on admet donc que l'évolution du système {électron + appareil + cerveau} est décrite par le transfert

$$\psi_O \psi_A \psi_E \,\text{->}\, \psi_{AEO}^f = a|+\rangle_z |\uparrow\rangle|\odot\rangle + b|-\rangle_z|\downarrow\rangle|\otimes\rangle.$$

Selon le mécanisme d'accrochage, après l'interaction, l'état de conscience est décrit par $|\odot\rangle$ ou $|\otimes\rangle$ représentant l'impression d'avoir vu un impact en haut ou un impact en bas, états de l'appareil qui sont corrélés respectivement à $|+\rangle_z$ et à $|-\rangle_z$ correspondant à une mesure de spin + ou de spin –. De plus, le mécanisme stipule que la conscience de l'observateur reste en quelque sorte accrochée à l'état sélectionné lors d'une mesure ultérieure, en un sens qu'on va préciser plus bas. L'état de conscience est lui, soumis au transfert :

$$\psi_O \,\text{->}\,|\odot\rangle \text{ ou } \psi_O \,\text{->}\,|\otimes\rangle.$$

Il faut insister sur le fait que ce processus est à comprendre dans le sens suivant : l'état physique de l'Univers est $\psi_{AEO}^{\,f}$ et c'est lui qui intervient dans toute évolution ultérieure. Il n'y a donc jamais réduction et l'Univers reste dans un état enchevêtré conformément au point de vue externe. En revanche, la perception qu'un observateur en a est décrite par $|\odot\rangle$ ou par $|\otimes\rangle$ (selon le point de vue interne). L'Univers évolue donc conformément à l'équation de Schrödinger mais la perception qu'un observateur en a est régie par le mécanisme d'accrochage.

Considérons maintenant le cas de deux mesures successives qui nous permettra d'illustrer plus complètement l'accrochage et montrons que notre description permet de rendre compte du fait que deux mesures successives d'une grandeur fourniront bien le même résultat observé, conformément aux prédictions quantiques usuelles. Reprenons l'exemple précédent et supposons que la première mesure ait abouti en ce qui concerne l'état de conscience à $|\odot\rangle$. Nous noterons maintenant cet état $|\odot\rangle_1^*$, l'indice 1 signifiant qu'il représente une impression concernant le premier appareil et l'astérisque indiquant que c'est l'état, parmi ceux entrant dans la superposition de la fonction d'ondes de l'Univers, auquel est accroché l'observateur. Faisons une deuxième mesure de la même grandeur avec un nouvel appareil. Cette nouvelle interaction aboutit, conformément à l'équation de Schrödinger, à un nouvel état pour le système {électron + appareil n° 1 + appareil n° 2 + observateur} :

$$\psi^{f}_{A_1A_2EO} = a|+\rangle_z|\uparrow\rangle_1|\uparrow\rangle_2|☺\rangle^{*}_1|☺\rangle_2 + b|-\rangle_z|\downarrow\rangle_1|\downarrow\rangle_2|☹\rangle_1|☹\rangle_2.$$

L'appareil n° 2 s'est enchevêtré avec le grand système précédent. Comment évolue l'état de conscience de l'observateur ? Son état initial avant la deuxième mesure était $|☺\rangle_1$ auquel il est accroché. Les deux états de conscience entrant dans l'état global après la deuxième mesure sont $☺_1|☺\rangle_2$ et $|☹\rangle_1|☹\rangle_2$ représentant respectivement le fait d'avoir observé un impact en haut sur le premier et le deuxième appareil ou d'avoir observé un impact en bas sur le premier et le deuxième appareil. Le mécanisme d'accrochage s'énonce alors précisément ainsi : *lors de la perception d'un nouvel état enchevêtré, le nouvel état de conscience est obtenu en sélectionnant parmi les états composant l'état final enchevêtré, un état de conscience corrélé à l'état de conscience auquel l'observateur était accroché précédemment. L'observateur est alors accroché à ce nouvel état de conscience pour toute mesure ultérieure.*

Lors de l'observation du deuxième appareil, le mécanisme d'accrochage sera donc contraint de sélectionner l'état final corrélé à l'état initial auquel il est accroché. La seule possibilité est que l'état de conscience final soit $|☺\rangle_1|☺\rangle_2$ et la deuxième mesure redonnera bien le même résultat. Cela rend donc correctement compte du fait que malgré un état physique qui reste enchevêtré, deux mesures successives de la même grandeur sont bien perçues comme donnant le même résultat.

Que se passe-t-il maintenant dans le cas où l'on mesure une deuxième grandeur incompatible avec la première ? Reprenons notre exemple mais mesurons maintenant en second le spin suivant Ox. On peut montrer que l'état final sera cette fois :

$$a|☺\rangle^{*}_1[|+\rangle_x|\uparrow\rangle_1|\uparrow\rangle_2|☺\rangle_2 + |-\rangle_x|\uparrow\rangle_1|\downarrow\rangle_2|☹\rangle_2]$$

$$+$$

$$b|☹\rangle_1[|+\rangle_x|\downarrow\rangle_1|\uparrow\rangle_2|☺\rangle_2 - |-\rangle_x|\downarrow\rangle_1|\downarrow\rangle_2|☹\rangle_2].$$

Le mécanisme d'accrochage assure que la sélection devra se faire parmi les états entrants dans la superposition qui sont corrélés à $|☺\rangle_1$. Le seul terme contributif est alors : $a|☺\rangle^{*}_1[|+\rangle_x|\uparrow\rangle_1|\uparrow\rangle_2|☺\rangle_2 + |-\rangle_x|\uparrow\rangle_1|\downarrow\rangle_2|☹\rangle_2]$. Il en résulte que les deux états sélectionnables sont $|+\rangle_x|\uparrow\rangle_1|\uparrow\rangle_2|☺\rangle_1|☺\rangle_2$ ou $|-\rangle_x|\uparrow\rangle_1|\downarrow\rangle_2|☺\rangle_1|☹\rangle_2$. L'état de conscience final sera soit $|☺\rangle_1|☺\rangle_2$ soit $|☺\rangle_1|☹\rangle_2|$ indiquant une deuxième mesure correspondant à un spin + selon Ox dans le premier cas et un spin – dans le deuxième cas. Ces résultats sont conformes aux prédictions quantiques habituelles qui stipulent que lors d'une mesure de la composante de spin suivant Ox d'un électron dont le spin suivant Oz possède une valeur +, on peut trouver soit + soit –. Cette démonstration s'étend de manière évidente à tout autre cas de mesure.

Pour être complète, notre preuve devrait aussi montrer que les prédictions statistiques de la mécanique quantique seront, elles aussi, respectées. Une telle preuve peut être faite de manière identique à celle qui est proposée dans les interprétations habituelles de la théorie d'Everett, lequel a même souligné le fait qu'elle émergeait naturellement du formalisme[115].

Le mécanisme d'accrochage présente de grandes similarités avec le principe de réduction du paquet d'ondes mais il ne soulève pas les mêmes difficultés. Tout d'abord, il ne concerne que la perception de l'observateur et pas l'état physique des systèmes. Son application n'est donc sujette à aucune des ambiguïtés qui créaient le problème de la mesure dans le cas du principe de réduction. La conscience n'est pas un objet physique si l'on considère qu'elle est dans le même rapport aux neurones que l'est un calcul aux puces d'un ordinateur. La description de l'évolution de l'état physique des circuits électroniques d'un ordinateur ne nous dit pas si une addition ou un autre calcul ont été effectués. Cela se situe au niveau du sens et de l'interprétation et non au niveau physique. Il en est de même avec la conscience. À partir de là, il est naturel de postuler que la conscience n'a pas à être soumise aux lois de la physique. Le monde physique évolue en étant soumis aux règles de la mécanique quantique (équation de Schrödinger) et la conscience, à chaque instant, fait une interprétation de l'état actuel du monde. Il n'est pas nécessaire non plus de postuler l'existence de deux types de substances, l'une matérielle et l'autre spirituelle. Seule est supposée exister une substance matérielle soumise aux règles de la mécanique quantique et évoluant selon les prescriptions de l'équation de Schrödinger. Le mécanisme d'accrochage ne concerne donc que l'aspect perceptif des choses. Il en résulte qu'il n'est plus nécessaire de s'interroger sur une hypothétique action de la conscience sur la matière, cette action n'existe pas. Les deux principales objections aux conceptions avancées par von Neumann, London et Bauer ou Wigner sont donc éliminées.

Par ailleurs, l'intersubjectivité est automatiquement expliquée. Celle-ci est due, non pas à un mécanisme garantissant que tous les observateurs perçoivent la même chose car ceux-ci peuvent parfaitement avoir des perceptions totalement différentes, mais au fait qu'il leur est rigoureusement impossible de se rendre compte de leurs désaccords. Toute communication passe en effet par un processus physique, elle est donc analysable ultimement comme une mesure. Le fait qu'un observateur B interroge un observateur A sur ce qu'il perçoit est à analyser comme le fait que B effectue une mesure sur A. Or, le mécanisme d'accrochage assure que quel que soit l'état de conscience auquel est accroché l'observateur A (qui par ailleurs est, physiquement, dans un état enchevêtré), l'observateur B n'obtiendra

---

115. Nous renvoyons le lecteur à Everett [1957] pour une démonstration.

que des réponses en accord avec l'état de conscience auquel B est accroché. Nous ne connaissons pas la raison pour laquelle il en est ainsi. De même, nous ne connaissons pas ce qui fait que tel ou tel choix est fait.

Cette conception a une conséquence étrange sur l'indéterminisme de la mécanique quantique. Le mécanisme d'accrochage intervient en effet pour sélectionner au hasard parmi les états entrant dans une matrice densité diagonale celui qui est perçu. L'indéterminisme devient un attribut de la conscience puisque l'univers physique en tant que tel évolue de manière rigoureusement déterministe. Ce n'est plus Dieu mais l'homme qui joue aux dés. Mais avec la particularité que lorsque deux joueurs jouent ensemble, l'un peut voir le dé retomber sur le 1 et l'autre sur le 2. Aucun des deux ne pourra jamais savoir ce que l'autre a vu et chacun pensera que l'autre a vu la même chose que lui. On peut alors se dire, si l'on est positiviste, que se poser la question de savoir ce que l'autre a vu est dépourvu de sens (bien qu'il soit douteux qu'un positiviste accepte de se placer dans cette interprétation) ou au contraire trouver ça étrange et inconfortable.

Comme chacun peut s'accrocher à une branche différente, on peut dire qu'en ce sens le monde empirique, si l'on appelle ainsi ce que chacun observe, est différent pour chacun et qu'il est créé par chaque conscience individuelle. C'est en ce sens que cette conception est proche du solipsisme. Mais comme par ailleurs et contrairement au solipsisme est admise l'existence d'autres consciences avec lesquelles un accord est garanti, ce solipsisme peut être qualifié de convivial. On aboutit ainsi à une nouvelle solution, certes étrange, au problème de l'accord intersubjectif.

Déjà la théorie de la Relativité nous avait montré que deux observateurs en mouvement l'un par rapport à l'autre pouvaient avoir des perceptions différentes de la même réalité. Deux événements simultanés pour l'un ne le sont pas pour l'autre, la longueur d'un même objet est différente selon qu'elle est mesurée par l'un ou l'autre des observateurs. Le solipsisme convivial pousse cette possibilité à l'extrême en permettant au monde perçu par l'un d'être totalement différent du monde perçu par l'autre. Il existe cependant une différence essentielle : deux observateurs relativistes se trouveront en désaccord s'ils se communiquent le résultat de leurs observations alors que cela est interdit dans le cadre du solipsisme convivial qui préserve l'accord intersubjectif.

Différentes attitudes peuvent cependant être adoptées. Selon Zeh[116] : « Cela reste une pure matière de goût que d'appliquer le rasoir d'Occam à la fonction d'ondes ou à la loi d'évolution dynamique. » En d'autres termes, il est possible de considérer soit que la fonction d'ondes reste superposée, comme nous l'avons supposé, soit qu'il

---

116. Zeh [1995].

existe des termes supplémentaires (non observés) produisant une réduction effective de la fonction d'ondes et une disparition des termes non corrélés à la conscience. Ma préférence va, comme on l'aura compris, à la première possibilité. Tout d'abord, la possibilité de recohérence[117] semble poser un problème si l'on suppose que la fonction d'ondes est effectivement amputée de certains de ses termes. Ensuite, il est plus économique d'éviter de postuler des termes supplémentaires. Enfin, si l'on est réaliste, c'est un postulat supplémentaire de supposer que la réalité doive correspondre à ce qu'on en perçoit. Il me semble donc préférable de conserver une fonction d'ondes enchevêtrée. Un réaliste métaphysique ou un réaliste empirique de principe prendront comme fondamental le point de vue externe et considéreront que notre état perceptif est une approximation de la réalité. Un réaliste empirique pragmatique prendra au contraire le point de vue interne comme fondamental et considérera l'état physique enchevêtré comme un simple auxiliaire de calcul. Un positiviste trouvera cette discussion absurde et inutile.

Si l'on accepte l'interprétation du solipsisme convivial, qui n'est ni vérifiable ni falsifiable et qui à ce titre ne peut être considérée comme scientifique (mais c'est le cas de beaucoup d'interprétations que nous avons présentées), on est conduit à penser que nous vivons dans un monde bien étrange. L'univers en tant que tel nous est inaccessible (et en ce sens, cette interprétation est compatible avec la thèse du réel voilé de d'Espagnat). Seule notre réalité empirique individuelle nous concerne. Mais la réalité empirique de chacun est différente de celle des autres bien que nous n'ayons jamais aucun moyen de nous en rendre compte. Je peux croire que je suis en train de parler à Paris avec quelqu'un (et cette personne se comportera pour moi comme si elle était effectivement en conversation avec moi) alors qu'elle sera, en ce qui la concerne, persuadée d'être en train de bronzer sur une plage de la Méditerranée, tout cela n'étant que des états possibles superposés dans la fonction d'ondes enchevêtrée de l'Univers. Ces considérations pourront paraître absurdes à beaucoup. Il n'empêche que la conception selon laquelle l'apparence d'un Univers dont la complexité dépasse nos limites humaines est conditionnée par les cadres conceptuels de notre conscience n'est pas nouvelle. Le solipsisme convivial, malgré ses conséquences troublantes, n'est que l'illustration de ce que l'étude des objets quantiques apporte de plus précis à cette conception.

---

117. Comme dans le cas où un photon polarisé suivant Ox est décomposé selon Oz par un cristal HV puis recombiné par un cristal symétrique et finit par émerger en ayant conservé sa polarisation initiale (voir le paragraphe sur le problème de la mesure).

Complément :
le chaos quantique

*L'expression « chaos quantique » décrit aujourd'hui plus
un mystère qu'un phénomène bien identifié*[118].

AVERTISSEMENT

Signalons tout de suite que le sujet du chaos quantique est un
domaine difficile, en pleine évolution, que nous ne pourrons
qu'effleurer. L'objectif de ce complément est simplement d'examiner
si les résultats actuellement connus fournissent des raisons de penser
que certains mécanismes bloquent l'apparition du chaos au niveau
quantique ou si celui-ci est présent sous une forme ou sous une autre.
L'enjeu philosophique est important puisque la non existence du
chaos quantique remettrait en cause les conclusions auxquelles nous
avons abouti au chapitre 3, au moins en ce qui concerne les arguments portant sur les aspects de principe. Dans la préface de son
livre[119], Martin Gutzwiller, un des pionniers de l'étude du chaos
quantique, s'exprime ainsi : « Nous sommes conduits à nous interroger pour savoir s'il existe des aspects chaotiques en mécanique
quantique ; le problème est encore ouvert et toutes les réponses pré-
liminaires suggèrent que la mécanique quantique est plus subtile que
ce que la majorité d'entre nous avait pensé. »

Cela montre clairement que le domaine du chaos quantique est
nettement plus prospectif que les domaines que nous avons étudiés
jusque-là.

---

118. Gutzwiller [1994].
119. Gutzwiller [1990].

INTRODUCTION

Nous avons vu dans le chapitre consacré au chaos déterministe que le phénomène de sensibilité aux conditions initiales implique que l'erreur initiale s'amplifie exponentiellement avec le temps. Il en résulte que plus les prédictions qu'on souhaite obtenir sont lointaines, plus, pour une précision finale donnée, il faut augmenter la précision avec laquelle on se donne les conditions initiales. En mécanique classique où il est en principe possible d'atteindre une précision aussi grande qu'on veut, cette remarque semble amoindrir l'effet du chaos. Celui-ci pourrait n'être considéré que comme un phénomène obligeant simplement à se donner l'état initial avec une plus grande précision que ce qu'on pourrait imaginer *a priori*, mais n'empêchant pas, en fin de compte, les prédictions. Comme on l'a signalé, on peut donner à cette objection deux réponses. La première consiste à remarquer que même si, en principe, on peut augmenter indéfiniment la précision sur les conditions initiales, en pratique, il existe certaines limites qui paraissent infranchissables. On aboutit alors à une impossibilité de fait et non une impossibilité de principe.

La deuxième provient du formalisme quantique et des relations d'incertitude de Heisenberg. Celles-ci posent en effet des limitations de principe à la précision qu'on peut atteindre sur l'état initial. Nous savons que les équations déterministes de la mécanique classique permettent de prédire l'état futur du système quand on se donne l'état actuel, ce qui, en mécanique classique, signifie se donner les valeurs des positions et des quantités de mouvements initiales. Or, comme nous l'avons vu au chapitre 4, les relations d'incertitude de Heisenberg interdisent de connaître simultanément les positions et les quantités de mouvement avec une précision arbitraire. Le produit des incertitudes sur chacune des quantités ne peut qu'être supérieur à une valeur, certes petite, mais non nulle. Il en résulte une limite ultime quant à la précision avec laquelle on peut connaître l'état initial. Un raisonnement simple fait remarquer que cette précision maximale qu'il est possible d'atteindre ne permet que des prédictions ayant une précision limitée pour un horizon temporel donné. Il en résulte qu'il existe toujours un temps pour lequel la prédiction sur l'état du système aura une incertitude aussi grande qu'on veut. Par exemple, pour un système en rotation, il existe un temps pour lequel l'incertitude sur la prédiction de la position angulaire sera de 360°. Cela revient à dire qu'on ne saura absolument plus rien de la position du système. Dans ce cas, même en se donnant l'état initial avec la plus grande précision autorisée par les relations de Heisenberg, on ne saura rien dire de la position du système après un certain temps. Il serait facile d'en conclure que les relations de Heisenberg fournissent une justification en principe du chaos. Mais ce raisonnement n'est pas correct car ces relations n'ont de sens qu'en mécanique quantique et le raisonnement précédent, mélangeant aspect classique et aspect quantique, n'est pas rigoureux. Pour poursuivre l'analyse du problème, il convient donc de se placer totalement dans le cadre quantique.

C.1. RETOUR SUR LE CHAOS CLASSIQUE

La définition du chaos classique

Avant d'étudier le chaos en mécanique quantique rappelons les conditions qui font qu'un comportement est qualifié de chaotique en mécanique classique. Un système régi par une équation différentielle non linéaire sera dit « chaotique » si :

1) il est sujet au phénomène de sensibilité aux conditions initiales, c'est-à-dire si l'erreur sur l'état initial s'amplifie exponentiellement avec le temps : $|\delta x(t)| \approx e^{\lambda t} |\delta x(0)|$ où λ est le coefficient de Lyapounov ;

2) il est sujet au phénomène du *mixing*, c'est-à-dire que les trajectoires dans l'espace des phases se rassemblent à nouveau pour se re-séparer et se re-rassembler à l'infini. C'est le cas lorsque la dynamique est confinée à une région finie de l'espace des phases.

La condition n° 1 n'est pas suffisante car un système dont la dynamique ne serait pas confinée à une région finie, pourrait avoir des trajectoires qui divergent exponentiellement sans pour autant qu'il y ait chaos (qu'on pense à une gerbe éclatant à l'infini).

Pour un système chaotique, toute région initiale de l'espace des phases aussi petite soit-elle s'étend asymptotiquement à la totalité de l'espace des phases accessible. C'est justement le fait que les trajectoires doivent s'écarter rapidement tout en restant à l'intérieur d'une région finie qui crée l'imbrication extrême des attracteurs étranges et leur nature fractale. Une trajectoire donnée passera une infinité de fois aussi près qu'on le souhaite de tout point de l'espace des phases accessible.

C.2. LE CHAOS QUANTIQUE

Les limites classiques

Commençons par remarquer que la mécanique quantique est censée être la théorie fondamentale dont la mécanique classique n'est qu'une approximation pour les objets macroscopiques, de la même manière que cette dernière est une approximation de la théorie de la relativité restreinte pour des vitesses faibles devant celle de la lumière. En termes techniques, on dit que la mécanique classique est la limite de la théorie de la relativité restreinte quand on fait tendre c (la vitesse de la lumière) vers l'infini. Ainsi, elle doit aussi être la limite de la mécanique quantique quand on fait tendre h (la constante de Planck) vers 0. Or, s'il est assez facile de montrer que lorsque c tend vers l'infini, la relativité restreinte se ramène à la mécanique classique, il est beaucoup plus difficile de prouver que la mécanique quantique tend vers la mécanique classique lorsque h tend vers 0. Nous avons vu, au chapitre 4, les obstacles rencontrés quand on essaie de rendre compte de l'aspect classique du monde macroscopique dans le cadre du formalisme quantique. Ces obstacles sont un exemple des difficultés à retrouver le formalisme classique à partir de son homologue quantique. Dans ce qu'on appelle « l'approche semi-classique », on étudie le comportement des grandeurs quantiques comme les niveaux d'énergie, les fonctions d'ondes ou les probabilités de désintégration lorsqu'on fait tendre h vers 0. Or, les limites qu'on obtient sont différentes des valeurs classiques pour lesquelles h vaut précisément 0. Une des raisons en est que les fonctions quantiques ne sont pas analytiques[120] en h quand h tend vers 0. Ceci pose évidemment un grave problème lorsqu'on cherche à étudier la limite semi-classique d'un comportement quantique. Cela étant, si le chaos classique existe, il doit trouver sa source dans le chaos quantique. Il est donc important d'examiner si le formalisme quantique permet ou pas d'engendrer des comportement chaotiques. Une des premières difficultés rencontrées dans cette question est de donner une définition correcte du chaos quantique.

Comment définir le chaos quantique ?

En mécanique classique, une condition pour qu'un système soit chaotique est que l'incertitude sur l'état initial s'amplifie de manière exponentielle avec le temps ou, ce qui revient au même, que les trajectoires dans l'espace des phases divergent exponentiellement[121]. Cette définition s'appuie sur le concept d'état classique, caractérisé comme regroupant la totalité des informations sur les grandeurs physiques du système ou sur la notion de trajectoire dans l'espace des phases qui représente l'évolution relative des grandeurs associées à l'état. Ainsi, pour un point matériel évoluant dans l'espace à 3 dimensions, les deux grandeurs correspondantes sont le vecteur position q et le vecteur quantité de mouvement p. Les trajectoires dans l'espace des phases sont les courbes de l'espace à 6 dimensions qui matérialisent les valeurs que peuvent prendre simultanément q et p compte tenu des contraintes qui régissent le mouvement du point. L'image intuitive associée au chaos est donc que lors de l'évolution, continue dans le temps, des valeurs des grandeurs physiques associées au système, deux situations (c'est-à-dire deux points de l'espace des phases) aussi

---

120. Une fonction est dite « analytique » en un point a si elle est développable en série entière au voisinage de a. Dans ce cas, la limite pour x tendant vers a de la fonction f(x) est f(a).

121. Ceci est équivalent puisqu'un état du système est représenté par un point dans l'espace des phases.

voisines soient elles, s'écarteront progressivement de manière exponentielle. Cette image est donc étroitement liée à la notion d'évolution continue matérialisée par les trajectoires. En mécanique quantique, nous avons vu que le concept de trajectoire a disparu. Tout d'abord, il n'est plus possible de considérer que les valeurs des grandeurs physiques associées au système évoluent de manière continue dans le temps. Ces grandeurs n'acquièrent de valeur définie que lors d'une mesure. L'évolution de la valeur d'une grandeur donnée est discontinue et dépend des mesures qui seront ou non effectuées sur cette grandeur. Ensuite il n'est pas possible, dans le cas général, de considérer qu'en l'absence de mesure, une grandeur possède une quelconque valeur. Enfin, si l'on connaît précisément la valeur d'une grandeur pour l'avoir mesurée, la grandeur conjuguée est totalement indéterminée. Si l'on mesure la position, la quantité de mouvement sera non seulement inconnue mais indéterminée. La définition classique du chaos ne s'applique plus en mécanique quantique puisqu'on ne peut plus s'intéresser à l'évolution continue dans le temps de la valeur de l'ensemble des grandeurs attachées au système. Comme le dit Ford : « Le chaos quantique existe peut-être mais pas une définition communément admise[122]. »

Le chaos quantique existe-t-il ?

Même en l'absence de définition précise, on peut chercher des traces de comportement chaotique quantique qui se manifesterait par du hasard dans l'évolution des systèmes. Ce hasard doit toutefois provenir d'une autre raison que la densité de probabilité $\psi^*\psi$ qui caractérise l'indéterminisme quantique et qui n'est pas du chaos. Deux autres causes peuvent introduire du hasard. Ce sont, d'une part, l'évolution de la fonction d'onde ψ par l'équation de Schrödinger et, d'autre part, les valeurs propres et les états propres des opérateurs qui pourraient varier de manière aléatoire.

1. L'évolution dans le temps de la fonction d'onde

Pour les systèmes à un nombre fini de particules, spatialement limités et indépendants du temps, la solution générale de l'équation de Schrödinger s'écrit :

$$\Psi(x,t) = \sum A_n U_n(x) e^{\frac{-2\pi i E_n t}{h}}$$

où les U_n sont les fonctions d'onde propres et les A_n les valeurs propres discrètes. Le comportement de ψ est quasi périodique en raison du fait que les valeurs propres sont discrètes. Il en résulte qu'aucun comportement chaotique de ψ ne peut être obtenu. À la limite où h tend vers 0, le spectre de valeurs propres devient continu

---

122. Ford [1989]. Nous nous inspirerons de Ford dans le paragraphe suivant.

et le comportement perd son aspect quasi périodique. Mais on peut montrer que le comportement du système quantique reste non chaotique, h tendant vers 0 tout en restant non nul. Cela signifie que même si l'analogue classique du système quantique étudié est chaotique, on ne peut obtenir son comportement par un passage à la limite en faisant tendre h vers 0, comme on le souhaiterait par application du principe de correspondance.

Concernant les systèmes à un nombre fini de particules, spatialement limités et dépendants du temps, le problème est plus complexe. Le spectre de valeurs propres est continu, il n'y a donc pas de quasi-périodicité. Comme il est quasiment impossible d'attaquer le problème général de manière analytique, il est nécessaire de se concentrer sur des exemples particuliers. Chirikov étudia le comportement classique et quantique d'un rotateur forcé. Il s'agit d'un plan rigide en rotation auquel on applique des impulsions durant des temps extrêmement courts. Chirikov montra que le rotateur classique adopte un comportement chaotique concernant l'absorption d'énergie quand la valeur d'un certain paramètre du système dépasse un seuil donné. Cependant, il prouva ensuite que le rotateur quantique, bien qu'imitant pendant un certain temps le comportement chaotique du rotateur classique, perd son aspect chaotique au-delà d'un temps assez bref.

Ces considérations ne prouvent pas qu'il ne peut exister de comportement chaotique asymptotique de la fonction d'onde mais sont cependant une indication forte de la difficulté à trouver un tel comportement.

2. Les fonctions propres et les valeurs propres

On peut alors chercher un comportement chaotique dans les valeurs des fonctions propres et des valeurs propres. Si, par exemple, les valeurs propres d'énergie d'un système sont chaotiques, elles doivent être très sensibles aux petites variations des perturbations appliquées au système. Considérons un atome d'hydrogène dont l'énergie, quantifiée, varie de façon discontinue. Aux basses énergies, quand l'électron est proche du proton, les valeurs permises de l'énergie sont éloignées les unes des autres. En revanche, pour les grandes énergies, l'électron est loin du proton et les énergies permises se rapprochent jusqu'à se fondre dans un continuum. On a alors ce qu'on appelle « un atome de Rydberg » dont le comportement est à la frontière entre les mondes classique et quantique. L'analyse du comportement d'un tel atome dans un champ magnétique intense a permis de mettre en évidence une apparition du chaos dans la répartition des niveaux d'énergie[123]. De même, si on s'intéresse à la diffusion d'un électron par les atomes d'une molécule, le chaos se

---

123. Gutzwiller [1994].

manifeste par les variations du temps de piégeage de l'électron au sein de la molécule. Des variations infimes de l'énergie ou de la direction initiale de l'électron provoquent de très importantes variations de sa direction de sortie de la molécule. Des résultats théoriques et expérimentaux plus récents vont dans le même sens. Il semble donc que, comme le dit Steiner[124] : « Le chaos quantique a finalement été découvert. »

CONCLUSION

Les résultats que nous venons de mentionner semblent indiquer que, malgré la difficulté initiale à le mettre en évidence, les chercheurs s'accordent maintenant à reconnaître l'existence du chaos quantique. On est encore très loin de bien comprendre les mécanismes en jeu et ce sujet est un domaine extrêmement actif de recherches. Toutefois, en ce qui nous concerne et à ce stade, nous pouvons raisonnablement admettre que les avancées futures ne remettront pas en cause le chaos quantique et que les conclusions que nous avons tirées précédemment peuvent être conservées.

---

124. Steiner [1994].

CHAPITRE 5

Limites et contre-limites

Après analyse détaillée du contenu de la physique quantique contemporaine, il nous faut reconnaître que de toute manière, c'est-à-dire quelle que soit la théorie à laquelle nous décidons de faire confiance, il nous faut jeter par-dessus bord nos vieilles certitudes ontologiques du sens commun[1].

Savoir qu'on ne peut savoir ce qui est en dehors de la connaissance, quelle conquête de l'esprit ![2].

AVERTISSEMENT

Il est important de rappeler une fois de plus la signification de notre discours afin d'éviter que les résultats que nous présentons soient utilisés ou compris de manière erronée. Ce chapitre synthétise un certain nombre de résultats négatifs portant sur le fait que certains espoirs, a priori légitimes, ne peuvent être réalisés. Cela ne doit pas être interprété comme signifiant que le discours scientifique n'a ni plus ni moins de valeur que n'importe quel ensemble d'énoncés arbitraires[3]. Nier le fait qu'il est possible à la science d'atteindre la certitude ne lui confère pas pour autant un degré de confiance équivalent à celui de n'importe quel autre discours. Si un nuage noir plane au-dessus de ma tête, je ne peux pas être absolument certain qu'il va pleuvoir mais j'accorde cependant plus de confiance dans le fait qu'il va pleuvoir que dans le fait que je vais attraper un coup de soleil. Le sens dans lequel il faut prendre les limites présentées ici est celui-ci que la meilleure approche cognitive de l'Univers que nous possédons, à savoir la science, ne peut atteindre au degré de perfection ultime que nous souhaiterions. Il est donc le symptôme d'une limitation de nos possibilités humaines de connaissance et non pas seulement celui d'une limitation du discours scientifique qui pourrait être dépassée par un moyen alternatif non scientifique comme la magie ou la parapsychologie.

---

1. D'Espagnat [1994].
2. Jules Renard.
3. En particulier, je ne souscris nullement aux thèses anarchiques de Feyerabend [1975].

5.1. INTRODUCTION

À travers le panorama des disciplines que nous avons présentées, nous avons mis en évidence des limites de nature différente dont l'effet restrictif sur la connaissance et le savoir se manifeste de manière spécifique pour chacune d'entre elles. Certaines précisent le domaine de discours dont telle ou telle théorie est justifiée à traiter, d'autres restreignent les possibilités de prédiction de la théorie, d'autres montrent les difficultés de justification rationnelle des théories, d'autres enfin portent sur l'impossibilité de connaître certaines parties du monde. Il est utile à ce stade de synthétiser ces résultats en les classant par domaine de conséquences. Celles-ci ne se situent pas toutes au même niveau. Certaines sont générales et portent sur l'ensemble de l'activité scientifique. D'autres sont plus spécifiques. Certaines sont bien établies et semblent irrémédiables, d'autres sont conditionnées par l'acceptation d'hypothèses qui peuvent être mises en question. Il est donc important de déterminer précisément leur statut si nous voulons ensuite les utiliser pour réfuter ou conforter des thèses philosophiques. Nous classerons les limites de la manière suivante.

Les limites *constructives* sont relatives à l'impossibilité de construire des systèmes échappant à tout doute et de donner des fondations certaines au savoir.

Les limites *prédictives* montrent que l'espoir de prédire de manière complète, avec certitude et sur des périodes arbitrairement grandes l'évolution des systèmes physiques ne peut être atteint.

Les limites *cognitives* mettent en évidence l'impossibilité de connaître parfaitement et en détail certaines parties du monde.

Les limites *ontologiques* éliminent certaines entités conceptuelles comme inconsistantes ou comme résidant en dehors des possibilités d'appréhension du discours.

Nous nous livrerons de plus à un exercice complémentaire consistant à déterminer pour chaque limite quelle est sa portée véritable. En effet, l'énoncé négatif que constitue une limite doit être complété par un énoncé précisant les résultats qui peuvent atténuer son impact. Par exemple, la limite selon laquelle « aucun système formel assez puissant pour incorporer l'arithmétique ne peut prouver sa consistance par ses propres moyens s'il n'est pas contradictoire » ne signifie pas pour autant qu'il soit impossible de prouver cette consistance par d'autres moyens : la preuve donnée par Gentzen de la consistance de l'arithmétique le montre. Il serait donc erroné d'utiliser la limite en question comme argument en faveur de l'impossibilité générale de prouver la consistance d'un système formel. Cet exemple paraît évident mais dans certains cas plus subtils, une telle erreur pourrait s'introduire dans le raisonnement de manière plus insidieuse si nous ne prenons pas la peine de préciser quelle est la limite de chaque limite. Nous essayerons donc dans chaque cas où cela sera possible d'énoncer une contre-limite de chaque limite.

5.2. Le concept de degré de croyance

Nous introduisons ici un concept, essentiel en épistémologie, celui de degré de croyance. Nous avons présenté, dans le premier chapitre, les raisons pour lesquelles il était impossible de prouver qu'une théorie scientifique empirique est vraie. Ces raisons tenaient essentiellement au fait que d'une part, une théorie contenant des lois universelles ne peut être vérifiée exhaustivement, c'est-à-dire qu'aucun ensemble fini de faits d'observation ne suffira pour certifier qu'une loi universelle est vraie et que d'autre part, toute éventuelle démonstration mathématique d'une loi universelle devrait reposer sur au moins une autre loi universelle qui devrait à son tour être prouvée. Pour ces raisons, il faut abandonner l'espoir de pouvoir démontrer la vérité d'une théorie empirique. Cependant, il apparaît clairement que certaines théories sont meilleures que d'autres. Une théorie confrontée à l'expérience de manière concluante, à de nombreuses reprises et dans de nombreuses circonstances, suscitera de notre part une croyance en sa vérité[4] plus grande qu'une théorie alternative qui n'a pas encore été testée. Devant l'impossibilité de pouvoir jamais prouver qu'une théorie est vraie, il est donc indispensable de disposer d'un outil qui permette de classer les différentes théories en fonction de la confiance qu'elles inspirent, c'est-à-dire de la croyance qu'elles suscitent dans le fait qu'elles sont vraies. Nous avons présenté brièvement dans le paragraphe sur la logique inductive du chapitre 1 les difficultés qu'a rencontrées la tentative de Carnap dans ce sens. L'élaboration formelle rigoureuse d'un concept de degré de croyance ou de confiance est une tâche aujourd'hui non réalisée qui suscite toujours de nombreux travaux. Ce domaine de recherche est vaste et peut être rattaché actuellement à plusieurs problématiques différentes comme celle de l'intelligence artificielle ou celle de la théorie des révisions de croyance[5]. Nous ne pouvons ici rentrer dans le détail des difficultés que pose cette élaboration. Une d'entre elles est d'arriver à justifier rationnellement le fait (intuitivement évident) que

---

4. Nous laissons pour le moment de côté les difficultés liées à la signification précise du concept de vérité d'une théorie qui seront examinées au chapitre suivant.

5. La littérature dans ce domaine est vaste et nous ne pouvons ici rentrer dans un exposé plus précis. Pour une présentation succincte du problème on pourra consulter l'introduction de Zwirn & Zwirn [1995] et [1996] qui donnent de plus une bibliographie de premier niveau.

nous devons accorder plus de confiance à une théorie qui a été largement testée positivement qu'à une autre.

Pour la commodité de l'exposé, nous supposerons qu'il est possible d'attribuer à chaque théorie un degré de croyance au sens intuitif du terme et répondant aux critères suivants : Une théorie dont on est absolument certain reçoit un degré de croyance égal à 1, une théorie réfutée (donc fausse) reçoit un degré de croyance égal à 0. Un degré de croyance proche de 1 signifie qu'on croit très fortement à la vérité de la théorie et un degré proche de 0 signifie qu'on pense, sans l'avoir prouvé, que la théorie est fausse. Enfin, une théorie pour laquelle on n'a pas suffisamment d'éléments pour se prononcer reçoit un degré de croyance de 0,5. On peut donc intuitivement se représenter le degré de croyance comme la probabilité qu'on attribue à la théorie d'être vraie[6]. Ainsi, et sans être plus précis, nous pourrons supposer que la mécanique quantique, dont nous avons vu qu'elle n'a jamais été mise en défaut malgré le très grand nombre de tests variés qu'elle a subi, peut se voir attribuer un degré de croyance proche de (mais non égal à) 1, par exemple 0,9. Les théories très spéculatives actuellement avancées en cosmologie sur la création de l'Univers, qui ne peuvent pas, pour la plupart, être testées sinon de manière partielle et très indirecte, recevraient un degré de croyance proche de 0,5. Enfin, les théories présentées à intervalles réguliers par des non scientifiques croyant avoir découvert « une erreur dans la théorie d'Einstein » ou prétendant démontrer la possibilité du mouvement perpétuel, recevraient un degré de croyance proche de 0. Nous nous limiterons à utiliser les degrés de croyance comme un moyen commode de classement des théories par l'adhésion qu'elles entraînent. Par extension, nous nous autoriserons à attribuer un degré de croyance à des énoncés non empiriques comme ceux qui touchent à la consistance d'un système formel.

5.3. LES LIMITES CONSTRUCTIVES

Les limites constructives sont celles qui sont relatives à notre incapacité de construire des théories dont on puisse être absolument certain. La certitude dont il s'agit peut concerner la non-contradiction interne de la théorie ou les prédictions empiriques de celle-ci.

En logique et en mathématiques

Nous commencerons par une limite issue de l'échec du programme de Hilbert et qui peut s'énoncer ainsi :

---

6. Cette présentation intuitive se heurte malheureusement à de graves difficultés quand on tente de la rendre rigoureuse et la définition formelle de degré de croyance ne peut être effectuée conformément à l'intuition immédiate. Cela importe toutefois peu dans l'utilisation que nous ferons dans la suite de ce concept.

Limite 1 : « Il est impossible de construire un système formel ayant les propriétés suivantes :
— Le système est consistant.
— Sa syntaxe exprime la totalité des raisonnements logiques qu'on s'autorise à utiliser.
— Il permet d'exprimer la totalité des mathématiques.
— Tout énoncé vrai exprimable dans le système est démontrable dans le système.
— Il est possible de prouver la consistance du système à l'intérieur du système. »

L'existence d'un système possédant ces propriétés permettrait de donner un cadre définitif et à l'abri du doute à la logique et aux mathématiques. Les méthodes de raisonnement et les preuves fournies seraient indubitables ; on serait assuré de ne jamais rencontrer de contradiction et toute vérité pourrait être démontrée. Nous avons vu que les théorèmes de Gödel prouvent qu'un tel système n'existe pas. Il est cependant possible de formaliser les mathématiques d'une manière qui permette aux mathématiciens de travailler dans un cadre suffisamment fiable pour leurs besoins. La théorie ZF de Zermelo-Fraenkel fournit ce cadre dans lequel l'ensemble des mathématiques (ou du moins leur plus grande part) peut s'exprimer. Bien qu'il ne soit pas possible de prouver la consistance de ZF à l'intérieur de ZF, cette consistance semble suffisamment assurée pour que les mathématiciens ne la mettent pas en doute dans leurs travaux usuels et ne redoutent pas de tomber brusquement sur une contradiction. ZF contient (comme toute théorie suffisamment puissante) des indécidables, mais ce point sera abordé dans la rubrique des limites cognitives. On peut donc énoncer la contre-limite 1 :

Contre-limite 1 : « Il est possible de construire un système formel ayant les propriétés suivantes :
— Sa syntaxe exprime la totalité des raisonnements logiques qu'on s'autorise à utiliser.
— Il permet d'exprimer la totalité des mathématiques.
— La consistance du système, bien que non prouvable dans le système, est considérée comme ayant un fort degré de croyance. »

Nous devons donc conclure que les mathématiques et la logique, bien que ne pouvant être formalisées de manière à éliminer tout doute, à fixer définitivement la valeur de vérité de tout énoncé et à démontrer tous les énoncés vrais, reposent sur une construction dont la consistance et les résultats peuvent se voir attribuer un degré de croyance proche de 1.

En physique

Rappelons la thèse que nous avons appelée « la thèse fondationnaliste réaliste » :

« Le savoir peut être assis sur des fondations certaines et être construit de proche en proche, en s'assurant par vérification, à chaque étape de sa construction, que les théories élaborées sont vraies. L'édifice total ainsi constitué est une description adéquate de la réalité non seulement dans ses manifestations empiriques mais aussi dans sa structure profonde. »

Les implicites contenus dans cette thèse sont nombreux. Il est clair tout d'abord qu'est supposée l'existence d'une réalité objective et indépendante que le discours scientifique est censé décrire et modéliser. Cette thèse ne peut donc être avancée qu'à l'intérieur d'un cadre réaliste. Le matériau de base pour les empiristes est constitué par les faits observationnels qui sont, pour eux, hors de doute. La vérification, à chaque étape, doit être effectuée par des moyens assurés. Ces moyens sont l'observation d'une part et le raisonnement logique d'autre part. Nous avons montré au chapitre 1 comment les empiristes logiques en sont venus à douter de la possibilité d'une telle fondation et nous ne reprendrons pas ici les arguments qui ont été présentés. Cependant, à la lumière des difficultés que nous avons rencontrées dans les chapitres suivants, il apparaît clairement que cette thèse ne peut survivre pour différentes raisons supplémentaires. Tout d'abord, elle suppose de se placer dans le cadre d'un réalisme métaphysique dont nous avons vu combien il est problématique. Nous reviendrons plus loin sur ce sujet. Ensuite, elle présuppose que le raisonnement mathématique est solidement établi et sans ambiguïté comme le voulait le programme de Hilbert. Cela suppose donc que la logique et les mathématiques sont acceptées comme valides et incontestables, or nous venons de voir que le degré de croyance qu'il convient de leur attribuer, bien que proche de 1, n'est pas rigoureusement égal à 1. Il en résulte que, outre les difficultés rencontrées par les empiristes logiques qui suffiraient à elles seules à la détruire, la thèse est de plus réfutée par les difficultés du cadre réaliste ainsi que par l'échec du programme de Hilbert. Si a) il est difficile de souscrire sans restriction au réalisme métaphysique et b) le raisonnement mathématique ne peut être justifié définitivement sur des bases certaines, alors il est manifeste que l'espoir de construire le discours scientifique sur son adéquation à la réalité et sur des raisonnements certains est vain. La thèse fondationnaliste réaliste est donc à rejeter. Mais les raisons de ce rejet ne se situent pas toutes au même niveau. Afin de faire ressortir ce qui est spécifique à la thèse elle-même et ne dépend pas d'arguments externes comme ceux portant sur le programme de Hilbert ou sur le cadre réaliste, nous énoncerons cet échec de la manière suivante :

Limite 2 : « Même s'il était non problématique d'accepter le réalisme métaphysique et si le programme de Hilbert, permettant de fonder avec certitude les mathématiques, était réalisable, il ne serait quand même pas possible de construire le discours scientifique empirique en le faisant reposer sur des bases certaines et en étant assuré qu'il représente la réalité de manière totalement adéquate. »

Cet énoncé pose clairement une limite générale à la fiabilité du discours scientifique pour lequel il faut renoncer à obtenir une certitude absolue. Néanmoins, on peut remarquer que la limite 2 n'élimine que la possibilité d'être assuré que la construction scientifique est certaine. En effet, si l'empirisme logique avait raison, alors toute construction théorique suivant les canons qu'il prescrit serait assurée d'être une modélisation exacte de la réalité. Le discours fondationnaliste est à comprendre comme une tentative de justification de la méthode de construction scientifique mais sa réfutation n'exclut pas l'existence de moyens de qualification *a posteriori* de théories existantes. Nous avons même supposé plus haut que tel est bien le cas. Ces justifications *a posteriori* trouvent leur expression dans le concept de degré de croyance[7]. Cette remarque permet de restreindre la portée de la limite 2. Par ailleurs, si le problème posé par l'acceptation ou le refus du réalisme métaphysique ne peut être tranché simplement, il est possible d'adopter une position prudente en se contentant d'exprimer l'adéquation de la théorie avec la réalité empirique sans se prononcer sur l'existence d'une réalité plus profonde. Cela étant, compte tenu du degré de croyance élevé que nous avons attribué aux mathématiques et à la logique qui sont utilisées dans les théories empiriques[8], on peut formuler la contre-limite 2 suivante :

---

7. On pourra objecter que nous ne faisons que repousser le problème puisque nous avons signalé que la construction formelle rigoureuse des degrés de croyance n'est pas encore achevée. Mais dans l'approche que nous avons adoptée nous tentons de délimiter le contour de ce qui est possible en éliminant tout ce dont on peut montrer qu'il est impossible. En d'autres termes, nous adoptons la maxime « tout ce qui n'est pas explicitement interdit est autorisé ». Cette maxime charitable peut nous conduire à accepter des points qui seront peut-être réfutés plus tard mais elle a l'avantage de ne pas rétrécir abusivement le champ du possible. Il en résulte que même si le concept de degré de croyance reste à préciser, nous faisons l'hypothèse que les travaux en cours permettront de donner un sens rigoureux à ce concept intuitif que nous utilisons ici sans nous poser plus de question.

8. Le degré de croyance qu'il convient d'attribuer aux mathématiques utilisées dans les théories empiriques (qui sont un sous-ensemble de la totalité des mathématiques) est en fait plus élevé que celui qu'on peut accorder aux mathématiques en général. Ceci provient du fait qu'il est possible de montrer que l'ensemble des résultats mathématiques nécessaires à la physique peut être obtenu à l'intérieur de systèmes beaucoup plus faibles que ZF, comme par exemple l'arithmétique récursive, pour lesquels le programme de Hilbert peut être en grande partie réalisé. Il en résulte que la confiance qu'on peut avoir en ces systèmes est supérieure à celle qu'on place en ZF. Pour ces résultats, obtenus à l'intérieur du programme des *reverse mathematics*, voir par exemple Feferman [1987].

Contre-limite 2 : « Bien qu'il soit impossible d'atteindre la certitude quant à la vérité et à l'adéquation au réel des théories scientifiques empiriques, il est possible de construire des théories dont le succès conduit à leur attribuer des degrés de croyance proches de 1 quant à leur adéquation avec la réalité empirique. »

Cette contre-limite nous montre que le discours scientifique, bien que non certain, peut atteindre une fiabilité élevée quant à la description qu'il nous donne de la réalité empirique. En revanche, la contre-limite 2 ne nous donne aucune indication quant à l'adéquation des théories avec une éventuelle réalité profonde au-delà de la réalité empirique. Nous verrons dans le prochain chapitre que cette adéquation semble au contraire peu plausible.

La conclusion que nous retiendrons de cette analyse des limites constructives est que l'idéal de certitude absolue et d'isomorphisme total entre les théories et la réalité en soi doit être abandonné aussi bien pour les mathématiques que pour les sciences empiriques. Cependant, la logique et les mathématiques peuvent être utilisées avec un degré de croyance élevé dont nous devons nous contenter. Les sciences empiriques ne peuvent être fondées de manière certaine mais il est possible de leur attribuer *a posteriori* des degrés de croyance élevés signifiant notre confiance dans le fait qu'elles modélisent de manière fiable la réalité empirique.

Cette conclusion est un élément de réponse à la question que nous posions en introduction : est-il légitime d'utiliser le discours scientifique dont on affirme qu'il n'est pas certain pour en tirer des conclusions portant sur ses propres limites ? Ce que nous venons de voir montre qu'en tant qu'outil méthodologique, le discours scientifique ne peut atteindre la certitude mais qu'il est en droit de revendiquer une fiabilité élevée et même la fiabilité la plus élevée qu'il soit possible d'atteindre rationnellement. Par conséquent, nous ne pouvons faire mieux que l'utiliser et ce faisant nous minimisons nos risques. Cela nous servira de justification aux conclusions auxquelles nous aboutirons dans ce qui suit où nous utiliserons les résultats des précédents chapitres sans nous interroger à nouveau sur leur fiabilité. Il sera implicite que, bien que non certains, ces résultats sont, dans l'état actuel de nos connaissances, les plus fiables sur lesquels nous pouvons nous appuyer.

5.4. LES LIMITES PRÉDICTIVES

Les limites prédictives sont celles qui imposent une frontière au pouvoir de prédiction du formalisme. Cette frontière peut être temporelle comme dans le cas où l'incertitude sur la prédiction augmente avec le temps et atteint 100 % au-delà d'un certain horizon. Elle peut être probabiliste si elle interdit de prédire un résultat autrement que par une distribution de probabilité sur plusieurs valeurs. Elle peut être enfin qualitative si elle stipule qu'il est impossible de prédire simultanément la valeur de plusieurs grandeurs.

Les limites temporelles

L'étude du chaos déterministe nous a montré que pour la plupart des systèmes dynamiques non linéaires, il existe un horizon temporel au-delà duquel il est impossible de prédire l'état du système. De plus, des considérations de mesure (au sens de la théorie mathématique de la mesure) montrent que les systèmes de ce type sont, de loin, plus nombreux que les systèmes réguliers, ce qu'on exprime mathématiquement en disant que l'ensemble des systèmes réguliers est de mesure nulle dans l'ensemble des systèmes dynamiques. Nous pouvons donc énoncer la limite 3 :

Limite 3 : « La plupart des systèmes physiques ont un comportement chaotique entraînant l'existence d'un horizon temporel au-delà duquel il est impossible de prédire leur état. Les seules prédictions possibles en pratique sont alors de nature probabiliste et ne portent plus sur des trajectoires individuelles mais sur des grandeurs moyennes. »

Comme nous l'avons signalé au chapitre 3, cette limite concerne uniquement le pouvoir prédictif des théories et non une caractéristique essentielle de la réalité empirique. L'évolution des systèmes dynamiques chaotiques est totalement déterministe et ce n'est que notre incapacité à observer et à manipuler des grandeurs infiniment précises qui conduit à cet indéterminisme apparent. On peut se convaincre intuitivement que cette conséquence est inévitable dès lors que le phénomène de sensibilité aux conditions initiales et le *mixing* sont présents. En effet, un calcul explicite d'évolution à partir d'un état initial donné de manière finie ne peut, par définition, produire un résultat dont la complexité algorithmique dépasse sa propre complexité. Or, la complexité algorithmique de l'ensemble des trajectoires réelles d'un système dynamique issues d'un élément aussi petit qu'on veut de l'espace des phases est infinie. Elle est donc hors de portée de toute modélisation. Cette limite 3 peut cependant être tempérée sur le plan pratique par le fait que beaucoup de systèmes que nous utilisons ou auxquels nous nous intéressons ne sont pas chaotiques et que l'horizon temporel d'un grand nombre de systèmes naturels qui nous concernent est tellement éloigné, qu'à l'échelle humaine, ces systèmes apparaissent réguliers. C'est le cas par exemple du mouvement des planètes mais ce n'est pas le cas, semble-t-il, des phénomènes météorologiques. Par ailleurs, ce n'est pas le cas non plus de systèmes qui nous sont proches mais que nous ne cherchons pas en général à prédire de manière précise. Qu'on songe par exemple à la possibilité de prédire précisément la forme des flammes d'un feu de bois ! Nous pouvons donc exprimer la contre-limite 3 qui n'a qu'une portée pratique et exprime le fait que l'univers n'est pas, à notre échelle, totalement chaotique, ce qui interdirait toute pratique scientifique.

Contre-limite 3 : « Bien que la grande majorité des systèmes physiques soit chaotique, un grand nombre de systèmes constituant notre environnement utile a un comportement régulier à l'échelle de temps humaine. »

Les limites probabilistes

La mécanique quantique nous a fait découvrir un indéterminisme de nature essentielle. Il est en général impossible de prédire le résultat d'une mesure sur un système quantique autrement que de manière probabiliste. À l'opposé de la limite précédente, ce résultat concerne directement le comportement intime de la réalité empirique. C'est, dans ce chapitre, le premier résultat qui nous donne donc une information dont la portée n'est pas restreinte aux modélisations que nous sommes susceptibles de faire. On peut donc énoncer la limite 4 sous une forme qui porte sur une propriété de la réalité empirique :

Limite 4 : « Le comportement des systèmes quantiques est tel qu'en général la valeur d'une grandeur mesurée se détermine de manière probabiliste lors d'une mesure de cette grandeur. »

Il faut cependant remarquer, comme nous l'avons signalé dans le chapitre 4, que ce résultat suppose qu'il est impossible de construire une théorie quantique déterministe, ce qui n'est à l'heure actuelle nullement démontré. Une telle théorie devrait reproduire tous les résultats de la mécanique quantique et nous avons indiqué les difficultés auxquelles se heurtent les tentatives faites dans ce sens. Néanmoins, sur le plan du principe, rien n'interdit qu'une telle théorie soit édifiée et la portée de cette limite est donc restreinte par la condition qu'une telle théorie ne puisse exister. Par ailleurs, le comportement des objets macroscopiques, constitués d'un très grand nombre d'objets quantiques, reste en général prédictible en raison de la loi des grands nombres. On peut donc énoncer la contre-limite 4 :

Contre-limite 4 : « L'indéterminisme quantique essentiel est gommé au niveau macroscopique par la loi des grands nombres de telle sorte que des prédictions non probabilistes sont possibles. De plus, tant que la preuve de l'impossibilité de construire une théorie quantique déterministe n'aura pas été apportée, il restera possible de supposer que le comportement des systèmes quantiques est en fait déterministe. »

Les limites qualitatives

La mécanique quantique nous a montré que la prédiction simultanée de certaines grandeurs incompatibles comme la position et la quantité de mouvement ou le spin suivant deux directions différentes était impossible. Cela peut recevoir deux interprétations différentes selon le cadre ontologique dans lequel on se place. Si l'on adopte le cadre de la mécanique quantique usuelle, cette impossibilité ne doit pas être comprise comme une limite prédictive mais plutôt comme une limite ontologique dans la mesure où l'interprétation correcte en est que les valeurs correspondantes ne sont pas simultanément définies. Nous l'aborderons donc dans le paragraphe ci-dessous. Si, en revanche, on se place dans le cadre de théories ontologiquement interprétables comme les théories à variables cachées non locales (dont l'archétype est la théorie de Bohm), le contextualisme, que ces théories doivent respecter si elles reproduisent les prédictions de la mécanique quantique, introduit une limite prédictive de nature étrange.

Rappelons que le contextualisme stipule que les propriétés attribuées aux particules en elles-mêmes dépendent du contexte expérimental dans lequel on les mesurera. Considérons un système physique S et trois grandeurs A, B, et C qu'on peut mesurer sur S. Supposons que A soit compatible avec B et avec C mais que B et C soient incompatibles[9]. Dans ce cas, même si la grandeur A est supposée posséder une valeur bien définie, la prédiction de cette valeur sera différente selon que la mesure est faite à travers un dispositif expérimental mesurant A et B ou à travers un autre mesurant A et C. On est donc dans la situation étrange où la valeur (et donc la prédiction qu'on peut en faire) d'une grandeur qui appartient en propre à un système dépend de l'appareil de mesure qu'on utilise. Nous reviendrons ci-dessous sur les conséquences ontologiques que cela entraîne. Remarquons seulement ici qu'une telle conception interdit de prédire les caractéristiques précises qu'est censé posséder un système.

La raison est la suivante : plaçons-nous dans une théorie à variables cachées non locales comme celle de Bohm. Dans une telle théorie, les particules se voient attribuer une trajectoire précise et continue (contrairement au cas de la mécanique quantique). Or, en raison du contextualisme, la détermination de cette trajectoire est

---

9. Rappelons que deux grandeurs sont compatibles si on peut les mesurer simultanément (comme le spin suivant une direction et la quantité de mouvement) et incompatibles si cela est impossible (comme le spin suivant deux directions différentes). Rappelons aussi que deux grandeurs sont compatibles si les observables associées commutent.

impossible car elle pourrait être faite à travers différents dispositifs expérimentaux qui agiraient en retour de manière différente sur la trajectoire elle-même. Il en résulte que dans le cadre de ces théories, la trajectoire d'une particule, bien que considérée comme un élément objectif du système, n'est pas plus prédictible qu'en mécanique quantique où le concept de trajectoire est éliminé. On peut donc énoncer la limite 5 qui ne possède pas de contre-limite :

Limite 5 : « Si on adopte le cadre de la mécanique quantique traditionnelle, il est impossible de faire des prédictions sur certaines grandeurs physiques qu'on associe classiquement au système car ces grandeurs sont considérées comme illégitimes. Si, en revanche, on adopte le cadre de théories ontologiquement interprétables comme la théorie de Bohm, ces grandeurs physiques, bien que rétablies dans leur légitimité, restent non prédictibles en raison du contextualisme de la théorie. »

Il faut bien voir l'aspect contraignant de cette limite qui interdit dans tous les cas de prédire par exemple la trajectoire précise d'un électron. En effet, soit on se place dans le cadre de la mécanique quantique et le concept de trajectoire est rejeté, soit on se place dans une théorie comme celle de Bohm et le concept de trajectoire, bien que parfaitement accepté sur le plan ontologique, échappe à toute prédiction en raison du contextualisme.

5.5. LES LIMITES ONTOLOGIQUES

Ces limites concernent les résultats qui interdisent de considérer que certaines entités « existent » ou qu'elles possèdent en propre des propriétés bien définies. Nous avons rencontré de telles limites aussi bien en mathématiques qu'en physique.

En mathématiques

Il faut tout d'abord souligner que le concept d'ontologie en mathématiques n'est pas simple car il suppose de pouvoir répondre à la question « que signifie le fait qu'un objet mathématique existe ? ». Cette question est loin d'avoir reçu une réponse claire et consensuelle : le concept d'existence en mathématiques est controversé. Pour Hilbert, existence est synonyme de non-contradiction. Si l'on peut montrer que la définition d'un objet mathématique est consistante alors, pour lui, cet objet existe. Pour les intuitionnistes, en revanche, l'existence d'un objet mathématique est conditionnée par le fait qu'il est possible d'en donner un procédé de construction. Le débat qui s'est déroulé autour de l'axiome du choix est un exemple de ces divergences. L'axiome du choix est en effet souvent utilisé pour démontrer l'existence d'objets possédant certaines propriétés sans qu'il soit possible d'expliciter ces objets. Doit-on alors considérer qu'ils existent ? La réponse des intuitionnistes est négative là où celle de la plupart des mathématiciens est positive. L'axiome du choix entraîne par exemple l'existence d'un bon ordre sur R, l'ensemble des nombres réels. Or, il est possible de prouver qu'un tel bon ordre ne peut être obtenu de manière constructive. Doit-on alors considérer que R peut « réellement » être bien ordonné ? La réponse dépend de l'attitude philosophique de base qui est adoptée. L'ontologie des intuitionnistes est plus pauvre que celle des autres mathématiciens.

Par ailleurs, même si l'on refuse les restrictions de l'intuitionnisme, il est loin d'être facile de se prononcer quant à l'existence de certains objets dont la définition n'entraîne apparemment pourtant aucune contradiction. Comme nous l'avons indiqué au chapitre 2, accepter l'existence d'ensembles infinis de plus en plus grands (dénombrable, continu, tous les ensembles obtenus par itération de l'opération de construction de l'ensemble des parties, grands cardinaux, etc.) n'est pas une affaire immédiate. Dans un article récent, Boolos refuse par exemple d'accepter l'existence d'un certain cardinal κ, non pas parce que ce cardinal est inconsistant mais parce qu'il lui paraît « trop grand » pour exister[10]. Ce que nous voulons faire apparaître ici est qu'il n'existe pas de raisons contraignantes qui nous forcent à accepter l'existence des objets mathématiques. L'ontologie des mathématiques est-elle, comme le pensent les platoniciens, étalée devant nos yeux qui se contentent de la découvrir ou est-elle une construction comme le pensent les intuitionnistes ? Au-delà de la non-contradiction, une certaine liberté existe donc quant au fait d'inclure ou de refuser un objet dans son ontologie. La limite que nous énonçons est donc étrangement un constat de liberté puisque c'est une limite au pouvoir contraignant du formalisme : celui-ci ne peut imposer par sa seule force qu'un objet soit considéré comme ayant une existence.

Limite 6 : « Le formalisme mathématique ne peut par lui-même imposer l'existence d'un objet mathématique. Pour les intuitionnistes, seules existent les entités qui peuvent être construites. Pour les autres mathématiciens, l'inclusion dans l'ontologie d'objets (consistants) de plus en plus vastes ou complexes résulte d'un choix personnel fondé sur des considérations de naturalité, de fécondité ou d'efficacité. »

Une autre limite du formalisme apparaît dans les résultats que nous avons présentés au chapitre 2. On pourrait souhaiter qu'il soit possible de préciser l'ontologie en fixant de manière définitive les propriétés des entités qui la composent. Prenons l'exemple des ensembles. Nous avons vu que la première intuition adoptée par

---

10. Boolos [1998]. Le cardinal κ est le plus petit ordinal plus grand que tous les f (i) où f (0) = $\aleph_0$ et f (i + 1) = $\aleph_{f(i)}$.

Cantor du concept d'ensemble au sens de collection conduit à des contradictions. Les ensembles au sens initial de Cantor n'existent donc pas. En revanche, les ensembles tels que la théorie de Zermelo-Fraenkel les définit semblent être consistants. Nous avons une certaine intuition de ces ensembles et cette intuition s'accorde avec les axiomes de ZF. Cependant ZF est compatible avec l'affirmation et avec la négation d'un grand nombre d'énoncés qui portent sur les propriétés des ensembles. ZF ne permet pas de savoir si l'axiome du choix ou l'hypothèse du continu sont vrais ou faux. ZF ne nous dit rien sur la vérité ou la fausseté des axiomes de grands cardinaux. Or, notre intuition est insuffisante pour décider de la valeur de vérité de ces énoncés. Il en résulte qu'il devient difficile d'adhérer à l'opinion selon laquelle il existe de « vrais ensembles » pour lesquels ces énoncés sont vrais ou faux et qu'en progressant dans notre compréhension nous finirons par le savoir. Par ailleurs, même si nous admettons l'existence de « vrais ensembles », le premier théorème de Gödel montre qu'aucun système formel ne pourra axiomatiser ces ensembles de telle sorte que tout énoncé portant sur leurs propriétés sera ou démontrable ou réfutable. Il en résulte que quel que soit le système formel dans lequel nous nous placerons pour axiomatiser la théorie des ensembles, le concept de « vrai ensemble » restera sous-déterminé par ce système et il existera toujours des ensembles pour lesquels tous les axiomes de notre système seront vrais mais qui différeront par le fait que certains vérifieront une certaine propriété indécidable dans le système alors que les autres la violeront. Il semble donc qu'il soit impossible de caractériser totalement une ontologie par l'intermédiaire d'un système formel. Ce qu'on peut traduire par la limite 7 :

Limite 7 : « Aucun système formel assez puissant pour que le théorème de Gödel s'y applique ne peut déterminer précisément toutes les propriétés des objets appartenant à l'ontologie de ses modèles. Quels que soient les objets en question, il existe une infinité d'énoncés dont la valeur de vérité n'est pas fixée dans le système. En particulier, il est impossible de construire une théorie des ensembles qui détermine toutes les propriétés que possèdent ce qu'on appelle les "vrais ensembles" si l'on adopte une position réaliste. »

Cette limite peut être interprétée de deux façons. Si l'on est réaliste et qu'on pense que le concept de « vrai ensemble » n'est pas dénué de sens, alors elle signifie que nous ne pourrons jamais connaître totalement ces objets. Sous cette forme, c'est une limite cognitive plus qu'une limite ontologique. D'un autre point de vue, cette limite peut être utilisée comme argument pour montrer que le concept de « vrai ensemble » n'a pas de sens et que notre intuition est insuffisante pour définir complètement le concept d'ensemble. Il en résulte qu'une infinité d'ensembles de nature différente tombe sous le concept intuitif que nous en avons et que l'ontologie s'enrichit d'objets qu'on peut appeler ensemble$_1$, ensemble$_2$,... selon les propriétés supplémentaires vérifiées par ces objets. C'est alors une limite ontologique en ce qu'elle montre que l'ontologie ne peut être fixée de manière unique par un système formel.

En physique

La mécanique quantique modifie profondément l'ontologie à laquelle nous avait habitués la physique classique. Elle interdit de considérer que l'univers est constitué d'entités existant indépendamment de toute observation, possédant en propre des propriétés bien définies et interagissant uniquement de manière locale avec les champs médiateurs des forces. Cette vision, que d'Espagnat appelle « le multitudinisme [11] », est réfutée par la mécanique quantique mais aussi par les théories à variables cachées. Les raisons en sont tout d'abord la non-séparabilité et le contextualisme, propriétés respectées, comme nous l'avons vu, par toutes les théories non réfutées. Il en résulte qu'en toute rigueur le seul objet pertinent devrait être l'univers dans son ensemble ! Heureusement, il est possible d'étudier des parties restreintes de l'univers en raison du fait que, lorsqu'on se restreint à la réalité empirique, celle des phénomènes observables, tout se passe comme si ces parties étaient isolées. Il n'en demeure pas moins que sur le plan des principes, la non-séparabilité nous force à admettre que des systèmes ayant interagi ne peuvent être considérés comme indépendants et qu'ils doivent être pensés comme formant un tout indivisible. On peut donc énoncer la limite 8 et sa contre-limite :

Limite 8 : « L'ontologie des théories quantiques (mécanique quantique ou théories alternatives non réfutées) se limite à l'objet qu'est l'univers dans son ensemble. »

Contre-limite 8 : « Si l'on se restreint à la réalité empirique, tout se passe comme si l'ontologie s'ouvrait à des entités qui ne sont que des parties limitées de l'univers. »

Les raisons qui justifient cette contre-limite ont été évoquées au chapitre 4. La discussion que nous avons faite de la théorie de l'environnement montre notamment qu'il nous est impossible de percevoir les phénomènes qui font la différence entre un vecteur d'état étendu à l'environnement et un vecteur d'état restreint au système et à l'appareil de mesure. Cette même raison montre que nous ne pouvons percevoir les phénomènes qui feraient la différence entre un vecteur d'état unique englobant tout l'univers et un vecteur d'état limité au système considéré. Remarquons toutefois que si, pour un réaliste empirique pragmatique, la contre-limite 8 est la seule à posséder un

---

11. D'Espagnat [1979].

sens, pour un réaliste métaphysique ou un réaliste empirique de principe, la limite 8 est celle qui détermine l'ontologie de la réalité. Dans
la suite, nous appellerons « ontologie empirique » celle qui concerne
la réalité empirique.

La mécanique quantique et les théories à variables cachées divergent alors quant au contenu de l'ontologie empirique. Pour la
mécanique quantique, les systèmes ne possèdent pas de propriétés
définies leur appartenant en propre. Les grandeurs attachées à un
système ne se déterminent que lors d'une mesure et ne peuvent être
toutes simultanément définies. Pour les théories du type de celles de
Bohm, un système possède bien à tout moment des propriétés bien
définies mais la valeur de ces propriétés dépend des dispositifs
expérimentaux mis en place pour les mesurer. Comme nous l'avons
vu, il en résulte que des concepts comme ceux de trajectoire ont un
statut de réalité bien qu'ils soient inconnaissables. Mais il est possible
de montrer que les propriétés comme la masse ou la charge électrique doivent être considérées comme dispersées dans tout l'espace.
On peut alors se demander, comme Bitbol[12], « en quel sens on peut
encore parler d'un objet de nature corpusculaire qui ne rassemble au
voisinage de sa position qu'une seule détermination : cette position
elle-même ».

Limite 9 : « La mécanique quantique exclut de son ontologie
toute propriété considérée comme appartenant à un système et possédant à tout moment une valeur définie. Les théories à variables
cachées acceptent l'existence de ces propriétés. Cependant la mécanique quantique comme les TVC conduisent à considérer que les
valeurs prises par ces propriétés dépendent de manière non locale de
la valeur de propriétés appartenant à d'autres systèmes éventuellement distants ainsi que de la configuration expérimentale mise en
place pour mesurer ces grandeurs. »

5.6. LES LIMITES COGNITIVES

En mathématiques

La limite 7, que nous avons énoncée plus haut, peut être considérée comme une limite ontologique ou une limite cognitive selon le
point de vue qu'on adopte. Elle signifie qu'aucun système formel ne
peut suffire à démontrer ou réfuter tout énoncé portant sur les
objets de ses modèles. Ne pas pouvoir savoir si les ensembles satisfont ou non l'hypothèse du continu peut être considéré comme
finalement peu gênant si l'on accepte l'idée que le concept

---

12. Bitbol [1996].

d'ensemble se dédouble en celui d'ensemble satisfaisant l'hypothèse et celui d'ensemble ne la satisfaisant pas. Mais il est possible d'énoncer une limite cognitive plus contraignante. Nous avons rencontré au chapitre 2 des exemples d'indécidables plus troublants. Tout d'abord le théorème de Gödel a permis d'exhiber une formule arithmétique dont on sait qu'elle est vraie sans pouvoir le démontrer. Ce résultat est nettement plus étrange dans la mesure où il exprime cette fois une limite cognitive du formalisme. Aucun formalisme (assez puissant pour contenir l'arithmétique) ne permet de démontrer toutes les assertions vraies qu'on peut exprimer dans son cadre. Mais il y a plus grave quand on considère les indécidables de la théorie algorithmique de l'information, l'équation diophantienne établie par Chaitin ou le nombre Ω. Dans ces exemples, nous avons vu qu'aucun système formel ne peut en traiter plus qu'un nombre fini de cas. Cela revient à admettre que pour la plupart des suites finies de 0 et de 1, il nous est à jamais impossible de savoir quelle en est la complexité, que pour une infinité de valeurs du paramètre n de l'équation de Chaitin, nous ne pourrons jamais savoir s'il existe ou non un nombre infini de solutions et enfin que nous ne pourrons jamais connaître les décimales de Ω. Ce dernier exemple étant le plus étrange puisqu'il n'est que l'exemple d'un résultat général dû à Turing, selon lequel il est impossible de calculer les décimales de la plupart des nombres réels. Nous sommes alors bien obligés d'accepter le fait que les résultats que nous pouvons démontrer ne représentent qu'une partie insignifiante en comparaison de ceux qui resteront à jamais hors de portée.

Limite 10 : « Quels que soient les systèmes formels dans lesquels on se place, il existe une infinité d'énoncés vrais qu'il est impossible de démontrer. De plus, aucun système formel ne peut régler plus d'un nombre fini de cas de problèmes du type de celui de l'équation de Chaitin, de la complexité algorithmique d'une chaîne ou du calcul des décimales d'un nombre réel aléatoire. Les énoncés de ce type, dont la résolution est hors de notre portée de manière irrémédiable, sont donc infiniment plus nombreux que ceux qu'il est possible de traiter. »

Cette limite établit donc un champ d'inconnaissabilité ultime dont la taille (au sens de la théorie mathématique de la mesure) est très largement supérieure à celle du domaine connaissable.

En physique

La position réaliste naïve consistant à penser qu'il existe une réalité extérieure indépendante de tout observateur et ressemblant dans sa constitution et sa structure à ce que nous en percevons se heurte aux difficultés que nous avons présentées au chapitre 4. Notamment, l'impossibilité d'exprimer la mécanique quantique (ou les théories alternatives) sous une forme objective forte[13] (c'est-à-dire sans référence aucune à une mesure ou a un observateur) est un indice de l'impossibilité d'identifier les objets de l'ontologie quantique à ceux d'une réalité indépendante. Comme nous l'avons vu dans le cadre des limites ontologiques, il faut se restreindre à la réalité empirique pour accepter une ontologie qui ne soit pas constituée uniquement de l'univers dans sa globalité. Or, se restreindre à la réalité empirique est inévitablement faire intervenir la dimension humaine et donc se démarquer du concept de réalité indépendante ou réalité en soi. Le réalisme naïf doit donc être abandonné dans sa forme la plus immédiate.

Limite 11 : « La physique quantique montre que le réalisme naïf immédiat consistant à postuler une réalité extérieure indépendante de toute mesure et de tout observateur et ressemblant dans sa constitution et sa structure à ce que nous en percevons doit être abandonné. »

Il n'en demeure pas moins que rien dans les résultats que nous avons exposés ne s'oppose à l'existence d'une réalité en soi tant qu'on ne formule aucune hypothèse sur ses propriétés. Il serait donc erroné de croire que la physique quantique démontre l'absurdité de tout type de réalisme.

Contre-limite 11 : « La physique quantique ne s'oppose pas à la thèse d'un réalisme postulant l'existence d'une réalité indépendante dès lors qu'aucune hypothèse n'est faite sur la nature précise de cette réalité. »

Dire qu'il existe des limites cognitives est exprimer le fait que certains éléments de l'ontologie ne peuvent être connus. Les limites cognitives dépendent donc de l'ontologie acceptée. Plus l'ontologie est profonde, plus les limites sont fortes. Remarquer qu'il n'est pas possible de connaître la trajectoire d'un électron en mécanique quantique n'est pas une limite cognitive puisque le concept de trajectoire ne fait pas partie de l'ontologie de la mécanique quantique. En revanche, c'en est une dans le cadre des TVC qui considèrent qu'une particule suit réellement une trajectoire continue mais qu'il est impossible de la connaître. Le problème des limites cognitives ne se pose pas pour un positiviste qui considère qu'il est dépourvu de sens de se demander ce qui se passe hors des observations ou d'essayer de comprendre les mécanismes intimes qui régissent le comportement des systèmes quantiques. Les limites énoncées ne concernent donc que ceux qui refusent la position positiviste. Cependant, les limites cognitives ne se présentent pas de la même manière pour un réaliste

---

13. Voir d'Espagnat [1976].

empirique ou pour un réaliste métaphysique. Un réaliste empirique refusera comme un positiviste de s'interroger sur ce qui est au-delà des phénomènes observables mais pourra s'interroger sur les propriétés intimes de la réalité empirique. Un réaliste métaphysique qui pense qu'il existe une réalité indépendante au-delà des phénomènes rencontrera des limites cognitives d'autant plus fortes que son ontologie est riche.

Limite 12 : « Si l'on se place dans le cadre de la mécanique quantique, l'état d'un système ne représente plus ce qu'est le système mais seulement la potentialité qu'il présente de fournir tel ou tel résultat lors d'une mesure. L'état quantique ne représente donc pas « ce qui est ». Le mécanisme intime par lequel la valeur d'une grandeur se détermine lors d'une mesure réside irrémédiablement hors du champ de la connaissance possible. »

Contre-limite 12 : « Si l'on se place dans le cadre des TVC, les propriétés appartenant à un système sont bien déterminées même en dehors de toute mesure et le mécanisme de détermination des grandeurs est dévoilé. »

Limite 13 : « Même si dans le cas des TVC le fonctionnement intime des processus est dévoilé, son principe même interdit d'en avoir une connaissance directe qui permettrait de le voir à l'œuvre et de l'utiliser pour connaître l'état au sens classique du système. »

On peut alors se demander si les limites que nous venons d'énoncer concernent la réalité empirique ou la réalité en soi. La réponse découle immédiatement du constat que ces limites cognitives portent sur l'état d'un système ou les propriétés attachées aux systèmes. Il en résulte qu'elles expriment une inconnaissabilité de certains traits de l'ontologie empirique et nullement de la réalité indépendante qui réside au-delà du discours. La distinction entre réalité empirique et réalité en soi et les positions qu'il est possible d'adopter relativement à chacune d'elles seront examinées plus en détail dans le chapitre suivant. Les résultats que nous avons présentés dans le chapitre 4 montrent cependant déjà que la physique porte sur la réalité empirique et qu'il y a de grandes difficultés à supposer que son domaine s'étende à la réalité en soi.

Limite 14 : « La physique est un formalisme descriptif et prédictif dont le domaine est la réalité empirique. Prétendre que son domaine s'étend à celui de la réalité en soi (pour les réalistes métaphysiques) se heurte à de graves difficultés qui semblent insurmontables. La mécanique quantique notamment fournit une description correcte de l'apparence de la réalité empirique et non de la réalité en soi. »

Nous avons par ailleurs évoqué au premier chapitre la thèse, avancée par Quine, de la sous-détermination des théories par l'expérience. Cette sous-détermination est clairement illustrée par l'exemple des théories à variables cachées qui, bien que logiquement et ontologiquement incompatibles avec la mécanique quantique, reproduisent toutes ses prédictions sans en faire aucune qui permette de les différencier ni de la mécanique quantique ni entre elles. Si nous supposons que les prédictions empiriques de la mécanique quantique seront toujours vérifiées[14], aucune expérience ne pourra donc trancher pour décider quelle est la « vraie théorie ». Les préférences épistémologiques dont nous avons fait état pour privilégier la mécanique quantique ne doivent évidemment pas intervenir ici. La question de savoir si, en vérité, la réalité est décrite par la mécanique quantique ou par l'une quelconque de ces théories est une question qui ne peut recevoir de réponse empirique et qui semble de fait être dépourvue de sens. Or, il est bien évident que les descriptions que donnent de la réalité ces théories sont différentes. La mécanique quantique interdit de penser par exemple qu'une particule suit une trajectoire définie alors que la théorie de Bohm le suppose. Comment savoir dans ce cas si réellement une particule suit ou non une trajectoire définie ? La réponse à laquelle nous sommes conduits est de considérer que cette question n'a en définitive pas de sens. Cette conclusion est en un sens encore plus dévastatrice que la simple élimination de certaines grandeurs par la mécanique quantique. En effet, la mécanique quantique nous conduit à considérer que certaines entités définies par analogie avec la mécanique classique n'ont pas d'existence (c'est le cas de la trajectoire d'une particule). Mais ce faisant, elle semble nous indiquer, de manière négative, une propriété de la réalité : une particule ne suit pas une trajectoire bien définie. En revanche, nous aboutissons ici à une conclusion qui signifie que la question même de savoir si une particule suit ou non une trajectoire bien définie est dépourvue de sens. Nous reviendrons plus largement sur ce point dans le dernier chapitre.

La sous-détermination des théories nous oblige à renoncer à se poser certaines questions portant sur les propriétés de la réalité. La distinction est la même que celle qui existe entre la position consistant à refuser d'admettre l'existence d'une réalité indépendante et celle consistant à considérer que la question n'a pas de sens : c'est la différence entre répondre négativement à une question ou répondre en décrétant la question insensée. Nous aboutissons donc à un constat : non seulement il est impossible de connaître certaines propriétés de la réalité mais il est même dépourvu de sens de s'interroger sur ces propriétés. Dans la conception réaliste naïve, la vérité d'une

---

14. Rappelons que c'est l'hypothèse de travail que nous avons adoptée ici même s'il est vraisemblable que la mécanique quantique finira un jour par être remplacée par une théorie plus puissante.

théorie était entendue comme le fait qu'elle représentait, décrivait et prédisait la réalité en soi, tant dans ses manifestations que dans ses structures profondes. Cette vérité pouvait être inférée de l'adéquation empirique de la théorie en fonction de l'hypothèse selon laquelle cette adéquation ne pouvait s'expliquer que par la conformité de la théorie à la réalité elle-même[15]. Cette hypothèse doit être abandonnée et avec elle l'espoir d'identifier une théorie vraie en ce sens. La seule vérité accessible est celle de l'adéquation empirique et elle ne peut être l'apanage d'une seule et unique théorie. Le fait qu'elle doit être partagée entre des théories incompatibles interdit désormais de conférer aux théories en question une vertu de vérité intrinsèque. Il s'ensuit qu'il devient impossible d'atteindre la réalité en soi par l'intermédiaire de quelque théorie que ce soit, aussi bien empiriquement vérifiée soit-elle.

Limite 15 : « La sous-détermination des théories par l'expérience nous interdit non seulement de connaître certains aspects de la réalité mais même de considérer que cela a un sens de s'interroger à leur sujet. Il en est ainsi par exemple de la question de savoir si une particule suit ou non une trajectoire bien définie. Il en résulte que le concept de vérité d'une théorie n'est plus pertinent si "vérité" est entendu au sens d'adéquation à la réalité empirique *en tant que théorie unique* et *a fortiori* s'il s'agit d'adéquation à la réalité en soi. »

Remarque 1 : En toute rigueur, ce qui précède suppose qu'on adopte la maxime selon laquelle « ne doit être considéré comme sensé que ce qui fait une différence à l'expérience ». Cette maxime est un héritage de l'empirisme logique et nous avons déjà été conduits à refuser d'adopter le point de vue selon lequel si l'on ne peut connaître la réponse à un énoncé alors il est dépourvu de sens. Lorsque cette maxime nous interdit de pousser la réflexion au-delà de ce qui est directement observable en décrétant que tout énoncé portant sur du non observable est dénué de sens, elle est stérilisante et nous la mettons de côté. C'est ce qui nous a permis d'accepter de nous interroger sur le statut de la réalité. En rejetant cette maxime, il serait donc possible de soutenir une position consistant à dire que même si nous n'avons aucun moyen de savoir si telle propriété (comme le fait qu'une particule suit ou non une trajectoire) est vraie ou non, puisque deux théories empiriquement équivalentes apportent des réponses différentes, en fait il existe une réponse (mais nous ne la connaîtrons jamais). Cependant, nous n'adopterons pas ce point de vue ici car il ne serait motivé que par le désir de conserver l'image selon laquelle la réalité et les objets ont bien des propriétés définies même si nous ne pouvons les connaître, image attachée à un point de vue classique.

---

15. Nous reviendrons sur cette hypothèse dans le chapitre suivant.

Remarque 2 : On pourrait être tenté d'utiliser ce constat pour rejeter comme dénuée de sens la question de savoir si la réalité est déterministe ou pas. En effet, si deux théories empiriquement correctes sont telles que l'une est déterministe et l'autre non, on se trouve dans un cas de sous-détermination tel que celui mentionné plus haut. Ce serait par exemple le cas si une TVC déterministe satisfaisante était construite. Le problème se pose cependant ici de manière différente. En effet, dire que la nature est déterministe ne signifie pas qu'il est impossible de la décrire de manière probabiliste mais qu'il est possible de la décrire par une théorie déterministe. Il en résulte que la seule existence d'une théorie déterministe satisfaisante suffirait à établir que la nature est déterministe.

5.7. QUE FAIRE DE CES LIMITES ?

L'énumération synthétique de ces limites dessine en négatif le contour d'un territoire conceptuel au sein duquel plusieurs conceptions coexistent mais dont certaines sont exclues. Nous présentons dans le chapitre suivant les positions philosophiques les plus couramment soutenues et analysons celles qui sont compatibles avec les limites présentées.

Un des traits intéressants de ces limites est qu'elles nous conduisent à considérer que certaines questions sont dépourvues de sens en nous donnant les moyens de comprendre pourquoi elles le sont. Ce qui fait défaut aux empiristes logiques quand ils décrètent comme dénué de sens tout énoncé portant sur du non observable, c'est qu'il reste possible de ressentir une sorte de frustration intellectuelle poussant à s'interroger sur ce mode : « Certes, aucun effet observable ne peut permettre de trancher, mais en vérité, qu'en est-il ? » Or, comme y insiste Bohm, ce n'est pas parce qu'on ne peut pas connaître quelque chose qu'il s'ensuit logiquement qu'il n'existe pas. Il y a donc une différence logique entre le fait de constater qu'un énoncé n'a pas de conséquence empirique et celui de le décréter dépourvu de sens. Quelle raison profonde y a-t-il à considérer qu'un énoncé n'ayant aucune conséquence observable est dépourvu de sens ? Pour ceux qui admettent sans plus d'interrogation la maxime positiviste « ne doit être considéré comme sensé que ce qui fait une différence à l'expérience », la question ne se pose pas. Mais pour les autres, il est satisfaisant de comprendre « ce qui fait » qu'un énoncé est dénué de sens. Beaucoup d'avancées de la science contemporaine autres que la physique quantique ont apporté des réponses nouvelles. Avant Einstein, tout le monde s'accordait à penser que la question « l'événement A s'est-il produit simultanément avec l'événement B ? » possédait une réponse bien définie. On sait maintenant que cette question n'a pas de sens à moins de préciser dans quel référentiel on se place. De la même manière, si l'on se place dans le cadre de la théorie du Big Bang qui stipule que l'Univers a été créé il y a quinze milliards d'années, on comprend que la question « qu'y avait-il y a cinquante milliards d'années ? » est dépourvue de sens. Dans le premier exemple, la raison est que la notion de simultanéité n'est pas une notion absolue mais relative au référentiel dans lequel on se place ; dans le second, la raison est que le temps a été créé « en même temps » que l'espace et que le concept de temps ne préexiste pas à celui d'univers. Un autre exemple, légèrement différent, est celui de Zénon dont le raisonnement sur l'impossibilité pour une flèche d'atteindre son but paraît extrêmement convaincant tant qu'on ne tient pas compte de la démonstration d'analyse mathématique moderne selon laquelle la somme d'une série infinie peut être finie.

Ce qui est important dans ces exemples est le fait que de nouveaux concepts nous donnent la possibilité de transcender une question, à laquelle il aurait auparavant paru inévitable de considérer qu'elle avait une réponse bien définie, *en comprenant pourquoi elle est dénuée de sens*. L'exemple de la relativité est sans doute meilleur que celui du Big Bang en ce sens qu'il aurait été conceptuellement impossible à Newton d'imaginer que la simultanéité de deux événements ne correspondait à rien dans certains cas (la nouveauté conceptuelle du temps einsteinien paraît plus forte que celle du concept d'univers n'ayant pas toujours existé). De même, un Grec n'aurait pu imaginer qu'il pouvait y avoir une infinité de parties non ponctuelles dans un intervalle fini. Il est donc possible de différencier clairement la position des positivistes logiques qui considèrent que certaines questions n'ont pas de sens du simple fait qu'il n'y a aucune conséquence empirique permettant de faire la différence entre une réponse positive et une réponse négative, de la position (qui est la nôtre) considérant que si ces questions n'ont aucun sens, c'est en raison de l'inadéquation des concepts qu'elles utilisent, qui sont ou seront un jour dépassés de manière analogue à celle qui a conduit à éliminer le concept de simultanéité absolue.

Les limites que nous avons énoncées vont dans cette direction. La limite 15, pour laquelle nous avons déjà soulevé le problème, est de cette nature. Elle énonce par exemple qu'il est dépourvu de sens de s'interroger pour savoir si une particule suit ou non, en réalité, une trajectoire définie. Ce qui rend vaine cette interrogation, ce n'est pas seulement l'existence de deux théories empiriquement équivalentes qui apportent des réponses opposées (s'appuyer uniquement sur ce constat serait adopter sans réserve la maxime positiviste), mais c'est la conjonction de ce constat avec la prise de conscience que la notion de trajectoire est un concept dont la construction n'est possible que dans le cadre de certaines théories ontologiquement interprétables, ce qui n'est pas le cas de la mécanique quantique. En clair, la trajectoire d'une particule n'est pas une donnée absolue et indépendante mais un concept théorique dont la construction n'est légitime qu'à l'intérieur de certaines théories. À partir de là, le seul fait qu'il existe des théories empiriquement équivalentes dont certaines permettent cette construction et d'autres non suffit à montrer que ce concept est relatif au cadre choisi (on verra dans le chapitre suivant que cela correspond à ce que Putnam appelle « la relativité conceptuelle »). Cela nous permet de refuser d'admettre que la question « une particule suit-elle ou non une trajectoire ? » possède une réponse en dehors d'un cadre déterminé. Il s'ensuit que cette même question entendue dans un sens absolu : « En réalité, une particule suit-elle ou non une trajectoire ? » est dépourvue de sens.

Le chapitre suivant présentera les positions philosophiques diverses adoptées par plusieurs auteurs. Nous verrons que, même en restant compatibles avec les limites énoncées dans ce chapitre, ces positions peuvent différer fortement entre elles. Elles partagent néanmoins une caractéristique commune, celle de s'éloigner d'une manière ou d'une autre du sens commun.

Partie III

DOUTES SUR LA RÉALITÉ.
QUE CROIRE ?

CHAPITRE 6

Positions et attitudes

> *En bref, je défendrai une conception dans laquelle l'esprit ne se contente pas de « copier » un monde qui ne peut être décrit que par une Seule et Unique Théorie Vraie. Mais je ne prétends pas que l'esprit invente le monde [...]. L'esprit et le monde construisent conjointement l'esprit et le monde[1].*

Les différentes (et nombreuses) positions philosophiques débattues aujourd'hui[2] ne se sont pas édifiées comme des systèmes autonomes sous une forme hypothético-déductive, posant, à la manière de Descartes, certaines prémisses immédiatement acceptables pour en arriver, par le pur raisonnement, à des conclusions considérées comme absolues. Bien au contraire, et sauf en ce qui concerne les plus simples d'entre elles, elles ne se sont construites et développées qu'en s'opposant les unes aux autres en d'incessants allers-retours, arguments et contre-arguments. Il en résulte qu'il est difficile de les comprendre de manière isolée et qu'elles ne prennent toute leur signification que dans une présentation d'ensemble. Dans un grand nombre de cas, les arguments que soutiennent certaines d'entre elles ne peuvent s'apprécier que de manière négative, en raison du fait qu'elles se présentent comme la seule échappatoire possible aux impasses auxquelles conduisent leurs rivales. Mais un argument de ce type ne peut apparaître qu'après avoir examiné exhaustivement les possibilités concurrentes et ne prend donc pas la forme d'un argument positif direct. Pour cette raison, il est difficile d'adopter une présentation linéaire séquentielle et nous procéderons différemment.

---

1. Putnam [1981].

2. Dans la suite, nous limiterons notre étude à la philosophie des sciences empiriques (de la physique essentiellement) et n'entrerons pas dans une analyse plus approfondie de la philosophie des mathématiques qui requerrait des développements complémentaires. Cependant, nous nous autoriserons à utiliser si nécessaire, les résultats mathématiques qui ont été présentés précédemment.

Nous essayerons d'exposer tout d'abord les positions les plus simples et les plus intuitives qui peuvent être soutenues par des arguments directs. Il en est ainsi du réalisme dit « naïf » qui est la philosophie spontanée de l'homme de la rue et dont la considération n'a, pour cette raison, nul besoin d'être longuement argumentée. Nous examinerons ensuite les objections qui peuvent lui être opposées sur la base d'une réflexion philosophique initiale. Cela nous conduira à présenter les conceptions alternatives issues de ces réflexions. Ces conceptions n'auront plus le caractère immédiatement intuitif du réalisme naïf mais seront issues du désir de répondre aux objections soulevées. Nous entrerons alors dans un débat plus complexe ayant pour résultat de faire émerger plusieurs positions concurrentes, certaines visant à conserver les traits principaux du réalisme tout en le modifiant pour tenir compte des difficultés qu'il rencontre, d'autres apportant des réponses radicalement opposées. Il sera impossible à ce stade de conserver une présentation rigoureusement ordonnée des arguments et nous préférerons exposer les principales conceptions cohérentes aujourd'hui soutenues. Nous examinerons alors si ces conceptions semblent compatibles avec les résultats que nous avons énoncés au chapitre précédent.

Schématiquement, le squelette de l'argumentation sera donc le suivant.

1) Le réalisme est une doctrine intuitive spontanée qui paraît naturelle. 2) Il se heurte néanmoins à certaines objections philosophiques profondes qui ont pour conséquence l'élaboration et la mise en avant de conceptions concurrentes antiréalistes. 3) Ces objections ne sont cependant ni suffisamment dirimantes pour réfuter le réalisme, ni assez convaincantes pour établir l'une ou l'autre des conceptions antiréalistes : quasiment toutes les conceptions avancées peuvent se prévaloir d'arguments favorables et de l'absence d'objections irréfutables. 4) La physique du XXᵉ siècle apporte les premiers arguments de nature empirique permettant de réfuter, sinon le réalisme dans sa globalité, du moins certaines de ses versions les plus simples ou certaines de leurs composantes. 5) Seules certaines versions modifiées du réalisme peuvent encore légitimement être défendues contre leurs adversaires antiréalistes.

Je ne prétends évidemment pas que l'histoire de la pensée a strictement suivi ce déroulement (on peut même dire que les positions réalistes et antiréalistes ont coexisté dès les débuts de la pensée grecque), mais cette reconstruction *a posteriori* est commode pour suivre le débat sous-jacent.

6.1. LE RÉALISME

Qu'est-ce que le réalisme ?

Nous avons beaucoup parlé des difficultés que rencontre le réalisme face aux progrès de la physique moderne. Dans ce qui précède, certains des traits principaux attachés à cette doctrine ont été présentés et il a été question de différentes sortes de réalismes, plus ou moins engagés ontologiquement. Comme je l'ai dit plus haut, il sera utile de préciser les types de réalismes qui ont été défendus dans la littérature afin de voir si certaines de ces versions sont compatibles ou non avec les limites que nous avons résumées dans le chapitre précédent. Mais auparavant, il est commode de partir de la version naïve du réalisme scientifique (que nous abrégerons en RSN) qui exprime bien l'intuition générale qui est à la base de cette conception. Elle peut s'exprimer sous la forme suivante :

Thèse du réalisme scientifique naïf (RSN)

Il existe une réalité extérieure (ou réalité en soi) indépendante de l'existence d'observateurs ainsi que de la connaissance qu'ils ont ou pourraient avoir de cette réalité. Cette réalité est constituée d'entités intelligibles, régies par des mécanismes qui nous sont accessibles. La science a pour but de fournir une description de cette réalité telle qu'elle est vraiment et de nous permettre de faire des prédictions sur les phénomènes qu'elle engendre. Les théories scientifiques acceptées sont vraies en ce sens que les objets des théories scientifiques se réfèrent à des entités réelles et les processus décrits, par exemple par les lois scientifiques, correspondent à des mécanismes se déroulant réellement au sein de cette réalité. Il en résulte que les progrès de la science sont des découvertes et non des inventions ou des conventions.

Cette définition fait intervenir plusieurs hypothèses qu'il faut identifier et séparer car il n'est pas logiquement obligatoire d'adhérer simultanément à toutes. La première correspond à ce qu'on appellera « le réalisme métaphysique » (RM). Elle stipule l'existence d'une réalité en soi, indépendante de l'existence d'observateurs.

Thèse du réalisme métaphysique (RM)

Il existe une réalité extérieure (ou réalité en soi) indépendante de l'existence d'observateurs ainsi que de la connaissance qu'ils ont ou pourraient avoir de cette réalité.

Dans la conception du RSN, elle est assortie de l'hypothèse que cette réalité est intelligible mais cela n'est nullement obligatoire, comme nous le verrons plus loin. La thèse de l'intelligibilité est :

Thèse de l'intelligibilité de la réalité (IR)
La réalité en soi est constituée d'entités intelligibles, régies par des mécanismes qui nous sont accessibles. La science a pour but de fournir une description de cette réalité telle qu'elle est vraiment.

La deuxième hypothèse principale, qu'on appelle « le réalisme épistémique », postule que la science décrit correctement la réalité en soi en ce sens que les objets des théories ont un référent dans la réalité et que les mécanismes intimes de cette réalité se reflètent directement dans la structure des théories.

Thèse du réalisme épistémique (RE)
Les théories scientifiques acceptées sont vraies en ce sens que les objets des théories scientifiques se réfèrent à des entités réelles et les processus décrits, par exemple par les lois scientifiques, correspondent à des mécanismes se déroulant réellement au sein de cette réalité. Il en résulte que les progrès de la science sont des découvertes et non des inventions ou des conventions.

Dans cette conception, la vérité d'une théorie est donc l'adéquation de la théorie avec les objets ainsi qu'avec la structure de la portion de réalité qu'elle modélise. Il est clair que le réalisme épistémique présuppose le réalisme métaphysique accompagné (au moins partiellement) de la thèse d'intelligibilité alors que la réciproque n'est pas vraie : on peut croire à l'existence d'une réalité en soi qui demeure en dehors de toute possibilité de connaissance ou de formalisation scientifique.

Ces définitions appellent un certain nombre de remarques.

1) Éliminons tout de suite l'objection, signalée par Van Fraassen[3], selon laquelle sous la forme ci-dessus, le RSN attribuerait au réaliste scientifique la croyance que la science actuelle (c'est-à-dire celle qui existe au moment même où vous lisez ces lignes) est vraie, ce qui est évidemment peu plausible. Une lecture charitable de cette présentation du RSN admettra que la science dont il est fait mention est celle vers laquelle tend progressivement le processus scientifique et non celle du XXe siècle ni même sans doute celle du XXIe siècle.

2) Le concept de vérité d'une théorie qui est utilisé dans la forme RSN du réalisme est celui qu'on appelle « la vérité-correspondance », selon laquelle une phrase est vraie en vertu d'un état de fait et de la correspondance entre le sens de la phrase et cet état de fait. Il en résulte que le RSN a comme conséquence qu'une théorie scientifique est vraie si et seulement si ce qu'elle nous dit correspond à un état de fait existant dans la réalité. Dans ce cas, comme le dit Dummett[4] :

---

3. Van Fraassen [1980].
4. Dummett [1978].

« [Pour un réaliste]... un énoncé d'une théorie est vrai ou faux ; et ce qui le rend vrai ou faux est quelque chose d'externe, c'est-à-dire, ce n'est pas (en général) les données des sens, actuelles ou potentielles, ou la structure de nos esprits, ou notre langage, etc. »

3) Si l'on appelle « réalité empirique » la partie de la réalité qui est restreinte aux phénomènes observables et aux entités perceptibles, le RSN a pour conséquence qu'une théorie vraie est, *a fortiori*, adéquate à la réalité empirique en ce sens qu'elle décrit et prédit correctement tous les phénomènes observables.

4) Les relations entre RSN, RM, RE et IR sont les suivantes :

RSN = RM + IR + RE. Le réalisme scientifique naïf est la conjonction du réalisme métaphysique, du réalisme épistémique et de la thèse d'intelligibilité du réel.

RE ⇒ RM + IR (ou une forme affaiblie de IR). Le réalisme épistémique ne peut s'exprimer que dans le cadre du réalisme métaphysique et d'une forme minimale de la thèse d'intelligibilité[5].

5) Le RSN peut être exprimé sous la forme suivante qui est adoptée par Van Fraassen[6] comme définition du réalisme scientifique : « La science a pour but de nous fournir, à travers nos théories, une histoire littéralement vraie de ce à quoi le monde ressemble. Accepter une théorie scientifique entraîne la croyance en sa vérité. » Ce que Van Fraassen entend par « littéralement vraie » est similaire à ce que nous avons appelé le réalisme épistémique : comme il le dit, dans cette conception, il ne s'agit pas de prendre les théories scientifiques pour des métaphores mais bien de croire au pied de la lettre en ce qu'elles nous disent : « Si un énoncé d'une théorie comprend la phrase "il y a des électrons" alors la théorie dit qu'il existe des électrons. » Ou pour reprendre la présentation pittoresque que donne Rescher[7] : « Accepter une théorie sur les petits hommes verts de Mars c'est accepter *ipso facto* qu'il y a des petits hommes verts sur Mars. »

Arguments en faveur du réalisme

Quelles raisons peuvent nous conduire à adopter le réalisme scientifique ou une de ses composantes ? Tout d'abord, il faut bien reconnaître que le réalisme métaphysique semble directement issu de la philosophie naturelle spontanée qui se construit à partir de l'enfance. Croire qu'il existe un monde extérieur dans lequel nous évoluons et croire que ce monde ne dépend pas de ce que nous pensons ou connaissons est une attitude immédiatement dictée par notre expé-

---

5. Le signe « ⇒ » de la formule « RE ⇒ RM + IR » ne doit évidemment pas être pris comme une déduction qui permettrait alors d'écrire que RSN = RE, ce qui serait erroné.

6. Van Fraassen [1980]. Précisons, comme nous le verrons plus loin, que Van Fraassen n'adopte pas cette conception.

7. Rescher [1987].

rience quotidienne. C'est pourquoi, en guise d'argument, on pourrait exiger que la charge de la preuve incombe à celui qui refuse de croire en sa vérité. Comme l'a souligné Hume, dans la plupart des cas, ce qui nous persuade de l'existence de quelque chose est un raisonnement fondé sur la relation cause-effet. Si l'on entend une voix dans la pièce voisine, on infère que quelqu'un a parlé et effectivement notre expérience nous montre sur un très grand nombre d'exemples variés que ce raisonnement fonctionne. La suite de l'analyse de Hume (que nous présentons plus loin) réfute la validité de ce raisonnement pour des raisons de nature philosophique et non pas empirique. Mais à ce stade, on peut admettre que la relation cause-effet semble apporter un fort soutien au réalisme métaphysique.

Un autre argument favorable est celui lié au constat d'accord qui existe entre différentes personnes : en général, nos constats d'observation concordent. Deux personnes regardant un jardin seront d'accord pour dire qu'il y a deux arbres, un massif de fleurs et de l'herbe. L'explication la plus simple de cet accord intersubjectif est que les deux personnes voient les mêmes choses parce qu'il y a réellement deux arbres, un massif de fleurs et de l'herbe dans le jardin qu'ils observent. L'accord intersubjectif est donc un autre argument en faveur du réalisme métaphysique. On peut cependant remarquer que, malgré le soutien intuitif fort au réalisme métaphysique que semble apporter (dans un premier temps) la relation cause-effet et l'accord intersubjectif, le réalisme épistémique et la thèse de l'intelligibilité nécessitent une argumentation plus élaborée dans la mesure où ils mettent en jeu des concepts moins directs que celui d'expérience immédiate.

L'adéquation des théories scientifiques avec la réalité n'est pas quelque chose qui se perçoit instinctivement car elle concerne un concept élaboré, celui de théorie scientifique. D'ailleurs, nous aurions pu partir d'une conception logiquement antérieure au réalisme scientifique naïf, celle du réalisme naïf tout court qui considère que la réalité est effectivement conforme à ce que nous en percevons directement, que les chaises, les tables et les cubes de glace existent bien en tant que chaises, tables et cubes de glace. C'est la version la plus simple du réalisme métaphysique. Pour reprendre la métaphore de Putnam[8], le réalisme est un séducteur qui promet à la jeune fille naïve qu'est le sens commun de la défendre contre ses ennemis (idéalisme, pragmatisme, antiréalisme, etc.). Malheureusement pour la jeune fille, après qu'elle a été séduite, le réalisme se montre sous son vrai jour : le réalisme scientifique. Celui-ci lui dévoile alors qu'en fait, ce qui existe vraiment, ce ne sont ni les tables, ni les cubes de glace auxquels la jeune fille tenait tant mais des entités plus abstraites que la science nous dit exister. Cette fable nous indique seulement que la science actuelle a déjà réfuté le réalisme sous sa forme non scienti-

---

8. Putnam [1987].

fique la plus naïve et que seul subsiste le réalisme scientifique dont nous avons énoncé plus haut la forme naïve (par opposition aux versions plus élaborées que nous étudierons plus loin). Il importe donc d'examiner quelle sorte d'arguments peut être avancée pour le soutenir.

L'argument le plus généralement invoqué en faveur du réalisme épistémique est celui de la réussite empirique. Il fonctionne de la manière suivante. Le point de départ est le constat, généralement accepté, que les théories scientifiques réussissent (au moins partiellement) à fournir une description adéquate de la réalité empirique, c'est-à-dire à décrire et à prédire les phénomènes observés avec une exactitude satisfaisante (et qui s'améliore progressivement). Il est alors avancé que ce serait miraculeux si les théories scientifiques ne décrivaient pas la réalité telle qu'elle est vraiment. Putnam appelle cet argument, l'argument *no miracle*. Le fait qu'il existe une réalité qui correspond précisément à ce que nous en disent les théories est donc considéré comme une explication (la seule même, selon ses défenseurs) du fait que ces théories fonctionnent correctement. Autrement dit, si une théorie prédit correctement tel ou tel domaine, c'est tout simplement parce qu'elle est vraie. Il faut reconnaître que cet argument semble lui aussi, au premier abord, comporter une part intuitivement séduisante.

Les deux arguments positifs en faveur du réalisme métaphysique sont donc la relation cause-effet et l'accord intersubjectif. L'argument principal en faveur du réalisme épistémique est celui de la réussite empirique qu'on appelle aussi « argument de l'explication » (qui possède d'ailleurs une certaine parenté avec une relation cause-effet transposée au contexte du réalisme épistémique). Cet argument reviendra à de nombreuses reprises dans ce chapitre car il est au cœur du raisonnement de très nombreux philosophes qui, soit le défendent, soit veulent prouver son absurdité.

Nous allons voir les difficultés que ces arguments rencontrent lors d'une analyse plus fine.

Premières objections

Les premières objections au réalisme métaphysique sont issues du constat selon lequel nous n'avons aucun accès direct à la réalité ou aux objets en soi mais que notre expérience provient exclusivement des perceptions que nous en avons. Berkeley, au XVIIIe siècle, fut un des premiers philosophes modernes à bâtir un système philosophique idéaliste selon la devise « esse est percipi[9] ». La thèse idéaliste est fondée sur la remarque que nous ne pouvons avoir accès qu'à nos perceptions et que nous ne pouvons connaître que les phénomènes. De ce constat, qui semble tomber sous le sens, l'idéalisme

---

9. « Exister c'est être perçu. »

nie la légitimité qu'il peut y avoir à inférer l'existence d'une réalité au-delà des perceptions et dont nous ne pouvons avoir aucune connaissance directe. Hume fait remarquer que les relations causales mises en jeu dans l'argument avancé précédemment sont tirées directement de notre expérience. Si nous inférons qu'il y a une personne dans la pièce voisine d'où nous avons entendu des paroles, c'est parce que chaque fois que nous avons entendu une voix et que nous sommes allés vérifier, il y avait bien une personne. Nous supposons donc que toutes les fois où nous entendrons une voix, il y aura bien quelqu'un. Mais cette inférence est de nature inductive : du fait observé que dans tous les cas passés, un événement a été associé à un autre, on infère qu'il en sera toujours ainsi. Or, Hume nous montre qu'aucune justification rationnelle de l'induction n'est possible. L'induction ne peut être justifiée sans avoir recours à une autre induction et ainsi de suite à l'infini. Il est donc erroné de penser qu'il est rationnel de croire en l'induction. La conséquence est alors que penser que le bruit d'une voix justifie la croyance en l'existence d'une personne (ou que la perception d'un objet justifie la croyance en son existence) est une erreur puisque ce raisonnement s'appuie sur l'induction qui n'est pas un mode justifié d'inférence. La justification de l'existence de la réalité par cette voie est donc réfutée comme non pertinente par Hume.

Poursuivant dans cette ligne de pensée, Hume considère que nos idées sont des représentations de nos perceptions et que nos connaissances ne sont qu'un mode d'organisation des relations entre nos idées. Nos connaissances ne portent pas sur une réalité qui réside en dehors de nos perceptions mais ne sont qu'un moyen commode d'agencer lesdites perceptions. Notre croyance en un monde extérieur ne provient, selon lui, que de l'imagination et de l'habitude. La critique de Hume est dévastatrice car elle montre qu'il est vain de croire en quelque prédiction que ce soit puisque toute prédiction passe par une loi ou un mécanisme associatif quelconque et donc, par l'extrapolation au futur d'événements passés. Or, sans induction, cela ne peut être justifié. Poussé à l'extrême, ce raisonnement conduit au scepticisme qui est la position adoptée par Hume.

Parmi les philosophes modernes, Popper est celui qui a le plus tiré parti de l'argumentation de Hume pour refuser toute idée d'induction en science. Kant admet, comme Hume, que nos connaissances sont issues de nos perceptions et que nous n'avons aucun accès direct à la réalité en soi. Mais contrairement à Hume, il accepte l'existence de cette réalité. Pour Kant, nos perceptions doivent se conformer aux catégories *a priori* de notre entendement. Ces catégories sont en quelque sorte des filtres ou des moules qui permettent et façonnent nos perceptions et dont l'origine est en nous. Elles découlent de la manière dont le cerveau humain fonctionne. L'espace (euclidien) et le temps (newtonien) sont par exemple des catégories *a priori* de l'entendement. Pour résoudre la difficulté soulevée par Hume, Kant propose que la causalité soit considérée comme une autre catégorie *a priori*. La causalité et l'induction n'ont alors plus besoin d'être justifiées par l'expérience puisqu'elles sont un mode *a priori* indispensable pour nous permettre d'organiser de manière cohérente les données brutes de nos sens. La position de Kant permet de sauvegarder une réalité en soi mais cette réalité nous est inconnaissable dans sa forme intime et nos perceptions conditionnées par les catégories *a priori* de l'entendement sont les seules données auxquelles nous avons accès.

Les arguments du type réussite empirique, que nous avons mentionnés ci-dessus peuvent être par ailleurs sujets à des critiques complémentaires. Comme le dit Stein[10], considérons l'explication selon laquelle nous voyons l'herbe verte parce que celle-ci est réellement verte. Selon les théories en vigueur actuellement, nos perceptions sont le simple résultat d'échanges d'énergie et d'impulsion avec notre environnement qui donnent naissance à un influx nerveux lequel excite une zone particulière de notre cerveau. Mais cela ne nous permet pas de comprendre pourquoi nos sensations nous font l'effet qu'elles nous font et nous sommes impuissants à savoir si deux personnes différentes expérimentent les mêmes sensations. Mais si nous postulons que l'herbe possède par elle-même la propriété que nous percevons, la difficulté disparaît : nous pouvons expliquer ce que nous percevons en l'associant à l'herbe elle-même et il est alors évident que deux personnes percevront la même chose puisque la perception est causée par la propriété possédée par l'herbe. Stein reconnaît que cette explication est tentante mais il souligne que c'est en fait un piège et une illusion car une telle explication n'explique en définitive rien. En effet, même si nous acceptons d'attribuer à l'herbe une propriété spécifique que nous appelons « couleur verte », nos perceptions ne proviennent nullement de cette propriété car entre l'herbe et les perceptions il y a tous les processus physico-physiologiques dont la connexion avec cette propriété reste totalement incompréhensible. Selon son expression, à l'instar des positivistes qui se moquaient des pseudo-questions, il appelle cette explication une « pseudo-réponse » où l'explicans est déconnecté de l'explanandum. Hypostasier des entités ne peut être une explication de leur utilité à moins que ces entités soient mises en relation avec les phénomènes. Mais dans ce cas, les entités sont postulées dans la théorie et l'on tombe dans un cercle vicieux (nous reviendrons plus amplement sur ces critiques dans la suite).

On voit que ces arguments essentiellement philosophiques jettent un doute sérieux sur les raisons qui pouvaient être avancées dans un premier temps pour justifier le réalisme naïf. Certes, aucun d'entre eux n'est suffisant pour réfuter celui-ci. Aucun ne montre qu'il n'existe pas de réalité en soi ou que cette réalité est inconnaissable ou définitivement inaccessible. Mais l'affaiblissement qu'ils causent aux arguments initiaux qui conduisaient à considérer le réa-

---

10. Stein [1989].

lisme comme une position allant de soi constitue une raison suffisante de s'interroger sur la possibilité de soutenir des positions alternatives.

6.2. LES POSITIONS NON RÉALISTES

Commençons par poser un postulat (le postulat empirique) qui est admis par la majorité des penseurs réalistes ou non réalistes. Il s'agit de remarquer que nous n'avons un accès direct qu'aux phénomènes, entendus dans le sens de manifestations de nos perceptions. Une conception empiriste sera pour nous une conception qui pose que le seul matériau initial dont nous disposons est celui des phénomènes ou, ce qui revient au même dans ce cas, de nos perceptions[11]. Ce qui différencie ensuite les penseurs est le fait de savoir, d'une part, si cela a un sens de postuler une réalité sous-jacente aux phénomènes et, d'autre part, dans le cas où l'on apporterait une réponse positive à cette question, si cette réalité est connaissable (en tout ou en partie) et si la science doit et peut apporter cette connaissance. La position la plus simple est celle qui répond par la négative à la première question. Il s'agit du positivisme.

Le positivisme et l'instrumentalisme

Le positivisme refuse l'idée que cela ait un sens de postuler qu'il existe une réalité au-delà des phénomènes. Comme nous l'avons vu au premier chapitre, pour les positivistes, le sens d'un énoncé se réduit à son mode de vérification. Or, le postulat empirique pris au pied de la lettre a pour conséquence qu'aucune expérience ne peut permettre de vérifier l'énoncé « il existe une réalité indépendante au-delà des phénomènes ». Il s'ensuit, selon la doctrine positiviste, que la question est dénuée de sens. Il s'agit d'une pseudo-question, grammaticalement correcte mais sans aucune signification. Cette position radicale a le mérite de clore le débat mais peut sembler insatisfaisante car elle refuse tout simplement d'aborder certaines questions intuitivement dérangeantes. De plus, nous avons largement expliqué que sous sa forme radicale, le positivisme logique a été abandonné en raison des difficultés insurmontables auxquelles il se heurte.

Une position plus modérée est celle adoptée par les instrumentalistes. Ceux-ci ne se prononcent pas sur le fait qu'il existe ou non une réalité indépendante, ils considèrent que même si la question n'est pas dénuée de sens, il n'y a aucun moyen d'en connaître la réponse.

---

11. Refuser le postulat empiriste peut se faire en prétendant que nous avons accès directement, par une sorte d'intuition transcendante, à la réalité en soi. Mais il est clair qu'une telle position nécessite une argumentation spécifique et qu'elle se rapproche du mysticisme. Pour cette raison, elle est souvent qualifiée d'irrationnelle et nous la laisserons de côté.

Ils s'abstiennent donc de se prononcer sur ce sujet. En revanche, selon eux, la science a pour seul objectif de fournir un langage et des mécanismes permettant de décrire et de prédire la réalité empirique. Les théories scientifiques ne nous dévoilent donc pas la structure du réel en soi (si tant est que ce concept réfère à quelque chose) mais ne sont que des recettes dont la pertinence est jugée à l'aune de leur efficacité empirique. Cela a des conséquences importantes sur le concept de vérité d'une théorie. Une théorie est vraie pour un instrumentaliste si et seulement si ses prédictions sont en accord avec l'expérience. Il s'ensuit que deux théories apparemment contradictoires (en raison de la sous-détermination empirique des théories) peuvent être vraies simultanément sans que cela pose de problème. Imaginons avec Putnam[12] que nous disposions de deux théories T et T' empiriquement équivalentes, dont l'une entraîne la proposition « il y a des objets ponctuels » et l'autre la proposition « il existe des objets arbitrairement petits mais aucun rigoureusement ponctuel ». Cette situation entraînerait une grave difficulté dans une approche réaliste qui attribuerait une existence réelle aux objets des théories. Dans le cadre instrumentaliste, la difficulté est éliminée en remarquant simplement que ces deux théories ne peuvent, puisqu'elles ont été postulées empiriquement équivalentes, être mises expérimentalement en contradiction.

Il est important de bien faire apparaître ici le contraste qui existe entre l'interprétation réaliste littérale (au sens de Van Fraassen) que nous avons énoncée plus haut et l'interprétation instrumentaliste. Selon l'interprétation réaliste littérale, la théorie T dit « qu'il existe réellement des objets ponctuels » alors que la théorie T' dit « qu'il n'existe aucun objet ponctuel ». Elles sont donc en contradiction même si cette contradiction ne peut être mise en évidence de manière empirique[13]. Dans l'interprétation instrumentaliste, ce que disent les théories est limité à leurs prédictions empiriques. Par conséquent, bien qu'apparemment contradictoires, elles ne le sont pas puisque aucune ne dit « qu'il existe ou qu'il n'existe pas d'objet ponctuel ». Sous l'angle instrumentaliste, les deux théories peuvent être vraies simultanément puisqu'elles disent la même chose (relativement à la réalité empirique). Nous verrons plus loin que c'est un argument utilisé par Putnam pour défendre sa version de concept de vérité qui s'oppose à celui de vérité-correspondance. L'instrumentalisme peut être considéré comme une position cohérente adoptée par beaucoup de physiciens quand ils font des calculs et non de la philosophie. Elle a le mérite de ne pas s'engager imprudemment sur des sentiers jugés dangereux par les scientifiques. Elle a pourtant l'inconvénient associé

---

12. Putnam [1981].

13. Nous sommes là dans un cas de sous-détermination empirique sur lequel nous reviendrons ultérieurement.

de nous laisser sur notre faim quant aux questions dérangeantes que nous évoquions plus haut.

Le pragmatisme

Initié par Peirce, le pragmatisme stipule qu'aucun objet ou concept ne possède une valeur ou une importance intrinsèque. Leur signification réside seulement dans les effets pratiques qui résultent de leur utilisation ou application. La vérité d'une idée ou d'un objet peut être mesurée à l'aune de son utilité empirique. Cette conception fut développée par James et Dewey. On la retrouve, comme nous l'avons vu dans le premier chapitre, dans l'épistémologie pragmatiste de Quine qui a affirmé que la façon dont on se sert du langage détermine le genre de choses dont on doit admettre l'existence. Selon lui, les raisons invoquées en faveur d'un système conceptuel plutôt qu'un autre, sont purement pratiques. Les objets physiques ne sont que des entités intermédiaires que nous postulons pour que les lois que nous énonçons soient les plus simples possibles mais rien ne nous garantit que leur existence est plus réelle que celles des dieux de l'Antiquité. Cette position est une proche cousine de l'instrumentalisme.

L'idéalisme

Comme nous l'avons indiqué dans le paragraphe sur les premières objections au réalisme, certains philosophes utilisent le postulat empirique pour nier la légitimité d'inférer l'existence d'une réalité au-delà des perceptions et dont nous ne pouvons avoir aucune connaissance directe. Descartes en fut un précurseur mais d'une manière curieuse il n'adhérait pas au postulat empirique. Nous avons rappelé la thèse de Berkeley « esse est percepi » dont découle que la seule réalité est celle de nos perceptions. La critique de Hume contre les arguments en faveur du réalisme aboutit à la conclusion que nos connaissances ne sont rien d'autre qu'un moyen d'organiser le flux de nos perceptions. Nous adopterons comme définition de l'idéalisme la thèse selon laquelle la seule réalité est celle de nos perceptions. Cet idéalisme peut être strict au sens où il rejette totalement le concept de réalité en soi, ou large comme l'idéalisme transcendantal de Kant qui accepte la notion de chose en soi en la décrétant définitivement hors de portée de la connaissance. La conception idéaliste, sous sa forme large et *a fortiori* sous sa forme stricte, a pour conséquence que la science peut, au mieux, décrire la réalité empirique mais qu'il est vain d'espérer qu'elle nous permette d'acquérir des connaissances sur la réalité en soi. L'idéalisme sous ses deux formes s'oppose donc strictement au réalisme épistémique. En revanche, seul l'idéalisme strict est contradictoire avec le réalisme métaphysique.

Le constructivisme

Une critique plus indirecte est adressée au réalisme par les tenants du constructivisme comme Kuhn[14]. L'idée fondamentale est que les entités théoriques n'acquièrent une signification qu'à l'intérieur du cadre théorique qui les manipule et que les observations expérimentales ne sont pas des arbitres neutres mais sont indissolublement liées aux théories courantes utilisées pour les mettre en œuvre.

Nous avons exposé au premier chapitre l'échec des tentatives des positivistes logiques pour réduire le vocabulaire théorique au vocabulaire observationnel. Cet échec a conduit certains penseurs à essayer de reconstruire le vocabulaire théorique sous une forme opérationnelle. L'intensité d'un champ magnétique, par exemple, est définie au moyen de l'explicitation des procédures expérimentales visant à la mettre en évidence. Cette tentative, l'opérationnalisme, a été principalement conduite par Bridgman. Cependant, il est actuellement couramment admis que l'opérationnalisme a échoué dans son espoir de reconstruction rationnelle de la pratique scientifique. La raison en est que cette pratique se modifie continuellement en fonction de l'évolution des théories scientifiques. Il en résulte que la signification donnée par l'opérationnalisme aux concepts théoriques devrait changer au fur et à mesure de l'évolution des pratiques expérimentales. Boyd[15] donne l'exemple de la température, dont la mesure est faite aujourd'hui par des moyens qui n'ont plus rien à voir avec ceux qu'on employait au début du siècle. Selon l'opérationnalisme, la grandeur à laquelle se réfère le terme de température devrait donc avoir changé. Or, les scientifiques ne considèrent nullement que c'est le référent de « température » qui a changé mais bien plutôt que ce sont les procédés de mesure qui, s'étant améliorés, permettent maintenant de mieux mesurer la grandeur « température », celle-ci demeurant essentiellement la même quel que soit le procédé de mesure utilisé.

Ces échecs conduisent alors naturellement à l'idée que c'est la théorie qui fournit le cadre approprié pour attribuer une signification aux termes. Kuhn prétend que le même terme utilisé dans deux théories différentes ne se réfère pas à la même entité. Par exemple, le concept de masse ne signifie pas, selon lui, la même chose en mécanique newtonienne et en mécanique relativiste. Selon son expression, les deux théories sont incommensurables. Une conséquence de cette position est que l'interprétation des observations expérimentales est, elle aussi, dépendante de la théorie qui les engendre. Kuhn en conclut que deux scientifiques qui sont en désaccord théorique et qui

---

14. Kuhn [1962].
15. Boyd [1991a].

conduisent une expérience dans le but de se départager peuvent très bien ne pas être d'accord sur l'interprétation des résultats de cette expérience si leur écart théorique est suffisamment fort. Dans ce cas, l'expérience échoue à jouer le rôle d'arbitre qu'on veut lui faire jouer. Une conséquence de cette position est qu'il est alors impossible de soutenir que la science est une pratique à travers laquelle les scientifiques obtiennent une connaissance objective d'un monde indépendant des théories. Le réalisme est donc rejeté. De plus : « La dépendance théorique forte de la méthodologie expérimentale empêche toute reconstruction empirique rationnelle. Les scientifiques doivent alors être considérés comme engagés dans un projet métaphysique dont les règles sont déterminées par des conceptions théoriques concernant des phénomènes inobservables[16]. »

Pour Kuhn, la science évolue selon des épisodes historiques de deux types. Il y a de longues périodes de science normale où la pratique se situe à l'intérieur des conceptions dominantes (le paradigme). Ces périodes sont entrecoupées de brefs épisodes de science révolutionnaire, occasionnés par le constat d'anomalies dans les théories en cours. On change alors de paradigme et le nouveau paradigme est incommensurable avec l'ancien. Ce type de constructivisme est quelquefois qualifié de social dans la mesure où il fait jouer un rôle prépondérant à la pratique sociale de la science.

6.3. LES OBJECTIONS AUX POSITIONS NON RÉALISTES

L'instrumentalisme

Nous ne reviendrons pas sur les critiques qui peuvent être adressées au positivisme logique et qui ont été amplement développées au premier chapitre. En revanche, l'instrumentalisme sous toutes ses formes est une position qu'il est plus difficile d'attaquer sur des bases philosophiques. Sa cohérence et sa prudence font que le principal reproche qu'on peut lui faire est l'insatisfaction qu'il laisse subsister chez ceux qui refusent d'abandonner toute quête métaphysique. En particulier, l'instrumentalisme nous interdit de comprendre pourquoi une théorie est capable de fournir des prédictions exactes ou quelle est la raison de l'accord intersubjectif. À cela, l'instrumentaliste peut répondre que les explications proposées dans les autres conceptions ne sont nullement satisfaisantes, comme nous l'avons constaté plus haut. Il faut, de plus, noter que la plupart des physiciens sont instrumentalistes dans l'exercice de leur activité et que cette attitude a engendré des progrès scientifiques considérables. C'est pourquoi nous adopterons vis-à-vis de l'instrumentalisme une attitude réservée mais,

---

16. Boyd [1991a].

malgré sa forte cohérence, nous tenterons de la dépasser en tant qu'attitude insuffisante.

L'idéalisme

Certaines objections à l'idéalisme reflètent l'aspect symétrique des arguments en faveur du réalisme. Si aucune réalité extérieure ne cause nos perceptions, comment comprendre que nous tombions d'accord sur celles-ci ? Si nos théories ne sont qu'un mode commode d'organisation de nos perceptions qui ne sont sous-tendues par aucune réalité extérieure, comment expliquer que ces théories fonctionnent ? Un autre argument (symétrique) souvent invoqué est celui de la résistance du réel. Nombreuses sont les théories réfutées qui remplissaient pourtant tous les canons de la méthode scientifique. Ces théories étaient belles, puissantes, prédictives et fécondes. Elles ont pourtant été réfutées par l'expérience. Si nos théories ne sont qu'une construction interne, quel est l'élément qui les a fait chuter ? L'explication la plus simple est que leur échec provient de dehors, c'est-à-dire d'une cause extérieure à nos perceptions. Enfin, une objection logique, rappelée par d'Espagnat[17] paraît particulièrement pertinente : donner la priorité aux concepts de connaissance et d'expérience sur celui d'existence est absurde car on ne peut parler de connaissance sans postuler l'existence de quelque chose qui connaît.

Il est vrai que ces objections ne réfutent que l'idéalisme strict qui refuse le concept de réalité en soi et non l'idéalisme large qui se contente de poser que cette réalité est inaccessible.

État des lieux

À ce stade et comme nous l'avions annoncé, il semble que le réalisme comme l'idéalisme peuvent simultanément se prévaloir d'arguments en leur faveur tout en étant ébranlés par des objections sérieuses. Aucune des critiques ne suffit à réfuter globalement et définitivement l'une des positions mais aucun argument ne peut non plus établir sa vérité. Par ailleurs, il semble nécessaire de tenir compte des arguments avancés par les pragmatistes ou les constructivistes. Ces arguments sont plus de nature épistémologique que métaphysique. Ils ne se prononcent pas directement sur l'ontologie comme le font le réalisme et l'idéalisme mais ils aboutissent cependant à des conclusions épistémologiques qui peuvent avoir des conséquences métaphysiques. Dans ce qui suit, nous tenterons d'examiner de quelle manière les limites synthétisées au chapitre 5 jettent un éclairage nouveau sur ces problèmes. Mais auparavant, nous analyserons les variantes plus sophistiquées des positions réalistes ou antiréalistes défendues dans la littérature. Il est évidemment impossible d'être

---

17. D'Espagnat [1994].

exhaustif et nous nous contenterons de présenter les positions qui présentent des aspects suffisamment tranchés et différents pour nous permettre de faire un panorama représentatif des positions en présence.

6.4. Le réalisme de Boyd

Le réalisme de Boyd est essentiellement construit en réponse aux arguments classiques des antiréalistes. Sa position est intéressante en ce qu'il défend un réalisme libéré des conséquences qui lui sont d'ordinaire associées. Pour Boyd, comme pour les réalistes traditionnels, le scientifique réaliste pense que l'objet de la science est la connaissance de phénomènes indépendants pour une grande part des théories et il soutient que cette connaissance est possible même lorsque les phénomènes en question ne sont pas observables. L'argument invoqué pour défendre une telle position (qu'il appelle « l'argument abductif » en faveur du réalisme) est le succès des théories scientifiques (que nous avons aussi appelé « argument de l'explication ») : « Contre les empiristes, le réaliste avance que c'est seulement en acceptant la réalité d'un savoir théorique approximatif qu'il est possible d'expliquer la réussite instrumentale incontestée des méthodes scientifiques[18]. »

Il donne comme exemple d'une telle réussite le fait que les scientifiques étendent progressivement leurs méthodes de mesure et de détection concernant des entités théoriques sur la base de nouveaux développements théoriques et que ces méthodes permettent d'accroître la précision du savoir approché dont nous disposons sur ces entités. Cela lui semble parfaitement explicable si l'on suppose que ces méthodes mesurent ou détectent réellement les entités théoriques inobservables et que les développements scientifiques reflètent un savoir croissant sur ces entités. Il fait remarquer que cette explication repose sur deux points. Le premier est une conception cumulative de la recherche par approximations successives de la vérité. Le deuxième est que cette conception cumulative est possible car il existe une relation dialectique entre les théories courantes et la méthodologie utilisée pour leur amélioration. Ce que la méthode scientifique fournit, c'est une stratégie de modification des théories existantes dont les principes méthodologiques à un instant donné dépendent du contenu de ces mêmes théories. Si le corpus des théories acceptées est suffisamment proche de la vérité alors cette méthodologie produit une amélioration à la fois de notre connaissance du monde et de la méthodologie elle-même. Pour Boyd, il est impossible d'expliquer que ce processus fonctionne sans adopter une conception réaliste du savoir scientifique. Il refuse donc la solution apportée par les antiréalistes constructivistes à

---

18. Boyd [1989].

cette question et selon laquelle la réussite de la méthodologie empirique s'explique par le fait que le monde est largement défini ou construit par la tradition théorique qui définit la méthodologie. Boyd adopte donc un des traits de la position constructiviste selon lequel la méthodologie scientifique dépend étroitement du cadre théorique, mais à l'opposé des constructivistes, il en tire un argument en faveur du réalisme : « La réussite empirique des théories scientifiques ne peut être un artefact de la construction sociale de la réalité[19]. »

Un autre aspect intéressant de la position de Boyd concerne le traitement qu'il donne du problème de la référence des termes théoriques. Nous avons précédemment évoqué les échecs de l'empirisme logique et de l'opérationnalisme à fournir une solution satisfaisante ainsi que la position de Kuhn et des constructivistes selon laquelle la référence d'un terme théorique dépend totalement de la théorie qui l'utilise — de telle sorte que le mot masse n'a pas le même référent en mécanique newtonienne et en mécanique relativiste. Ce résultat est fâcheux pour la conception réaliste. Boyd l'évite par ce qu'il appelle « l'accès épistémique[20] » :

« Un terme t réfère à une entité e uniquement dans le cas où les interactions causales complexes entre les propriétés du monde et les pratiques sociales humaines aboutissent au fait que ce qui est dit de t est, en général et à travers les époques, régulé de manière fiable par les propriétés réelles de e. » Boyd peut ainsi rendre compte de l'amélioration successive de la connaissance qu'on possède sur telle ou telle entité théorique sans être gêné par le fait que, lui opposeraient les constructivistes, une théorie nouvelle de la température ne peut être une amélioration de l'ancienne puisqu'elle ne parle pas de la même chose.

Mais le réalisme qu'il défend est dissocié de beaucoup de traits qu'on attribue généralement au réalisme. Ainsi, Boyd rejette le fondationnalisme qu'il définit comme la position consistant à considérer que toute connaissance est fondée sur certaines croyances de base qui occupent une position épistémologique privilégiée. Ces croyances seraient, *a priori*, hors de doute et incorrigibles. C'est donc une question *a priori* que de décider quelles sont les croyances de base et quelles sont les inférences qui permettent de justifier la connaissance ultérieure à partir des croyances de base. Le fondationnalisme se partage alors en deux parties : le fondationnalisme des prémisses qui prétend que toute connaissance est justifiable à partir d'un corpus de croyances *a priori* épistémologiquement justifiées et celui des inférences qui dit que les principes d'inférences justifiables sont réductibles à des inférences *a priori* justifiables et dont l'application est *a priori* vérifiable. Or, selon Boyd, le fait de supposer que le savoir scientifique croît régulièrement par approximations successives et le

---

19. Boyd [1991 b].
20. Boyd [1991 b].

fait que l'évaluation des théories est un phénomène social entraînent que la notion essentielle en épistémologie est « la régulation fiable du savoir » plutôt que sa production fiable. L'épistémologie dans ce sens dépend de la connaissance empirique. Tous les principes méthodologiques dépendent profondément des théories. Ils sont un guide fiable vers la vérité seulement parce que le corps de théories qui détermine leur application est approximativement vrai. Les règles de l'inférence scientifique rationnelle ne sont pas réductibles à des règles plus fondamentales dont la fiabilité en tant que guide vers la vérité est indépendante de la vérité des théories d'arrière-plan. Il n'y a pas de règles justifiables *a priori* d'inférence non déductive. L'émergence de la rationalité scientifique dépend de l'émergence historiquement, épistémologiquement et logiquement contingente de théories approximativement vraies. Il en résulte que, selon Boyd, le réalisme réfute le fondationnalisme.

De la même manière, Boyd n'adhère ni à l'idée, habituellement attribuée aux réalistes, selon laquelle toute proposition factuelle est soit vraie soit fausse — la bivalence —, ni à la croyance en l'existence d'une seule théorie vraie. Un exemple donné par Rescher[21] permet de comprendre le premier point. Considérons les deux phrases suivantes :
— Le cancer est causé par un virus.
— Le cancer est causé par autre chose qu'un virus.
Il semblerait *a priori* que l'une et seulement l'une de ces deux phrases doit être vraie. Mais c'est erroné car le mot « cancer » n'a pas une signification stable et non ambiguë mais regroupe vraisemblablement un ensemble de maladies qui ont, pour reprendre une expression de Wittgenstein, « un air de famille ». L'évolution des théories sur le cancer aboutira peut-être à ramifier le référent de ce terme que nos théories actuelles sont incapables de mieux spécifier. Il en résultera alors que les deux phrases mentionnées pourront être simultanément vraies l'une pour le référent Cancer$_1$ et l'autre pour le référent Cancer$_2$. En l'état actuel des théories scientifiques, la bivalence ne s'applique donc pas aux deux phrases en question. Cet exemple trivial peut être généralisé à des concepts plus complexes avec la même conclusion.

Enfin, Boyd refuse le réductionnisme de la science à la physique : « Même lorsqu'une découverte d'une science particulière est en contradiction avec les découvertes des physiciens, le réaliste n'a pas besoin de penser que la priorité épistémique appartient aux physiciens. » Même s'il existe d'excellentes raisons de tenir la méthodologie de recherche de la physique fondamentale en très haute estime, on ne peut écarter, selon lui, la possibilité que des théories physiques bien confirmées soient mises en défaut en raison de

---

21. Rescher [1987].

conflits avec des observations issues de sciences « moins dures » comme la géologie ou la paléontologie.

Commentaires sur le réalisme de Boyd

Les positions de Boyd sont subtiles et touchent à de nombreux points épistémologiques profonds. Sa conception d'une relation dialectique entre les théories scientifiques courantes et la méthodologie utilisée pour leur amélioration n'est pas spécifique du réalisme, elle est partagée par de nombreux épistémologues. Son rejet du fondationnalisme et de la bivalence est une marque de distanciation par rapport aux formes plus simples du réalisme et permet de le classer dans la catégorie des réalistes sophistiqués. Cela étant, un certain nombre de remarques touchant à la cohérence de la conception de Boyd avec les considérations que nous avons développées doit être mentionné.

La première remarque qu'on peut faire sur le réalisme de Boyd est qu'il ne traite absolument pas des objections qui proviennent des limitations issues de la physique et que nous avons largement développées au chapitre 5. Par exemple, la solution que propose Boyd de la référence des termes théoriques à travers l'accès épistémique pose évidemment le problème de savoir ce que sont les propriétés réelles de l'entité *e* auxquelles il se réfère et si cela a un sens de postuler de telles propriétés. Nous avons largement dénoncé l'illusion qu'il y a à attribuer des propriétés en soi aux entités théoriques. Nous avons même vu qu'en raison de la non-séparabilité, il n'est pas possible dans certains cas de penser une entité (un électron par exemple) en tant qu'élément différencié. Or, Boyd passe cette difficulté sous silence.

Une autre difficulté de la position de Boyd provient de l'impossibilité de définir précisément ce qu'est une vérité approximative. Que veut dire la phrase « la mécanique relativiste est plus proche de la vérité que la mécanique newtonienne » ? Nous avons signalé l'échec de Popper à définir rigoureusement la notion de vérissimilitude qui était une tentative de donner un sens à ce genre d'affirmation. Il est vrai que la construction d'une théorie de la vérité approximative serait une avancée majeure dans nombre de problèmes épistémologiques mais une telle théorie reste à inventer. Or, en son absence, la position de Boyd, qui repose sur le concept d'évolution cumulative du savoir vers une connaissance de plus en plus proche de la vérité, souffre d'un défaut qui paraît rédhibitoire. Il est en effet possible de dire que la mécanique newtonienne est une approximation numérique de la mécanique relativiste ou de la mécanique quantique (si l'on passe sous silence les difficultés, que nous avons évoquées, de retrouver la mécanique newtonienne comme cas limite de la mécanique quantique). Mais il est impossible de soutenir que la connaissance que nous donne la mécanique relativiste et la mécanique quantique est un prolongement de celle fournie par la mécanique newtonienne dans la mesure où, dans le cadre relativiste ou quantique, la mécanique newtonienne est, en toute rigueur, fausse. On a affaire ici à un exemple de changement de paradigme dont on ne voit pas comment il est possible de minimiser l'importance. Nous développerons plus largement ce problème dans la présentation de la position de Worrall qui critique Boyd sur ce point.

Par ailleurs, Boyd avance que la raison pour laquelle la réussite empirique des théories scientifiques ne peut pas être un artefact de la construction sociale de la réalité est que les observations « anormales » qui donnent lieu aux révolutions scientifiques ne peuvent pas être le reflet d'un monde « paradigme-dépendant ». Pourtant rien n'interdit de penser, si l'on se place dans la conception constructiviste, qu'une construction de la réalité fondée sur un paradigme n'aboutisse à une impasse se manifestant par une observation anormale nécessitant un changement de paradigme. Si l'on se rappelle à quel point s'assurer de la non-contradiction d'un système formel est une tache difficile, il peut sembler guère surprenant que la majeure partie des constructions paradigmatiques se révèlent en définitive contradictoires. En d'autres termes, nos constructions de la réalité n'ont aucune raison d'être consistantes. Leur inconsistance est révélée par une observation anormale. Nous changeons alors de paradigme et aboutissons à une nouvelle construction qui est conservée jusqu'à la prochaine observation anormale. Dans ce cas, la réfutation que propose Boyd pour écarter la position constructiviste ne tient plus.

Enfin, l'argument principal que Boyd utilise pour justifier le réalisme, l'argument abductif, appelé par d'autres « l'argument du miracle », est sujet à nombre d'objections. Nous en étudierons certaines à travers les positions de Stein et de Worrall. Le fait qu'une théorie est empiriquement satisfaisante à un instant donné doit-il être considéré comme indiquant que cette théorie est vraie (au moins de manière approchée) ? Comme le fait remarquer Laudan, si cela était, nombre de théories maintenant totalement abandonnées mais qui ont été empiriquement adéquates à leur époque devraient être considérées comme proches de la vérité. Mais comment cela peut-il être quand ces théories font appel à des concepts comme ceux de phlogistique ou d'éther qui sont absolument exclus de nos théories actuelles ? Comme le dit Worrall[22] : « Si vous inclinez à penser que c'est plutôt surprenant [le fait qu'une théorie est empiriquement adéquate] c'est votre problème – peut-être dû à votre difficulté à réaliser le fait que toute théorie fausse a des conséquences vraies (en fait une infinité). » L'argument abductif, sur lequel nous aurons largement l'occasion de revenir, n'est donc pas suffisamment convaincant par lui-même.

La conception de Boyd, bien que riche sur le plan épistémologique, semble donc incapable d'éviter un certain nombre de diffi-

---

22. Worrall [1989].

cultés fondamentales. Cela ne veut bien sûr pas dire qu'elle est à rejeter dans son ensemble mais que ce qui paraît le plus solide en elle est plutôt ce qui touche aux aspects épistémologiques (évolution dialectique de la science, rejet du fondationnalisme et de la bivalence) que ce qui concerne les aspects métaphysiques. Notamment, elle ne se présente pas comme une défense du réalisme aussi solide que le souhaiterait son auteur. On va voir dans ce qui suit deux philosophes (Stein et Worrall) qui attaquent directement l'argumentation de Boyd.

6.5. LE SCEPTICISME DE STEIN

Stein[23] n'apporte aucune idée radicalement nouvelle dans le débat mais son analyse a le mérite de rappeler les objections principales qui peuvent être faites à l'encontre des positions en présence. Il cultive le scepticisme socratique et refuse d'admettre que le réalisme et l'instrumentalisme sont deux doctrines qu'il est justifié d'opposer comme il est d'usage de le faire. Selon lui, interprétée sous leur forme la plus simple, aucune d'entre elles ne rend compte de manière adéquate de la dialectique du développement scientifique. En revanche, dans leur version raffinée, « des aspects importants du réalisme et de l'instrumentalisme sont simultanément présents de telle manière que la soi-disant contradiction entre eux s'évanouit ».

L'argumentation de Stein est conduite schématiquement selon la ligne suivante. Pour l'instrumentaliste, une théorie n'est rien d'autre qu'un instrument pour représenter des phénomènes. Un réaliste demandera de plus que les termes théoriques se réfèrent à une réalité et que ses énoncés soient vrais ou faux. Mais, selon Stein, il y a un problème des deux côtés. Tout d'abord il y a la fameuse question kantienne « comment pouvez vous être sûr que les choses sont comme vous dites qu'elles sont ? ». Si la référence de la théorie se situe au-delà de son adéquation avec le domaine empirique, c'est-à-dire si une théorie adéquate peut cependant être vraie ou fausse, comment pourrons nous jamais savoir ce qu'il en est ? Un autre problème est lié à la référence. Il est possible de « Tarski-iser » toute théorie T avec une méta-théorie T' telle que si Th est un théorème de T alors « Th est vrai » est un théorème de T'. Ainsi, alors que Kant semble mettre la référence et la vérité au-delà du savoir, Tarski trivialise le concept. Cela ne doit pas être considéré comme un paradoxe car Tarski n'a jamais voulu répondre au problème de la transcendance posé par Kant. Mais la question demeure, si on ne considère pas les théories comme de simples instruments, de savoir comment déterminer si elles sont vraies ou non. Boyd a proposé une réponse en considérant les théories non seulement en relation avec l'expérience mais aussi

---

23. Stein [1989].

avec l'évolution du processus scientifique qui produit des arguments en faveur de leur vérité. Cela ne semble pas être pertinent pour répondre à l'instrumentalisme. Ce que cela prouve, c'est que l'instrumentalisme a besoin d'étendre sa conception de « ce pour quoi les théories sont des instruments » pour y inclure leur rôle comme ressources dans l'enquête, spécialement de ce que Peirce appelait « l'abduction » : « la quête de bonnes hypothèses ». Boyd pense que l'instrumentaliste ne peut le faire mais Stein soutient que si un réaliste le peut, un instrumentaliste le peut aussi.

Par ailleurs, il fait remarquer à juste titre, qu'hypostasier des entités ne peut être une explication de leur utilité à moins que ces entités soient mises en relation avec les phénomènes. Mais dans ce cas, les entités doivent être postulées dans la théorie et on aboutit à un cercle vicieux. Selon le raisonnement que nous avons détaillé précédemment, il souligne que l'explication selon laquelle on voit l'herbe verte parce qu'elle possède la propriété d'être verte n'explique rien du tout car cela n'aide pas à comprendre pourquoi nos sensations ont cette forme. Dans la même veine, à titre d'exemple d'explication inacceptable, il attaque celle donnée par Huygens selon laquelle le poids des objets est dû à une matière extrêmement subtile en mouvement rapide autour de la Terre. La tendance de cette substance à s'éloigner du centre de la Terre aurait alors pour effet de balayer les objets terrestres en sens inverse, c'est-à-dire vers le centre. Pour Stein, ces deux explications ont en commun le fait qu'elles sont la manifestation d'un abandon des normes intellectuelles de rigueur. Ce ne sont en rien des explications sérieuses. Il propose alors comme problème pour l'épistémologie évolutionniste de Boyd de comprendre comment nos moyens propres, qui ont évolué à partir de leur valeur instrumentale destinée à traiter d'aspects immédiats du monde ont été capables de traiter aussi de la mécanique quantique.

Selon lui, nous devrions avoir appris que le processus de développement des théories vers des concepts de plus en plus fondamentaux n'a rien à voir avec leur aspect référentiel ou leur ontologie. La science progresse dans sa compréhension du réel non par la manière dont elle rend compte des « substances » mais dans celle dont elle traite les « formes[24] ». Le réalisme simple comme l'instrumentalisme simple ne sont donc pas satisfaisants. Mais entre un réalisme modifié et un instrumentalisme raffiné il n'y a pas de différence. Comment réfuter l'idéalisme de Berkeley selon lequel seuls sont réels les esprits et les perceptions, toutes les croyances sur le monde physique n'étant que des outils pour organiser et anticiper l'expérience ? Que nous soyons incapables de formuler nos informations sur le monde d'une manière restreinte à ce qui est perçu (échec du phénoménomalisme comme base d'un langage scientifique) ne réfute pas la thèse de Berkeley. Pouvons-nous arguer que seule quelque entité derrière les

---

24. En ce sens, Stein défend une sorte de réalisme structurel (voir plus bas).

apparences peut produire des régularités dans nos perceptions ? En quoi est-ce plausible ? Le fait que nos perceptions suivent des lois est-il plus miraculeux que le constat du succès empirique de la loi de la gravitation ? Ce que la science accepte à un moment donné comme principe ultime (parce qu'il n'y a pas de fondement plus profond) reste inexplicable et semble d'autant plus miraculeux que c'est éloigné du domaine familier. En définitive, nous devons accepter le fait que nous sommes obligés de formuler nos croyances en termes non-phénoménologiques et dès lors, les atomes, les champs et les électrons se retrouvent sur le même plan que les chaises et les tables. Stein en conclut : « Le réalisme — oui, mais... l'instrumentalisme — oui aussi. »

Commentaires sur le scepticisme de Stein

Nous avons présenté la position de Stein non parce qu'elle constitue en elle-même une défense précise d'une conception donnée mais parce qu'elle exprime plusieurs objections sur lesquelles nous reviendrons plus précisément dans la suite. Sa démarche consiste plus à poser une suite de questions qu'à élaborer un raisonnement démonstratif. Remarquant que chaque conception peut se prévaloir d'arguments favorables, Stein se refuse à trancher et conclut à l'inexistence d'une réelle opposition entre le réalisme et l'instrumentalisme dans leurs versions élaborées. Il est vrai (c'est une position que nous avons déjà énoncée en introduction à ce chapitre et que nous défendrons à la fin du chapitre) qu'il serait prétentieux d'affirmer que seule telle ou telle conception est la bonne. Une fois écartées celles qui sont manifestement incohérentes ou contredites par l'expérience, le choix d'une conception demeure essentiellement lié à des intuitions personnelles qui ne peuvent être tranchées ni par le raisonnement ni par l'expérience. Il est donc équitable de reconnaître que plusieurs conceptions sont acceptables en fonction des intuitions adoptées. Un point important soulevé par Stein est le suivant : « ce que la science adopte à un moment donné comme principe ultime reste inexplicable ». Les lois générales que nous adoptons et sur lesquelles nous ne nous posons plus guère de questions restent cependant inexpliquées. Quelle est la cause de la loi de la gravitation en théorie newtonienne ou des équations du champ gravitationnel en relativité générale ? Pourquoi le principe de conservation de l'énergie ou le principe de relativité, qui sont des fondements de la physique moderne et qui, à ce titre, sont utilisés dans maintes explications, sont-ils vérifiés ? Cela reste un mystère total[25] auquel nous devons nous résigner.

---

25. La physique moderne relie les principes de conservation et l'existenc des forces à des propriétés d'invariance par symétrie, mais ceci ne fait que reculer le problème.

6.6. Le réalisme structurel de Poincaré selon Worrall

Le réalisme structurel, énoncé initialement par Poincaré dans *La Science et l'hypothèse*[26] est défendu par John Worrall[27] qui le présente comme un moyen de concilier le meilleur du réalisme avec le meilleur du constructivisme. Worrall, à la suite de Laudan[28], attaque la conception de Boyd selon laquelle la science progresse par accumulation de théories de plus en plus proches de la vérité. Remarquant (comme nous l'avons fait plus haut) que le concept de vérité approximative n'est pas clairement défini, il souligne les difficultés auxquelles il conduit. Si une théorie T est proche d'une théorie T' et que cette dernière est proche d'une autre théorie T'', est-ce que T est proche de T'' ? Il est facile de voir que répondre « oui » et admettre la transitivité de la proximité, c'est s'exposer rapidement à des absurdités. De plus, deux théories proches doivent-elles avoir des conséquences proches ? La réponse est manifestement négative car deux théories peuvent être proches et néanmoins logiquement contradictoires et donc avoir des conséquences opposées. Worrall donne par ailleurs plusieurs exemples historiques de théories successives pour lesquelles admettre qu'elles sont approximativement proches nécessiterait des contorsions intellectuelles excédant les limites de l'acceptable. La théorie de Maxwell sur la lumière peut-elle être considérée comme proche de la théorie de Fresnel qu'elle a remplacée ? Cela paraît difficile compte tenu du fait que la théorie de Maxwell repose sur le concept de champ électromagnétique se propageant dans le vide alors que celle de Fresnel suppose que la lumière est une vibration d'un milieu élastique. La théorie de la relativité générale peut-elle être considérée comme une simple amélioration de la théorie de la gravitation de Newton ? Là encore, cela paraît exclu car il serait abusif de soutenir que le concept de courbure de l'espace-temps qui explique la gravitation en relativité générale est proche de celui de force à distance qui est le concept essentiel en théorie newtonienne. Ces arguments minent sérieusement la conception réaliste de Boyd d'un savoir « cumulatif de plus en plus proche de la vérité ». Ils se présentent même comme une défense justifiée de la thèse constructiviste des révolutions scientifiques et des changements de paradigmes.

Mais il y a plus, Worrall attaque aussi l'argument abductif en faveur du réalisme, l'argument *no miracle*. Pourquoi, nous dit-il, faudrait-il penser que parce qu'une théorie a fonctionné empiriquement de manière fructueuse, elle est vraie ou approximativement vraie ?

---

26. Poincaré [1902].
27. Worrall [1989].
28. Laudan [1982].

Bien au contraire, l'histoire des sciences nous montre que nombre de théories qui ont été considérées comme empiriquement adéquates à leur époque, ont été réfutées par la suite et sont donc fausses. En faisant un raisonnement inductif, qualifié de pessimiste, on peut en inférer que nos théories actuelles les mieux corroborées subiront le même sort et seront un jour réfutées, donc qu'elles ne sont pas plus vraies que la théorie des épicycles ou celle de Fresnel.

Worrall rejette donc à la fois l'argument principal des réalistes épistémiques qui soutiennent le fait qu'une théorie empiriquement adéquate doit être approximativement vraie et la description que Boyd donne dans le but de rendre compte de l'évolution des théories dans un tel cadre réaliste. À celui qui trouve étonnant qu'une théorie fausse puisse faire des prédictions vraies, Worrall répond « c'est votre problème »[29]. S'en tenir à cette position, c'est adopter ce qu'il appelle « un réalisme conjectural » qui se rapproche de la position de Popper, une fois celle-ci débarrassée de tout ce qui touche à la vérisimilitude. C'est considérer que les théories actuellement acceptées sont les meilleures disponibles à un moment donné mais qu'elles ne doivent nullement être considérées comme vraies ni même comme plus proches de la vérité que celles qui les ont précédées ou qui leur succéderont. Worrall reconnaît toutefois que cette position, bien que cohérente, ne fait pas totalement justice à l'argument *no miracle* et qu'il est possible d'adopter une position plus engagée. Pour cela, il admet qu'il y a malgré tout quelque chose de juste dans l'argument des réalistes épistémiques. Il existe un élément de continuité dans le passage de la théorie de Fresnel à celle de Maxwell et dans le passage de Newton à Einstein. Cependant, cette continuité ne concerne pas le contenu des théories mais leur forme ou leur structure : « Il semble justifié de dire que Fresnel est passé complètement à côté de la nature de la lumière mais ce n'est pas pour autant un miracle si sa théorie a remporté le succès empirique qu'elle a connu ; ce n'est pas un miracle car la théorie de Fresnel, comme la science ultérieure l'a montré, a attribué la bonne structure à la lumière. »

Worrall fait ici allusion au fait que la lumière en tant que champ électromagnétique est constituée de vibrations orthogonales à leur direction de propagation et que cet aspect est présent dans la théorie de Fresnel. Donc même si la lumière de Fresnel est totalement différente de celle de Maxwell, elles ont en commun un aspect structurel qui permet d'expliquer le succès de la théorie de Fresnel.

Worrall fait donc la concession suivante à l'argument du miracle : ce qui explique le succès empirique des théories, ce n'est pas le fait qu'elles sont proches de la vérité ou que leurs entités théoriques ont un référent réel mais seulement le fait que leur structure correspond à quelque chose de réel. La continuité et la proximité auxquelles on peut alors se référer sont celles de la structure des

---

29. Voir citation ci-dessus.

équations. Il n'y a aucune raison de voir dans la courbure de l'espace-temps un cas limite ou une approximation du concept d'action à distance. En revanche, il est clair que les équations de Newton sont un cas limite des équations d'Einstein. Les anciennes équations apparaissent comme cas limite des nouvelles quand certaines quantités tendent vers certaines limites. C'est le réalisme structurel que Poincaré a été le premier à avancer. Nous verrons plus loin que Bonsack le reprend à son compte en le précisant et que d'Espagnat l'adopte aussi d'une certaine manière. Pour Worrall, ce type de réalisme est un moyen de concilier l'argument *no miracle* (les théories qui fonctionnent capturent certains éléments de la réalité) et la notion constructiviste d'incommensurabilité des théories et de changement de paradigme.

Commentaires sur le réalisme structurel

L'argumentation de Worrall est particulièrement claire et la réfutation qu'il fait des positions de Boyd et de l'argument abductif semble tout à fait pertinente. Si on le suit, on est conduit à refuser la continuité des théories et à adopter la version constructiviste de l'évolution de la science. Mais sa position est intéressante en ce qu'elle nous donne effectivement un moyen de ne pas suivre jusqu'au bout les constructivistes et de sauvegarder une certaine forme de réalisme. Le réalisme structurel remplace le concept de proximité des contenus théoriques, concept douteux, par celui de proximité des structures de théories. Un grand nombre d'exemples historiques vont dans le sens de cette conception à commencer, comme nous l'avons déjà indiqué, par la démonstration que les équations de Newton peuvent être obtenues comme limites des équations d'Einstein quand on fait tendre la vitesse de la lumière vers l'infini (la mécanique newtonienne est donc un cas limite de la mécanique de la relativité restreinte).

Il me semble cependant, bien que Worrall s'en défende, que le cas de la mécanique quantique ne se prête pas aussi facilement à une telle réduction. Nous avons à plusieurs reprises rencontré le fait qu'il est extrêmement difficile de retrouver la mécanique classique comme limite de la mécanique quantique. Les efforts dans ce sens se heurtent à des obstacles qui n'ont jusqu'à présent été levés que très partiellement. Une raison, que nous avons évoquée dans le complément sur le chaos quantique en est que les équations de la mécanique quantique ne sont pas analytiques en h (la constante de Planck) et que la limite quand h tend vers 0 de ces équations n'est pas égale à ce qu'on obtient quand h est rigoureusement égal à 0. Il en résulte que, dans ce cas, il paraît difficile de soutenir que les équations classiques sont un cas limite des équations quantiques. C'est toute la difficulté des approches dites « semi-classiques ». Ce point, relativement délicat, ne remet toutefois pas en cause le réalisme structurel si l'on adopte une définition plus large comme celle que propose Bonsack (voir plus loin). Dans ce cas, si l'on suppose que la réalité empirique est donnée (c'est-à-dire si on ne considère pas que nous la construisons), le réalisme structurel apparaît comme une position de repli acceptable quand on a pris conscience que le réalisme épistémique (à la Boyd ou une de ses variantes) qui attribue une vérité approchée aux théories et un référent réel aux entités théoriques n'est plus tenable. Mais si l'on considère, comme nous le ferons au chapitre suivant, que la nature de la réalité empirique dépend étroitement des actions cognitives faites dans le but de la connaître, alors le réalisme structurel n'est plus un réalisme car il se réfère aux structures de notre esprit et se rapproche d'un idéalisme kantien pour lequel la structure mise en évidence n'est rien d'autre que celle de nos catégories *a priori*.

6.7. L'empirisme constructif de Van Fraassen

Van Fraassen nous fait remarquer que puisque le réalisme assigne à la science le but de décrire littéralement ce à quoi le monde ressemble et que, pour un réaliste, accepter une théorie c'est croire en sa vérité, l'antiréalisme peut être conçu comme une position selon laquelle la science peut avoir un but qui ne donne pas nécessairement une telle description littéralement vraie et dans laquelle accepter une théorie n'entraîne pas forcément la croyance en sa vérité[30]. Il défend la position antiréaliste suivante, qu'il appelle « l'empirisme constructif » : « Le but de la science est de fournir des théories qui sont empiriquement adéquates et accepter une théorie n'entraîne comme seule croyance que le fait qu'elle est empiriquement adéquate. »

Pour lui, une théorie est dite « empiriquement adéquate » si et seulement si ce qu'elle dit au sujet des phénomènes observables est vrai, si, selon son expression, elle « sauve les phénomènes ». Sa position appartient donc à la famille de l'instrumentalisme. Il fait alors remarquer qu'accepter une théorie implique plus qu'une simple croyance, cela implique un certain engagement d'examiner les événements futurs à l'aide des ressources conceptuelles de cette théorie. C'est pour lui un des premiers aspects pragmatiques du concept d'acceptation (que ne rejetterait pas un réaliste). De plus, ce qui compte comme phénomène observable dépend de ce qu'est la communauté épistémique. Autrement dit, ce qui est observable est observable *pour nous*. En cela, il s'oppose au réalisme traditionnel. Il s'oppose à l'argument de l'explication en faveur du réalisme de la manière suivante. Cet argument stipule qu'en présence d'un événement E et de plusieurs hypothèses, par exemple H et H', nous inférons H si H est une meilleure explication de E que H' (d'où nous inférons qu'une chaise existe quand nous en voyons une, parce que c'est la meilleure explication de ce fait). Van Fraassen prétend que

---

30. Van Fraassen [1980].

cet argument est une hypothèse de nature psychologique car il exprime ce que nous sommes désireux de choisir ou pas. Il propose alors une hypothèse psychologique rivale : nous sommes toujours désireux de croire que la théorie qui explique le mieux un événement est empiriquement adéquate (c'est-à-dire que tous les phénomènes se comportent comme la théorie dit qu'ils le font). Nous avons donc deux hypothèses rivales concernant l'inférence scientifique, l'une dans le contexte réaliste et l'autre dans le contexte antiréaliste.

6.8. LE RÉALISME INTERNE DE PUTNAM

La conception de Putnam est une tentative de préserver le réalisme du sens commun tout en évitant ce qu'il considère comme les absurdités et les antinomies du réalisme scientifique (qu'il appelle « réalisme métaphysique »). Il appelle sa position le « réalisme interne » en reconnaissant qu'il aurait dû l'appeler le « réalisme pragmatique » et se dit à la fois réaliste et relativiste conceptuel dans un sens que nous allons préciser. Selon l'image que nous avons déjà évoquée plus haut, Putnam nous rappelle[31] que le Réalisme (avec un grand R) est un séducteur qui promet au sens commun de le préserver de ses ennemis (idéalistes, pragmatistes, kantiens et autres antiréalistes) pour finalement lui révéler que les entités existantes ne sont pas celles auxquelles il croit (les tables et les cubes de glace) mais uniquement celles dont la science admet l'existence (les particules, les champs, etc.). Il donne comme exemple de cette attitude la position de Sellars[32] qui s'appuie sur le réalisme scientifique pour nier le fait que les objets courants (tables, etc.) existent. Putnam conclut en disant que « le sens commun s'est fait avoir ».

Il est clair, comme nous l'avons déjà fait remarquer, que le réalisme peut être décliné sous deux versions de base. La première stipule que les objets que nous voyons et utilisons dans notre expérience quotidienne existent vraiment et qu'ils possèdent bien les propriétés qu'on leur attribue, Putnam l'appelle « le réalisme du sens commun ». La deuxième n'accorde d'existence qu'aux entités scientifiques et prétend que le monde du sens commun n'est qu'une projection. Cette deuxième conception, le réalisme scientifique, doit son origine à la révolution galiléenne qui nous a appris à penser que le monde extérieur est quelque chose dont la vraie description est mathématique. Dans cette description, certaines propriétés comme la taille ou la position sont des propriétés réelles et d'autres, comme la couleur, sont des propriétés dispositionnelles. C'est la fameuse distinction, due à Locke, entre les qualités primaires et les qualités

---

31. Putnam [1987].
32. Sellars [1963].

secondaires. Putnam évoquant les difficultés bien connues qu'entraîne par exemple le fait de considérer que les objets rouges possèdent tous en commun une propriété physique qui serait leur « rougeur », nous rappelle la solution couramment admise depuis Locke, qui consiste à faire intervenir les données des sens. Ainsi, un objet rouge ne possède pas la propriété en lui-même d'être rouge mais possède une disposition à causer la sensation de rouge lorsqu'il est éclairé. De la même manière que leur couleur, la solidité des objets est une propriété dispositionnelle et c'est cela qui conduit Sellars à dire que les objets courants n'existent pas et à refuser le réalisme du sens commun. Cette conception est, selon Putnam, désastreuse bien qu'elle soit largement acceptée en tant que « sens commun postscientifique ». Ses défenseurs arguent du fait que vouloir maintenir la vision d'un monde au sens habituel est une exigence de nostalgique d'une conception dépassée et qu'il faut la rejeter pour adopter la conception qui constitue la meilleure explication du monde tel que la science nous apprend qu'il est.

Putnam nous fait alors remarquer que la prétendue explication est bien étrange. En effet, selon celle-ci, lorsque nous voyons un objet rouge, la lumière frappe l'objet et est réfléchie dans nos yeux. Il se forme alors une image sur la rétine et cela crée un influx nerveux qui excite certaines zones de notre cerveau de sorte que « la sensation de rouge apparaît ». En quoi est-ce une explication ? demande Putnam. Une explication qui fait intervenir un processus — la formation de la sensation de rouge à partir de l'excitation électrique de certaines zones du cerveau — pour lequel nous n'avons pas l'ombre d'une esquisse de théorie est une explication qui fait appel à quelque chose d'encore plus mystérieux que le phénomène à expliquer ! Nous retrouvons dans ce raisonnement de Putnam l'attaque centrale que nous avons déjà évoquée à travers l'analyse de Stein contre l'argument de l'explication en faveur du réalisme. Putnam en tire la conclusion que toute « l'histoire des données des sens » n'est qu'une simple hypothèse très particulière. Et pourtant, les données des sens sont considérées par la philosophie traditionnelle comme ce qui est donné, comme ce dont nous sommes absolument sûrs indépendamment de toute théorie scientifique. Il prétend alors qu'il est grand temps de changer d'image.

Pour lui, la prise en compte des données des sens comme éléments fondamentaux est le symptôme d'une maladie dont la cause réside dans la notion de propriété intrinsèque, de propriété qui appartient à quelque chose en soi-même indépendamment de toute contribution du langage ou de la pensée. La plupart des philosophes (réalistes ou idéalistes) ont accepté la distinction entre propriété intrinsèque et propriété projetée. La couleur, la solidité sont alors des propriétés non intrinsèques que nous projetons, c'est-à-dire des dispositions à produire certaines données des sens ou, comme diraient les matérialistes, à produire certains états de notre système nerveux et de notre cerveau. L'idée selon laquelle ces propriétés appartiendraient aux objets est une projection. Putnam expose alors l'impossibilité (que nous avons évoquée au premier chapitre) de définir rigoureusement les termes dispositionnels et de préciser ce qu'est une disposition. De la même manière, comment définir ce que signifie « projeter » ? « Projeter », nous dit-il, c'est penser à quelque chose comme ayant des propriétés qu'il n'a pas mais que nous pouvons imaginer sans être conscient de ce que nous faisons. C'est donc une forme particulière de pensée. L'explication des traits du monde commun est faite en termes de pensée. D'où le paradoxe que souligne Putnam : pour expliquer l'apparence du monde du sens commun, le réalisme doit faire appel à la pensée et donc nier la réalité objective, exactement comme son ennemi l'idéalisme !

On peut résumer à ce stade l'argumentation de Putnam de la manière suivante : le réalisme scientifique nie la réalité des objets du sens commun et ne confère d'existence qu'aux objets utilisés dans les théories scientifiques. Pour expliquer l'apparence du monde ordinaire, il est alors nécessaire de recourir à une sorte d'idéalisme. Or cet idéalisme n'explique rien car nous ne disposons d'aucune théorie de la pensée et celle-ci est traitée, elle-même, de plus en plus comme une projection.

Il s'attaque alors à ce qu'il appelle « le postulat objectiviste fondamental » qui s'exprime ainsi : 1) une distinction claire doit être faite entre les propriétés que les choses ont par elles-mêmes et les propriétés que nous projetons et 2) c'est la physique qui nous dit quelles sont les propriétés que les choses ont en elles-mêmes. Si l'on accepte ce postulat, les phénomènes mentaux doivent être des phénomènes physiques dérivés. Le problème est alors d'expliquer l'émergence de la pensée, c'est-à-dire d'expliciter de manière réductrice (à la physique) ce qu'est « penser qu'il y a beaucoup de chats dans le voisinage ». Or, nous dit-il, pourquoi croire que cela est possible si nous avons déjà échoué à le faire pour la couleur ou la solidité ? Il faut donc le rejeter.

Putnam défend alors l'idée que les tables et les cubes de glace existent, comme existent les électrons, les régions de l'espace-temps et les nombres premiers. Son réalisme interne est le point de vue selon lequel notre sens commun familier, comme nos schémas scientifiques, comme nos approches artistiques, doivent tous être acceptés en tant que tels. C'est possible en raison du fait qu'on peut être selon lui à la fois réaliste et relativiste conceptuel. Le relativisme conceptuel est la conception selon laquelle « les notions primitives elles-mêmes, et en particulier les notions d'objets ou d'existence, ont une multitude d'usages différents plutôt qu'un sens absolu ». La bonne utilisation d'un concept dépend donc du cadre dans lequel on l'emploie. Putnam donne l'exemple d'un monde contenant trois objets (x, y, z) et il demande combien d'objets contient ce monde. La question paraît stupide puisque par définition le monde contient trois objets. Mais il fait remarquer qu'il est possible de considérer que la somme de plusieurs objets est un objet et dans ce cas, ce monde contient sept objets : x, y, z, x + y, x + z, y + z, x + y + z. De même, la question de savoir si un point du plan euclidien existe en tant que partie du plan ou n'est que le concept limite de parties de plus en plus petites reçoit des réponses opposées par Leibniz et par Kant. Un réaliste métaphysique continuera à s'interroger pour savoir quelle est, en réalité, la bonne réponse. Mais Putnam nous dit que Dieu lui-même ne pourrait répondre car la question n'a pas de sens. De la même manière, la question de savoir combien d'objets existent dans le monde dont nous parlions précédemment, n'a pas de sens non plus. Ce n'est que lorsque nous avons précisé dans quel cadre nous nous plaçons, en spécifiant ce que nous considérons être un objet, que la question admet une réponse définie et, souligne-t-il, cette réponse n'est alors en rien simple affaire de convention.

Putnam se démarque donc clairement des conventionnalistes qui prétendent que les questions de ce type reçoivent des réponses fixées arbitrairement par convention. Sa position consiste à dire, pour reprendre l'exemple précédent, que la phrase « combien d'objets existent réellement » est dépourvue de sens tant qu'on n'a pas adopté un cadre conceptuel précis mais qu'une fois ce cadre adopté, la réponse est parfaitement définie et s'impose de manière unique. La notion d'existence ne se réfère donc pas à une réalité en soi posée comme indépendante de notre manière de l'appréhender mais au cadre conceptuel dans lequel nous nous plaçons pour le faire. C'est ce qui lui permet de soutenir que le « même monde » peut être décrit comme composé de tables et de cubes de glace dans une version et de particules et de champs dans une autre. En revanche, il nie que certaines questions (comme celle de l'existence) puissent avoir un sens indépendamment d'un choix préalable de concepts appropriés. Cela le conduit, à la suite de Davidson, de Goodman et de Quine dans la ligne de pensée pragmatique, à abandonner « le point de vue du spectateur » en épistémologie.

Le réalisme interne abandonne le concept de chose en soi. Cet abandon ne provient pas comme chez Kant d'une impossibilité de la connaître (Kant ne rejette d'ailleurs pas l'idée que ce concept, bien que peut-être vide, pourrait avoir un sens), mais bien du refus d'attribuer un sens à ce concept. Il en résulte que Putnam rejette aussi les dichotomies classiques, comme celle qui oppose les propriétés en soi d'un objet à ses propriétés projetées.

Il insiste sur le fait qu'il n'existe pas de frontière nette entre ce qui est objectif et ce qui est subjectif mais seulement des différences graduelles. Comme il le dit, l'idée selon laquelle il existe un point à partir duquel la subjectivité cesse et où commence l'Objectivité avec un grand O, est une pure chimère. Putnam refuse donc la théorie de la vérité-correspondance. Celle-ci ne peut être conservée si le concept même de « fait » n'est pas externe et donné mais dépend totalement du cadre conceptuel dans lequel on s'est placé : « Le mot "fait" n'a pas plus d'usage fixé par la Réalité elle-même que le mot "existe" ou le mot "objet"[33]. »

La proposition qu'il nous fait est d'accepter que : « Étant donné un langage, nous pouvons décrire les faits qui font qu'un énoncé de ce langage est vrai ou faux d'une manière triviale, en utilisant les énoncés de ce langage. Mais le rêve de trouver une relation universelle bien définie entre une (supposée) totalité de tous les faits et un énoncé vrai arbitraire d'un langage arbitraire n'est que le rêve d'une notion absolue de fait (ou d'objet) et d'une relation absolue entre les énoncés et les faits (ou les objets) en eux-mêmes. » Pour reprendre la citation du complément au chapitre 2 : « La quête des meubles de l'univers sera terminée avec la découverte que l'univers n'est pas une pièce meublée[34]. » Ainsi, nous devons accepter le fait que l'explication selon laquelle « la cocotte-minute a explosé parce que sa valve s'est bloquée » est pertinente dans le cadre du sens commun sans exiger une description philosophique ou scientifique plus profonde selon laquelle « ce que sont vraiment les choses » est quelque chose d'autre que « la valve s'est bloquée et a entraîné l'explosion de la cocotte ».

Commentaires sur le réalisme interne

La critique de Putnam contre l'argument de l'explication, du moins dans la version qui concerne le pourquoi de l'apparence d'un objet (à travers sa couleur ou sa solidité), est partagée comme nous l'avons vu par de nombreux philosophes qui le trouvent totalement insatisfaisant. Ce que Putnam rejette, c'est essentiellement l'idée que les données des sens seraient données de manière univoque indépendamment de tout concept utilisé pour les appréhender. En schématisant sa position, on pourrait dire que nous n'avons accès à aucune donnée brute indépendante et que même nos « inputs » les plus primitifs sont façonnés par nos cadres conceptuels. Putnam rejette explicitement le concept de réalité en soi, comme dénué de sens, mais, puisqu'il ne prétend nullement (voir la phrase citée en exergue) que le monde n'est qu'une création de l'esprit (idéalisme pur), il doit accepter l'idée de l'existence de quelque chose indépendant de l'esprit.

On peut alors se demander ce que signifie accepter le fait que quelque chose d'autre que l'esprit existe sans que ce quelque chose existe en soi. Il semblerait que le concept d'existence nécessaire à Putnam doive se diviser en deux. Un premier concept serait celui d'existence en soi (qu'il rejette) et un deuxième celui d'existence dans un cadre conceptuel donné. En effet, si tout ne provient pas de l'esprit, le cadre conceptuel qu'on utilise doit bien s'appliquer à quelque chose qui lui préexiste. Cela paraît clair si l'on reprend son

---

33. Putnam [1987].
34. Putnam [1980].

exemple de l'univers {x, y, z}. Il est vrai que selon le cadre adopté, il existe trois objets ou sept et que la notion d'objet et donc d'existence d'un objet est relative au cadre conceptuel choisi. Mais ne peut-on considérer qu'indépendamment de tout cadre l'univers en question préexiste à la question de savoir combien il contient d'objets ? Il existe en tant que contrainte ou condition permettant, une fois un cadre choisi, de définir ce qu'on adopte comme objet. En ce sens, il semble logiquement nécessaire d'accepter la préexistence d'une réalité externe à l'esprit si l'on veut dire que l'esprit adopte ensuite un cadre conceptuel pour en parler. Nous retrouvons ici la nécessité d'un concept proche de celui du réalisme structurel.

Putnam n'étend-il pas abusivement ses conclusions relativistes à propos de l'existence d'un objet (qui dépend effectivement du cadre conceptuel) à l'existence de cela même qui permet, conjointement au choix d'un cadre conceptuel, de définir la notion d'objet et donc d'existence d'un objet ? Encore une fois, il faut bien que le cadre conceptuel s'applique à quelque chose qui ne dépend pas de lui. Il semble donc nécessaire, pour accepter l'argumentation de Putnam, d'admettre l'existence d'une réalité en soi dont on ne peut parler et dont la seule propriété est d'exister dans un sens absolu : « quelque chose d'autre que l'esprit existe ». La façon la plus prudente d'en parler serait alors d'adopter une sorte de réalisme structurel, ce que Putnam ne fait pas. Le concept d'objet devient alors dépendant du cadre conceptuel et donc aussi la notion d'existence d'un objet puisque dans ce sens, l'existence est prédiquée d'un objet et c'est ce dernier qui est le concept premier. On peut donc dire que, contrairement à ce qu'affirme Putnam, sa position semble nécessiter deux concepts d'existence. Un concept d'existence premier, absolu qui ne s'applique à aucun objet mais uniquement à « quelque chose » (une structure ?), et un concept d'existence secondaire par rapport au concept d'objet dépendant d'un cadre conceptuel, qui s'applique à des objets particuliers.

Ce point de vue, qui n'est pas celui de Putnam, repose donc sur un postulat : « Il existe quelque chose qui ne dépend pas de nos concepts et dont on ne peut parler en termes d'objets. » Ce postulat ressemble beaucoup à celui proposé par d'Espagnat[35] sous la dénomination de « réalisme ouvert » : « Il y a quelque chose (ce quelque chose est-il l'ensemble de tous les objets, celui de tous les atomes, celui de tous les événements, Dieu, l'ensemble des idées platoniciennes ? À ce stade, nous dirons seulement quelque chose) dont l'existence ne procède pas de l'existence de l'esprit humain. » La différence principale avec le postulat de d'Espagnat, c'est que ce dernier ne se prononce pas, quand il énonce son postulat, sur l'impossibilité de principe de parler de ce quelque chose alors que c'est un aspect essentiel d'un point de vue qui convergerait avec celui de Putnam.

---

35. D'Espagnat [1994].

Ce postulat semble indispensable pour donner une base logique cohérente aux idées de Putnam qui peuvent être développées comme nous l'avons vu. Le sens d'un énoncé quelconque est alors défini seulement relativement à un cadre conceptuel et les conceptions du réalisme interne en découlent. On peut cependant demander quels sont les arguments en faveur d'un tel postulat. Putnam n'en donne évidemment aucun (puisqu'il ne l'accepte pas) et nous verrons que d'Espagnat présente le réalisme ouvert comme une condition nécessaire de cohérence car, selon lui, on ne peut pas logiquement se passer d'un réel antérieur à la connaissance. Le réalisme structurel est peut-être une solution à cette difficulté.

Le relativisme conceptuel de Putnam paraît conforté à la lumière des conséquences que nous avons tirées de la physique quantique. L'impossibilité de parler d'objets en soi, de propriétés appartenant en propre à un système ou de phénomènes indépendamment d'un dispositif expérimental précis est une illustration claire de la justesse des vues de Putnam à ce sujet. Quel meilleur exemple en faveur de ce relativisme peut-on donner que celui du nécessaire contextualisme des théories quantiques ?

De plus, l'attaque de Putnam contre le réalisme scientifique, qui est obligé de recourir à la pensée pour expliquer l'apparence du monde quotidien, prend une dimension accrue quand on se remémore l'analyse que nous avons faite du problème de la mesure dans le contexte des théories de l'environnement. Plus encore que dans l'explication de la couleur rouge, il a été fait appel aux caractéristiques de l'esprit humain pour expliquer pourquoi le monde nous apparaît tel que nous le voyons. Cela se comprend aisément si l'on remarque que plus la théorie scientifique qu'on prend pour fondement est conceptuellement éloignée du sens commun, plus la différence entre ce que décrit la théorie et ce que constate le sens commun est grande. La physique classique avait déjà commencé à distendre le lien qui la relie aux perceptions quotidiennes ; la physique quantique l'a quasiment fait éclater. La conséquence en est qu'expliquer, dans les termes de la théorie, l'apparence commune des choses devient un exercice de plus en plus difficile qui culmine dans les théories à la Zurek ou dans l'interprétation du solipsisme convivial.

Mais le refus de Putnam est-il totalement légitime ? Est-ce parce que le recours à la pensée ou aux contraintes de l'esprit humain est indispensable dans ces explications et que nous ne pouvons le réduire (en l'état actuel de nos connaissances) à un processus purement physique qu'il faut le rejeter définitivement ? L'attitude de Putnam revient à considérer que puisque l'explication donnée par le réalisme scientifique ne peut être menée de bout en bout en restant dans le cadre scientifique, puisqu'elle se termine en faisant appel à un concept qui sort de ce cadre, elle n'a plus aucune valeur. Sa solution consiste à choisir un cadre quelconque et à y demeurer, y compris pour le type d'explication qu'on est prêt à accepter. Il nous incite à admettre que l'explication selon laquelle la cocotte a explosé parce que la soupape est restée bloquée est tout à fait acceptable au niveau du sens commun. De même, si on le suit, l'explication selon laquelle nous voyons une chaise dans cette pièce parce qu'il y a réellement une chaise dans cette pièce est acceptable au même titre. C'est ce qui lui permet de sauver le réalisme du bon sens.

Mais cela revient à renoncer à comprendre les liens qui unissent les différents cadres conceptuels possibles. Dans l'exemple de l'univers {x, y, z}, un premier cadre permet de répondre qu'il existe trois objets et un second qu'il en existe sept. Mais il est tout à fait possible de rendre compte d'une réponse à partir de l'autre. Étant donné un cadre et une réponse, il est tout à fait possible de comprendre quelle doit être la réponse dans l'autre cadre. Si la réponse dans le second cadre est « sept » c'est parce qu'à partir de la réponse « trois » du premier cadre, on peut construire sept entités correspondant au concept d'objet du second cadre. En d'autres termes, les règles permettant de passer d'un cadre à l'autre sont explicites et permettent effectivement de rendre compte des différentes réponses. Il n'en est pas du tout de même si l'on essaie de rendre compte du cadre classique quotidien (du bon sens) à partir du cadre quantique. Comme nous l'avons vu, il semble là, que le recours aux limitations humaines ne puisse être évité. Dans ces conditions, même si l'on accepte le point de vue du relativisme conceptuel quand il signifie que le sens d'un énoncé dépend du cadre dans lequel on se place, il devient beaucoup plus difficile de se satisfaire de l'une quelconque des explications et donc d'accepter celle du sens commun car ces explications ne sont plus équivalentes. Plus précisément : dans l'univers à trois ou sept objets, considérer que la réponse « il existe trois objets » est tout aussi valide que la réponse « il existe sept objets » et que cela ne dépend que du cadre adopté n'est pas gênant car ces réponses sont en quelque sorte équivalentes en raison du fait qu'on sait et qu'on comprend très bien comment passer de l'une à l'autre. Les cadres sont équivalents. En revanche, dans le cadre de l'explication de l'apparence du monde classique, il n'en va pas de même.

En résumé, le point de vue de Putnam semble aboutir à considérer que tous les cadres conceptuels sont équivalents et qu'il est donc possible d'en adopter un arbitrairement. Les réponses que ce cadre permet d'apporter aux questions comme celle de l'existence d'objets sont alors à prendre telles quelles. Les exemples que prend Putnam se prêtent bien à sa démonstration. Il apparaît en effet indifférent d'adopter le point de vue selon lequel les objets sont x, y et z ou celui selon lequel les objets sont x, y, z, x + y, x + z et y + z. Ce choix est d'autant plus indifférent qu'il est très simple de passer de l'un à l'autre et que rien de ce qui est possible dans un cadre ne l'est pas aussi dans l'autre. Il est cependant difficile de suivre Putnam jusqu'au bout quand on remarque que tous les cadres ne sont pas équivalents en ce sens. Le cadre du sens commun et le cadre de la physique quantique ne le sont nullement. Nous avons déjà évoqué les difficultés qu'on rencontre quand on essaye de ramener l'un à l'autre. Par ailleurs, quelle explication donnera-t-on de la superfluidité de l'hélium liquide dans le cadre du sens commun ? L'exemple pris par Putnam nous entraîne donc à accepter trop facilement le relativisme conceptuel en ce sens qu'il occulte la non-équivalence de certains cadres conceptuels et que, ce faisant, il présente ce relativisme comme finalement assez anodin.

Quand on prend conscience de l'incommensurabilité du cadre du sens commun avec celui de la physique, on peut se demander si la préférence absolue donnée par le réalisme scientifique au cadre scientifique par rapport à celui du sens commun doit être rejetée aussi rapidement. Précisons notre critique : la position de Putnam comprend plusieurs parties. 1) Putnam nous dit que les énoncés comme « tel objet existe » n'acquièrent un sens qu'à l'intérieur d'un cadre conceptuel et sont dépourvus de sens absolu. Nous pouvons le suivre là dessus. 2) Putnam nous dit que nous devons accepter toute réponse ou toute explication du moment qu'elle est cohérente dans le cadre adopté. Ainsi le réalisme du sens commun est tout aussi justifié que le réalisme qui attribue une existence aux particules et aux champs. Mais autant il paraît possible d'adopter cette position quand les cadres sont équivalents (c'est-à-dire quand aucun ne manifeste une supériorité par rapport à l'autre) ou quand leur domaine d'application est disjoint (comme dans le cas du cadre artistique et du cadre scientifique), autant elle paraît choquante quand un cadre est manifestement supérieur à un autre. Putnam peut alors rétorquer que le cadre scientifique n'est pas supérieur au cadre du sens commun puisque si le premier permet d'expliquer certains phénomènes qui échappent au second, il est redoutablement difficile d'expliquer de manière réductrice à la physique quantique pourquoi le fait de taper sur un piano fait entendre un son plus mélodieux que taper sur une casserole[36]. Il me semble que cet argument n'est pas pertinent. On peut d'emblée constater que ni le cadre du sens commun ni le cadre scientifique ne sont capables d'expliquer les sensations que nous avons. Putnam l'a rappelé à propos de la soi-disant explication du cadre scientifique mais sa critique peut aussi s'appliquer au réalisme du sens commun, sauf à supposer que les sensations (comme celle de rougeur) font partie intégrante de ce cadre.

Si tel n'est pas le cas, les deux cadres sont dans une position identique vis-à-vis des sensations. Sont-ils alors à égalité vis-à-vis des autres explications, le cadre du sens commun permettant d'expliquer certaines choses (le piano produit des sons plus mélodieux que la casserole parce qu'il a été construit à partir du constat que frapper une

---

36. Même si la notion de son mélodieux est ramenée à une certaine composition en harmoniques et n'est pas définie de manière subjective, un physicien serait bien en peine de calculer les harmoniques des vibrations que produit dans les molécules de l'air d'une pièce le choc des atomes du marteau d'un piano sur les atomes qui constituent ses cordes.

corde métallique tendue produisait un son plus mélodieux que taper sur une plaque quelconque de métal), le cadre scientifique permettant d'en expliquer d'autres, comme la superfluidité de l'hélium liquide ? Je ne le pense pas car le cadre scientifique permet d'expliquer en principe (même si en pratique nous ne savons pas le faire) tout ce que le cadre du sens commun permet d'expliquer alors que la réciproque n'est pas vraie.

Aucune explication du sens commun ne peut expliquer, même en principe, le comportement de l'hélium superfluide ou la courbure de la lumière au voisinage d'une masse. En revanche, il serait en principe possible de calculer les vibrations induites par le choc des atomes d'un marteau sur les atomes d'une corde métallique ou sur les atomes d'une casserole et d'en déduire qu'un piano est plus mélodieux qu'une casserole car les harmoniques produites correspondent à un certain schéma (la limite que nous avons signalée est qu'il resterait impossible d'expliquer pourquoi cette composition en harmoniques cause une sensation plus agréable mais cela est vrai aussi pour le sens commun). Ce que le cadre scientifique fournit, c'est une explication plus profonde car plus détaillée des lois qui font que le piano est plus harmonieux que la casserole. Putnam pourrait objecter que cela ne nous avance pas beaucoup et que dire « le piano est plus harmonieux car les lois quantiques font que les atomes des cordes heurtées du piano produisent des harmoniques plus agréables que celles des atomes d'une casserole » n'est pas plus satisfaisant que dire simplement « un piano produit des harmoniques plus agréables ». La réponse pourrait alors être que le cadre scientifique nous permet de prédire des phénomènes observables dans le cadre du sens commun que ne permet pas de prédire le cadre du sens commun. Les éclipses sont des phénomènes du sens commun qui ne peuvent être prédites sans le recours au cadre scientifique. Ces raisons nous font penser que la supériorité du cadre scientifique doit être acceptée. À partir de là, le relativisme conceptuel trouve une limite et le réalisme scientifique semble devenir plus convaincant.

Si, en revanche, on accepte l'idée que les sensations comme celles de rougeur font partie du cadre du sens commun, alors il est vrai que ce cadre peut revendiquer une explication supplémentaire car il permet d'expliquer pourquoi nous voyons un objet rouge : nous le voyons rouge parce qu'il est rouge. Mais est-ce très satisfaisant ?

En conclusion, nous acceptons le relativisme conceptuel quand il nous dit que le sens des énoncés n'est pas absolu mais dépend de l'adoption d'un cadre conceptuel. En revanche, nous refusons d'admettre que tous les cadres sont équivalents et qu'il est donc possible d'accepter aussi bien le réalisme du sens commun que celui du cadre scientifique. Certains cadres sont supérieurs à d'autres et, partant, ils doivent être privilégiés.

6.9. Le réalisme de Bonsack

Le réalisme de Bonsack[37] est curieusement (mais en fait logiquement, si on le suit) à mi-chemin entre le réalisme et l'idéalisme. Bonsack rend compte en effet du réalisme dans un cadre qui peut être qualifié d'idéaliste et il ne s'en défend point. Mieux, il prétend que cette concession est obligatoire : « Il est vrai que j'essaye de donner un sens au réalisme dans un cadre idéaliste, mais les idéalistes s'arrêtent à mi-chemin, ils oublient de retrouver le réalisme. » Il commence par annoncer que son épistémologie réaliste n'est pas une conception métaphysique en ce sens qu'il refuse d'adhérer *a priori* à un système sur la seule base de sa consistance interne et que de plus, il exige que le sens des mots ou des phrases utilisés soit lié aux conditions de sa vérification : « Si quelqu'un dit que quelque chose est réel ou qu'une phrase est vraie [...] il doit dire ce qui distingue une chose réelle d'une chose non réelle, une phrase vraie d'une phrase fausse. »

Il fait ensuite plusieurs remarques importantes pour clarifier le problème. Tout d'abord, il signale que deux points de départ sont possibles et qu'il faut soigneusement les distinguer. Le premier, épistémologique, est de tenter de justifier l'existence par la connaissance, c'est-à-dire d'expliquer comment nous sommes capables d'inférer l'existence d'entités et d'acquérir une connaissance à leur propos sur la seule base de nos flux perceptuels. Le deuxième, ontologique, est d'admettre l'existence du monde et du sujet dans le monde et d'essayer d'expliquer comment le monde se révèle au sujet. Pour Bonsack, le dernier point de vue élude le problème central du réalisme qui consiste à expliquer comment le sujet parvient à postuler l'existence. Il adopte donc le point de vue épistémologique. Ensuite, il remarque que ce qui est donné au départ peut être donné à la conscience (dans ce cas, les données sont interprétées en tant qu'objets) ou aux sens (dans ce cas les données sont ininterprétées, comme l'image optique projetée sur la rétine). Il soutient alors que du point de vue épistémologique, il est nécessaire de considérer comme donné ce qui l'est à la conscience car, selon lui, ce qui est donné aux sens n'est pas vraiment donné mais inféré au moyen d'une image du monde et du sujet dans le monde.

Un autre point fondamental est la distinction entre une représentation et ce qu'elle représente. Cette distinction n'est pas nouvelle et a été largement mise en avant par les empiristes logiques mais elle le conduit à réfuter une objection souvent faite à l'idéalisme selon laquelle celui-ci conduirait à nier l'existence de l'univers jusqu'à ce qu'il y ait des sujets capables de le penser : « Cette objection relie l'existence d'une représentation (l'idée d'univers) avec la chose qu'elle

----

37. Bonsack [1989].

représente (l'univers). Mais la date attribuée à la représentation est totalement indépendante de celle attribuée à la chose représentée : la représentation d'un dinosaure de l'ère secondaire n'est pas une représentation à l'ère secondaire d'un dinosaure. »

Enfin, il défend un réalisme structurel à la Poincaré (comme celui soutenu par Worrall que nous avons présenté précédemment) selon lequel la structure du réseau des relations est préservée quand on passe des objets à leur représentation. L'exemple qu'il donne est celui d'un film dans lequel la structure temporelle des événements est préservée sous forme de structure spatiale des images. Deux structures A et B seront dites « isomorphes » si une correspondance biunivoque peut être établie entre, d'une part, les éléments de A et ceux de B et, d'autre part, entre les relations entre éléments de A et les relations entre éléments de B, de telle sorte que la correspondance préserve les relations[38]. Il demande alors à la relation entre les objets et la représentation qu'on en a d'être un tel isomorphisme.

Cela posé, il soutient que la seule information sûre et fiable est ce qui est donné à la conscience et non ce qui est donné aux sens. Il écarte l'objection qui peut lui être faite selon laquelle cette information n'est pas fiable puisqu'il arrive que nous soyons victimes d'illusions, en rétorquant qu'une ligne que nous voyons courbée ne l'est peut-être pas mais que néanmoins, il est vrai que nous la percevons courbée. En ce sens, une illusion perceptive n'est pas fausse en tant que perception, elle ne l'est que par rapport à la reconstruction du réel que nous en faisons. Cela conduit au premier abord à un réalisme naïf qui peut être transcendé de deux façons : soit en essayant de reconstruire un schéma cohérent en restant à l'intérieur de ce même cadre, soit en plaçant le sujet dans le monde et en essayant de comprendre comment il acquiert la connaissance à partir des actions des objets sur les sens jusqu'à la présentation de l'influx nerveux au cerveau et son traitement. Ce deuxième point de vue conduit tout d'abord à un idéalisme naïf qui se confine à ce qui nous est accessible, c'est-à-dire au donné conscient, et élimine les objets externes qui nous apparaissent seulement à travers celui-ci. Une telle option, nous dit-il, est défendable mais elle s'arrête à mi-chemin car il reste à montrer comment le sujet connaissant est conduit à postuler l'existence d'un monde externe et comment il discerne les données reliées à ce monde de celles qui ne le sont pas (rêves, hallucinations, illusions) : « Même

---

38. Bonsack est précis à ce sujet et énonce trois conditions qui doivent être satisfaites par une telle correspondance. La première est que si des éléments d'une structure sont dans une certaine relation R, les éléments correspondants de la représentation doivent être dans la relation de la représentation qui correspond à R. La deuxième est que la correspondance entre relations doit préserver les propriétés formelles des relations (réflexivité, transitivité, symétrie). La troisième est que deux éléments de la structure qui sont proches en ce qui concerne une propriété (quand cela peut être défini rigoureusement) doivent correspondre à deux éléments de la représentation, proches eux aussi quant à la propriété correspondante.

si tout n'est que représentation, les distinctions entre un objet et sa représentation et entre le monde extérieur et la subjectivité intérieure doivent être restaurées à l'intérieur de la représentation. »

Il propose alors la construction suivante dans le but de rendre compte de cette exigence. Il définit ce qu'il appelle « le niveau S » comme celui des sensations, c'est le niveau phénoménologique. Ce niveau possède une certaine structure qui nous permet d'avoir des sensations plus globales de perceptions, de reconnaissance des formes, de persistance, etc. Il est virtuellement impossible de trouver les lois qui relient directement les sensations entre elles. Qu'on essaye, nous dit-il, de relier les variations de sensations musculaires à celles des perceptions visuelles lorsqu'on change un objet de place ! En revanche, le problème se traite facilement si l'on se place dans un espace tridimensionnel dans lequel un objet est transporté et qu'on relie les sensations musculaires au mouvement dans l'espace. Pour rendre compte de sa structure, le niveau S a donc besoin d'un niveau supplémentaire que Bonsack appelle « le monde-O », qui est objectif, structuré dans l'espace-temps et meublé d'objets. Les objets du monde-O obéissent à des lois beaucoup plus simples que celles qui relient les sensations. Le monde-O contient un sujet-O qui est objectifié en même temps que sa subjectivité. Au niveau S, il n'y a ni monde, ni causalité, ni objet, ni dedans, ni dehors. On ne peut donc pas parler d'un monde extérieur qui serait cause des sensations du niveau S. En revanche, dans le monde-O, il existe une partie qui est extérieure au sujet-O et qui peut être considérée comme causant les sensations-O du sujet-O. Le sujet-O peut ensuite inférer de ses sensations-O une représentation interne (le monde-O-O) du monde-O. Dans le monde-O, les objets-O ont une existence-O qui ne dépend pas du sujet-O, ce qui est bien la définition du réalisme.

À l'objection que ce n'est en fait qu'une forme d'idéalisme car le monde-O n'est qu'une représentation, Bonsack répond que « c'est en partie vrai et en partie faux ». Il souligne qu'en voulant rendre compte de la manière dont le sujet construit son image de la réalité, on ne peut aboutir qu'à la notion de connaissance de la réalité et non à la réalité elle-même. Par ailleurs, nous dit-il, les idéalistes s'arrêtent en chemin et oublient de retrouver le réel. Cette conception permet déjà de rendre compte de la différence entre l'apparence et la réalité. Le monde-O est différent de la représentation monde-O-O que le sujet-O s'en fait. Bonsack s'attache ensuite à répondre à deux autres objections que pourrait lui faire un réaliste. D'une part, le monde-O semble être sa propre mesure et dépend de chaque sujet, ce qui est contraire à la notion de monde réel externe et identique pour tous les sujets ; d'autre part, on aimerait considérer le monde-O comme la représentation de quelque chose qu'il représente. À la première objection, il répond que le monde-O n'est pas sa propre mesure car il doit être corrigé pour tenir compte des écarts de prédictions. En effet : « Les sensations-O qui sont des sensations-S objectivées doivent être comparées aux sensations-O prédites au moyen du monde-O et s'il existe des écarts, le monde-O doit être modifié pour restaurer la correspondance. »

En ce qui concerne la deuxième objection, il propose de postuler un monde limite, le monde-Ω, qui n'est pas substantiellement différent des mondes-O mais qui, relativement aux prédictions qu'il permet, est totalement adéquat. Ce monde-Ω est indépendant du savoir des sujets-Ω qu'il contient : « La partie extérieure au sujet-Ω du monde-Ω produit des sensations-Ω qui entraînent chaque sujet-Ω à construire pour lui-même un mode-O-Ω [...] et par ce processus, chaque sujet-Ω approche le monde-Ω sans jamais l'atteindre. Le monde-O-Ω est une représentation du monde-Ω.» Le monde-Ω, quant à lui, est autonome, inaccessible et n'est pas une représentation.

Commentaires sur le réalisme de Bonsack

La construction que donne Bonsack des mondes-O est séduisante. Il paraît inévitable que, comme il le souligne, le mieux que pourra faire le plus extrême des réalistes sera de fournir une représentation du monde en soi dont il prétend l'existence. Toutefois, un certain nombre de remarques doivent être faites.

Une première question est d'examiner si le modèle de Bonsack peut rendre compte de l'intersubjectivité. Chaque sujet S_i construit un monde-O_i à l'intérieur duquel il peut rendre compte de la structure des perceptions-O_i (qui sont les perceptions-S objectivées) du sujet-O_i. Mais, sauf à le prendre comme un postulat initial, rien ne garantit que les mondes-O_i se ressemblent, c'est d'ailleurs une des objections qu'il anticipe. Le simple fait que Bonsack a besoin d'admettre que les mondes-O_i sont modifiables (pour éviter qu'ils ne soient leur propre mesure) prouve qu'il existe, pour chaque sujet, de nombreux mondes-O_i différents (le monde-O_i initial, puis le premier modifié, puis le second, etc.). Pour quelle raison un monde-O du sujet A devrait-il ressembler à un monde-O du sujet B ? Même s'il paraît raisonnable d'admettre une certaine continuité entre les mondes-O successifs d'un même sujet, on ne voit pas ce qui empêcherait deux sujets différents d'avoir construit des mondes-O totalement incommensurables. On retrouve ici un argument analogue à celui qui nie le bien-fondé de l'argument de l'explication : deux théories incommensurables ou contradictoires peuvent avoir des prédictions empiriques équivalentes.

Appliqué ici, cet argument montre que pour rendre compte de la structure de leurs perceptions, deux sujets peuvent fort bien avoir construit des mondes-O totalement différents, et cela même si l'on suppose (ce qui est un postulat supplémentaire fort) que les deux structures perceptives sont similaires. Ce dernier postulat, que Bonsack semble implicitement admettre, découle naturellement de l'hypothèse qu'il existe une réalité externe unique qui cause les perceptions-S (à ne pas confondre avec les perceptions-O) de chaque sujet-S[39]. Mais poser cette hypothèse revient à sortir totalement du cadre de la construction de Bonsack en supposant déjà résolu le problème qu'il cherche à résoudre (nous reviendrons sur ce point à la fin de ce paragraphe). Sans cette hypothèse, on ne voit pas la raison pour laquelle les perceptions-S du sujet A devraient avoir la même structure que celles du sujet B et dans ce cas, il semble inévitable que les mondes-O du sujet A soient forts différents de ceux du sujet B. De toute façon, comme on l'a dit plus haut, même dans le cas où les structures des perceptions-S de A et de B sont identiques, rien ne prouve que A et B aient construit des mondes-O similaires ou simplement compatibles pour en rendre compte.

Bonsack ne réfute pas cette objection car sa réponse montre seulement que les mondes-O, n'étant pas leur propre mesure, doivent être modifiés. Il ne prouve pas que les mondes-O de deux sujets différents doivent être similaires. On retrouve ici une conclusion qui ressemble fort à celle que nous avions adoptée dans le cadre de l'interprétation du solipsisme convivial. Cependant nous avions démontré que, dans ce cadre, l'intersubjectivité est garantie car même si les résultats de mesure constatés par un sujet peuvent différer de ceux constatés par un autre, il ne peut en résulter de conséquence observable pour aucun des sujets. Il faut toutefois préciser que dans le solipsisme convivial, la réalité empirique de chaque sujet, bien que lui appartenant en propre et donc susceptible de varier d'un sujet à l'autre, est construite à partir d'une fonction d'onde identique pour tous. Il en résulte que la structure de cette réalité est identique d'un sujet à l'autre. Le rôle de cause externe de similitude de structure est joué par la fonction d'onde unique. Il n'existe rien de tel dans le modèle de Bonsack.

Plaçons-nous dans le cas où les mondes-O des sujets sont différents. L'intersubjectivité est-elle en difficulté ? Pour répondre à cette question examinons ce que serait une remise en cause de l'intersubjectivité. Cela signifierait qu'un sujet-O (par exemple A-O) constate un désaccord entre lui-même et la représentation dans son monde-O d'un autre sujet (par exemple B), ou, autrement dit, que le sujet-A-O dans le monde-O du sujet A (qu'on notera sujet-A-O_A) est en désaccord avec le sujet-B-O_A. On pourrait répondre que cela est impossible par définition du monde-A-O puisque les informations que communique le sujet-B-O_A au sujet-A-O_A font partie des perceptions-O de A dont le monde-A-O est censé rendre compte. Mais cette réponse présuppose qu'il fait partie des exigences de la notion de « rendre compte » qu'aucun conflit n'éclate entre le sujet-O et les autres sujets

---

39. Il est vrai que par application des conditions qu'il impose sur la correspondance entre une structure et sa représentation, si les perceptions-S de A et celles de B ont une structure similaire, les mondes-O qui en rendent compte doivent avoir une structure similaire. Mais cela ne remet pas en cause l'objection car deux mondes ayant des structures similaires peuvent cependant être incompatibles.

objectivés dans son monde, et cela n'est rien d'autre que postuler par construction l'intersubjectivité au sein des mondes-O. On ne voit donc pas quelle raison fondamentale établit l'intersubjectivité dans ce modèle. On peut cependant remarquer, à décharge, que l'intersubjectivité, bien qu'usuelle dans notre environnement quotidien et sauvegardée en mécanique quantique, n'est pas toujours vérifiée si l'on se place dans un cadre relativiste : deux observateurs en mouvement l'un par rapport à l'autre ne s'accordent pas sur leurs observations. Retenons donc de cette analyse que les mondes-O des différents sujets n'ont pas de raisons d'être identiques ou compatibles, ni même d'avoir des structures similaires. L'intersubjectivité n'y est non plus nullement garantie. En ce sens, l'univers décrit par Bonsack est encore plus étrange que celui du solipsisme convivial.

Une deuxième question concerne le monde-Ω. Celui-ci est tout d'abord introduit par Bonsack comme un genre de monde-O qui est tel que les prédictions qu'il autorise sont partout absolument adéquates. Le monde-Ω est la limite de la suite des mondes-O rectifiés pour tenir compte des écarts entre les perceptions-O perçues et les perceptions-O prédites. Il est partout et totalement adéquat. Si l'on fait un parallèle entre le monde-O à un instant et les théories admises à ce même instant, le monde-Ω peut être comparé à la « Théorie de Tout » dont rêvent les physiciens. Or, même si l'existence d'un tel monde est admise, son unicité parait hautement hypothétique. Comme l'a souligné Quine, il n'est pas exclu que nous disposions un jour d'une théorie totalement adéquate au niveau empirique mais en raison de la sous-détermination des théories par l'expérience, rien n'interdit de supposer qu'il existe plusieurs théories de ce type. Dans ce cas, il est cohérent de supposer qu'il existe plusieurs mondes-Ω.

Dans le même esprit, mais c'est une question que nous approfondirons au chapitre suivant, la notion même d'adéquation empirique n'est pas si innocente. Il est en effet possible de considérer qu'il n'y a pas une réalité empirique unique mais plusieurs, conclusion d'ailleurs suggérée dans le cadre des mondes-O, comme le montre la discussion ci-dessus. Dans ce cas, il est légitime de considérer que chaque sujet-S construit une suite de mondes-O qui lui est propre et qui tend vers un monde-Ω différent pour chaque sujet. Prétendre, comme le fait Bonsack, qu'il existe un unique monde-Ω qui est « le point de vue de Dieu », pour reprendre l'expression de Putnam, est faire une hypothèse forte qui n'est en rien une conséquence de la construction initiale. Compte tenu de la diversité des suites de mondes-O de chaque sujet convergeant chacune vers un monde-Ω, pour quelle raison ces différentes suites devraient-elles toutes converger vers le même monde-Ω ?

Une autre manière de concevoir le monde-Ω (qui n'est pas conforme à ce que dit Bonsack) serait de considérer le monde-Ω comme hétérogène aux mondes-O. Le monde-Ω serait ce qui causerait (en un sens à préciser) les perceptions-S. Dans ce cas, chaque monde-O serait une tentative de représentation du monde-Ω. Chaque sujet-S construirait ainsi une suite de mondes-O telle que le monde-O de numéro n + 1 serait issu du monde-O de numéro n pour tenir compte d'un écart entre les perceptions-O perçues et les perceptions-O prédites dans le monde-O de numéro n. On aurait ainsi une réponse à l'objection formulée plus haut car le monde-Ω, cette fois-ci postulé unique, serait la mesure de tous les mondes-O. Cela n'entraînerait pas, comme on l'a vu, que les mondes-O de sujets différents soient similaires mais expliquerait, d'une part, que les structures des sensations-S de différents sujets soient identiques et, d'autre part, éliminerait, par construction, le problème de l'unicité de limite des suites de mondes-O. Chaque suite, bien que différente des autres, convergerait vers la même limite (au moins au niveau structurel si l'on fait intervenir la sous-détermination). Mais dans ce cas, le monde-Ω, conçu comme hétérogène par rapport aux mondes-O, n'est plus un résultat de la construction de Bonsack et postuler son existence revient à supposer dès le départ le problème du réalisme résolu.

Nous verrons plus loin que d'Espagnat reconnaît une proche parenté entre les idées de Bonsack et les siennes. D'Espagnat assimile les mondes-O à la réalité empirique et le monde-Ω à la réalité indépendante. Mais cette parenté semble reposer sur une traduction qui se rapproche plus de la manière de concevoir le monde-Ω que nous avons présentée ci-dessus que de celle de Bonsack. Nous aurons l'occasion d'y revenir.

6.10. LE RÉALISME VOILÉ DE D'ESPAGNAT

Bernard d'Espagnat[40] s'est livré à une analyse profonde de la compatibilité des différentes conceptions philosophiques avec les enseignements tirés de la physique quantique. Sa démarche philosophique est à souligner car il la présente comme essentiellement fondée sur les résultats scientifiques et non pas comme une réflexion *a priori*. La position à laquelle il aboutit est celle qu'il appelle « le réalisme voilé ». Son cheminement tient compte à la fois de résultats incontestables qui réfutent certaines positions mais aussi d'un certain nombre de convictions personnelles.

Bernard d'Espagnat pose la question « avons nous besoin d'un réel ? ». Il commence par mettre en doute la validité de certains arguments utilisés par les antiréalistes. L'idéalisme kantien soutient que nos concepts sont le reflet de formes *a priori* de notre sensibilité. On doit donc s'attendre à ce que les concepts scientifiques fondamentaux prolongent naturellement le bon sens, qu'ils aient un caractère visua-

---

40. Ce qui suit est principalement tiré de son argumentation dans d'Espagnat [1994].

lisable. C'est bien le cas avec les concepts d'espace euclidien et de temps universel. Mais ce qui était vrai de la science du temps de Kant ne l'est plus aujourd'hui et nos concepts scientifiques modernes comme l'espace-temps courbe, les opérateurs de projection de Heisenberg ou l'abandon de la causalité ne répondent plus à ce critère. Il en conclut que si la forme de nos descriptions scientifiques doit beaucoup à la structure de notre esprit, elle ne lui doit quand même pas tout. Il soutient aussi l'argument selon lequel, puisque de très belles théories sont parfois réfutées par l'expérience, il n'est pas possible d'admettre que les règles du jeu soient entièrement créées par nous. Il faut bien, selon lui, que quelque chose d'extérieur à nous dise « non ». Par ailleurs, il refuse comme incohérente sur le plan logique, la priorité que l'idéalisme radical accorde à la connaissance sur l'existence : « Il semble impossible de conférer un sens au mot même de connaissance sans postuler — au moins implicitement — l'existence de quelqu'un ou de quelque chose, enfin d'une entité quelconque, qui connaît. » Enfin, il fait remarquer que l'accord intersubjectif est difficilement explicable si nulle référence n'est faite à des choses existant en dehors de nous.

Il propose alors un postulat qu'il appelle « le Réalisme ouvert », qui lui paraît être minimal au sens de ce qu'il implique et qui constitue le point de départ d'une analyse plus approfondie : « Il y a quelque chose (ce quelque chose est-il l'ensemble de tous les objets, celui de tous les atomes, celui de tous les événements, Dieu, l'ensemble des idées platoniciennes ? À ce stade, nous dirons seulement quelque chose) dont l'existence ne procède pas de l'existence de l'esprit humain. » D'Espagnat pense que ce postulat est rendu extrêmement plausible par les considérations qui précèdent et il nous demande de l'accepter en précisant que c'est la seule concession qu'il réclame. Il construit alors sa position de manière quasi déductive à partir du réalisme ouvert en procédant à une analyse qui n'utilise que les résultats de la physique quantique. Il fait en particulier remarquer qu'il ne postule absolument rien ni sur la nature de ce quelque chose ni sur ses propriétés.

Que peut nous dire la physique quantique au sujet de ce quelque chose, de ce réel ? Tout d'abord, est-il intelligible ? D'Espagnat reformule cette question sous la forme : « Dispose-t-on ou peut-on penser qu'on disposera d'une théorie ontologiquement interprétable et scientifiquement établie ? » Sa réponse, négative, s'appuie sur l'analyse détaillée des diverses théories à laquelle il s'est livré précédemment, qui prouve que toutes ces théories ne peuvent prétendre qu'à un statut de description empirique. Mais cette réponse ne doit pas être comprise comme signifiant, à la manière de l'inconnaissabilité absolue de la chose en soi de Kant, que le réel nous est totalement inaccessible. Nous verrons plus loin qu'il considère que certains de ses traits peuvent nous être révélés.

Le réel est il atomisable ? Est-il, selon la conception qu'il appelle « le multitudinisme », éparpillé en une multitude d'éléments premiers ?

La réponse est clairement « non ». Comme il le rappelle, en théorie quantique des champs[41], le nombre de particules n'est qu'une observable qui ne prend de valeur définie que lors d'une observation. Il est donc interdit de considérer que l'existence d'une particule est une propriété indépendante, de la même manière que la position ou le spin d'une particule qui ne se déterminent que lors d'une mesure. Le seul élément premier dans ce formalisme est le vecteur d'état de l'espace de Fock[42] mais on est alors à l'opposé du multitudinisme.

Le réel est-il immergé dans l'espace et le temps ? Cette question est étroitement liée à une objection bien connue à l'idéalisme pur. Si les phénomènes ne sont que des événements mentaux, le concept même de phénomène est anthropocentrique, ce qui est absurde puisque les étoiles, la Lune, la Terre existaient bien avant l'apparition de l'homme. La réponse du kantisme consiste à réfuter cette objection parce qu'elle élève implicitement le concept de temps au niveau du donné externe alors que dans cette conception, dire que les étoiles existaient avant l'apparition de l'Homme ne signifie rien d'autre que le fait que nous puissions organiser notre expérience en la décrivant de cette manière[43]. Bien que non idéaliste, Bernard d'Espagnat penche aussi pour une non-insertion du réel dans l'espace-temps. Il souligne que nous considérons habituellement que « la direction dans laquelle se trouve la Lune » est une donnée d'un fait objectif alors que « la saveur d'un fruit » résulte de la combinaison de faits objectifs (l'existence de telles ou telles molécules dans le fruit) et de faits subjectifs relatifs à notre sens du goût et à notre cerveau. Mais il avance que cette différence est peut-être plus apparente que réelle : « Il est parfaitement concevable que "la direction dans laquelle la Lune se trouve" soit reliée à la réalité sous-jacente tout aussi indirectement — via nos structures sensorielles et mentales — que l'est la saveur d'un fruit. Et soit par conséquent créée par nous au même degré. »

En faveur de la thèse selon laquelle l'espace est créé par nous, d'Espagnat fait une remarque subtile sur le rôle des symboles mathématiques utilisés dans les formalismes physiques. En physique classique, ces symboles servent tout d'abord à écrire les lois générales (loi de la gravité, équations de Maxwell) que l'on suppose décrire la structure générale du monde et ensuite à désigner les valeurs que les grandeurs auxquelles ils réfèrent ont dans telles ou telles circonstances particulières. En physique quantique, les symboles mathématiques utilisés ne jouent que le premier de ces rôles comme il ressort des analyses menées sur le concept de mesure. Cette remarque est utilisée par d'Espagnat pour défendre un réalisme structurel analogue à celui

---

41. On rappelle que la théorie quantique des champs est l'extension relativiste de la mécanique quantique.

42. L'espace de Fock est, en théorie quantique des champs, la somme directe des espaces de Hilbert à un nombre défini de particules.

43. Voir aussi plus haut la réponse de Bonsack à cette objection.

que nous avons présenté plus haut mais il la considère aussi comme un argument en faveur d'une réalité indépendante fortement enchevêtrée et sujette à la non-séparabilité. Il en résulte que c'est nous qui créons la localisation des objets et donc l'espace. Dans ce cas, compte tenu de l'équivalence relativiste entre l'espace et le temps, il conclut en disant que s'il existe un sens dans lequel nous créons l'espace, il y a aussi un sens dans lequel nous créons le temps.

Le Réel voilé

À l'issue de son analyse, d'Espagnat se trouve conforté dans son rejet de l'idéalisme radical et confirme la nécessité qu'il éprouve de répondre positivement à la question « avons-nous besoin d'un réel ? ». Il reconnaît cependant qu'il existe des objections fortes à l'encontre du réalisme traditionnel. Celui-ci suppose en effet une objectivité forte incompatible avec la mécanique quantique usuelle et qu'il n'est possible de restaurer au sein de certains modèles alternatifs (dont aucun n'est pleinement convaincant) qu'au prix d'un renoncement à certains traits de la théorie de la relativité. Ayant admis qu'on tient pour nécessaire la notion de « quelque chose » dont l'existence ne dépend pas de la nôtre, se pose alors la question de savoir si ce quelque chose est totalement inconnaissable ou si nous pouvons glaner certaines connaissances (de nature générale ou allégorique) à son sujet. D'Espagnat défend cette dernière possibilité.

À l'appui de sa thèse, il reprend l'argument selon lequel la forme des descriptions scientifiques ne doit pas tout à la structure de notre esprit. Une partie doit être interprétée comme provenant du réel. De la même manière, la réfutation de certaines belles théories par l'expérience nous fournit une information, de nature négative, sur ce quelque chose. La non-séparabilité est, selon lui, une connaissance de cette espèce. De plus, l'analyse que nous avons mentionnée plus haut du rôle des symboles mathématiques, le conduit à défendre une version du réalisme structurel de Poincaré selon lequel les lois générales reflètent d'une certaine manière les structures d'une réalité existant indépendamment de nous. Il partage en cela les idées de Bonsack. Il se démarque cependant de Poincaré en ce que ce dernier parle « des objets réels que la nature nous cachera éternellement » alors que, en raison de la non-séparabilité, d'Espagnat s'interdit de faire référence au pluriel. Le Réel n'est donc pas inconnaissable mais il est « voilé ». Cela signifie qu'il n'est pas immergé dans l'espace-temps, qu'il excède en partie les possibilités de l'intelligence humaine mais que la science nous donne à son sujet des informations limitées à certaines de ses structures générales. D'Espagnat conclut donc que deux notions de réalité doivent être distinguées, celle de la réalité empirique ou réalité des phénomènes et celle de la réalité indépendante. L'objet de la physique est la réalité empirique. La réalité indépendante ne nous est pas totalement inconnaissable en ce que certains de ses traits se reflètent dans la réalité empirique mais elle nous est en grande partie cachée.

La causalité élargie

Supposer que certains traits de la réalité indépendante se reflètent dans la réalité empirique est faire le postulat qu'il y a une certaine relation entre les deux types de réalité. La réalité indépendante a une action sur les phénomènes. D'Espagnat appelle cette action « la causalité élargie ». Elle s'oppose à la causalité kantienne entendue comme moyen humain d'organiser les phénomènes dans notre esprit. Le concept de causalité élargie est étroitement solidaire de celui de réalité indépendante. D'une certaine manière, selon une reconstruction du raisonnement de d'Espagnat (que celui-ci admet[44]), on peut dire que c'est le concept de causalité élargie qui permet de nommer la réalité indépendante. Schématiquement, on peut résumer ce raisonnement de la manière suivante : a) il doit exister une cause aux régularités phénoménales, b) cette cause réside en dehors des phénomènes et en dehors de nous, c) donc cette cause doit être recherchée ailleurs et on l'appelle « réalité indépendante ». Selon cette présentation, la causalité élargie et la réalité indépendante sont deux concepts indissociables. Cela étant, d'Espagnat n'adhère pas à la frontière nette qu'on trouve chez Kant entre le monde des phénomènes et celui des noumènes. Il privilégie une transition plus progressive.

Commentaires sur le Réel voilé

Précisons tout d'abord que la position de d'Espagnat est extrêmement prudente. Celui-ci ne présente pas ses conceptions comme les seules possibles mais plutôt comme celles auxquelles il paraît cohérent d'adhérer si l'on accepte son postulat initial du réalisme ouvert. En cela, il reconnaît être incapable de réfuter des positions concurrentes comme l'idéalisme radical ou le solipsisme. Mais ces conceptions ne le satisfont pas et il présente le réalisme voilé comme une alternative possible pour ceux qui partageraient son aversion pour les autres thèses. En revanche, il écarte définitivement certaines versions du réalisme (naïf, multidiniste, etc.) en montrant qu'elles sont incompatibles avec les résultats de la physique quantique. En cela et sous réserve d'adopter son postulat initial, sa position est extrêmement solide. Il est néanmoins possible de ne pas s'en satisfaire pour qui refuse le postulat du réalisme ouvert ou pour qui n'éprouve pas le besoin de trouver une cause aux régularités des phénomènes, voire pour celui qui postule que, d'une certaine façon, ces régularités sont créées par nous. D'une manière générale, comme

---

44. Voir Soler [1997] et la réponse de d'Espagnat dans d'Espagnat [1997].

le dit Bitbol[45], la position de d'Espagnat n'est pertinente que dans le contexte de celui qui admet le face-à-face entre le sujet et le monde. Or il est possible de penser que nous ne sommes ni face à la réalité, ni logés en son sein mais que nous sommes associés à elle de manière indissociable (voir la citation en exergue de Putnam). Ce n'est pas la position de d'Espagnat qui dit clairement[46] qu'il ne rejette pas cette notion de « quelque chose en regard ». Néanmoins, la possibilité d'adopter ces positions alternatives (qui ne sont pas exemptes de difficultés) est à considérer. Nous approfondirons ce point dans le chapitre suivant.

Pour d'Espagnat, ce sont les traits contingents qui sont modelés par nous alors que les structures profondes sont bien appréhendées par la science. Ce qui est l'opposé du sens commun selon lequel on croit en la réalité des faits contingents et on doute de la possibilité de connaître les structures de base du réel. On est donc en droit d'attendre de la physique une description non pas de la réalité en soi mais des phénomènes tels qu'ils apparaissent à la communauté humaine.

D'Espagnat avoue se sentir en accord avec Bonsack et propose la traduction suivante : le monde-O est la réalité empirique, le monde-Ω est la réalité indépendante. Cette interprétation ne me semble pas la plus appropriée. Tout d'abord, la réalité empirique de d'Espagnat est une, elle est la même pour tous les observateurs puisqu'elle est, en définitive, la réunion de tous les phénomènes donnés à l'ensemble des observateurs dans un cadre intersubjectif. En revanche, les mondes-O sont multiples et modifiables et l'intersubjectivité n'y est nullement garantie. Ensuite, l'assimilation du monde-Ω à la réalité indépendante plaide pour une interprétation du monde-Ω qui ressemble à celle que nous avons proposée en commentaire des idées de Bonsack, mais il ne semble pas que cela soit conforme à leur esprit. Un parallèle qui me paraît plus approprié si l'on veut rester fidèle aux idées de Bonsack serait d'assimiler le monde-Ω lui-même à la réalité empirique, les divers mondes-O n'étant alors que nos constructions provisoires pour tenter d'en rendre compte. La réalité indépendante au sens de d'Espagnat n'aurait plus d'analogue dans la construction de Bonsack. Mais une telle interprétation implique une modification partielle de ce qu'on entend habituellement par « réalité empirique » et notamment elle nécessite d'abandonner le face-à-face du sujet avec le monde, ce que d'Espagnat n'est sans doute pas décidé à faire. Nous reviendrons plus largement sur cette modification dans le chapitre suivant.

---

45. Bitbol [1996].
46. Voir la réponse à Bitbol dans d'Espagnat [1997].

Conclusion

Au terme de ce chapitre, nous avons pu écarter certaines conceptions trop simples et évaluer la solidité des arguments présentés pour ou contre les conceptions restantes. Il faut bien néanmoins reconnaître qu'il ne nous a pas été possible de trancher définitivement en faveur d'une unique position et que nous nous retrouvons face à de nombreuses possibilités qui, toutes, peuvent se prévaloir d'arguments favorables tout en étant sujettes à des objections sérieuses. Comme nous le faisions remarquer en introduction, le choix d'une attitude philosophique reste sérieusement dépendant d'*a priori* qu'on ne peut trancher ni par le raisonnement ni par l'expérience. Cependant, le but de ce chapitre n'était pas de conduire une démonstration philosophique mais de présenter un panorama critique des positions en présence. Le lecteur doit maintenant pouvoir déterminer, en fonction de ses propres convictions, la position qui lui paraît la plus solide. Trois possibilités s'offrent à lui : soit adopter telle quelle l'une des conceptions qui ont été présentées, soit construire, à partir d'éléments appartenant à l'une ou l'autre de ces conceptions, sa propre position, soit adopter une attitude sceptique en refusant de se prononcer.

Dans le dernier chapitre, je tenterai dans une approche plus prospective, de décrire la vision de l'univers que m'inspirent les considérations qui ont été développées tout au long de ce livre.

CHAPITRE 7

La cécité empirique

Le sens commun mène à la physique.
La physique démontre la fausseté du sens commun.
Donc si le sens commun est vrai, alors il est faux.
Donc le sens commun est faux[1].

Les différentes positions que nous avons présentées au chapitre précédent peuvent chacune faire valoir des arguments convaincants en leur faveur. Parmi celles qui ne sont pas réfutées par les théories scientifiques modernes, aucune ne peut se prévaloir d'être l'unique bonne conception. La raison en est simple : il arrive un stade où les attentes philosophiques (on devrait même dire « psychologiques ») de chacun diffèrent de telle manière que ce qui peut sembler convaincant aux uns paraîtra inepte aux autres. À ce stade, la seule conclusion qui paraît raisonnable est de lister, comme nous l'avons fait, les conceptions encore en lice en admettant qu'il n'est pas irrationnel de soutenir l'une ou l'autre d'entre elles. Ce faisant, un grand progrès a été accompli puisque l'élagage des conceptions permet d'éviter de défendre une position manifestement réfutée, incohérente ou absurde. Cet objectif avait été annoncé dans notre avant-propos. Mais au-delà de la taxonomie critique à laquelle nous nous sommes livrés, je souhaiterais, dans ce dernier chapitre, faire un pas de plus dans l'analyse, en m'autorisant à employer des arguments qui sont à mes yeux pertinents mais dont je ne prétends pas qu'ils constituent à eux seuls une preuve de ce que j'avancerai. Il s'agit donc là de présenter des positions plus personnelles qui me semblent séduisantes, qui peuvent convaincre certains lecteurs mais qui pourront sembler inadmissibles à d'autres. Je m'imposerai dans cet exercice deux contraintes : la première est bien sûr celle de la cohérence de l'argumentation, la deuxième est la consistance avec l'analyse présentée au chapitre 6.

---

1. Bertrand Russell.

Cette conclusion ne renie rien de ce qui a été dit au chapitre précédent mais propose simplement une réflexion plus engagée sur le monde.

7.1. Préambule : le refus de deux positions opposées

Le réalisme scientifique traditionnel consiste à penser qu'il existe une réalité indépendante dans laquelle l'homme est immergé et que cette réalité est correctement et littéralement décrite par la physique. Nous ne reviendrons pas sur les précautions nécessaires, que nous avons exposées au chapitre précédent, concernant le fait que la physique dont il s'agit n'est pas celle d'aujourd'hui mais celle d'une hypothétique théorie ultime vers laquelle la science tend asymptotiquement. Rappelons les principaux traits de cette position.

La réalité est indépendante en ce sens qu'elle existerait de la même manière et sous une forme identique même en l'absence de tout être humain.

Le verbe « exister » est à prendre ici dans son sens littéral le plus immédiat. Ce sens est identique à celui qu'on emploie quand, dans le langage courant, on dit que le papier sur lequel est imprimé ce livre « existe ». La physique nous montre que le sens commun a tort de croire que ce papier existe et elle nous apprend que seules existent vraiment les entités utilisées dans la théorie (par exemple les champs). Dans ce contexte, le verbe « exister » ne change pas de sens quand on passe du langage courant au langage scientifique ; seules changent les entités qui peuvent prétendre à l'existence[2].

L'Homme est un élément de cette réalité et il est immergé en elle. En raison de la limitation de ses sens, il ne la perçoit pas directement dans sa globalité mais cette limitation ne concerne que la perception que l'Homme a de la réalité et n'a aucune influence sur la réalité elle-même.

La physique décrit la réalité telle qu'elle est vraiment. Cela signifie que les affirmations des théories sont à prendre littéralement, comme le dit Van Fraassen. Si la physique dit qu'il y a des électrons qui se comportent de telle et telle manière, alors il y a réellement des électrons qui se comportent de telle et telle manière.

En raison de la limitation des sens de l'Homme, la réalité ne nous apparaît pas directement telle qu'elle est mais la physique nous donne les moyens de comprendre l'apparence qu'elle revêt pour nous.

Associé aux théories physiques les plus avancées actuellement (les théories de cordes supersymétriques ou supercordes), le réalisme scientifique conduit à placer l'homme au sein d'une réalité indépendante qu'on peut décrire comme un espace-temps à dix dimensions dans lequel interagissent des champs de cordes supersymétriques.

---

2. C'est en ce sens que Putnam dit que le sens commun s'est fait avoir (voir le chapitre précédent).

L'espace-temps à dix dimensions existe en tant que tel ainsi que les champs de cordes. Le fait que notre monde perceptible n'a que quatre dimensions (trois spatiales et une temporelle) provient de l'enroulement sur elles-mêmes de six des dix dimensions sur une distance de l'ordre de 10^{-33} cm (on parle de « compactification des dimensions ») qui rend impossible leur perception directe. Notre espace-temps usuel semble donc avoir quatre dimensions. Par ailleurs, la matière et les champs de force que nous connaissons sont dérivés des champs de cordes à dix dimensions. Notre univers familier résulte des diverses configurations et interactions de ces cordes.

Il importe peu pour notre propos d'être plus précis car même si le contenu des théories change, le principe sous-jacent restera du même type : des objets (abstraits, complexes et non représentables) sont les briques de base à partir desquelles tout ce qui constitue notre environnement habituel est construit. La réalité est alors le niveau où vivent ces briques. L'homme est immergé au sein de cette réalité (non représentable) et sa réalité phénoménologique est une représentation forcément partielle et limitée de cette réalité indépendante. Dans cette vision, la réalité phénoménale dépend des capacités perceptives humaines mais pas la réalité indépendante au sein de laquelle l'Homme est immergé et qu'il découvre conceptuellement. Cette réalité indépendante épuise tout.

À l'opposé, l'idéalisme radical suppose que tout est création de l'Homme et que rien n'existe en dehors des phénomènes perceptifs. Selon cette position, ce que nous avons appelé « la réalité » n'a aucune existence et n'est qu'une reconstruction pragmatique destinée à nous permettre d'organiser nos perceptions. Sa version la plus extrême est le solipsisme qui pose que seul un esprit (le mien) existe et que tout n'est que création de cet esprit. Dans une version plus modérée, l'idéalisme radical confère l'existence aux perceptions en général et à elles seules.

Je n'adhère à aucune de ces deux positions.

Le réalisme scientifique se heurte à des objections que nous avons déjà eu l'occasion d'évoquer et dont je vais rappeler les plus importantes. Tout d'abord, la sous-détermination des théories par l'expérience conduit à considérer comme plausible la situation dans laquelle nous disposerions de plusieurs théories ultimes mutuellement incompatibles mais tout aussi adéquates. Dans ces circonstances, il paraît impossible de soutenir l'existence d'une réalité unique décrite littéralement par la physique puisque plusieurs types de réalités différentes devraient exister simultanément. Cette remarque élimine donc la possibilité que la physique parvienne à une description littérale exacte de la réalité même si elle ne réfute pas l'idée qu'une telle réalité puisse exister. Elle la met seulement hors de portée d'une description univoque. Mais le concept de réalité indépendante, existant en un sens littéral, est mis en difficulté par l'impossibilité de construire une théorie ontologiquement interprétable. Le chapitre sur la mécanique quantique a permis d'analyser ce problème en détail et nous avons vu qu'il paraît impossible de concilier l'existence indépendante d'entités théoriques (particules ou champs) avec les exigences théoriques de la physique[3]. Il semble donc impossible de soutenir (même si nous disposions d'une théorie ultime totalement adéquate avec les phénomènes) que les objets des théories sont les constituants d'une réalité ayant une existence autonome et indépendante. Croire que les électrons existent objectivement dans notre espace-temps (ou que les champs de cordes existent objectivement dans un espace à dix dimensions) conduit à des incohérences qui paraissent insurmontables. Ces raisons font que je rejette la position traditionnelle du réalisme scientifique.

L'idéalisme radical ne se heurte pas à des objections du même type. En un sens, il est non réfutable. Je n'y adhère pas pour des raisons dont je reconnais qu'elles sont plus psychologiques que théoriques. Le solipsisme pur et dur conduit à croire que seules mes perceptions propres existent, tout n'étant que construction de mon esprit. Bien que cela soit logiquement possible, cela ne me satisfait pas. Je ne le rejette cependant pas en raison d'objections, faites quelquefois, du type « si tout n'est qu'invention de mon esprit, pourquoi ne suis-je pas milliardaire, prix Nobel ou champion olympique ? ». Cette objection n'est pas pertinente car même si tout n'est que création de mon esprit, rien n'indique que je devrais être capable de contrôler le processus de création. Après tout, je ne contrôle pas mes rêves. De plus, si l'esprit est régi par des structures, des phénomènes de limitation analogues à ceux que nous avons rencontrés dans les systèmes formels peuvent survenir pour empêcher que n'importe quoi puisse être construit. Selon la célèbre boutade, Dieu lui-même ne peut pas faire en sorte de ne pas être omnipotent ! Certes, survient alors la question de savoir d'où viennent ces structures. Nous reviendrons sur ce point plus loin. Laissons donc de côté le solipsisme pur comme une attitude non réfutable mais qui clôt la discussion. L'idéalisme non solipsiste laisse place à des perceptions autres que les miennes et se contente de refuser l'existence d'une réalité dont ces perceptions seraient l'image. Les difficultés de cette position posées par l'intersubjectivité ne me semblent pas rédhibitoires. L'intersubjectivité pourrait n'être qu'une illusion comme c'est le cas dans le solipsisme convivial. Le fameux argument de la résistance du réel ne me semble pas non plus déterminant en raison du fait, déjà évoqué, qu'une construction quelconque, fût-elle de notre propre esprit, est toujours sujette à des contraintes si elle est régie par des règles. Une difficulté plus sérieuse apparaît quand on s'interroge pour savoir s'il est cohérent de considérer la perception comme

---

3. Nous nous sommes bien sûr limités à l'étude de la mécanique quantique sans aborder les théories plus récentes et plus complexes qui sont actuellement en construction. Cependant les conclusions auxquelles nous avons abouti peuvent être sans grand risque généralisées à ces dernières tant il apparaît que celles-ci font survenir des problèmes encore plus aigus.

antérieure à l'existence. Il peut sembler difficile d'accepter une perception sans existence d'un sujet percevant. D'Espagnat y voit une incohérence logique insurmontable[4]. Cela n'est sans doute pas le cas car il est possible philosophiquement d'admettre la pensée comme unique existant. Je trouve cependant cette position insatisfaisante. Au surplus, elle présente l'inconvénient de clore la discussion à un stade guère plus avancé que celui du solipsisme, c'est pourquoi je ne l'adopterai pas, du moins sous sa forme radicale.

Je défendrai dans ce qui suit une position différente qui ne fait pas de l'Homme le créateur du monde mais qui, cependant, ne le considère pas non plus comme un observateur passif. Bien que n'adhérant pas à l'ensemble des idées de Putnam, je peux faire mienne une partie de l'idée contenue dans la citation[5] en exergue du chapitre 6 : « L'esprit et le monde construisent conjointement l'esprit et le monde. » Il s'agira notamment de refuser l'image, issue du réalisme traditionnel, du face-à-face de l'Homme et de l'Univers.

Je vais revenir de manière plus détaillée sur les raisons de mon refus de certaines positions ou de certains arguments. Cela me permettra de développer certains traits de la position que je défends et qui apparaîtra progressivement.

7.2. Rejet des arguments en faveur du réalisme

Je commencerai par présenter les raisons pour lesquelles je rejette les arguments principaux en faveur du réalisme. Bien que l'analyse menée dans le chapitre précédent laisse transparaître ma plus ou moins grande adhésion aux différentes thèses, je me dois ici d'être plus précis en exprimant de manière nette mon accord ou mon refus. Je passerai donc successivement ces arguments en revue pour retenir ceux qui me semblent convaincants et rejeter les autres. Pour cela, je m'appuierai, sans y revenir de manière détaillée, sur les commentaires qui ont déjà été faits.

Arguments en faveur du réalisme métaphysique

1. La relation cause-effet
Le premier argument en faveur du réalisme métaphysique est ce que Hume a appelé « la relation cause-effet » : Si j'entends des voix dans la pièce voisine, j'en infère qu'il y a des personnes qui y sont présentes ; si je vois une forme ressemblant à un large plateau avec quatre pieds, j'en infère qu'il y a une table devant moi. Cet argument peut être soumis à une double critique selon qu'on en distingue deux

---

4. Voir d'Espagnat [1994].
5. Putnam [1981].

éléments différents dont chacun correspond à une des deux formes ci-dessus de l'argument. Le premier consiste à inférer d'une perception (celle de voix dans la pièce voisine), une autre perception potentielle par un raisonnement contre-factuel : si j'allais dans la pièce voisine, je percevrais des personnes. Le deuxième consiste à inférer l'existence réelle d'une entité (une table) à partir de la perception qu'on en a (une forme de plateau avec quatre pieds). Ces deux éléments ne sont pas de même nature. Le premier ne concerne que la réalité empirique. Il relie des perceptions entre elles : chaque fois que j'entends des voix dans une pièce voisine, je pourrais y voir des personnes si je m'y rendais. La critique principale de Hume porte sur le fait que ce lien ne peut être établi sans postuler la validité du principe d'induction qui nous garantit que lorsqu'un tel lien s'est révélé exister dans le passé, il demeurera dans le futur. Or, il est impossible de justifier rationnellement le principe d'induction. Donc, rien ne nous assure que deux événements toujours liés dans le passé le seront aussi dans l'avenir. Le deuxième concerne la réalité en soi. Il consiste à hypostasier des entités en tant qu'explication des perceptions. En ce sens, seul le deuxième élément concerne le réalisme métaphysique. Le premier doit plutôt être compris comme une condition nécessaire à la construction de tout discours empirique. Nous y reviendrons dans le paragraphe sur le réalisme épistémique.

Le deuxième élément consiste en substance à considérer que lorsque nous avons la perception visuelle et tactile d'une forme de plateau avec quatre pieds, la meilleure explication de cette perception est l'existence réelle d'une table qui en est la cause. Hume a combattu cette idée en soulignant que nous n'avons accès qu'à nos perceptions et aucunement à la réalité en soi. L'hypothèse de l'existence d'objets réels extérieurs ne s'impose donc nullement. Sa thèse consiste à dire que ce n'est qu'en tant que moyen pragmatique d'organiser nos perceptions que nous sommes conduits à postuler l'existence des objets. Sa critique est fondée et rien n'autorise de manière péremptoire le saut conceptuel consistant à passer de l'existence de nos perceptions à celle d'un monde extérieur. Par ailleurs, nous avons largement exposé au chapitre 4 les objections que la physique quantique oppose à cet argument. Je ne retiendrai donc pas la relation cause-effet comme argument pertinent pour justifier la réalité en soi.

2. L'intersubjectivité

L'intersubjectivité est un argument en faveur de l'existence des objets à l'extérieur de nous-mêmes fondé sur la remarque que l'idéaliste pur, qui suppose que rien n'existe en dehors de nos esprits, est bien en mal d'expliquer pourquoi nous tombons d'accord sur nos perceptions. Si Jean et Marie s'accordent à dire qu'il y a deux verres et une bouteille de vin sur la table, l'explication la plus simple de cet accord est de considérer qu'il y a réellement deux verres et une bouteille de vin sur la table. En un sens, cet argument prolonge le précédent car il répond à une objection qui pourrait lui être faite : si j'ai la perception d'une table, cela ne veut pas dire forcément qu'il y a une table devant moi. Je pourrais être victime d'une illusion, la table pourrait n'exister que pour moi. En revanche, si Jean et Marie sont d'accord, la table n'existe pas que pour un seul esprit. Bien sûr, ils pourraient être victimes de la même illusion mais il est difficile de soutenir que tous les cas de perceptions communes sont des illusions partagées.

L'intersubjectivité est donc apparemment un argument plus solide que celui de la relation cause-effet. Pourtant nous avons vu que la mécanique quantique va à l'encontre de cette conclusion. Ce n'est pas parce que Jean et Marie s'accordent sur le fait que le spin suivant Oz d'un électron est +1/2, que pour autant le spin de l'électron était +1/2 avant la mesure. L'explication intuitive qui stipule que s'ils constatent le même résultat, c'est que ce résultat préexistait à la perception qu'ils en ont, n'est donc pas valide. D'une certaine manière, c'est leur perception qui est cause de la valeur +1/2 pour le spin et non l'inverse. De plus, la mécanique quantique fournit le mécanisme qui explique que tous deux tombent d'accord bien que le résultat perçu ne préexiste pas à leur perception. Ce constat suffit déjà à montrer que l'intersubjectivité n'est pas un argument suffisant pour imposer l'existence d'une réalité externe indépendante comme cause des perceptions. La mécanique quantique dit au contraire que l'acte de percevoir cause, au moins en partie, la nature de la perception. Cela est particulièrement clair dans l'interprétation donnée par la théorie de la décohérence. Selon l'analyse que nous avons donnée de celle-ci, le système perçu reste dans un état superposé et ce n'est que la perception que nous en avons qui paraît réduite. De plus, ce qui vient d'être dit admet que lorsque deux observateurs sont d'accord sur leurs perceptions, celles-ci sont effectivement identiques. Mais il est possible d'aller plus loin dans la critique en remarquant que cela n'est pas obligatoire. Dans l'interprétation du solipsisme convivial, nous avons vu qu'il est tout à fait possible que l'intersubjectivité soit apparemment respectée sans que les perceptions de différents sujets soient les mêmes. Dans ce cas, il est vain d'utiliser l'intersubjectivité comme argument en faveur de l'existence d'une réalité externe, cause des perceptions.

3. La résistance du réel

Si le réel n'était qu'une construction humaine, il n'y aurait aucune raison que les théories les mieux construites soient contredites par l'expérience. Or, l'histoire des sciences nous montre que nombre de théories fécondes, puissantes et belles ont été expérimentalement réfutées. Il faut donc bien que « quelque chose dise non » pour reprendre l'expression de d'Espagnat et ce « quelque chose » ne peut pas être « nous ». Cet argument suppose implicitement qu'une construction humaine sera sa propre mesure et ne se heurtera à aucune contradiction. Mais pour quelle raison devrait-il en être ainsi ? Dans une approche qui considère que tout est construction humaine, que nous inventons les règles, ce que nous identifions au réel est une construction de l'esprit humain. Il est évidemment très difficile de rendre compte explicitement de la nature de cette construction. Elle est différente de celle des constructions formelles que sont les théories scientifiques. Appelons-la pour la commodité du discours une construction « perceptuelle ». Les théories sont alors des constructions explicites, conscientes et formelles destinées à rendre compte d'une construction perceptuelle inconsciente. Or, on sait à quel point il est difficile de s'assurer de la non-contradiction d'un système formel un tant soit peu complexe. Par extension, il ne paraît alors guère étonnant que nous découvrions de temps à autre des contradictions qui se manifestent par un désaccord entre nos constructions théoriques et la construction que nous appelons le réel. Cela signifie seulement que nous sommes incapables d'édifier deux constructions différentes (l'une formelle et l'autre perceptuelle) de telle sorte que l'ensemble formé par la réunion des deux constructions soit consistant[6]. Nous ne savons pas édifier de construction paradigmatique consistante. Les contradictions rencontrées sont éliminées par une modification dialectique des théories et de ce que nous appelons le réel. Le fait que nous modifiions le réel pourra sembler étrange et nous y reviendrons plus loin. Remarquons seulement à ce stade que le réel de la physique quantique n'est pas le réel de la physique newtonienne. La résistance du réel ne semble donc pas un argument totalement convaincant de la nécessité de postuler une réalité extérieure.

4. Préexistence de quelque chose qui connaît à la connaissance

Cet argument a été proposé par d'Espagnat comme une nécessité logique. Si l'on parle de connaissance, il faut bien que quelque chose connaisse. L'existence ne peut donc procéder de la connaissance. Bonsack, avec lequel d'Espagnat reconnaît une certaine parenté, adopte pourtant le point de vue opposé, qu'il appelle le point de vue « épistémologique » par contraste avec le point de vue « ontologique ». Le point de vue épistémologique consiste à rendre compte de la façon dont le sujet est amené à postuler l'existence à partir du flux perceptif. Par ailleurs, comme je l'ai fait remarquer dans le paragraphe précédent, il n'est pas philosophiquement impossible de considérer que le seul existant est « la pensée » bien que cette position me semble inconfortable. Cet argument, bien que de bon sens, ne paraît donc pas définitivement probant.

Arguments en faveur du réalisme épistémique

Ces arguments prennent place dans un cadre acceptant l'existence d'une réalité extérieure. Ils défendent l'idée selon laquelle les

---

6. Ce processus est très similaire à celui que postule Bonsack pour rendre compte de l'évolution des mondes-O.

théories empiriquement adéquates décrivent littéralement les entités et les structures de cette réalité.

1. L'argument du succès empirique

Cet argument est le point essentiel des défenseurs du réalisme épistémique. Comment nos théories pourraient-elles être empiriquement adéquates si elles ne décrivaient pas, au moins partiellement, des entités et des mécanismes réels ? Si celles-ci n'avaient aucun rapport avec la réalité, il serait miraculeux qu'elles parviennent à décrire et prédire la réalité empirique. Au passage, on peut considérer que cet argument plaide indirectement en faveur du réalisme métaphysique puisqu'il s'appuie nécessairement sur l'existence d'une réalité extérieure.

Il faut bien reconnaître que l'argument du succès empirique exerce une séduction et une force d'attraction dont il est difficile de s'affranchir. Cela provient sans doute du fait que le mécanisme psychologique qui nous y fait adhérer joue un rôle important dans notre fonctionnement quotidien et qu'il s'est exercé dès l'enfance.

Simplifié à l'extrême, l'argument revient à expliquer que nous voyons l'herbe verte parce que l'herbe est réellement verte. Mais nous avons vu que ce n'est qu'une fausse explication qui soulève plus de difficultés qu'elle n'en règle. Par ailleurs, l'histoire des sciences regorge de théories empiriquement adéquates à une époque qui ont été ensuite réfutées. Il est donc difficile de soutenir qu'une théorie empiriquement adéquate à un moment est vraie puisque cela est faux pour les théories passées et que le raisonnement inductif pessimiste incite à penser que cela sera faux également pour les théories actuelles. La seule issue pour sauver l'argument consiste donc, à l'instar de Boyd, à adopter un concept de vérité approximative. Mais ce concept est insatisfaisant et ne résout pas le problème.

Plaçons-nous cependant dans la situation imagée suivante : notre hôte, Monsieur R (pour réaliste) nous présente une théorie T empiriquement adéquate et nous explique que si T est empiriquement adéquate (au sens où toutes ses prédictions ont été vérifiées mais aussi où toutes ses prédictions futures le seront) c'est *parce que* T est vraie, c'est-à-dire que les objets dont T parle existent réellement et que les lois que T utilise correspondent à des mécanismes ou à des contraintes qui reflètent la structure de la réalité telle qu'elle est vraiment. Monsieur R nous dit aussi qu'il accepte T parce que T est vraie. Notre histoire est supposée prendre place dans un monde futur où la science a progressé à un tel point qu'une théorie telle que T a pu être construite et a été vérifiée depuis des générations. En effet, même la confiance que nous avons aujourd'hui en la mécanique quantique et que nous avons largement utilisée pour justifier les résultats sur lesquels nous nous sommes appuyés, ne permet pas de prendre cette théorie comme exemple de T car nous savons que la mécanique quantique doit être généralisée pour tenir compte à la fois de la relativité restreinte et de la relativité générale. Pour fixer les idées, imaginons que T est par exemple la « théorie de tout » que certains physiciens pensent être prochainement à notre portée grâce aux théories des supercordes[7]. Nous échappons dans ce cas à l'objection faite ci-dessus concernant les théories empiriquement adéquates à un moment et réfutées ensuite.

Laissons pour l'instant de côté la question de savoir quel est le statut précis du concept d'adéquation empirique. C'est une difficulté sur laquelle nous reviendrons en détail dans le paragraphe 7.3 sur la cécité empirique. Acceptons pour l'instant de considérer que T est empiriquement adéquate en ce qui concerne les observations passées. Nous pouvons cependant demander à Monsieur R ce qui lui permet de croire que cette adéquation persistera dans l'avenir. Cette croyance se heurte en effet à toutes les objections que nous avons examinées au sujet de l'induction. Il peut alors nous faire la réponse suivante : l'adéquation empirique passée est telle qu'elle ne peut s'expliquer autrement que par le fait que T est vraie (sinon, la réussite de T serait un miracle ou une suite invraisemblable de coïncidences favorables). Or, si T est vraie, son adéquation empirique dans le futur est certaine. En effet, si l'on imagine une observation à venir qui serait en désaccord avec les prédictions de T, alors c'est que le phénomène réel qui sous-tend cette observation est différent d'une façon ou d'une autre de ceux décrits par T et cette différence entraîne immédiatement que T n'est plus vraie. Donc si T est vraie dans ce sens, T est empiriquement adéquate de toute éternité, on pourrait même dire par définition. Cette réponse est un moyen d'atténuer le problème de l'induction (sinon de lui échapper totalement). Elle présuppose cependant d'accepter la vérité de T.

Le raisonnement implicite de Monsieur R est en effet le suivant : 1. T a été empiriquement adéquate dans le passé ; 2. la seule explication possible de cette adéquation est que T est vraie ; 3. T sera donc empiriquement adéquate dans le futur. Adéquation empirique et vérité deviennent équivalentes dans ce schéma. Le problème est que le point 2 du raisonnement est réfuté en raison de la sous-détermination empirique des théories qui montre qu'il est possible qu'existe une théorie T' (voire même plusieurs) empiriquement équivalente à T et cependant incompatible avec elle. Dans ce cas, il est impossible que T et T' soient simultanément vraies dans le sens adopté par Monsieur R. La position de Monsieur R n'est donc pas justifiée. Nous insisterons sur ce point dans le paragraphe sur la vérité et la sous-détermination empirique des théories.

---

7. Précisons quand même qu'un tel espoir ressemble beaucoup à celui exprimé par la phrase que nous avons citée dans l'introduction du livre et qui a plutôt desservi la réputation de son auteur, Lord Kelvin (quels que soient ses immenses mérites par ailleurs). De plus, les théories actuelles de supercordes n'ont pratiquement pas de conséquences observables en l'état présent de la science expérimentale. Mais rien n'interdit de penser que les progrès simultanés de la théorie et de l'expérimentation permettront de déduire de ces théories des conséquences observables.

Une autre critique à l'argument peut être conduite sur la base suivante. Étant donné un ensemble limité d'observations, il existe un grand nombre (voire une infinité) de théories capables de décrire correctement cet ensemble (de la même manière qu'il existe une infinité de courbes passant par un nombre fini de points donnés). Il n'y a donc pas à s'étonner du fait que nous sommes capables de construire des théories adéquates à un instant. Les défenseurs de l'argument admettent ce point en mettant en avant que c'est, non la description des données connues au moment de la construction de la théorie, mais la réussite de prédictions de faits nouveaux qui serait miraculeuse si rien dans la théorie ne correspondait à quelque chose de réel. L'exemple cité le plus souvent est celui de la découverte de Neptune. Prenons garde cependant à ne pas succomber à l'effet horoscope qui consiste à ne retenir que les succès en oubliant les échecs. Nombreuses sont les théories adéquates à un instant et réfutées par la prédiction d'un fait nouveau inexistant. La découverte de Neptune est certes un succès considérable de la mécanique newtonienne mais l'inexistence de Vulcain, censé expliquer la précession du périhélie de Mercure, est un échec tout aussi considérable. Cet échec, joint au fait qu'aucune autre explication satisfaisante n'a été avancée pour résoudre ce problème qui a nécessité l'invention de la relativité générale, réfute la mécanique newtonienne.

La science progresse, comme le dit Popper, par essais et erreurs, conjectures et réfutations. Donnons l'image suivante. À tout moment, le stock de données empiriques disponibles est fini. Il est donc descriptible par une infinité de théories différentes, voire contradictoires ou incommensurables. À chaque instant, la production théorique des chercheurs fournit un grand nombre de théories dont certaines sont adéquates. Il arrive souvent que plusieurs théories soient en compétition à une époque. Des tests supplémentaires permettent parfois de départager ces théories qui font des prédictions incompatibles. C'est par exemple le cas de la théorie de Brans et Dicke qui n'a été écartée que récemment en tant que concurrente de la relativité générale. Il arrive aussi que ces théories fassent des prédictions de faits nouveaux (comme l'existence d'une nouvelle planète). Dans ce cas, si la prédiction est vérifiée, c'est compté comme un argument fort en faveur de la vérité de la théorie. Mais il ne faut pas oublier que d'autres théories concurrentes prédisaient d'autres faits et sont alors réfutées[8]. *A posteriori*, il semble alors miraculeux que la théorie retenue ait fait cette prédiction, mais doit-on vraiment s'étonner ? Lorsque toutes les théories possibles (ou au moins un grand nombre d'entre elles) sont envisagées, il n'est pas

---

8. Par exemple, plusieurs théories étaient en concurrence avec le modèle de Weinberg-Salam unifiant les interactions faibles et électromagnétiques avant que celui-ci soit définitivement accepté suite à la découverte des bosons intermédiaires (W et Z) prédits dans le modèle. Si ces particules n'avaient pas été découvertes, un autre modèle parmi les concurrents aurait survécu.

surprenant que l'une d'entre elles se révèle momentanément correcte. À d'autres moments, aucune des théories en présence ne réussit à rendre compte des faits nouveaux observés et il faut construire une nouvelle théorie. C'est un changement de paradigme dont les deux exemples les plus frappants sont la mécanique quantique et la relativité. Il n'y a donc pas à s'étonner du « miracle » de la prédiction de faits nouveaux. Ce n'est qu'une surprise psychologique qui s'apparente à celle qu'on éprouve lorsqu'on regarde derrière soi après avoir parcouru un chemin dans un labyrinthe. Après avoir éliminé toutes les impasses, le bon chemin semble toujours exceptionnel[9].

L'argument me semble donc fort peu convaincant dans sa forme traditionnelle. Rien ne semble justifier la nécessité d'une correspondance entre concepts théoriques et entités réelles pour rendre compte de l'adéquation empirique des théories. Une théorie peut parfaitement rendre compte à un moment de l'ensemble des données empiriques de l'époque et prédire des faits nouveaux sans qu'il soit nécessaire que les entités théoriques qu'elle utilise aient une correspondance quelconque avec quoi que ce soit de réel. Nous compléterons plus loin ce point lorsque nous parlerons des théories scientifiques en tant qu'algorithmes.

Par ailleurs, l'adéquation empirique d'une théorie ne me semble pas être une propriété aussi solide que ce qu'il est coutume de considérer. J'avancerai dans le paragraphe sur la cécité empirique certains arguments visant à relativiser l'importance et l'objectivité de ce concept. En revanche, je suis sensible à la défense que fait Worrall du réalisme structurel qui, dans un contexte où l'existence, sous une forme à préciser, d'une certaine réalité serait admise, me paraît pouvoir participer à une tentative d'explication de la réussite des théories, moins sensible aux objections ci-dessus.

2. La relation cause-effet

Nous avons vu plus haut que la première forme de cet argument est liée au principe d'induction. De la régularité de certaines associations dans le passé, on infère que ces associations se reproduiront dans le futur. Du fait que chaque fois que j'ai entendu des voix dans la pièce voisine, j'ai rencontré des gens lorsque je m'y suis rendu, j'infère que lorsque j'entendrai des voix dans une pièce voisine, je rencontrerai des gens si je m'y rends. Ce raisonnement est à la base

---

9. Pour être plus précis, ce que j'entends par là est le fait qu'on ne doit pas considérer la prédiction de faits nouveaux comme un argument en faveur du réalisme épistémique qui serait supérieur à celui consistant à penser simplement que si une théorie est adéquate, ses composantes doivent avoir une correspondance réelle. Si, comme je le fais ici, ce dernier argument est refusé alors la prédiction de faits nouveaux n'est pas un argument supplémentaire pertinent pour contrer ce refus. En revanche, nous verrons plus loin que la prédiction de faits nouveaux est un argument en faveur de la pertinence empirique de la théorie.

même de toute prédiction, scientifique ou pas[10]. Pourtant, la critique qu'en fait Hume est rationnellement fondée. Il est impossible de justifier le principe d'induction sans recourir à un autre principe similaire. Rien ne peut rationnellement justifier l'induction et il est possible que le soleil ne se lève pas demain. Russell cite l'exemple du poulet qui associe la main du fermier avec la nourriture qu'il lui donne jusqu'au jour où cette main lui tord le cou. Si cependant l'induction ne fonctionnait pas un peu, le monde serait tout différent de ce qu'il est. Aucune connaissance ne serait possible puisque rien ne se répéterait. Au risque de faire un raisonnement très contestable, il est possible de se rassurer en constatant que dans l'ensemble des observations qui ont été faites, l'induction a fonctionné suffisamment souvent pour que la probabilité qu'elle ne fonctionne pas dans le futur est faible. Mais un tel raisonnement, faisant bien sûr lui aussi appel à un principe d'induction, est vicié par nature.

Le scepticisme radical que prône Hume est cependant gênant car, pris au pied de la lettre, il interdit toute confiance dans un discours prédictif quelconque. En ce sens, la critique de Hume me semble trop forte car elle interdit de rendre compte de l'activité humaine autrement qu'en considérant que celle-ci est proprement irrationnelle. On a vu que pour éviter cette difficulté, Kant a postulé que l'induction est une catégorie *a priori* de l'entendement. Je pencherais pour ma part vers la position kantienne avec certaines nuances qui apparaîtront plus loin. À ce stade, je ne retiendrai donc pas la critique de Hume pour refuser toute pertinence au discours scientifique prédictif. En revanche, je n'utiliserai pas l'argument cause-effet pour justifier une quelconque correspondance réelle entre le discours et le monde. Comme il apparaîtra plus loin, l'induction vient de nous et ne nous donne aucune indication sur la nature d'une éventuelle réalité.

Que reste-t-il pour défendre la réalité ?

À l'issue de cette analyse, aucun des arguments habituels en faveur de l'existence d'une réalité en-soi, indépendante de toute connaissance ou de toute « interférence humaine[11] » ne paraît véritablement contraignant. De même, le fait que les entités théoriques et les mécanismes ou les lois du discours scientifique doivent nécessairement avoir un correspondant réel ne semble nullement obligatoire. Tout au plus, peut-on retenir une version du réalisme

---

10. Ce point n'est pas accepté par les poppériens purs et durs mais leur position ne me semble pas satisfaisante.

11. Le terme « interférence humaine » est volontairement vague et nous le préciserons dans la suite en explicitant la façon dont une interférence humaine pourrait être liée à un concept de réalité en-soi. Pour l'instant, le concept de réalité indépendante de toute « interférence humaine » doit être compris comme celui d'une réalité qui serait substantiellement inchangée même en l'absence de tout être humain.

structurel comme explication de la réussite partielle des théories jugées empiriquement adéquates à un instant. Cependant, compte tenu de mon rejet de l'idéalisme radical, j'adopterai à ce stade la position consistant à admettre l'existence de quelque chose qui procède en partie de l'esprit humain bien que n'en étant pas une pure émanation, qui cause la réalité empirique et dont les structures se reflètent d'une certaine manière dans les théories scientifiques qui réussissent. Cette position ressemble beaucoup à celle de d'Espagnat mais des différences apparaîtront dans la suite lorsque je préciserai la nature de ce quelque chose. Auparavant, je souhaite avancer un certain nombre d'arguments de nature à nous libérer encore un peu plus de l'emprise des idées traditionnellement issues du réalisme classique.

7.3. Esquisse d'un scepticisme épistémologique

La cécité empirique : première approche

Nous avons souligné, lors de notre analyse du positivisme logique, qu'il n'existe pas d'énoncé purement observationnel et que sous la dénomination d'empirique se cache une imbrication complexe de concepts théoriques et d'observations. Cette remarque paraît d'autant plus pertinente à la lumière des problèmes que soulève la théorie de la mesure en mécanique quantique. Sous son aspect innocent, le constat selon lequel une théorie T est empiriquement adéquate est loin d'être aussi neutre à accepter qu'il y paraît. Accepter de reconnaître qu'une théorie T a été, jusque-là, empiriquement adéquate est déjà manifester un certain engagement vis-à-vis de T. C'est notamment accepter d'utiliser le cadre conceptuel défini par T pour interpréter les observations faites. C'est aussi accepter que l'ensemble des observations faites, qui ont nécessairement été guidées par le programme de recherche induit par T, constitue un ensemble significatif (dans un sens analogue à celui d'échantillon statistiquement significatif) par rapport à toutes les observations qu'il aurait été possible de faire et dont certaines départageraient T de théories concurrentes[12]. C'est donc considérer que T est *empiriquement pertinente*, si l'on définit la pertinence empirique comme le fait qu'une théorie induit un cadre conceptuel qu'on juge adapté pour engendrer

---

12. Précisons qu'il ne s'agit pas de demander simplement que les observations effectuées représentent un échantillon significatif de l'ensemble des expériences de tests induites par le programme de recherche lié à T, ce qui ne serait que l'exigence du fait que la théorie soit suffisamment testée. Ce qui est recherché est que ces observations représentent un échantillon significatif de l'ensemble de toutes les expériences virtuellement possibles indépendamment de T. C'est justement ce dernier point qui pose problème, comme nous allons le voir.

un programme de recherche qui guidera les expériences à faire pour tester T[13]. Accepter la pertinence empirique d'une théorie est donc le premier pas nécessaire pour entamer le programme qui conduira à la corroboration ou à la réfutation de la théorie. Mais il nécessite un engagement préliminaire. Cet engagement ne peut être justifié que si, d'une part, la structure de T ne s'écarte pas trop du paradigme dominant sur le type des bonnes théories et, d'autre part, si T peut se prévaloir d'un certain nombre de succès à son actif, comme une explication théorique nouvelle d'un fait précédemment inexpliqué ou comme la prévision réussie d'un fait nouveau[14]. Il s'opère alors un mouvement de soutien réciproque : les succès empiriques acquis dans le cadre défini par la théorie renforcent notre confiance en la pertinence de la théorie qui en retour nous conforte dans le fait que ces succès empiriques sont de bons indices de l'adéquation empirique de la théorie. Ce processus est conforme à celui décrit par Boyd[15] : « Il existe une relation dialectique entre la théorie courante et la méthodologie utilisée pour son amélioration. »

Mais là où Boyd y voit une condition de possibilité d'un développement cumulatif réaliste de la science, je le conçois plutôt comme un argument montrant que le statut de l'adéquation empirique n'est pas aussi solide qu'on l'entend habituellement de manière implicite. En effet, ce processus réflexif, lorsqu'il est fructueux, peut converger vers l'acceptation conjointe de la pertinence et de l'adéquation empirique de la théorie. Cependant, est-il une garantie réelle ? Ne pourrait-on imaginer un processus de ce type qui, enclenché dans une mauvaise direction, entretienne à tort son propre succès ? Cela pourrait se produire de plusieurs manières différentes.

La première consiste pour une théorie à fournir des prédictions suffisamment vagues pour que, quel que soit le résultat de l'expérience, il soit jugé conforme aux prédictions, ou à ne retenir dans les résultats d'observations que ceux qui confirment les prédictions. L'astrologie est un exemple connu d'utilisation de ces deux pratiques. À prédire aux natifs du signe de la balance qu'un événement concernant leur famille va se produire dans la semaine, on ne prend pas un gros risque car il est probable qu'une majorité des gens concernés sauront citer un événement familial quelconque corroborant cette prédiction. Par ailleurs, quand on interroge un convaincu d'astrologie sur la réussite des prédictions qui lui ont été faites dans le passé, il

---

13. Une théorie qui prédirait que chaque fois qu'on observe des nuages dans le ciel, une nouvelle lune se produira dans un délai inférieur à 28 jours, serait empiriquement corroborée et cependant jugée non empiriquement pertinente.

14. Nous avons précédemment refusé de considérer la prédiction d'un fait nouveau comme un élément de nature à soutenir le réalisme épistémique. En revanche, une telle prédiction est une indication forte de la pertinence de la théorie dans la mesure où elle prouve que la théorie n'est pas une construction stérile se limitant à décrire des phénomènes déjà observés.

15. Boyd [1989].

est frappant de constater que parmi la totalité des prédictions en question, il ne retient que celles qui ont réussi et oublie celles qui ont échoué.

La deuxième manière consiste à employer ce que Popper appelle des « stratégies auto-immunisatrices » qui consistent à recourir à des hypothèses *ad hoc* pour rendre compte d'éventuels échecs prédictifs. L'exemple qu'il donne d'une telle théorie[16] est le marxisme dont les réfutations ont été réinterprétées de manière *ad hoc* par ses partisans pour les mettre en conformité avec la théorie. Ces deux façons d'assurer la réussite d'une théorie posent le problème de savoir distinguer ce qu'est une bonne méthodologie scientifique. Nous avons vu que les critères donnés par Popper et de nombreux autres philosophes ne sont pas suffisants. Il n'existe aujourd'hui aucun moyen rigoureux de définir ce qu'est une authentique théorie scientifique. Cependant, nous pouvons admettre que, malgré l'absence de critères explicites, les progrès méthodologiques accomplis nous permettent d'éliminer avec une certaine sûreté les théories manifestement déviantes qui utilisent les artifices que nous venons de donner. Nous avons en quelque sorte acquis une intuition assez fiable de ce que doit être la science, même si cette intuition se laisse difficilement formaliser.

Il existe pourtant une troisième manière, plus subtile, d'entretenir faussement un succès empirique qui consiste en ce que la théorie induise un cadre conceptuel tel qu'aucune expérience qui pourrait être de nature à la réfuter ne sera menée. C'est un premier aspect de ce que j'appellerai « la cécité empirique ». Comme nous l'avons vu, l'existence d'une théorie donne naissance à un cadre conceptuel qui engendre le programme de recherche à la fois théorique et expérimental qui pilote les expériences faites pour tester la théorie en question. Que se passerait-il si une théorie était telle que le programme de recherche qu'elle induit ait pour effet d'écarter les scientifiques de toute expérimentation portant sur un domaine qui la mettrait en difficulté ?

Donnons un exemple volontairement caricatural[17] pour mettre en évidence cette possibilité. Imaginons une Terre jumelle (au sens de Putnam) qui existe dans un univers newtonien. Appelons-la Terre 2. Sur Terre 2, les lois de la nature sont différentes : il y a un espace

---

16. Popper [1963].

17. Il est très difficile de donner un exemple à la fois précis et plausible de ce que pourrait être le monde « s'il n'était pas comme nous savons qu'il est ». La difficulté principale réside en ce que toute déviation supposée des lois de la nature de ce monde par rapport au nôtre a des conséquences qu'il est complexe d'évaluer. Pour tout exemple de ce type, il se trouvera quelqu'un pour objecter qu'il n'est pas crédible car si « ceci était comme ça » alors « cela devrait être comme ci », contrairement à ce qui a été supposé dans l'exemple. Nous demandons au lecteur d'avoir une lecture charitable des exemples que nous construirons. Notre but n'est pas d'argumenter sur la plausibilité de ces exemples particuliers mais d'indiquer par ce moyen la possibilité logique de certains processus déviants quant à la pertinence empirique des théories.

absolu et un temps universel et ni la Relativité restreinte ni la relativité générale n'ont besoin d'être inventées. La mécanique newtonienne (ou son homologue locale) est la théorie dominante, appelons-la T. Elle décrit et prédit correctement le comportement des objets macroscopiques sur Terre 2. En gros, Terre 2 en est au stade scientifique où nous en étions du temps de Laplace. L'hypothèse que nous avons faite a pour conséquence qu'aucun phénomène qui défie les prédictions de T en ce qui concerne le comportement de corps macroscopiques (du type précession du périhélie de Mercure par exemple) n'existe sur Terre 2. Imaginons de plus que l'impact paradigmatique de T soit tel que le programme de recherche des physiciens est exclusivement centré sur le comportement des objets macroscopiques et reste aveugle aux autres phénomènes que nous connaissons. Sur Terre 2, la science s'occupe de calculer les trajectoires de corps massifs et réussit fort bien. La nature de la lumière n'est pas considérée comme un problème scientifique et ni l'électricité ni le magnétisme n'ont été découverts. Dans ce cas, T est empiriquement adéquate puisqu'on se borne à l'utiliser dans son domaine de réussite et en retour, on ne considère comme scientifique que les expériences qui portent sur ce domaine et rien que sur ce domaine. Pour les physiciens réalistes de Terre 2, T est donc vraie et la réalité est donc constituée d'objets analogues aux pierres ou aux planètes qui suivent les lois de T (la mécanique inventée par Newton 2). Je prétends que dans cette situation, l'adéquation empirique de T provient d'une mauvaise pertinence empirique de T. Le programme induit par T a conduit les physiciens à une cécité empirique les empêchant de faire les expériences nécessaires pour réfuter T, comme par exemple celles consistant à faire interférer deux rayons lumineux ou à étudier le spectre du corps noir.

Élever des objections contre cet exemple est facile mais je voudrais montrer qu'elles ne sont pas probantes. La première objection pourrait être que dans un monde où il n'y a pas de place pour la relativité restreinte, les lois de la nature seraient tellement différentes des nôtres qu'après tout, le monde pourrait bien être comme le supposent les physiciens de Terre 2. J'écarte cette objection en demandant au lecteur d'accepter, pour les besoins de l'exemple, la possibilité d'un monde où tout soit comme chez nous à l'exception des comportements relativistes[18]. La deuxième objection, plus sérieuse, pourrait consister à me reprocher d'avoir supposé ce que je veux prouver en imaginant que les physiciens de Terre 2 ne se posent aucun problème concernant la lumière et que le magnétisme ou l'électricité n'ont pas été découverts. Cela semble ridicule puisque la lumière, comme le magnétisme et l'électricité, existent sur Terre 2 et par conséquent, les

---

18. Encore une fois, je ne prétends pas ici construire dans le détail un monde différent du nôtre mais seulement qu'il est possible qu'il en existe. Terre 2 n'est donc qu'un spécimen imparfait destiné à montrer ce qu'un tel monde pourrait être.

physiciens devraient s'en être rendu compte[19]. Là encore, cette objection provient du fait que mon exemple est imparfait car beaucoup penseront qu'on ne peut pas passer à côté de phénomènes comme la lumière ou le magnétisme ! Ma réponse est que si la lumière et le magnétisme sont de mauvais représentants (parce que trop évidents) de phénomènes qu'on peut manquer, je les utilise uniquement pour mettre en évidence le fait qu'un programme de recherche induit par une théorie dominante peut très bien conduire à oublier de remarquer certains phénomènes de nature non évidente. Par exemple, les expériences qui ont été menées en vue de vérifier les inégalités de Bell ne sont pas telles qu'elles s'imposent spontanément à un expérimentateur. Avoir l'idée de les mettre en œuvre suppose un travail théorique préliminaire complexe. La non-séparabilité qui en découle est donc issue d'un processus expérimental qu'il a fallu concocter de manière sophistiquée pour l'observer et non d'un phénomène observable étalé sous nos yeux. La preuve en est qu'il a fallu attendre le génie de Bell pour y parvenir alors que ni Einstein ni Bohr (pourtant préoccupés par le sujet) n'ont été capables d'imaginer une expérience réelle susceptible de la mettre en évidence.

Il n'est donc pas absurde de penser que, dans le cas de certaines théories, tels phénomènes complexes, qui pourraient, s'ils étaient testés, la réfuter soient dissimulés à l'intérieur du cadre de cette théorie. Dans ce cas, la théorie ne rencontrera aucun démenti alors qu'elle sera empiriquement fausse (comme pourraient nous le prouver des extraterrestres ayant développé une théorie alternative conceptuellement différente). D'ailleurs, comme nous l'avons rappelé au chapitre 3, nous avons vécu un tel épisode lorsque le programme de recherche de la physique a conduit à se concentrer sur les systèmes dynamiques intégrables. Durant toute une longue période, la physique aveuglée par sa quête de systèmes intégrables a oublié d'expérimenter sur les systèmes chaotiques, laissant croire à des générations de physiciens que le monde était intégrable alors qu'on sait maintenant que la majorité des systèmes dynamique est chaotique. Durant cette période, la physique a été aveugle au chaos. Bien sûr, cette période est révolue mais le fait même qu'elle ait existé montre que l'idée qu'un programme de recherche induit par une théorie dominante puisse rendre aveugle à un pan phénoménologique, n'est pas absurde.

La cécité empirique, sous cet aspect, est le fait d'être aveuglé dans son champ de recherche par un programme issu d'une théorie dominante bornée, de telle sorte que certaines parties de la réalité empirique restent ignorées non seulement du discours théorique mais

---

19. L'objection selon laquelle l'existence même de la lumière impose un comportement relativiste n'est pas fondée puisque, d'une part, je répète ne pas avoir tenté de décrire de manière sérieuse la physique de Terre 2 et, d'autre part, il est logiquement possible d'imaginer un monde où l'aspect doublement quantique et relativiste de lumière serait limité à son seul aspect quantique.

même des préoccupations des scientifiques. La cécité empirique est donc liée à la non-pertinence empirique de la théorie considérée. Il me semble que le concept de cécité empirique est de nature à devoir nous rendre prudent quant aux affirmations portant sur l'adéquation empirique d'une théorie et à ne pas lui conférer un statut de certitude aussi fort qu'il est d'usage de lui attribuer. Même si nous disposions d'une théorie totalement adéquate, nous devrions nous interroger pour savoir si son adéquation ne provient pas de l'oubli d'un pan phénoménologique qui aurait été occulté. Je défendrai dans la suite une thèse selon laquelle à aucun moment nous ne disposerons d'une théorie adéquate décrivant la totalité de la réalité empirique en raison du fait que cette dernière débordera toujours de l'ensemble des concepts disponibles. Nous verrons plus loin que la cécité empirique est une maladie inévitable quelles que soient les avancées et les découvertes qui interviendront dans le futur.

Le concept de vérité et la sous-détermination empirique des théories

On a vu que beaucoup de conceptions réalistes sont fondées sur une conception de la vérité qui est celle de la vérité-correspondance. Un énoncé est vrai en vertu du fait qu'il exprime un état de chose qui lui correspond. Dans l'approche réaliste traditionnelle, une théorie est vraie si et seulement si ses énoncés correspondent à des états de faits de la réalité. Selon ce point de vue, une théorie qui énonce « les protons ont une masse de 10^{-31} kg » est vraie si et seulement si les protons existent et ont une masse de 10^{-31} kg. Ainsi, les énoncés d'une théorie empiriquement adéquate sont censés nous apporter des connaissances vraies sur la réalité de la même manière que le récit fidèle d'un film nous permet de savoir ce qui s'est réellement passé dans ce film. Mais la sous-détermination empirique des théories pose un grave problème pour cette conception car il est possible que deux théories contradictoires soient empiriquement adéquates. La situation est donc totalement différente de celle d'un film car il serait impossible d'énoncer deux récits à la fois contradictoires et fidèles d'un même film. Nous avons évoqué au chapitre 6 le cas de deux théories dont l'une postule des entités ponctuelles et l'autre uniquement des entités arbitrairement petites mais jamais ponctuelles. Laquelle est alors vraie ? Y a-t-il ou non des entités réellement ponctuelles ?

L'instrumentaliste[20] répond que la question n'a pas de sens et que les deux théories ne sont pas en contradiction sur ce qu'elles disent (puisqu'il est impossible de distinguer empiriquement les deux

---

20. Nous avons vu que les instrumentalistes ne rejettent pas forcément l'existence d'une réalité mais s'abstiennent de se prononcer à ce sujet. Pour eux, la science a pour seul objectif de fournir un langage et des mécanismes permettant de décrire et de prédire la réalité empirique.

possibilités) mais uniquement sur la manière dont elles le disent. Dans un tel cas, il apparaît qu'une question *a priori* sensée (existe-t-il des entités rigoureusement ponctuelles ?) se voit privée de sens. Le concept de vérité d'une théorie, au sens habituel du terme, est donc sérieusement remis en cause. Selon cette conception, ce que dit une théorie se réduit à ce qu'elle prédit empiriquement. La vérité d'une théorie se réduit alors à son adéquation empirique. Si l'on adopte ce point de vue, on se trouve forcé d'admettre que pour qu'une question n'ait pas de sens, il suffit que deux théories adéquates empiriquement équivalentes lui donnent une réponse différente. La question se trouve alors rejetée au métaniveau : elle ne porte plus sur le monde mais sur notre manière d'en parler. Un électron suit-il ou non une trajectoire définie ? Non en mécanique quantique, oui dans la théorie de Bohm. Comme ces deux théories font des prédictions empiriques identiques, la question n'a pas de sens en tant qu'elle porte sur la réalité. Elle n'est que le symptôme du fait qu'il est possible de parler de la réalité empirique de deux manières équivalentes mais logiquement contradictoires.

Sans adopter jusqu'au bout la position des instrumentalistes puisque je m'aventure au-delà de leur prudent refus de parler d'une éventuelle réalité, leur position concernant la vérité me semble justifiée. Il faut abandonner l'idée selon laquelle les théories nous parlent de la réalité et nous la décrivent littéralement. Nous avons déjà évoqué la nécessité d'abandonner le réalisme épistémique à propos des objections à l'argument du succès empirique. Nos théories doivent être considérées seulement comme un moyen commode (des algorithmes comme nous le verrons plus loin) pour parler des phénomènes et pour les prédire. De plus, et cela est encore plus étrange, beaucoup de questions grammaticalement construites pour porter sur la réalité sont en définitive dépourvues de sens. Les concepts employés doivent être considérés comme des outils internes à la description utilisée n'ayant aucun référent dans la réalité. Ils appartiennent au langage utilisé mais ne sont pas absolus puisqu'un autre langage peut ne pas les utiliser et néanmoins arriver au même degré d'efficacité descriptive et prédictive.

Une analogie éclairera ce point. Le français comme l'anglais sont des langages équivalents pour parler des arbres, cependant on commet une erreur de niveau quand on érige au rang de propriétés des arbres les propriétés des mots que le français ou l'anglais utilisent pour parler des arbres. Par exemple, une telle erreur consisterait à s'interroger pour savoir si les arbres possèdent réellement 5 lettres. On trouverait contradictoire que le français réponde oui (« arbre ») et que l'anglais réponde non puisque les arbres (« tree ») ont 4 lettres. Il est évident de comprendre que le nombre de lettres n'est pas une propriété des arbres mais une propriété des mots utilisés pour en parler. La question « est-ce qu'un arbre possède 5 lettres ? » est donc dépourvue de sens. C'est une erreur de même nature, bien que moins facilement détectable, qui est commise dans le cas de certaines questions portant sur les entités théoriques de la physique. Un électron suit-il ou non une trajectoire définie ? Le concept de trajectoire a un sens dans la représentation des électrons qu'on adopte dans la théorie de Bohm. Il n'en a pas en mécanique quantique. Ce n'est donc pas une propriété des électrons mais seulement des outils formels qu'une théorie particulière utilise pour parler des électrons.

Ce constat semble d'autant plus étrange qu'il concerne une propriété, comme la trajectoire, dont le langage courant nous autorise à croire qu'elle appartient vraiment aux objets de la réalité. Cela peut se comprendre pour les raisons suivantes. Lors du processus d'apprentissage que suit tout être humain à partir de la petite enfance, le stade préscientifique est celui dans lequel se forgent les représentations mentales qui lui servent à ordonner ses perceptions. L'unique théorie utilisée à ce stade est le langage courant[21]. À cette étape préscientifique et pré-épistémologique, l'image intuitive est le plus souvent construite dans un cadre réaliste naïf. Il en résulte que les entités du langage sont considérées comme se référant à une réalité extérieure. Il existe alors une relation biunivoque entre la description du langage et les objets de la réalité ainsi construite. Les propriétés des objets leur sont attribuées en propre. Il est souvent impossible, à ce stade, de faire la différence entre propriété des objets et propriété des outils utilisés pour en parler (sauf bien sûr quand cela est évident comme dans l'exemple des arbres ci-dessus). Ce n'est que lorsque le langage courant ne suffit plus pour décrire et prédire les phénomènes plus complexes étudiés qu'avec la construction de théories scientifiques formalisées, la différence peut apparaître.

Établir qu'une propriété ne concerne pas l'objet auquel est censée référer une entité théorique mais est purement interne à la théorie est cependant extrêmement difficile tant la tentation est grande de projeter les propriétés des entités théoriques sur les référents postulés de ces entités. Cela devient plus facile lorsque la propriété en question ne peut être définie de manière équivalente dans deux théories incompatibles empiriquement adéquates. Mais ce cas de figure est malheureusement assez rare. Le fonctionnement de la recherche scientifique est tel qu'il ne favorise pas l'émergence de théories alternatives, incompatibles mais empiriquement équivalentes aux théories

---

21. L'unicité est en fait limitée à une culture donnée. La sous-détermination empirique se manifeste déjà par l'existence de nombreux langages différents. Mais ces langages ne sont pas forcément contradictoires quand ils appartiennent à une même famille : l'anglais et le français sont équivalents (dans le même sens que la mécanique ondulatoire et la mécanique des matrices le sont). En revanche, les langages utilisés par des peuples culturellement très différents induisent des concepts qui peuvent être incompatibles. Le français et le hottentot n'engendrent pas la même représentation du monde chez leurs utilisateurs. En ce sens, ils peuvent être opposés de la même manière que la mécanique quantique peut être opposée à la théorie de Bohm.

dominantes. Lorsqu'une théorie a fait ses preuves, la majorité des chercheurs préfère se placer dans le cadre de cette théorie pour la perfectionner plutôt que de se lancer dans la recherche de formalismes différents produisant les mêmes prédictions. C'est ce que Kuhn appelle la phase de recherche « normale » qui ne prend fin qu'avec l'apparition de difficultés qui ne peuvent se régler que par un changement de paradigme.

Il serait cependant intéressant de lancer une recherche systématique de théories empiriquement équivalentes mais incompatibles avec les théories dominantes à un instant donné. Feynman s'était fait le défenseur d'une telle attitude. Bien que ne produisant aucun résultat empirique nouveau, elle aurait l'avantage de permettre de déceler la non-pertinence de certaines questions sans réponse. Peut-être les questions touchant aux origines de l'Univers telles qu'elles sont traitées dans les théories modernes de cosmologie quantique sont-elles de cette nature. Nous avons évoqué ce point au chapitre 5 quand nous avons dit qu'il était important de comprendre pourquoi certaines questions n'ont pas de sens. Nous avions donné l'exemple de la simultanéité de deux événements. Nous avons maintenant une explication plus générale.

La conclusion que je tirerai de ces considérations est, d'une part, qu'il faut abandonner l'idée selon laquelle une théorie adéquate nous fournit une description littéralement vraie de la réalité et, d'autre part, que de nombreuses questions apparemment sensées portant sur la réalité ne sont que de fausses interrogations car elles portent en fait sur des aspects purement internes des théories utilisées pour décrire cette réalité.

Les théories scientifiques comme algorithmes de compression

Nous avons évoqué au chapitre 2 la théorie algorithmique de l'information, inventée simultanément par Kolmogorov, Solomonov et Chaitin. Le point de vue que propose cette théorie permet de voir les théories scientifiques sous un angle qui éclaire certaines des considérations précédentes. Rappelons que la complexité algorithmique d'une chaîne de bits constituée de 0 et de 1 est donnée par la taille du plus petit programme autodélimité capable d'engendrer cette suite. Ainsi, la complexité algorithmique de la chaîne infinie 0,1,0,1,0,1,0,1,... est faible car cette suite est engendrée par le programme simple : « faire suivre alternativement 0 et 1 à l'infini ». En revanche, lorsqu'il est impossible de trouver un programme d'engendrement dont la longueur est plus courte que celle de la suite, celle-ci est dite « aléatoire ». Cela correspond intuitivement au fait que le seul moyen de construire la suite est d'énumérer un à un ses éléments et qu'il est impossible de le faire de manière plus courte car la succession des éléments en question ne répond à aucune règle, n'est régie par aucun algorithme. À taille égale, une suite aléatoire contient une quantité d'informations[22] beaucoup plus grande qu'une suite qui ne l'est pas. Une suite non aléatoire contient en effet des redondances qui peuvent être compactées et c'est justement ce qui permet d'expliciter un algorithme qui l'engendre.

Comme nous l'avons indiqué, le concept de complexité algorithmique peut être généralisé aux systèmes formels. Un système formel ne peut démontrer aucun énoncé dont la complexité est supérieure à la complexité de son système d'axiomes (à une constante additive près). Ainsi, étant donné un système formel dont l'ensemble des axiomes a une complexité donnée, tout énoncé construit dans le langage du système et dont la complexité est supérieure à celle du système d'axiomes sera indécidable. Considérons alors une théorie physique sous cet angle. On peut considérer les résultats expérimentaux concernant le domaine de cette théorie comme un ensemble d'énoncés appartenant au langage de la théorie puisque, par construction, la théorie est destinée à les décrire et à les prédire. Il apparaît alors que la théorie, si elle est adéquate, est un moyen d'engendrer l'ensemble de ces résultats[23]. Si l'on se place sur le plan purement formel et qu'on ne considère les résultats expérimentaux que sous leur aspect d'énoncés d'un langage formel, il est alors naturel de considérer la théorie comme un algorithme permettant d'engendrer l'ensemble de ces énoncés.

Prenons l'exemple de la suite des comptes rendus d'expériences de lâcher d'un caillou dans le vide à partir de hauteurs allant de 1 m à 100 m par pallier de 1 m. La vitesse à laquelle le caillou touche le sol est une suite de 100 nombres. Or, cette suite peut être obtenue par un algorithme simple donné dans la théorie newtonienne de la gravitation par la formule[24] $v = (2gh)^{1/2}$. Cet exemple très simple est généralisable à l'ensemble des prédictions que font les théories physiques les plus complexes. Tous les phénomènes physiques ne se résument pas à des suites de nombres immédiatement accessibles. Dans l'exemple précédent, il a bien sûr fallu d'abord construire le concept de vitesse instantanée (ce qui n'est nullement évident quand on se rappelle le temps qu'il a fallu pour que ce concept soit clairement défini dans la science moderne) avant d'être capable d'étudier la suite de nombres que constituent les vitesses d'impact au sol du caillou. Trouver le bon algorithme nécessite souvent de trouver les bons outils descriptifs des phénomènes qu'on étudie ; c'est pourquoi construire une théorie physique ne se limite pas à trouver des formules mathématiques. Mais cela ne retire rien au fait qu'une fois la théorie

---

22. L'information algorithmique est maximale pour une suite aléatoire. Elle est de nature différente de l'information au sens usuel du terme qui est lié à la notion de contenu sensé.

23. Moyennant la donnée des conditions initiales qui peuvent être considérées comme des paramètres.

24. Où g est la valeur de la gravité sur Terre (9,81 m/s²) et h est la hauteur.

construite, elle n'est rien d'autre qu'un algorithme permettant d'engendrer les énoncés rendant compte des expériences.

On peut alors dire que le domaine de la science est le domaine des phénomènes qui se laissent décrire par de tels algorithmes. Ce n'est pas le cas, par exemple, de l'art. Il est impossible de trouver un algorithme permettant de dire si telle œuvre est esthétiquement supérieure à telle autre. Il est impossible de produire un algorithme engendrant des symphonies grandioses ou des tableaux magnifiques. Ce n'est pas le cas non plus de la psychologie. Nous ne savons pas prédire les états affectifs des êtres humains[25]. On est alors moins tenté de s'étonner, comme l'a fait Einstein, du fait que le monde (entendons le monde de la physique) est compréhensible ou trouver moins extraordinaire que Wigner que les mathématiques sont si efficaces. La raison en est que nous ne savons appliquer la science qu'au domaine où elle est applicable, c'est-à-dire à celui des phénomènes mathématiquement compressibles qui se laissent engendrer par des algorithmes. Autrement dit, les seuls phénomènes que nous considérons comme scientifiques (du ressort de la science) sont ceux-là, à l'exclusion de l'esthétique, de l'affectif, etc. Nous sommes donc un peu comme l'ivrogne de l'histoire qui cherche ses clés sous le lampadaire non parce que c'est là qu'il les a perdues mais parce que c'est le seul endroit où il y a de la lumière ! Le seul étonnement légitime reste alors de s'émerveiller qu'il existe de tels domaines. Tout dans le monde pourrait n'être que processus aléatoire non compressible, tout pourrait n'être qu'art ou affectivité, et dans ce cas la science n'existerait pas.

Si les théories scientifiques sont considérées comme des algorithmes, il devient beaucoup plus compréhensible qu'il soit possible de trouver plusieurs théories empiriquement équivalentes. Un algorithme n'est jamais unique. Trouver l'algorithme le plus performant pour engendrer une suite de résultats donnés (la liste des décimales d'une constante comme pi par exemple) est même une activité dans laquelle certains mathématiciens se spécialisent et cette activité a pris une importance considérable depuis l'avènement des ordinateurs. En physique, les algorithmes ne sont pas de simples formules mais font appel à des entités qui servent d'intermédiaire de calcul. Deux algorithmes engendrant les mêmes résultats ne font pas nécessairement appel aux mêmes intermédiaires de calcul. Si dans une approche réaliste, on est tenté d'attribuer un référent réel à ces intermédiaires, on se trouve face à une contradiction puisqu'on ne postulera pas l'existence des mêmes objets selon l'algorithme qu'on adopte. On pourra alors faire remarquer que si l'existence des intermédiaires pose problème, il n'en est pas de même des entités que les deux algorithmes sont censés engendrer. Celles-là au moins doivent avoir une existence puisque les deux algorithmes les produisent. Cette

---

25. Sauf approximativement dans des cas triviaux !

remarque n'est que partiellement justifiée : les prédictions empiriques des théories portent en définitive sur des perceptions et celles-ci sont réelles (au moins dans un sens que nous approfondirons dans le paragraphe suivant). En revanche, et nous retrouvons ici le problème du réalisme métaphysique, postuler l'existence d'objets réels causes de nos perceptions se heurte aux objections à la deuxième forme de la relation cause-effet que nous avons signalées précédemment.

Se représenter les théories physiques comme de simples algorithmes permettant de prédire les résultats empiriques permet donc de mieux comprendre certaines réserves que nous avons émises sur le réalisme métaphysique et sur le réalisme épistémique. De plus, par analogie avec les limites de démontrabilité qu'on trouve dans les systèmes mathématiques, ce point de vue permet d'envisager la possibilité que certains énoncés appartenant à une théorie physique soient hors de portée de toute prédiction de cette théorie. Dans le paragraphe suivant, nous en donnons un exemple simple.

Une application empirique de l'indécidabilité

Reprenons l'exemple de l'éventuelle « théorie de tout » dont rêvent les physiciens. En tant que théorie de tout, une telle théorie permettra-t-elle, au moins en principe, de tout prévoir ? Un exemple simple montre que ce n'est nullement le cas[26]. On a vu au chapitre 2 que le problème dit « problème de l'arrêt » qui consiste à prédire si un ordinateur auquel on fournit un programme donné s'arrêtera, est un problème indécidable. Cela signifie qu'il n'existe aucun algorithme qui, lorsqu'on lui fournit en entrée un programme quelconque, est capable de dire si un ordinateur exécutant ce programme finira par s'arrêter. Il en résulte que même si nous possédions une théorie de tout, celle-ci resterait incapable en général de prédire le comportement à long terme du système physique constitué par un ordinateur en fonction du programme qu'il est en train d'exécuter. Un lecteur qui aurait oublié les enseignements du chapitre 2 pourrait être tenté d'objecter que cela signifie seulement qu'il n'existe pas d'algorithme général unique pour prédire l'arrêt de l'ordinateur quel que soit le programme qui s'exécute mais que, pour chaque programme qu'on fait exécuter, on peut sans doute trouver un algorithme particulier qui prédit l'arrêt ou non du système. C'est faux car le théorème de Gödel montre qu'il existe des programmes pour lesquels aucun algorithme ne peut prédire l'arrêt ou la continuation infinie.

Il est nécessaire d'être plus précis pour répondre à une éventuelle objection que pourraient élever les physiciens à ce résultat. La totalité des mathématiques qu'utilise la physique est contenue dans ZF[27]. Appelons T la théorie obtenue en ajoutant à ZF la partie nécessaire pour

---

26. Delahaye [1995] et discussion privée.
27. Rappelons que ZF est l'axiomatique formalisant la théorie des ensembles (voir le chapitre 2).

obtenir une théorie physique (par exemple la théorie de tout). T est donc une théorie physique envisagée comme un système formel. Le théorème de Gödel montre qu'il existe des énoncés universels de T qui sont indécidables. Soit E, « $\forall$n P(n) » un tel énoncé. Si T est consistante, alors il n'est possible de prouver formellement dans T ni que E est vrai ni que E est faux. Soit une machine de Turing programmée de telle manière qu'elle vérifie pour chacun des entiers successifs si P (n) est vrai ou non et s'arrête dès qu'elle a trouvé une instance de n pour laquelle P est faux. T est-elle capable de prédire le comportement (c'est-à-dire l'arrêt ou non) de cette machine de Turing ? Comme nous venons de dire que si T est consistante, il n'est possible de prouver formellement dans T ni que E est vrai (c'est-à-dire que la machine calculera indéfiniment) ni que E est faux (c'est-à-dire qu'elle s'arrêtera en ayant trouvé une valeur de n pour laquelle P est faux), la réponse qu'apportera un mathématicien à cette question sera négative. En revanche, un raisonnement sémantique montre que si T est consistante, E doit être vrai et donc la machine ne s'arrêtera pas. En effet, si la machine s'arrêtait, cela signifierait qu'on a trouvé une valeur de n pour laquelle P est faux et donc qu'on a prouvé la fausseté de E contrairement à ce qui a été postulé.

Ce raisonnement n'est toutefois pas une preuve formelle et c'est en ce sens que le mathématicien prétend qu'il est impossible de démontrer E dans T[28]. À l'inverse, pour un physicien une telle preuve est parfaitement acceptable car l'utilisation d'une théorie physique pour en tirer des prédictions ne se limite pas aux déductions purement formelles de la théorie[29]. Dans un tel cas, le physicien considérera donc que la théorie prédit bien que la machine ne s'arrête pas. Cela semble alors remettre en cause notre démonstration que la théorie T (pour un physicien) est incapable de prédire le comportement de la machine de Turing considérée mais il est possible de donner un exemple plus précis pour lequel l'impossibilité de prédiction concernera aussi bien le mathématicien que le physicien.

Nous avons expliqué au chapitre 2 que l'adjonction à ZF d'axiomes de grands cardinaux est de plus en plus risquée au sens où toute nouvelle introduction peut rendre la théorie contradictoire. Il est ainsi possible de considérer une théorie obtenue en rajoutant à ZF certains axiomes de grands cardinaux tels que la consistance de la théorie obtenue (appelons-la ZFE) soit totalement inconnue au sens où non seulement elle n'est ni démontrable ni réfutable dans ZF mais encore où l'on est dans l'incapacité d'avoir une opinion précise

---

28. On se reportera sur ce point à l'analyse faite au chapitre 2 lors de la présentation du théorème de Gödel où l'on avait insisté sur la différence entre preuve formelle et preuve sémantique.

29. En particulier, un physicien considérera comme parfaitement légitime d'utiliser les axiomes de T augmentés de l'infinité des axiomes complémentaires Cons (T), Cons (T + Cons (T)) etc. (où Cons (T) est l'énoncé de la consistance de T).

à son sujet. Soit alors une machine de Turing énumérant les théorèmes de ZFE et telle qu'elle s'arrête lorsqu'elle a obtenu une démonstration de « 1 = 2 ». La théorie T précédente est-elle capable, même pour un physicien, de prédire le comportement de cette machine ? Cette fois, la réponse est négative car une telle prédiction consisterait à prédire la consistance de ZFE, ce qui n'est possible ni formellement, ni sémantiquement dans le cadre de T. Nous retrouvons donc le résultat annoncé sans objection possible. Insistons sur le fait qu'une machine de Turing (ou un ordinateur, ce qui est la même chose) exécutant un tel programme n'est pas une abstraction mais est extrêmement facile à réaliser concrètement. Ce résultat n'est donc pas à prendre pour une métaphore, c'est une conséquence directe inévitable des limites des systèmes formels que nous avons analysées précédemment.

Il faut souligner l'étrangeté de ce constat qui n'est nullement dû à une incertitude sur l'état initial, à une méconnaissance des lois qui régissent le fonctionnement de l'ordinateur ou à des effets quantiques. Cette incapacité existerait même dans un monde totalement classique et limité à des règles de fonctionnement mécaniques. Ce résultat signifie qu'il est impossible de construire une théorie qui prédise, en général, le comportement d'un ordinateur (ou d'une machine de Turing mécanique) en fonction du programme qu'on lui fait exécuter. Cet échec est comparable à celui que subirait la mécanique newtonienne si elle était incapable de prédire la vitesse d'arrivée au sol d'un caillou en fonction de la hauteur à laquelle il a été lâché ou si elle était dans l'incapacité de prédire cette vitesse pour certaines valeurs de la hauteur. Cet exemple montre qu'il existe des systèmes physiques simples et courants (les ordinateurs sont des objets familiers) dont les lois de fonctionnement sont parfaitement connues et dont le comportement est cependant non prédictible. C'est une indication du fait qu'un certain nombre de systèmes physiques resteront à jamais hors de toute prédiction. Comme le dit Delahaye : « Même dans un univers simplifié, non quantique, qu'on connaîtrait parfaitement, l'avenir continuerait de nous échapper. »

La puissance algorithmique des théories scientifiques ne suffit pas à rendre compte de l'ensemble des phénomènes empiriques. Quelle que soit la théorie qu'on se donne, il existe un système physique dont cette théorie ne peut prédire le comportement. Il existera donc toujours des parties de la réalité empirique qui échappent à la prédiction. C'est un autre aspect de la cécité empirique. Toute théorie restera aveugle à certains pans de la réalité empirique en ce sens que son formalisme restera muet sur le comportement de ceux-ci.

La cécité empirique : une maladie inévitable

Nous avons présenté deux aspects de la cécité empirique. Le premier concerne le fait qu'une théorie peut, en étant aveugle à certaines parties de la réalité empirique, induire un programme de recherche tel qu'aucune expérience risquant de la mettre en échec ne puisse être conduite. Dans une telle situation, la théorie sera empiriquement corroborée et considérée comme adéquate alors même qu'elle néglige totalement certaines classes de phénomènes qui pourraient la mettre en défaut. Le deuxième est lié au fait que toute théorie est nécessairement dans l'incapacité de se prononcer sur certains phénomènes quand ceux-ci sont exprimés par des énoncés indécidables dans le système formel qui constitue la théorie. Ce deuxième aspect apporte d'ailleurs un argument complémentaire pour justifier l'importance du premier. Le programme de recherche induit par une théorie détermine les expériences faites en vue de tester cette théorie. Mais ce programme est partiellement engendré par la volonté de tester les prédictions de la théorie. Il ne pousse donc pas à expérimenter dans des domaines sur lesquels la théorie est muette, car, d'une part, une expérience dans un tel domaine n'aurait *a priori* pas d'incidence sur la théorie et, d'autre part, il est possible que les concepts nécessaires pour une telle expérimentation n'existent pas (par exemple, le programme de recherche induit par l'électromagnétisme de Maxwell n'aurait jamais abouti à tester la non-séparabilité de la polarisation de photons, même si l'on avait complété la théorie de Maxwell par une description particulaire de la lumière ; il fallait les concepts issus de la mécanique quantique pour se poser la question).

Compte tenu de ce qui a été dit précédemment, il en résulte que quelle que soit la théorie considérée, il existera des phénomènes qu'elle ne pourra prédire (incomplétude prédictive) et ceci est un argument en faveur du fait que certaines parties de la réalité empirique seront hors de son champ de pertinence (incomplétude épistémique). Bien sûr, l'exemple que nous avons donné pourra sembler artificiel : une machine de Turing énumérant tous les théorèmes d'une théorie comme ZFE est tout sauf un système physique naturel. Une fois de plus, nous demandons au lecteur de considérer que cet exemple est destiné à montrer la possibilité logique et physique de tels systèmes compte tenu de l'extrême difficulté à expliciter un système naturel ayant ces propriétés. On pourra faire la comparaison avec l'énoncé de Gödel qui a été le premier à être explicité pour montrer l'incomplétude de l'arithmétique et dont on a dénoncé l'aspect artificiel avant d'être capable, plus tard, de fournir des exemples d'indécidabilité plus naturels. Trouver un énoncé empirique simple et naturel dont l'indécidabilité pourrait être établie dans la « théorie de tout » n'est pas une tâche actuellement à notre portée. Cela ne remet cependant pas en cause les conclusions théoriques auxquelles nous avons abouti. La réalité empirique débordera toujours du champ de description théorique et nous ne disposerons jamais d'aucune théorie décrivant et prédisant la totalité de celle-ci.

7.4. Une conception à trois niveaux

Je vais, dans ce paragraphe, tenter de préciser la nature de ce quelque chose dont j'ai été amené à postuler l'existence à la fin du paragraphe 7.2 en raison de mon refus de l'idéalisme radical. Le lecteur constatera sans doute dans ce qui suit une rupture de ton avec ce qui précède. Cette rupture est due à la nature plus prospective et métaphysique des considérations qui vont être abordées.

Le représentable et le conceptualisable

Est représentable ce dont on peut avoir une image claire et distincte. Pour reprendre la distinction utilisée par Bonsack, nos perceptions interprétées (c'est-à-dire ce qui est donné à la conscience par opposition à ce qui est donné à nos sens) sont représentables (elles sont même représentées). Je vais, à partir d'ici, introduire un glissement terminologique qui sera important dans la suite, en établissant une division dans ce qu'on a appelé jusqu'ici « la réalité empirique ». J'appellerai « réalité phénoménale » l'ensemble de nos perceptions interprétées. Ainsi, la perception d'une table en bois ou celle de la position d'une aiguille sur un cadran font partie de la réalité phénoménale. Tous les faits expérimentaux empiriques font partie de la réalité phénoménale. Ils ne sont rien d'autre que le constat de perceptions interprétées. Ils sont bien sûr représentables puisqu'ils se manifestent comme des images perceptives directes et conscientes. Contrairement à l'usage que nous avons suivi jusqu'ici, j'établirai alors une différence entre la réalité phénoménale et la réalité empirique et je réserverai le terme de réalité empirique à un concept que je préciserai plus loin.

Est conceptualisable tout ce dont on peut parler en termes descriptifs, que ce soit sous forme verbale ou mathématique. Certains concepts sont représentables. C'est le cas du concept de table, de celui de force ou de celui d'état en physique classique. D'autres ne le sont pas comme le concept d'état superposé ou enchevêtré en mécanique quantique ou celui de non-séparabilité. Dire que ces concepts ne sont pas représentables signifie, par exemple, qu'il est impossible d'avoir une image mentale claire d'un électron dans un état superposé de position ou de l'enchevêtrement d'un appareil de mesure et d'un système quantique après leur interaction. Il est en revanche possible d'en donner une description mathématique, c'est ce que fait la mécanique quantique qui conceptualise ces notions.

La distinction entre représentable et conceptualisable jouera un rôle important dans la séparation que nous introduirons entre les niveaux de la réalité phénoménale et de la réalité empirique.

Le réalisme des phénomènes

Beaucoup de conceptions (réalistes ou non) s'accordent sur ce point que les phénomènes nous sont donnés de manière explicite comme si la réalité empirique était un grand sac dans lequel nous puisons à volonté pour en extraire des observations ou encore un grand théâtre sur la scène duquel se déroulent les phénomènes que nous n'avons qu'à observer. Souvent désigné par l'expression « face-à-face de l'homme et du monde », ce point de vue est ce que j'appellerai le « réalisme des phénomènes ». Il est l'analogue exact, pour les phénomènes, du réalisme des objets qui consiste à croire que les objets physiques existent, sont là et que nous les observons parce qu'ils sont là. Le réalisme des phénomènes revient donc à considérer que les phénomènes sont là, se produisent, et qu'il suffit de les observer. Cette attitude est bien sûr naturelle si l'on accepte le réalisme métaphysique dont elle est une conséquence. Curieusement, elle est pourtant implicite dans beaucoup de conceptions qui rejettent le réalisme métaphysique. Ces conceptions qui nient l'existence en soi des objets reposent sur l'idée que nous n'avons un accès direct qu'aux phénomènes. Mais elles admettent que ces phénomènes, qui constituent selon elles la réalité empirique, nous sont donnés de manière directe en tant que manifestations de nos perceptions et existent donc en tant que tels au sens où nous nous contenterions d'en prendre connaissance de manière passive. Je ne veux pas dire par là que nous ne faisons pas certains efforts pour observer certains phénomènes mais selon ce point de vue, cet effort ressemble plus à celui qu'il faut faire lorsqu'on se baisse pour ramasser un caillou qu'à celui qui consiste à créer quelque chose qui n'existerait pas sinon.

Les conceptions usuelles font une distinction entre deux niveaux. Le premier est celui des phénomènes (assimilés aux manifestations de nos perceptions) qu'elles appellent « la réalité empirique ». La réalité empirique est, dans ces conceptions, identique à la réalité phénoménale. Ce niveau est accepté par les réalistes comme par les non-réalistes. Le deuxième, rejeté comme inutile par les non-réalistes, est celui de la réalité en soi. Cependant, si les réalistes admettent que la réalité en soi existe au-delà de la réalité empirique, certains non-réalistes admettent que la réalité empirique existe dans un sens finalement fort similaire à celui employé par les réalistes concernant la réalité en soi. Cette conception me paraît erronée et il me semble nécessaire d'introduire un niveau supplémentaire entre ce que j'appellerai « la réalité empirique » (dans le sens nouveau que je vais préciser) et les perceptions qui constituent la réalité phénoménale.

La thèse que je défendrai est la suivante : nos perceptions interprétées sont les éléments sur lesquels nous devons nous appuyer. Mais ces perceptions ne doivent pas être considérées comme de simples prises de conscience de quelque chose de préexistant qui serait la réalité empirique. Selon l'image réaliste traditionnelle, les phénomènes existent à l'extérieur et nos perceptions sont la prise de conscience de ces phénomènes. Dans ma conception, aucun phénomène extérieur n'existe et nous sommes responsables de nos perceptions. D'une certaine manière, nous créons la réalité phénoménale. Cependant, nous ne sommes pas libres de la créer comme bon nous semble et certaines contraintes existent. Ces contraintes sont ce qui constitue la réalité empirique. La réalité empirique doit alors être conçue comme l'ensemble des conditions qui rendent possibles nos perceptions tout en les contraignant. En ce sens, elle n'est pas donnée en tant que telle mais constitue le cadre des actions (physiques ou psychiques) que nous mettons en œuvre dans le processus cognitif. C'est l'ensemble des potentialités qui, lors de leur actualisation, deviennent perceptibles et donnent naissance à nos perceptions. Si l'on veut une image tirée de la mécanique quantique, la perception est à la potentialité ce que le résultat d'une mesure (par exemple la valeur de la position d'une particule) est à la grandeur physique mesurée (la grandeur position). C'est par une mesure que nous faisons émerger la valeur (qui existe en tant que perception) d'une grandeur position qui ne préexiste pas en tant que phénomène mais seulement en tant que potentialité. Un phénomène n'est donc pas quelque chose qui existe et que nous observons passivement, c'est une entité qui se manifeste lors d'une opération dans laquelle nous avons un rôle important à jouer.

Bien qu'elle concerne le domaine des mathématiques et non celui des sciences empiriques, la citation suivante de Dummett[30] me semble illustrer un aspect de ma position : « Si nous pensons que les résultats mathématiques nous sont en un sens imposés de l'extérieur, nous pourrions plutôt avoir l'idée d'une réalité mathématique qui n'existe pas encore, mais qui, pour ainsi dire, vient à l'existence dans le cours de notre tâtonnement. Nos recherches donnent existence à ce qui n'était pas là auparavant, mais ce à quoi elles donnent existence n'est pas notre œuvre propre. » Transposée dans le cadre des sciences empiriques, cette citation pourrait devenir : « Si nous pensons que nos perceptions nous sont en un sens imposées de l'extérieur (et j'appelle réalité phénoménale l'ensemble de ces perceptions), nous pourrions plutôt avoir l'idée d'une réalité phénoménale qui n'existe pas encore, mais qui, pour ainsi dire, vient à l'existence dans le cours de notre tâtonnement. Nos recherches donnent existence à ce qui n'était pas là auparavant, mais ce à quoi elles donnent existence (la réalité phénoménale) n'est pas notre œuvre propre. » Je poursuivrais alors en disant que j'appelle « réalité empirique » ce qui nous impose nos perceptions de l'extérieur et fait que la réalité phénoménale n'est pas notre œuvre propre.

Le point de vue du réalisme des phénomènes qui leur confère une existence en tant que tels me semble donc erroné. C'est pourquoi la

---

30. Dummett [1978].

réalité empirique ne peut être considérée comme l'ensemble des phénomènes de la même manière que le monde serait considéré comme l'ensemble des objets. D'une certaine manière, nous fabriquons la réalité phénoménale à partir de la réalité empirique. Il faut donc abandonner le fameux face-à-face entre le sujet et le monde. Le deuxième niveau est pour moi celui de la réalité empirique dont le nom devient impropre car sa « réalité » est très particulière. Elle n'est pas constituée d'objets, de forces ou de champs ou de quoi que ce soit de représentable. C'est plutôt l'ensemble des potentialités actualisables. Or, cette actualisation ne peut s'effectuer que selon certaines contraintes qui nous empêchent de fabriquer la réalité phénoménale selon notre bon vouloir. On retrouve sous cette forme l'idée du réalisme structurel. L'adéquation empirique (qu'il faudrait appeler dans notre nouveau vocabulaire « adéquation phénoménale ») de théories contradictoires provient de leur respect de la structure de la réalité empirique, c'est-à-dire des contraintes qu'elle implique. Elle ne peut provenir du fait que les objets de ces théories ont un référent dans la réalité empirique (qui n'est pas constituée d'entités physiques au sens habituel du terme) ni dans la réalité phénoménale qui n'est pas non plus constituée d'objets physiques mais uniquement de perceptions actualisées. Il n'y a donc plus de réalité à laquelle peuvent faire référence les entités théoriques. De plus, le point de vue selon lequel les théories physiques ne sont que des algorithmes montre que plusieurs théories peuvent convenir pour rendre compte (au moins en partie) de la réalité phénoménale si ces algorithmes reflètent d'une certaine manière les contraintes structurelles imposées par la réalité empirique.

La réalité phénoménale est conceptualisable et représentable par définition. En revanche, la réalité empirique est conceptualisable[31] du fait même que nous sommes capables de fabriquer des théories qui rendent compte de sa structure mais elle n'est pas représentable. Sa nature même de potentialité est un obstacle à toute représentation dans la mesure où une représentation est par essence actualisée. Elle est de plus conceptualisable de plusieurs manières équivalentes en raison de la sous-détermination des théories. Cela a pour conséquence qu'elle n'est conceptualisable que de manière partielle car il est impossible de recoller les différentes manières de la conceptualiser pour en obtenir une description globale. Les concepts qui la décrivent n'en constituent pas une description univoque, elle reste au-delà de toute description exhaustive.

On peut penser à une analogie avec la complémentarité quantique. La réalité empirique est susceptible de plusieurs descriptions conceptuelles dans le même sens que la description d'un système peut être donnée par un vecteur d'état projeté dans l'espace des coordonnées ou dans celui des impulsions. Les deux descriptions sont complètes et incompatibles car on ne peut compléter aucune d'entre

---

31. Elle ne l'est cependant que partiellement, comme nous allons le voir.

elles en précisant ce qu'elle signifie pour l'autre point de vue ; si l'on parle de position précise, on ne peut plus parler d'impulsion précise. Deux théories adéquates décrivant la réalité empirique sont alors dans la même situation que deux descriptions d'un électron, l'une donnée par sa fonction d'onde (vecteur d'état projeté sur la base des vecteurs propres de l'observable position) et l'autre par son vecteur d'état en représentation P (projeté sur la base des vecteurs propres de l'impulsion). On peut mesurer la position d'un électron ou son impulsion mais les deux sont incompatibles et mesurer l'une puis l'autre ne permet pas de connaître les deux *a posteriori*. La réalité phénoménale est en quelque sorte une coupe actualisée donnant une représentation partielle de la réalité empirique. Chaque coupe est exclusive en ce sens qu'il est impossible de reconstituer une vue en perspective à travers l'image de plusieurs coupes différentes comme on le fait en architecture. La non-représentabilité de la réalité empirique ne résulte donc pas du fait que certaines de ses parties sont hors de portée mais du fait qu'il n'est possible ni de les connaître toutes simultanément en totalité, ni de reconstruire *a posteriori* la globalité de la réalité empirique à partir des coupes partielles que sont les réalités phénoménales. La réalité empirique est la structure limite engendrée par l'ensemble des entités conceptuelles que nous utilisons pour être à même de décrire et de prédire les réalités phénoménales. Elle est donc directement liée aux capacités conceptuelles du cerveau humain même si elle reste hors de portée d'une compréhension globale. On peut la concevoir comme une limite à l'infini qui ne peut être qu'approchée par nos représentations finies tendant vers elle. Cela rappelle un peu le monde-Ω de Bonsack, mais avec la différence importante qu'ici, il existe une infinité de chemins limites incompatibles qui y aboutissent.

Le solipsisme convivial[32] trouve alors une place naturelle dans cette conception. La réalité phénoménale de chaque sujet est le résultat de l'accrochage du sujet à une branche particulière de la fonction d'onde de l'univers. Elle est actualisée mais éventuellement de manière différente pour chaque sujet sans que cette différence puisse être perceptible. La fonction d'onde de l'univers est un des outils permettant de conceptualiser la réalité empirique. La réalité empirique ne doit toutefois pas être identifiée avec la fonction d'onde de l'univers. Cette dernière n'est en effet qu'un outil issu d'une des théories possibles (la mécanique quantique) pour modéliser la réalité phénoménale. D'une part, une théorie alternative phénoménologiquement équivalente fournirait peut-être un autre concept qui remplacerait celui de fonction d'onde de l'univers, d'autre part, la réalité empirique n'est pas conceptuellement épuisée par la notion de fonction d'onde de l'univers. La réalité empirique est en effet l'ensemble des conditions rendant possible l'émergence des réalités phénoménales et ces conditions sont contraintes par la structure de l'esprit humain. En

---

32. Voir le chapitre 4.

particulier, l'induction au sens faible, c'est-à-dire le fait que certaines associations passées se reproduisent, est l'une de ces conditions.

On peut alors se demander si la réalité empirique et la réalité phénoménologique épuisent le monde.

La nécessité d'un troisième niveau

La physique contemporaine a progressivement abandonné l'exigence de représentabilité des concepts qu'elle utilise car il est impossible de se forger une image de nombre d'entre eux. Nous avons évoqué au troisième chapitre l'espace-temps courbe de la relativité générale mais les exemples les plus significatifs sont tirés de la mécanique quantique et de ses extensions. À défaut de pouvoir parler ici des concepts purement mathématiques utilisés dans la théorie des supercordes, nous avons déjà mentionné le concept d'état superposé, celui de l'enchevêtrement des états de deux systèmes ayant interagi ou la non-séparabilité. D'une manière générale, la physique actuelle fait un usage de plus en plus fréquent de concepts qui échappent à toute tentative de représentation mentale directe[33]. La réalité empirique (au sens que nous lui donnons dans ce chapitre) n'est pas représentable. Elle reste cependant conceptualisable, la preuve en est que nous sommes capables d'en parler et d'en décrire les effets. Un état enchevêtré n'est pas susceptible de recevoir une représentation mais demeure un concept définissable et utilisable. Comme nous l'avons expliqué, un des traits qui distingue la réalité empirique de la réalité phénoménale est que cette dernière est représentable (et *a fortiori* conceptualisable) alors que la réalité empirique est conceptualisable mais non représentable. C'est justement le fait que la représentation de la réalité empirique peut revêtir des formes différentes selon les sujets qui crée la diversité des réalités phénoménales individuelles à partir d'une réalité empirique unique dans la conception du solipsisme convivial. Les réalités phénoménales sont les points de vue selon lesquels on peut se représenter la réalité empirique qui n'est pas représentable en tant que telle dans sa globalité. Il est impossible d'actualiser la totalité de la réalité empirique potentielle mais il est en principe possible d'en actualiser n'importe quelle partie.

---

33. Un mathématicien pourra objecter qu'à force de manier certains concepts totalement abstraits, il finit par en avoir une sorte de représentation mentale. Je ne nie pas ce point. Cependant il me semble que la représentation en question est plus une construction pragmatique destinée à faciliter la manipulation de ces concepts qu'une représentation directe. Maxwell a construit sa théorie de l'électromagnétisme en ayant en tête une représentation mécanique à base d'engrenages. Qu'une telle image lui ait été utile dans son élaboration est une chose, qu'elle constitue une représentation directe du champ électromagnétique en est une autre. Je reconnais toutefois que déterminer si nos représentations familières (par exemple celle d'une boule) sont de nature essentiellement différente ou s'il s'agit seulement d'une question de degré reste un problème ouvert.

L'unicité de la réalité empirique provient de ce que la structure de notre cerveau, supposée identique pour tous les hommes, détermine ce qui est conceptualisable. La raison pour laquelle les réalités phénoménologiques sont multiples est qu'il est nécessaire de faire un choix de point de vue pour se représenter la réalité empirique et que de nombreux choix différents sont possibles[34]. Tous sont potentiellement autorisés pour un sujet mais un seul doit être sélectionné et il n'y a aucune raison pour que le choix soit identique pour tous les sujets.

Or, il me semble naïf de croire que « le conceptualisable épuise le monde ». Il convient d'être prudent car le langage trouve ici ses limites par définition. Si l'on entend la phrase « le conceptualisable n'épuise pas le monde » par « il existe quelque chose de non conceptualisable » on tombe dans un piège de langage immédiat. La fameuse maxime de Wittgenstein « *ce dont on ne peut parler, il faut le taire* » est ici particulièrement appropriée. Elle présente cependant l'inconvénient d'arrêter la discussion. Je vais donc tenter de montrer ce que j'entends en parlant plus par analogie que par désignation directe. Comme je l'ai dit plus haut, la réalité empirique est l'ensemble des potentialités actualisables et elle est asymptotiquement descriptible par les entités conceptuelles que nous utilisons pour être à même de décrire et de prédire les réalités phénoménales. Elle est donc directement liée aux capacités conceptuelles du cerveau humain. C'est une construction pragmatique indispensable et si l'on tient absolument à essayer de la penser comme un tout, c'est un monde étrange, non représentable, aux propriétés contre-intuitives.

Il est bien évident que la réalité empirique que nous pouvons construire de cette manière est totalement inaccessible aux capacités conceptuelles d'un chien ou d'un singe. La conceptualisation du monde que possède un singe est très vraisemblablement fort différente de la nôtre. Notre complexe de supériorité naturel nous fait penser que la nôtre est meilleure et plus complète. C'est sans doute vrai par définition même de ce que nous entendons par « supérieur » mais nous n'entamerons aucun débat à ce sujet et accepterons la supériorité de notre conceptualisation. Il paraît alors légitime de supposer que de même que nos concepts vont au-delà de ceux d'un singe, il est possible d'envisager une capacité de conceptualisation qui serait supérieure à la nôtre de la même manière que celle-ci est supérieure à celle d'un singe. Croire l'inverse serait soit retomber dans la naïveté de ceux parmi les savants du XIXe siècle qui s'imaginaient avoir tout découvert, soit postuler une sorte de thèse de Church conceptuelle postulant que le cerveau humain est arrivé à un stade d'évolution qui

---

34. La raison pour laquelle il est nécessaire de faire un tel choix reste hors de notre champ de compréhension. Peut-être est-elle liée à la structure même de notre cerveau qui ne s'accommode pas de la possibilité de construire un concept de réalité empirique qui permette d'en obtenir une représentation globale.

lui permet de conceptualiser tout ce qui est conceptualisable (de la même manière que les fonctions récursives partielles suffisent à représenter toutes les fonctions calculables)[35].

Cette thèse me paraît fort suspecte. Tout d'abord, il est difficile de lui donner un sens car elle suppose qu'on puisse définir la notion d'« entité conceptualisable » dans l'absolu, c'est-à-dire sans référence à un type de cerveau particulier comme celui de l'homme ou du singe. Cette possibilité paraît douteuse d'abord en raison de l'analogie avec la difficulté de donner une définition absolue du concept de fonction calculable même si l'on garde le cerveau humain comme référence[36] et ensuite parce que s'affranchir des limites du cerveau humain pour définir une notion qui lui est aussi fortement attachée semble une entreprise vouée à l'échec. Admettons cependant cette possibilité à titre d'hypothèse. Elle prétend alors que tout ce qui est conceptualisable (dans l'absolu) ne l'est pas relativement au cerveau du singe mais l'est relativement au cerveau de l'homme. La conséquence en est que quelles que soient les évolutions futures de l'homme, des machines ou d'éventuels extraterrestres, aucune capacité cognitive ne pourra construire de concepts inaccessibles au cerveau humain. Cette position rappelle trop les croyances anthropomorphes, successivement réfutées, de la position de la Terre au centre de l'Univers, de l'unicité de notre système solaire ou de la fin de la physique au XIXe siècle, pour être plausible. Au surplus, rien ne nous force à croire que « tout » est conceptualisable, même par des capacités cognitives asymptotiques qui seront atteintes après des milliards d'années d'évolution.

J'incline donc à défendre l'idée selon laquelle il y a des choses non conceptualisables (pour nous ou pour tout système perceptif). Mais attention ! Cela ne doit pas être littéralement interprété comme l'affirmation « qu'il existe des choses non conceptualisables » car cette manière d'en parler signifierait quelque chose de trop proche de nos concepts. Il est extrêmement difficile d'être précis sinon à dire que ce qui est conceptualisable n'épuise pas « tout », sans pour autant qu'il soit possible de définir ce qu'est ce « tout ».

Ce troisième niveau dont on ne peut pas parler me semble donc à la fois indispensable et en même temps inexprimable. Si l'on est gêné par l'ambiguïté qu'engendre l'assertion d'énoncés dont on avance qu'il ne faut pas les comprendre en un sens littéral, on peut alors se restreindre à comprendre ce qui précède de manière purement négative : « nos concepts n'épuisent pas tout ». On a ainsi introduit trois niveaux : le représentable, le conceptualisable non représentable et le non conceptualisable.

---

35. Cette suggestion m'a été faite par J.-P. Delahaye lors d'une discussion privée.

36. La définition même de calculabilité repose maintenant sur l'acceptation de la thèse de Church et identifie les fonctions calculables avec les fonctions récursives partielles. Il y a donc eu un renversement d'approche.

Les trois niveaux

Nous avons fait apparaître la nécessité de trois niveaux.

1) *Quelque chose,* dont on ne peut pas parler, mais s'il le faut, qu'on ne peut caractériser que négativement. Le fait de dire que ce quelque chose existe est impropre mais le mentionner est déjà indiquer une sorte d'existence. En fait, là s'arrête le langage. Disons, de manière imagée, que c'est *l'inconnaissable.* C'est un domaine non conceptualisable pour l'homme comme le concept d'opérateur quantique est non conceptualisable pour un singe. On ne peut que le montrer par analogie : il est aussi étranger à l'homme que la réalité empirique (au sens de ce chapitre) de la mécanique quantique l'est au singe. Sa nécessité provient du refus de considérer que le conceptualisable épuise tout.

2) La Réalité empirique qui est l'ensemble des potentialités dont l'actualisation, soumise aux contraintes qui les caractérisent, engendre les perceptions. Ces dernières ne s'actualisent que par l'action de la conscience individuelle au sein de la réalité empirique. Elle est unique et virtuelle. Elle est *l'inconnu connaissable.* La réalité empirique matérialise d'une certaine manière les conditions *a priori* de nos perceptions. En ce sens, elle n'existe pas indépendamment de l'homme car supposer qu'elle serait substantiellement inchangée en l'absence de tout homme n'a pas de sens. C'est donc bien l'homme qui la crée. Mais cette création est particulière en ce que l'homme ne fait rien pour la créer. Elle n'est que le moule des perceptions de l'homme au sein de l'inconnaissable. La réalité empirique d'un chien ou d'un singe est différente. La réalité empirique d'un chien n'existe pas pour l'homme.

3) Les perceptions qui constituent la réalité phénoménale (ce qu'on appelle traditionnellement « la réalité empirique ») qui sont différentes chez chacun et sont l'apparence que prend la réalité empirique pour les individus. C'est le *connu.* Les perceptions ne sont pas neutres et objectives mais nous sont livrées à travers tous les filtres conceptuels du langage, de la culture, de l'éducation et les filtres physiques de nos sens. Ce qu'on appelle habituellement un « phénomène » se situe à ce niveau. Nous pouvons alors préciser ce que nous avions dit plus haut : nous ne fabriquons pas la réalité phénoménale directement à partir de la réalité empirique mais par actualisation à travers le moule de la réalité empirique, d'une portion de l'inconnaissable.

7.5. CONCLUSION

À ce stade, nous nous sommes éloignés des rivages rassurants de l'environnement des théories scientifiques pour pénétrer dans une contrée métaphysique dont on peut se demander quel est le statut. Il est clair que les positions présentées dans le paragraphe précédent restent hors de portée de toute justification empirique et sont de nature purement philosophique. Doivent-elles être pour autant considérées comme vaines ? Je ne le pense pas. Il est tout d'abord possible de leur accorder une valeur liée à la réflexion pure. Se forger, pour soi-même, une conception du monde, fût-elle au-delà de toute validation, me semble un objectif intéressant si tant est qu'on s'astreigne à respecter pour ce faire une rigueur de raisonnement et une cohérence logique. Mais je voudrais pour finir montrer que cette conception permet de répondre à des interrogations qui ont été soulevées tout au long de ce livre et, qu'en ce sens, elle peut au moins être considérée comme une réponse possible à certaines des énigmes présentées.

Tout d'abord, il est clair que la conception proposée, éventuellement complétée par le solipsisme convivial, est parfaitement conforme aux exigences de la physique quantique au sens large. Elle est, en particulier, directement inspirée par les solutions actuellement acceptées du problème de la mesure quantique. Elle échappe de ce fait à toutes les objections soulevées par la physique moderne contre le réalisme traditionnel. Cependant, bien que rejetant à la fois le réalisme métaphysique[37] et le réalisme épistémique, ce n'est pas une conception idéaliste pure.

Elle permet par ailleurs de comprendre pourquoi plusieurs théories apparemment contradictoires ou incommensurables peuvent néanmoins décrire correctement la réalité phénoménale sans s'embourber dans la fausse question du référent réel des entités théoriques ou le concept illusoire de vérité approximative.

La sous-détermination des théories par l'expérience devient une conséquence naturelle du fait que nos théories ne sont rien d'autre que des algorithmes utiles pour prédire la réalité phénoménale. Il en résulte que l'étonnement exprimé par l'argument *no miracle* (argument du succès empirique) s'évanouit devant le constat que, d'une part, nos théories ne s'appliquent qu'à la partie de la réalité phénoménale qui s'y prête et, que de vastes portions leur échappent et leur échapperont toujours et, d'autre part, que leur réussite provient de leur respect de la structure des contraintes de la réalité empirique.

L'intersubjectivité y trouve aussi une explication naturelle. Si l'on croit à l'unicité de la réalité phénoménale et qu'on pense que les perceptions de différents sujets sont identiques, le formalisme de la mécanique quantique en fournit un mécanisme explicatif cohérent même en l'absence d'une réalité externe préexistante. Si, en revanche, on suppose qu'il y a autant de réalités phénoménales que de sujets différents, le solipsisme convivial permet de comprendre pourquoi il est impossible de prendre conscience de cette diversité. Dans ce cas,

---

37. Du moins en tant que celui-ci postule l'existence (au sens intuitif usuel du terme) d'une réalité qui serait substantiellement inchangée en l'absence d'homme.

l'intersubjectivité est une illusion que nous n'avons aucun moyen de dissiper.

Enfin la résistance du réel provient de l'incapacité de nos structures mentales à élaborer une construction théorique formelle et une construction perceptuelle qui soient conjointement consistantes.

Cette conception emprunte certains de leurs traits à des positions opposées. Elle est partiellement réaliste en ce qu'elle refuse l'hypothèse que tout n'est que création de nos esprits mais en même temps, elle n'admet aucunement l'existence (au sens usuel du terme) d'une réalité indépendante de l'Homme. La réalité empirique et les (ou la) réalités phénoménales n'existent que relativement à nos capacités perceptives. Leur existence est donc d'une nature différente de celle postulée par les conceptions réalistes traditionnelles. Par ailleurs, l'inconnaissable ne peut se voir attribuer aucun attribut. Il serait donc erroné de dire que l'inconnaissable existe indépendamment de l'homme. Cette conception est partiellement idéaliste en ce sens que l'esprit humain y joue un rôle essentiel bien qu'il n'en soit pas le seul ingrédient. La phrase de Putnam, déjà citée, selon laquelle l'esprit et le monde construisent conjointement l'esprit et le monde, s'y applique particulièrement bien. Elle emprunte à l'instrumentalisme le rôle d'algorithme qu'elle fait jouer aux théories mais dépasse l'instrumentalisme traditionnel en proposant une explication de la réussite prédictive de ces algorithmes à travers un réalisme structurel. Enfin, elle s'inscrit largement dans une perspective néo-kantienne de la connaissance.

Le lecteur arrivé à ce point aura sans doute eu le temps d'élaborer ses propres critiques aux arguments avancés tout au long de ce livre et sera en mesure de proposer sa propre conception. S'il en est ainsi, un des buts poursuivis par l'auteur aura été atteint.

Bibliographie générale

ANDLER D. (1998), « Logique mathématique », *in Dictionnaire des mathématiques*, Encyclopaedia Universalis.

ARNOLD V. (1976), *Méthodes mathématiques de la mécanique classique*, Mir.

ASPECT A., GRANGIER P., ROGER G. (1982a), *Phys. Rev. Lett.*, 49, 91.

ASPECT A., GRANGIER P., ROGER G. (1982b), *Phys. Rev. Lett.*, 49, 1804.

AYER A.J. (1986), « Le cercle de Vienne », in Sebestik et Soulez (1986), p. 59-80.

BARONE F. (1986), « La polémique sur les énoncés protocolaires dans l'épistémologie du Cercle de Vienne », *in* Sebestik et Soulez (1986), p. 181-196.

BARWISE J. (1977), *Handbook of Mathematical Logic*, North-Holland, Amsterdam.

BELL E.T. (1961), *Les Grands Mathématiciens*, Payot.

BELL J.S. (1964), *Physics 1, 195.*

BELL J.S. (1987), *Speakable and Unspeakable in Quantum Mechanics*, Cambridge University Press.

BELL J.S. (1990), « Against Measurement », *in Sixty Two Years of Uncertainty*, A.I. Millered., New York, Plenum Press.

BENACERRAF P., PUTNAM H. (1991), *Philosophy of Mathematics*, Cambridge University Press.

BERGE P., POMEAU Y., VIDAL CH. (1984), *L'Ordre dans le chaos*, Hermann.

BITBOL M. (1996), *Mécanique quantique*, Flammarion.

BLAMONT J. (1993), *Le Chiffre et le Songe*, Odile Jacob.

BLANCHE R. (1970), *L'Axiomatique*, Presses Universitaires de France.

BOIIM D. (1951), *Quantum Theory*, Prentice-Hall.

BOHR N. (1935), *Phys. Rev.*, 48, 696.

BOHR N. (1961), *Physique atomique et connaissance humaine*, Gauthier-Villars.

BOLZANO B. (1851), *Paradoxien des Unendlichen*, trad. fr., *Les Paradoxes de l'infini*, Hourya Sinaceur éd., Seuil (1992) ; reproduit dans Rivenc (1992).

BONSACK F. (1989), « Prolegomena to a Realist Epistemology », *in Dialectica*, vol. 43, p 68.

BOOLE G. (1847), *The Mathematical Analysis of Logic, being an Essay towaers a Calculus of deductive Reasoning*, Cambridge.

BOOLE G. (1854), *An Investigation of the Laws of Thought, on which are founded the Mathematical Theories of Logic and Probabilities*, Londres.

BOOLOS G. (1971), « The Iterative Conception of Set », *Journal of Philosophy* 68, p 215-232 ; reproduit dans Benacerraf (1991).

BOOLOS G. (1998), « Must we believe in Set Theory ? », *in* Jeffrey (1998).

BORN M. (1972), *Correspondance 1916-1955*, Seuil.

BOUDOT M. (1972), *Logique inductive et probabilité*, Armand Colin.

BOYD R. (1989), « What Realism Implies and What it Does Not », *in Dialectica*, vol. 43, p. 5.

BOYD R. (1991 a), « Introductory Essay », *in The Philosophy of Science*, R. Boyd, Ph. Gasper et J.D. Trout éd., The MIT Press, Cambridge.

BOYD R. (1991 b), « On the Current Status of Scientific Realism », *in The Philosophy of Science*, R. Boyd, Ph. Gasper et J.D. Trout éd., The MIT Press, Cambridge.

BOYER A. (1994), *Introduction à la lecture de Karl Popper*, Presses de l'École normale supérieure, Paris.

BROGLIE L. DE (1937), *La Physique nouvelle et les quanta*, Flammarion, 2ᵉ éd. (1973).

BROGLIE L. DE (1982), *Les incertitudes d'Heisenberg et l'interprétation probabiliste de la mécanique ondulatoire*, Gauthier-Villars.

CANTOR G. (1895), *Beiträge zur Begründung der transfiniten Mengenlehre*, trad. fr., *Sur les fondements de la théorie des ensembles transfinis*, Jacques Gabay (1989).

CARNAP R. (1928), *Der Logische Aufbau der Welt*, Berlin-Schlachtensee, Weltkreis Verlag. Trad. angl., *The Logical Structure of the World*, Londres, Routledge, 1967.

CARNAP R. (1931), « The Logiscist Foundations of Mathematics », Erkenntnis, reproduit dans Benacerraf (1991).

CARNAP R. (1934), *Logische Syntax der Sprache*, Wien, Verlag Julius Springer. Trad. angl. : *The Logical Syntax of Language*, Londres, Routledge, 1937.

CARNAP R. (1936), « Testability and Meaning », *in Philosophy of Science*, 3-4, 1936-1937.

CARNAP R. (1942), *Introduction to Semantics*, Cambridge, Mass.

CARNAP R. (1950), *Logical Foundations of Probability*, Chicago University Press.

CHABERT J.-L., DAHAN DALMEDICO A. (1991), « *Henri Poincaré, le précurseur* », *La Recherche*, mai 1991.

CHABERT J.-L., DAHAN DALMEDICO A. (1992a), « Les idées nouvelles de Poincaré », *in Chaos et Déterminisme*, Seuil.

CHABERT J.L. (1992b), « Hadamard et les géodésiques des surfaces à courbure négative », *in Chaos et Déterminisme*, Seuil.

CHAITIN G. (1999), « Hasard et imprévisibilité des nombres », *La Recherche* hors série n° 2, août 1999.

CHANGEUX J.-P., CONNES A. (1989), *Matière à pensée*, Odile Jacob.

CHARRAUD N. (1994), *Infini et inconscient : Essai sur Georg Cantor*, Anthropos.

COHEN-TANOUDJI CL., DIU B. LALOE F. (1996), *Mécanique quantique*, 1ʳᵉ éd. (1973), Hermann.

CROQUETTE V. (1987), « Déterminisme et chaos », *in L'ordre du Chaos*, Pour la Science.

DALEN VAN D. (1980), *Logic and Structures*, Springer-Verlag.

DELAHAYE J.-P. (1994), *Information, complexité et hasard*, Hermès.

DELAHAYE J.-P. (1995), « Arguments et indices dans le débat sur le réalisme mathématique », *in Panza (1995)*.

DELIGEORGES S. (1984), *Le Monde quantique*, Seuil.

DIRAC P.A.M. (1930), *The Principles of Quantum Mechanics*, 4ᵉ éd. (1967), Oxford University Press.

DIU B., GUTHMANN C., LEDERER D., ROULET B. (1989), *Physique statistique*, Hermann.

DUBUCS J.-P. (1984), *Thèse de doctorat d'État*, Université Paris-I.

DUHEM P. (1906), *La théorie physique : son objet et sa structure*, Paris.

DUMMETT M. (1978), *Truth and others Enigmas*, Cambridge.

EBERHARD P.H. (1989), « The EPR Paradox. Roots and Ramifications », *in* Schommers (1989).

EINSTEIN A. (1905), *Annalen der Physik* 19, 143.

EINSTEIN A., PODOLSKI B., ROSEN N. (1935), *Phys. Rev.* 47, 777.

EKELAND I. (1984), *Le Calcul, l'Imprévu*, Seuil.

EKELAND I. (1995), *Le Chaos*, Flammarion.

ESPAGNAT B. D' (1965), *Conceptions de la physique contemporaine*, Hermann.

ESPAGNAT B. D' (1976), *Conceptual Foundations of Quantum Mechanics*, Reading, Mass., Addison-Wesley, 1971, 2ᵉ éd. 1976.

ESPAGNAT B. D' (1979), *À la recherche du réel*, Gauthier-Villars.

ESPAGNAT B. D' (1980), « Théorie quantique et réalité », *Pour la Science*, n° 27, janvier 1980.

ESPAGNAT B. D' (1985), *Une incertaine réalité*, Gauthier-Villars.

ESPAGNAT B. D' (1990), « Towards a Separable Empirical Reality ? », *Foundations of Physics*, 20, 1147.

ESPAGNAT B. D' (1994), *Le Réel voilé*, Fayard.

ESPAGNAT B. D' (1997), *Physique et réalité*, Bitbol et Laugier éd., Éditions Frontières.

EVERETT III H. (1957), *Rev. Mod. Phys.*, 29, 463.

FEFERMAN S. (1987), « Infinity in mathematics : Is Cantor necessary ? », *in Infinity in Science*, Instituto della Encyclopedia Italia, Roma.

FEYERABEND P. (1975), *Against Method*, New Left Book, Londres ; trad. fr., *Contre la méthode*, Seuil (1979).

FEYNMANN R. (1965), *The Character of Physical Law*, Cambridge, Massachusetts, MIT Press, trad. fr., *La Nature de la physique*, Seuil (1979).

FEYNMANN R. (1979), « Mecanique quantique », *Le Cours de Physique de Feynman*, vol. 3, InterÉditions.

FORD J. (1989), « What is chaos, that we should be mindful of it ? », *in The New Physics*, P. Davies Ed., Cambridge University Press.

FRAASSEN VAN B. (1980), *The Scientific Image*, Oxford.

FREGE G. (1879), *Begriffsschrift, eine der arithmetischen nachgebildete Formelsprache des reinen Denkens*, Halle, L. Nebert.

FREGE G. (1893-1903), *Grundgesetze der Arithmetik begriffsschriftlich abgeleitet*, Jena, H. Pohle vol. I (1893), vol. II (1903).

GELL-MANN M. (1994), *Le Quark et le Jaguar*, Flammarion.

GHIRARDI G.C., RIMINI A., WEBER T. (1986), *Phys. Rev.* D34, 470.

GIRARD J.-Y. (1989), « Le champ du signe ou la faillite du réductionnisme », *in* Nagel (1989).

GOCHET P. (1978), *Quine en perspective*, Flammarion.

GOCHET P., GRIBOMONT P. (1990), *Logique*, Hermès.

GÖDEL K. (1931), *Sur les propositions formellement indécidables des Principia Mathematica et des systèmes apparentés*, reproduit *in* Nagel (1989).

GOODMAN N. (1955), « The New Riddle of Induction », *in Fact, Fiction and Forecast*, The Bobbs Merrill Co, New York. Trad. fr., *Faits, fictions et prédictions*, Minuit, 1984.

GUTZWILLER M. (1990), *Chaos in Classical and Quantum Mechanics*, Springer.

GUTZWILLER M. (1994), « Le chaos quantique », Dossier *Pour la Science*, La physique quantique, juin 1994.

HADAMARD I.J. (1898), « Les surfaces à courbures opposées et leurs lignes géodésiques », *J. Math. pures et appl.* 4, 27-73.

HEISENBERG W. (1958), *Physics and Philosophy*, Harper & Brothers, New York, trad. fr., *Physique et philosophie*, Albin Michel (1961).

HEISENBERG W. (1962), *La Nature dans la physique contemporaine*, Paris, Gallimard.

HEMPEL C.G. (1943), « A Purely Syntactical Definition of Confirmation », *The Journal of Symbolic Logic*, vol. 8, n° 4, p. 121-143.

HEMPEL C.G. (1945a), « Studies in the Logic of Confirmation », *Mind*, 54, n° 213, p. 1-26 et n° 214, p. 97-121. Republié dans Hempel (1965).

HEMPEL C.G. (1945b), « On the nature of mathematical truth », *The American Mathematical Monthly*, vol. 52.

HEMPEL C.G. (1950), « Problems and Changes in the Empiricist Criterion of Meaning », *Rev. Intern. de Philos.*, 11, p 41-63. Republié dans Hempel (1965), p 101-122.

HEMPEL C.G. (1965), *Aspect of Scientific Explanation*, New York, MacMillan, 1965.

HILBERT D. (1899), *Grundlagen der geometrie*, B.G. Teubner Verlag, Stuttgart. Trad. fr., *Les Fondements de la géométrie*, P. Rossier éd., Dunod (1971).

HILBERT D. (1926), « On the Infinite », reproduit dans Benacerraf (1991).

HILBERT D. (1929), « Probleme der Grundlegung der Mathématik », *Math. Annalen*, 102.

HINTIKKA J. (1998), *The Principles of Mathematics Revisited*, Cambridge University Press.

HOFFMANN B., PATY M. (1981), *L'Étrange Histoire des quanta*, Seuil.

HUBBARD B.B., HUBBARD J. (1993), « Loi et ordre dans l'univers : le théorème KAM », *Pour la Science*, juin 1993.

JACOB P. (1980 b), *L'Empirisme logique*, Minuit, Paris.

JACOB P. (1986), « La controverse entre Neurath et Schlick », *in* Sebestik et Soulez (1986), p 197-218.

JACOB P. (éd.) (1980 a), *De Vienne à Cambridge*, Gallimard, Paris.

JAMMER M. (1989), *The Conceptual Development of Quantum Mechanics*, American Institute of Physics, Tomash Publishers.

JEFFREY R. C. (1998), *Logic, logic and logic*, Harvard.

JOOS E., ZEH D. (1985), *Z. Phys.* B59, 223.

KLEENE S.C. (1972), *Logique mathématique*, A. Colin.

KOCHEN S., SPECKER E.P. (1967), *J. Math. Mech.*, 17, 59.

KRIVINE J.-L. (1972), *Théorie axiomatique des ensembles*, Presses Universitaires de France.

KUHN T. (1962), *The Structure of Scientific Revolutions*, University of Chicago Press. Trad. fr., *La Structure des révolutions scientifiques*, Flammarion (1983).

KUNEN K. (1992), *Set Theory*, North-Holland.

LADRIERE J. (1957), *Les Limitations internes des formalismes*, Gauthier-Villars ; réédité par Jacques Gabay (1992).

LAPLACE P.S. (1796), *Exposition du système du monde*, éditions 1835, Fayard, 1984.

LAPLACE P.S. (1814), *Essai philosophique sur les probabilités*, rééd. Bourgeois, 1986.

LASKAR J. (1989), « A numerical experiment on the chaotic behaviour of the solar system », *Nature*, 338, 237.

LASKAR J., FROESCHLE C. (1991), « Le chaos dans le système solaire », *La Recherche*, mai 1991.

LASKAR J. (1992), « La stabilité du système solaire », *in Chaos et déterminisme*, Dalmedico, Chabert et Chemla éditeurs, Seuil.

LAUDAN L. (1982), « A Confutation of Convergent Realism », *Philosophy of Science*, p. 48, *in* Leplin (1984).

LEPLIN J. (1984), *Scientific Realism*, University of California.

LI M., VITANYI P.M.B. (1993), *Introduction to Kolmogorov Complexity and its Applications*, Springer-Verlag.

LONDON F., BAUER E. (1939), *La théorie de l'observation en mécanique quantique*, Hermann.

MALHERBE J.-F. (1981), *Épistémologies anglo-saxonnes*, Presses Universitaires de Namur, Presses Universitaires de France.

MANDELBROT B. (1975), *Les Objets fractals*, Flammarion.

MERLEAU-PONTY J. (1979), « Laplace : un héros de la science normale », *in La Recherche*, mars 1979.

MILLER D. (1974), « Popper's Qualitative Theory of Verisimilitude », *British Journal for the Philosophy of Science*, 25, p. 166-177.

MISCHAIKOW K., MROZEK M. (1995), « Chaos in the Lorenz equations : a computer assisted proof », *Bull. AMS* 33, 66.

MORGAN A. DE (1846), « On the structure of the syllogism and on the application of the theory of probabilities to questions of argument and authorithy », *Transactions of the Cambridge Philosophical Society* 8 (1949).

NAGEL E., NEWMAN J.R. (1989), *Le Théorème de Gödel*, Seuil.

NEUMANN J. VON (1932), *Mathematical Foundations of Quantum Mechanics*, Princeton University Press.

NEURATH O. (1959), « Protocol Sentences », *in* Ayer A.J. (éd.) *Logical Positivism*, New York, p. 199-208.

NEURATH O., CARNAP R. et HAHN H. (1929), *Wissenschaftliche Weltauffassung : der Wiener Kreis*.

NEWTON I. (1687), *Philosophiae naturalis principia mathematica*.

OMNES R. (1994a), *Philosophie de la science contemporaine*, Gallimard.

OMNES R. (1994b), *The Interpretation of Quantum Mechanics*, Princeton University Press.

ORTOLI S., PHARABOD J.P. (1984), *Le Cantique des quantiques*, La Découverte, Paris.

PANZA M., SALANSKI J-M. (1995), *L'Objectivité mathématique*, Masson.

PARIS J., HARRINGTON L. (1977), « A Mathematical Incompleteness in Peano Arithmetic », *in* Barwise (1977).

PARROCHIA D. (1997), *Les grandes révolutions scientifiques du XXe siècle*, PUF.

PASCH M. (1882), *Vorlesungen über neuere Geometrie*.

PETERSON I. (1993), *Newton's Clock : Chaos in the Solar System*, W.H. Freeman & Co, trad. fr., *Le Chaos dans le système solaire*, Pour la Science, Belin (1995).

POINCARÉ H. (1892), *Les Méthodes nouvelles de la mécanique céleste*, réédité par J.J. Gabay, Paris, Blanchard, 1987.

POINCARÉ H. (1902), *La Science et l'Hypothèse*, Flammarion.

POINCARÉ H. (1908), *Science et méthode*, Flammarion, repris dans « Le Hasard », *in L'Analyse et la Recherche*, Paris, Hermann, 1991.

POINCARÉ H. (1909), « La logique de l'infini » *Revue de métaphysique et de morale*, 17, p 461-482.

POPPER K.R. (1934), *Logik der Forschung*, Springer Verlag, Vienne. Tr. angl., *The Logic of Scientific Discovery*, Hutchinson, Londres, 1959. Trad. fr., *La logique de la découverte scientifique*, traduction par N. Thyssen-Rutten et P. Devaux, Payot, 1973.

POPPER K.R. (1963), *Conjectures and Refutations*, Routdledge and Kegan Paul, Londres. Trad. fr., *Conjectures et réfutations*, traduction par M.I. et M.B. de Launay, Payot, Paris, 1985.

POPPER K.R. (1974), « Who Killed Logical Positivism? », *in* Schilpp (1974), p. 69-70.

POPPER K.R. (1983), *Realism and the Aim of Science*, W.W. Bartley III éd., Hutchinson, Londres. Trad. fr., *Le Réalisme et la science*, traduction par A. Boyer et D. Andler, Hermann (1990).

POPPER K.R. et MILLER D. (1983), « A Proof of the Impossibility of Inductive Probability », *Nature*, 302, avril 21, p. 687f. Reproduit dans la traduction française (1990) de Popper (1983).

PUTNAM H. (1980), « Models and Reality », *Journal of Symbolic Logic*, vol. 45.

PUTNAM H. (1981), *Reason, Truth and History*, Cambridge University Press. Trad. fr., *Raison, Vérité et Histoire*, Minuit (1984).

PUTNAM H. (1987), *The Many Faces of Realism*, Open Court.

QUINE W.V.O. (1951), « Two Dogmas of Empiricism », *The Philosophical Review*, 60, p. 20-43. Republié dans Quine (1953).

QUINE W.V.O. (1953), *From a Logical Point of View*, Cambridge, Mass., Harvard University Press.

QUINE W.V.O. (1960), *Word and Object*, New York, MIT Press et Wiley. Trad. fr., *Le Mot et la Chose*, traduction par J. Dopp et P. Gochet, Paris, Flammarion, 1978.

QUINE W.V.O. (1969), *Ontological Relativity and Others Essays*, New York, Columbia University Press.

QUINE W.V.O. (1954), *The philosophy of Rudolph Carnap*, La Salle, III. : Open Court (1963), reproduit dans Benacerraf (1991).

QUINE W.V.O. (1970), *Philosophy of Logic*, Prentice-Hall, Englewood Cliffs, NJ.

QUINE W.V.O. (1973), *Méthodes de logique*, Presses Universitaires de France.

RAE A. (1986), *Quantum Physics : Illusion or Reality ?*, Cambridge University Press.

REDHEAD M.L.G. (1987), *Incompleteness, Nonlocality and Realism*, Clarendon Press, Oxford.

RESCHER N. (1987), *Scientific Realism*, D. Reidel Publishing Company.

RIVENC F. (1993), *Introduction à la logique*, Payot.

RIVENC F., ROUILHAN PH. DE (1992), *Logique et fondements des mathématiques*, Payot.

ROUILHAN PH. DE (1988), *Frege. Les paradoxes de la représentation*, Minuit.

RUELLE D. (1987), « Déterminisme et prédicibilité », *in L'Ordre du chaos*, Pour la Science.

RUELLE D. (1991), *Hasard et Chaos*, Odile Jacob.

RUELLE D., TAKENS F. (1971), « On the Nature of Turbulence », *Commun. Math. Phys.* 20, 167-192 ; 23, 343-344.

RUSSELL B. (1903), *The Principles of Mathematics*, Cambridge University Press.

SCHILPP P.A. (1974), *The Philosophy of Karl Popper*, La Salle, III, Open Court, vol. I.

SCHLICK M. (1918), *Allgemeine Erkenntnislehre*, Springer, Berlin, p. 21.

SCHOMMERS W. (1989), *Quantum Theory and Pictures of Reality*, Springer-Verlag.

SEBESTIK J. et SOULEZ A. (éd.) (1986), *Le Cercle de Vienne*, Méridiens Klincksieck, Paris.

SEGRE E. (1984), *From X-ray to Quarks, Modern Physicist and their discoveries*, A Mondadori éd. ; trad. fr., *Les physiciens modernes et leurs découvertes*, Fayard.

SELLARS W. (1963), *Science, Perception and Reality*, Atlantic Highlands, NJ : Humanities Press.

SELLERI F. (1986), *Le Grand Débat de la théorie quantique*, Flammarion.

SHANKER S.G. (1988), *Gödel theorem in focus*, Routledge, Londres et New York.

SHAPIRO S.T. (1991), *Foundations without Foundationalism : A Case for Second-order Logic*, Oxford University Press.

SINACEUR H. (1999), « Existe-t-il des nombres infinis ? », *in La Recherche*, hors série n° 2, août 1999.

SINAI YA. G. (1970), « Systèmes dynamiques avec réflexions élastiques », *Uspekhi Mat. Nauk* 25, n° 2, p. 137-191.

SOKAL A., BRICMONT J. (1997), *Impostures intellectuelles*, Odile Jacob.

SOLER L. (1997) « Les régularités phénoménales requièrent-elles une explication ? », *in* d'Espagnat (1997).

STEIN H. (1989), « Some Skeptical Remarks on Realism and Anti-Realism », *in Dialectica*, vol. 43, p. 47.

STEINER F. (1994), *Quantum Chaos*, DESY 94-013.

STEWART I. (1989), *Does God play Dice ? The New Mathematics of Chaos*, Penguin Books Londres ; trad. fr., *Dieu joue-t-il aux dés ? Les mathématiques du chaos*, Champs, Flammarion, 1992.

SUSSMAN G.J., WISDOM J. (1988), « Numerical evidence that the motion of Pluto is chaotic », Science, 241, 433.

TAPSTER P.R., RARITY J.G., OWENS P.C.M. (1994), *Phys. Rev. Letters*, 73, 1923.

TEGMARK M. (1998), *Fortschr. Phys.* 46, 855-862.

THUILLIER P. (1983), « Galilée et l'expérimentation », *in La Recherche*, avril 1983.

UNRUH W.G., ZUREK W. (1989), *Phys. Rev.* D40, 1071.

VOILQUIN J. (1964), *Les Penseurs grecs avant Socrate*, Garnier-Flammarion.

WHEELER J.A. (1957), *Rev. Mod. Phys.*, 29, 463.

WHEELER J.A., ZUREK W. (1983), *Quantum Theory and Measurement*, Princton University Press.

WHITEHEAD N.R., RUSSELL B. (1913), *Principia Mathematica*, 3 vol., Cambridge.

WIGNER E.P. (1960), « The unreasonable effectiveness of mathematics in the natural sciences », Communications on Pure and Applied Mathematics, XIII, 1-14.

WIGNER E.P. (1967), *Symetries and Reflections*, Bloomington, Indiana University Press.

WITT B. DE, GRAHAM N. (1973), *The Many-Worlds Interpretation of Quantum Mechanics*, Princeton Series in Physics.

WITTGENSTEIN L. (1922), *Tractatus Logico-Philosophicus*, Londres.

WORRALL J. (1989), *Structural Realism : The Best of Both Worlds?*, *in Dialectica*, vol. 43, p. 99.

ZAHAR E. (1982), « The Popper-Lakatos Controversy », *Fundamenta Scientiae*, vol. 3, n° 1, p 21-54.

ZEH H. (1970), *Foundations of Physics*, 1, 67.

ZEH H. (1995), *in Decoherence and the Appearance of a Classical Word in Quantum Theory*, Giulini D. *et al.*, Springer.

ZUREK W. (1981), *Phys. Rev.* D24, 1516.

ZUREK W. (1982), *Phys. Rev.* D26, 1862.

ZUREK W. (1991), « Decoherence and the Transition from Quantum to Classical », *Physics Today*, octobre 1991, p. 36.

ZWIRN D. et ZWIRN H.P. (1989), « L'argument de Popper et Miller contre la justification probabiliste de l'induction », *L'Âge de la science*, n° 2, Odile Jacob.

ZWIRN D., ZWIRN H.P. (1995), « Confirmation non probabiliste » *in Méthodes logiques pour les sciences cognitives*, Dubucs J. et Lepage F. eds, Hermes.

ZWIRN D. et ZWIRN H.P. (1996), « Metaconfirmation », *Theory and Decision*, 41, 195-228.

ZWIRN H.P. (1990), « Réalisme et déterminisme à la lumière de la physique contemporaine », *Les cahiers du CREA*, n° 14, *Méthodologie de la science empirique*, Boyer, Paris, 1990.

ZWIRN H.P. (1992), « Du quantique au classique », *Pour la Science*, n° 182, décembre 1992.

ZWIRN H.P. (1994), « La place de la conscience en physique », *Neuro-psy*, vol. 9, n° 9, novembre 1994.

ZWIRN H.P. (1997), « La décohérence est-elle la solution du problème de la mesure ? », *in* d'Espagnat (1997).

Table détaillée

Ouvrage publié sous la responsabilité éditoriale de Gérard Jorland.

Imprimé par Lightning Source France
1 avenue Gutenberg
78310 Maurepas

N° d'édition : 7381-0884-Y